手机战争

——一部关于芯片、5G 通信和互联网等信息产业的商业帝国史

余 盛 著

华中科技大学出版社
http://www.hustp.com
中国·武汉

图书在版编目(CIP)数据

手机战争:一部关于芯片、5G 通信和互联网等信息产业的商业帝国史/余盛著.—武汉:华中科技大学出版社,2020.11

ISBN 978-7-5680-6613-6

Ⅰ.①手… Ⅱ.①余… Ⅲ.①移动电话机-技术史-世界 Ⅳ.①TN929.53-091

中国版本图书馆 CIP 数据核字(2020)第 177273 号

手机战争——一部关于芯片、5G 通信和
互联网等信息产业的商业帝国史　　　　　　　　　　　余　盛　著

Shouji Zhanzheng——Yibu Guanyu Xinpian、5G Tongxin he
Hulianwang deng Xinxi Chanye de Shangye Diguoshi

策划编辑:亢博剑　田金麟
责任编辑:田金麟
封面设计:璞茜设计
　　　　　2815932450@qq.com
责任校对:刘　竣
责任监印:朱　玢
出版发行:华中科技大学出版社(中国·武汉)　　　电话:(027)81321913
　　　　　武汉市东湖新技术开发区华工科技园　　　邮编:430223
录　　排:华中科技大学惠友文印中心
印　　刷:武汉科源印刷设计有限公司
开　　本:710mm×1000mm　1/16
印　　张:25.75
字　　数:402 千字
版　　次:2020 年 11 月第 1 版第 1 次印刷
定　　价:68.00 元

前　言

华为、OPPO、vivo、小米、苹果，中国市场五大手机品牌的前世今生。

荣耀、红米、realme、iQOO、一加，各互联网手机品牌谁将笑到最后？

摩托罗拉、诺基亚、爱立信、中兴、联想、酷派、金立、三星，你手中还有这些品牌的手机吗？

魅族、乐视、360、锤子，小而美的手机该何去何从？

摩托罗拉独领 1G 风骚，诺基亚登上 2G 王座，苹果和三星称霸 3G，华为在 4G 异军突起，5G 又将谁主江湖？

微软视窗、日本 TRON、红旗 Linux、诺基亚塞班、苹果 iOS、谷歌安卓、阿里云 OS、华为鸿蒙，操作系统赢者通吃的生死之战。

海思麒麟和巴龙、苹果 A 系列、高通骁龙、联发科芯片、小米澎湃、英特尔处理器，鲜为人知的手机"芯"战故事。

1G 空白、2G 跟随、3G 突破、4G 同步、5G 引领，中国如何融入国际移动通信标准的制定？

一部小小的手机，应用处理器、基带处理器、存储器、面板、操作系统和应用服务，浓缩了从芯片、移动通信、计算机硬件、软件到移动互联网的整个信息产业。

中国、美国、日本、韩国以及欧盟，从半导体、软件、通信到互联网的信息产业战争揭秘。

随着 5G 而来的物联网、云服务和人工智能,是否能在摩尔定律终结之后开启一个全新时代?

目 录

楔子   1

上部　掌上春秋

第一章

电脑双星际会

苹果电脑的起落	8
微软腾飞与美日贸易战	12
红旗"魂"与方舟"芯"的失败	16
乔布斯回归苹果	19

第二章

功能时代三雄争霸

摩托罗拉开启 1G	24
诺基亚翻盘 2G	27
塞班系统引领 3G 初期	35

第三章

第二个打败日本的韩国人

三星涉足半导体产业	42
半导体产业成就三星	45
砸出来的三星手机	49

第四章

苹果背后的隐形巨人

iPhone 的设计　　　　　　　58

代工之王富士康　　　　　　61

iPhone 问世　　　　　　　　64

晶圆代工台积电　　　　　　68

第五章

华强北不相信眼泪

赌机　　　　　　　　　　　76

手机雨　　　　　　　　　　80

山寨手机的遗产　　　　　　87

第六章

小米为发烧而生

魅族的成功与小米的诞生　　92

小米手机的粉丝经济　　　　96

小米的性价比局限　　　　　103

第七章

诺基亚帝国的崩塌

面对苹果与谷歌的威胁	108
与微软的联姻	113
诺基亚为什么输了	119

第八章

雷布斯与董小姐的

10 亿赌局

格力手机摔不坏	124
小米也要卖空调	127
小米与格力的芯片路	132

第九章

步步高手机家族

从小霸王到步步高	140
Ov 的成功之路	142
本分的一加	148
realme 和 iQOO 新手上路	152

第十章	王坚的勇气与魅蓝的问世	156
魅族直上阿里云端	红米独立　小米突围	164
	从魅族祛魅到阿里云汽车智能	167

第十一章	乐视插足奇酷恋	172
乐视为梦想窒息	360 黑马与乐视蒙眼狂奔	177
	寡头化的中国手机市场	182

下部　通信战国

第十二章	"并购＋低成本"成就电脑领先	190
联想还在联想	敲不醒的联想手机	194
	联想可能错过了什么	198

第十三章

乔布斯后的苹果

乔布斯的离世　　　　　　　206

苹果与三星的爱恨情仇　　　212

涉入军事与情报的手机　　　217

第十四章

高通反垄断案

高通全球反垄断诉讼　　　　224

苹果、博通与高通的交锋　　230

高通反垄断案的背后　　　　237

第十五章

美国制裁中兴事件

中兴为什么会被卡脖子？　　242

中兴受罚的影响　　　　　　249

特朗普上台与美国政策转向　253

第十六章

华为手机涅槃新生

从不做手机到决心做手机　　258

"伟大的背后都是苦难"　　261

任老板的牛皮又兑现了　　269

第十七章

华为 5G 有为

被肢解的百年老店　　276

5G 让美国恐慌　　282

物联网与人工智能　　288

第十八章

美国陷阱新一季

孟晚舟被碰了什么瓷?　　294

皮耶鲁齐的离奇遭遇　　298

一个女人牵动的大博弈　　302

第十九章
特朗普向华为宣战

华为被美国列入"黑名单"　312
华为被打爆的"芯"与"魂"　315
美国有史以来最彻底的政策失败　321

第二十章
韩国歌利亚遇到了
日本大卫

三星"电池门"　328
日韩贸易战　334
韩国的隐患与中国的机会　340

第二十一章
濒临破产的超级大国

大豆和芯片　344
被逼急了的特朗普　347
中国半导体产业的机会　352

第二十二章   信息产业终结了传统战争模式   360

摩尔定律失效的世界   摩尔定律终结的影响   365

网络战争   368

新的战争模式的出现   371

尾声   375

主要参考资料   379

楔子

2018 年 12 月 1 日,加拿大温哥华国际机场,一个从中国香港飞往墨西哥、中途在此转机的中国女人,突然被加拿大警方扣留。从机场去拘留所的路上,她被戴上了手铐。而从拘留所到法庭的途中,除了手铐,她还被加上了脚镣。

让加拿大警方如临大敌的这个中国女人,是什么江洋大盗吗? 不。她名叫孟晚舟,是华为技术有限公司(简称华为)的首席财务官兼副董事长,亦是华为创始人任正非的女儿,只是为了和家人团聚而途经温哥华。她触犯了加拿大的什么法律吗? 也没有。加拿大当局是应美国的要求逮捕她,并准备将她引渡到美国去。

12 月 6 日,孟晚舟被捕一事被媒体曝光,此事震惊了中国社会,在世界范围内掀起轩然大波。中国外交部即刻连续多日发声,要求加方、美方对拘押理由作出澄清,立即释放孟晚舟。中国驻加拿大大使馆宣称:加拿大警方应美方要求逮捕一个没有违反任何美、加法律的中国公民,对这一严重侵犯人权的行为,中方表示坚决反对并强烈抗议。

孟晚舟被捕正发生在中美贸易谈判的关键时期,外界担心此事可能会破坏两国的贸易谈判计划。白宫立即表示,在两国首脑会晤前,唐纳德·特朗普不知道美国向加拿大提出引渡孟晚舟的要求,近期围绕中国科技巨头华为公司的争议不会影响美中贸易谈判。

当日,特朗普在推特上气定神闲地表示:“跟中国的谈判进展非常顺利!”

12 月 8 日,当地气温零下 3 度,针对孟晚舟的保释听证会在加拿大不列颠哥伦比亚省最高法院如期举行。加拿大媒体公布的法庭现场素描显示,孟晚舟披着一件墨绿色的大衣,面容憔悴。

加拿大检察官在法庭上表示,孟晚舟涉嫌欺诈罪,美国司法部在当年 8 月就秘密发出了对她的逮捕令。检方称,从 2009 年到 2014 年,华为涉嫌利用其在中国香港的非官方子公司星通公司(Skycom)在伊朗开展业务,违反了美国对伊朗的制裁。作为星通公司首席财务官的孟晚舟并未如实说明星通公司和华为是同一家公司的事实,误导美国金融机构与星通公司进行生意往来,从事与对伊朗制裁相抵触的业务。

据路透社 2012 年报道,华为的合作伙伴星通公司向伊朗一家手机通信公司出售了至少 130 万欧元的惠普电脑设备,此举违反了对伊朗的制裁。可是实际上伊朗受到美国制裁的是石油和核能领域,以及可能干扰导弹信号的通信技术领域。而华为和星通公司一直专注于民用电信服务,并不做军事设备。星通公司曾是华为的子公司,后来被剥离,孟晚舟也离开了星通公司的董事会。

检方表示,孟晚舟"被指控欺骗了多家国际组织",如果她在美国被定罪,她的每一项控罪的最高刑期都高达 30 年。

12 月 11 日,中国外交部长王毅发表演讲:对于任何肆意侵害中国公民正当权益的霸凌行径,中方绝不会坐视不管,将全力维护中国公民的合法权利,还世间一份公道和正义!当天下午,加拿大不列颠哥伦比亚省高等法院宣布,准许孟晚舟女士获得保释。保释条件包括:1000 万加元保释金;列出包括她丈夫在内的 5 位担保人;交出护照;佩戴电子监控设备;外出时间和地域受限;由专业的团队进行全天候监视等。孟晚舟听到保释宣判后当庭落泪。

2019 年 1 月 29 日,美国司法部联合多部门,对孟晚舟发起指控,正式向加拿大提出引渡请求。当然,谁都知道,美国不是非要和孟晚舟这么一个弱女子过不去,美国盯着的是孟晚舟背后的任正非和华为。

一个女人、一个企业、一个国家,将它们联结起来的,是一部手机,及其背后庞大的包括芯片、软件、通信和互联网在内的信息产业。

上部　掌上春秋

第一章

电脑双星际会

苹果电脑的起落

谁也不能否认，史蒂夫·乔布斯是个奇才，也是个种种矛盾的综合体。他其实没有发明任何东西，却拥有点石成金的妙术，仅凭一些简单的创意，就能将平庸的产品变成让无数人疯狂的宝贝。他并不爱钱，可也不拒绝赚钱。他有着让人难以抗拒的魅力，却又"有时候会失控般变得残酷并伤害别人"。他改变了数十亿人的生活，却从来没有改变自己。

"他想控制外界环境，而且他把产品看作是自己的一种延伸。"乔布斯最亲密的朋友认为，一出生就被遗弃这件事给他的内心留下了很深的伤口，并且终生都未愈合，尽管他的养父母一直都非常爱他。

乔布斯的养父母都在硅谷工作，乔布斯在硅谷附近的山景城长大。硅谷起源于斯坦福大学。当时斯坦福大学遇到了严重的财务问题，于是以商养学，将其拥有的土地拿出 3 部分建了个科技园，顺带也鼓励师生自主创业。1956 年，发明了晶体管的威廉·肖克利，从贝尔实验室来到这个科技园，创办了这里的第一家科技公司，用硅代替了当时普遍使用且较为昂贵的锗来制造晶体管。肖克利麾下的罗伯特·诺伊斯和戈登·摩尔等人后来又合伙创办了仙童和英特尔等著名的半导体企业。仙童的第一张订单，来自国际商用机器公司(IBM)，IBM 订购了 100 个硅晶体管，发明了电脑存储器，存储器后来又成为英特尔的起家产品。仙童还发明了平面光刻技术，对德州仪器发明的集成电路进行了商业化发展。相对于将分立的电子组件进行手工组装，集成电路可以把很大数量的微晶体管集成到一个低成本、高性能的小芯片上。这是一个划时代的巨大进步。芯片成为电子产业的必需品，越来越多与电子相关的产品都用上了芯片。

硅是半导体产业最重要的原材料，以斯坦福大学科技园为源头的美国加州半导体产业带便以硅谷之名闻于天下。"成长于此，我受到了这里独特历史的启发，这让我很想成为其中的一分子。"乔布斯回忆，"住在我家周围的父辈们大都研究很酷的东西，比如太阳能光伏、电池和雷达。我对这些东西充满了好奇，经常向他们问这问那。"读高中的时候,乔布斯加入了惠普探索者俱乐部。在惠普公司的实验室里,他见到了惠普正在开发的商用小型计算机,"它身形巨大,大概有 40 磅重,但它真的很美,我爱上了它。"

乔布斯没有马上就和计算机开始亲密接触。作为一名不修边幅、不爱洗澡的嬉皮士,到印度去找个大师进行精神修炼是个必经的阶段。1974 年,19 岁的乔布斯到印度晃悠了 7 个月。回到美国的时候,乔布斯剃了光头、皮肤又黑又红,还穿着印度棉袍,以至于来机场接他的养父母从他面前走过了几次才勉强认出他来。在印度这段克制物欲和返璞归真的苦行体验,给乔布斯留下了很深的印记。终其一生,他都在追随并遵循东方宗教的许多基本戒律。禅修给予他的,不仅是素食、冥想等生活习惯,还有追求简洁、专注和极致的思维模式。东方的美学直觉,与西方的理性科技结合,让乔布斯日后成就了伟大的苹果品牌。

不过,在第一台苹果个人电脑诞生之际,它的发明人斯蒂夫·沃兹尼亚克(昵称沃兹)只想着把这个发明免费分享给他人。

自计算机诞生以来,人们就对其有两种截然不同的看法。许多人将计算机视作人类自由的大敌,认为它将成为极权政府控制人民大众的工具,有了计算机的帮助,乔治·奥威尔的小说《1984》中的那个无时无刻不在窥视着你的"老大哥",总有一天会成为现实。也有许多人认为,计算机可以帮助人民大众从"老大哥"的压迫中解放出来,要做到这一点,就必须建立一种将信息技术免费分享的文化,从而打破极权政府和大公司的技术垄断。于是,在硅谷的信息科技与嬉皮士运动的碰撞中,产生了黑客文化。尽管在一些黑客的手中,黑客技术成为牟取不当私利的工具,这败坏了黑客的名声,但不能否认的是,始终有一些黑客崇尚自由、鄙视金钱,坚持信息技术应该成为全人类无偿共享的财富。

沃兹也是硅谷黑客圈中的一名技术天才。1976 年,乔布斯和沃兹都梦想能够拥有一台自己的计算机。当时市面上卖的都是商用的计算机,体积庞大,极其昂贵。他们决定自己组装开发,并在乔布斯家的车库里装好了人类历史上的第一台个人电脑。沃兹想让大家都知道他是怎么把个人电脑做出来的,幸好商业天才乔布斯及时劝阻了他,坚持要利用这一技术来创业,将个人电脑卖高价、赚大钱。于是,乔布斯卖掉了自己的大众牌小汽车,沃兹也卖掉了他心爱的惠普 65 型手持式计算器,两人凑了 1300 美元,成立了一家电脑公司,取名为"苹果",而他们的自制电脑则被追认为"苹果Ⅰ号"电脑。

苹果电脑的生意打开以后,公司扩大生产需要不少资金,他们拿不出这么多钱,就打算把苹果公司以几十万美元的价格卖掉,可惜没人识货。这件事却引发了一个小意外,沃兹的父亲因此认识到苹果公司的价值,他认为他的工程师儿子应该分得更多。他坦率地对乔布斯说:"你不配得到这么多,你没有做出过任何产品。"当时还很青涩的乔布斯哭了起来,他告诉沃兹,他愿意退出公司,"如果我们不能对半分账的话,你可以全部收为己有。"幸运的是,沃兹比他的父亲更了解乔布斯在商业上的价值,他愿意继续与乔布斯保持合作关系。

这是个明智的决定。苹果Ⅱ号要想取得成功,不仅仅需要沃兹的电路设计能力,还必须成为一台方便消费者使用的功能更齐全的完整产品,这就轮到乔布斯来大显身手了。乔布斯改进了苹果Ⅱ号的设计,比如让其拥有了简洁精致的机箱、去掉了发出噪音的风扇等,最终成为一款看起来牢固结实又亲切友好的产品。最重要的是,苹果Ⅱ号提供了游戏卡的接口,这使得它的用户从计算机爱好者拓展到了普通家庭。

苹果Ⅱ号大受欢迎,苹果Ⅲ号却未能取得商业上的成功。乔布斯面临着来自董事会不小的压力,他希望在软件上寻找突破口。正好施乐公司想投入 100 万美元参与苹果公司的股权融资,乔布斯便借机提出要考察施乐的最新技术。彼时如日中天的施乐是各种"黑科技"的原创地,施乐的工程师在发明鼠标的时候,顺便设计了配合鼠标使用的图形界面技术。图形界面技术使人们从电脑上看到的东西和打印出来的东西是一样的,这在当时是个不可思议的创举。乔布斯对此非常兴奋:"我记得 1979 年在施乐的时候,那是一个末日般的时刻。我记得,在看到图形用户界面后的 10 分钟内,我就知道每台计算机总有一天都会这样工作,你一看到它就很明显。仿佛蒙在我眼睛上的纱布被揭去了一样,我看到了计算机产业的未来。"

电脑操作系统不是苹果公司的强项,乔布斯不得不去找一个名叫比尔·盖茨的人合作。当时 IBM 能够超越苹果成为个人电脑市场的领导者,很大一部分原因是比尔·盖茨为 IBM 设计了 DOS 操作系统。

乔布斯与比尔·盖茨都出生于 1955 年，都在读大学时中途辍学。两人的共同点也仅止于此。年轻时的乔布斯玩世不恭，与人进行商业谈判时还会将脚跷到对方的办公桌上。比尔·盖茨却是个标准的理工男，"看起来像一名站在西雅图机场等飞机的未成年中学生"。让人惊讶的是，个性如此迥异的两个人，都是世间罕见的商业天才，尽管他们采用的商业模式截然不同。这两个人创办的苹果和微软，是目前世界上除了沙特阿美石油公司外，仅有的两家市值过万亿美元的公司。

乔布斯把比尔·盖茨喊来，要他为"麦金塔"（Mac）电脑开发软件。乔布斯摆出这样一副姿态，"我们也不是真的需要你们，我们正在做的这个东西很伟大，但可能会让你参与进来。"1982 年的苹果，已经是个年销售额 10 亿美元的大公司，而微软的年销售额远没有达到这个数字，"希望成为乔布斯第二"的比尔·盖茨不得不为了拿到订单而忍气吞声。乔布斯向比尔·盖茨介绍了图形操作系统，并要求后者保证至少在一年内，不发行任何鼠标应用软件。乔布斯预计，用一年的时间可以完成 Mac 的首发。

比尔·盖茨也被图形操作系统惊住了。他答应了乔布斯的要求，不过转身就开始悄悄研发微软自己的图形操作系统。1983 年 11 月，微软在拉斯维加斯的一次交易展上，介绍了一款全新的使用鼠标的图形用户界面——"视窗"（Windows）操作系统。在视窗上，用户可以通过点击鼠标完成大部分操作，同时执行多个程序并在各个程序之间自由切换，这种改变相较于之前的 DOS 系统来说显然是革命性的进步。此前只有专业人员才能摆弄得了的电脑，此后进入了寻常百姓家。此外，微软还推出了第一款办公软件 Microsoft Word，这也是视窗建立生态的起点。严格意义上来说，比尔·盖茨并未违约。由于乔布斯没完没了地修改设计，以至于 Mac 无法如期出品。

乔布斯听说视窗后暴跳如雷，他找来比尔·盖茨，大骂对方是剽窃者。比尔·盖茨不以为意，他讥讽乔布斯说："我们有一个富邻居——施乐，他家有一台电视。当我们想偷的时候，发现乔布斯早就偷走了，他却说我们是小偷。"更让乔布斯恼火的是，由于苹果公司依然需要微软为 Mac 提供应用软件，所以他无法中止同比尔·盖茨的合作。

没有将比尔·盖茨踢出局，乔布斯自己反而被苹果公司踢了出去。乔布斯坚持不做软件授权，要走软硬件一体化和高定价的道路，致使苹果电脑既不能通过软件授权来赚钱，也不能走向大众市场。而这时候，原本擅长商用电脑的 IBM 开始醒悟，与微软的操作系统和英特尔的中央处理器(CPU)结成联盟，共同抢下大片的个人电脑市场，将苹果打得节节败退。苹果公司把这一失败归罪于董事长乔布斯。1985 年，苹果公司董事会决议撤销乔布斯的经营大权。乔布斯几次想夺回权力均未成功，只好黯然离开了他心爱的苹果公司。

微软腾飞与美日贸易战

比尔·盖茨刚刚推出图形界面操作系统的时候，太平洋另一端的日本，也有人在做着类似的事情。

日本东京大学教授坂村健也希望开发出全新的操作系统，以替代复杂的 DOS 系统。靠着对"计算机可以更好用"的热忱，这个日本人独自写出了一份三百页的名为"TRON"的个人电脑系统规格书，并在 1984 年于东京举办的一场微电脑应用国际会议上宣布了 TRON 系统的诞生。

基于伟大的黑客理念，坂村健免费公开了 TRON 的源代码。坂村健认为："基础软件，就是普通软件的平台，是信息化社会的基础，就该如水与空气一般供人自由使用。"比起要掏钱才能用的视窗，TRON 系统广受欢迎，逐渐成为行业标准。日本电气(NEC)等几家日本的大型电机制造企业开始开发搭载 TRON 系统的个人电脑设备，就连 IBM 也加入了 TRON 系统的开发阵营。

美国人惊慌失色，美国软件业界律师哈威尔公开警告："一旦 TRON 成为标准，日本信息业将摆脱对美国软件工业的依附，美国再打入日本市场，将难如登天。"

就在 TRON 系统失控前夜，美日贸易战爆发了。

20 世纪 80 年代初，受越南战争和石油危机影响，美国经济出现了严重的通货膨胀,美联储被迫实施紧缩货币政策,导致美元大幅升值,严重影响出口竞争力。美国的贸易逆差于 1985 年扩大到 1485 亿美元,是五年前的四倍。美国的工业产品出口已经掉到全球第三,落后于日本和联邦德国。与此同时,日本制造却风靡全球。日本经济实现了从重化工业到技术密集型产业(汽车、通信、半导体)的升级,继续稳步增长。日本产品不仅质量不逊于美国,还因为美元升值而具有明显的价格优势。美日贸易逆差达到 500 亿美元,占据了美国贸易总逆差的三分之一。在1114 亿美元的美国外债中,日本占到一半。在日本制造的冲击下,美国传统制造业基地五大湖区的企业出现破产潮,大批工人失业。单是汽车制造业,就裁减了 6万工人。"铁锈地带"这个名词由此诞生。①

最让美国人震惊的是半导体产业。日本在半导体产业上是后发国家,靠政府大力驱动,倾国力追赶。1975 年,传闻装备了超大规模集成电路(VLSI)的 IBM 新一代计算机即将问世,日本政经两界倍感压力,于是启动了 VLSI 计划,要在芯片上超越美国。"日本半导体之父"垂井康夫带领日立、三菱、富士通、日本电气和东芝等日本企业摒弃门派之别,整合产、学、研半导体全部人才,在九州岛办起了日本人的硅谷。通产省主导了整个计划的实施,其资助的 760 亿日元占到全部投资的41%。日本在 4 年时间内发明了上千件专利,在半导体产业的三个方面取得了重大突破:以光刻机为核心的半导体设备国际市场占有率超过美国;首次研制出 8 英寸晶圆②,在全球半导体材料市场上的占有率超过了 70%;凭借 64K 存储器产品,拿下全球一半以上的存储器市场。到 1986 年,全球前十大半导体企业中,有六家来自日本,东芝、日立和日本电气占据了前三位。

在这样的背景下,美国转向贸易保护主义,通过立法来采取单方面的贸易制裁措施,以应对日本带来的经济威胁。美国《贸易法》于 1974 年就加入了 301 条款,授权政府可以对"不公平"的外国贸易行为实施制裁和报复。1984 年,美国国会又

---

① 任泽平、罗志恒:《全球贸易摩擦与大国兴衰》,人民出版社,2019 年。本节中关于美日贸易战的数据和资料多出自此书,不再一一注明。

② 自然界的硅原料经过高温提纯、多步净化后,得到圆柱状的单晶硅,横向切割得到硅片就叫晶圆,晶圆尺寸越大,可切割出来的芯片就越多。

把 301 条款的适用范围扩大到直接投资、服务和知识产权三大领域。仅 20 世纪 80 年代,出口美国受限或被美国课征重税的日本产品就有汽车、摩托车、钢铁、电视机和计算机等,日本还被迫开放了国内的通信市场。

美国将信息产业定为可以动用国家安全的借口进行保护的新兴战略产业,半导体产业成为美日贸易战的重点。1984 年,美国出台《半导体芯片保护法》,对集成电路的知识产权进行保护。1986 年,美国对日本 3 亿美元的半导体及相关产品征收 100% 惩罚关税,日本被迫和美国签订芯片产业协定,日本不仅同意设置对美出口半导体的价格下限,不在美国销售廉价芯片,还鼓励日本市场购买美国半导体,允许美国及其他国家的半导体产品在日本市场占有不低于 20% 的市场份额。1987 年,因向苏联出售违禁机床产品,东芝机械被禁止对美出口长达三年,日本政府还应美国的要求逮捕了两名东芝高管。

美国贸易代表罗伯特·莱特希泽一面指责日本的半导体产业政策不合理,另一面却对日本通过 VLSI 计划快速取得半导体技术突破赞叹不已,于是游说美国政府也采取类似的措施。因此,美国国防部高级研究计划局[①]牵头联合英特尔、德州仪器、IBM、摩托罗拉等 11 家公司组成半导体制造技术战略联盟,合力协作、共同研发,重新取得半导体产业的技术优势。1992 年,美国半导体市场份额重回世界第一。

说是美日贸易战,其实日本只有挨打的份,不仅没有反击,反而还主动把脸迎上去。日本为何如此软弱? 因为二战之后的日本不仅在军事、外交,还在产品出口上都严重依赖美国。日本当时的出口过于倚重成本优势,集中在家电、纺织、钢铁、汽车、半导体等领域,依靠的是此前引进的美国技术,缺乏自己的产业核心竞争力,而且三分之一以上的出口依赖美国市场。正因为如此,在遭受美国贸易制裁的时候,日本政府首先想到的就是"让步保出口",多次主动限制对美出口。

---

① 美国国防部高级研究计划局(Defense Adoanced Research Projects Agency,DARPA),现实版的"神盾局",于 1957 年成立。负责推进前沿军事技术的研发,如互联网、激光武器、空天飞机、全球定位系统(GPS)、无人机、机器人、人工智能等。

在美日贸易战的同时,美国也没放过其他工业国家。高喊"复兴强大美国"而上台的里根总统一挥手,召来日本、联邦德国、法国以及英国的财政部部长和中央银行行长在纽约广场饭店开了个会,决定联合干预外汇市场,诱导美元贬值以解决美国巨额贸易赤字的问题。广场协议对其他国家影响不大,对日本当时的泡沫经济却是火上浇油。广场协议签订后的 10 年时间里,日元币值平均每年上升 5% 以上。为了弥补日元升值给出口带来的冲击,日本央行开始实施量化宽松政策,不断下调利率,导致流动资金过剩。此外,由于日元急剧升值,日本持有的美国国债资产出现账面亏损,大量资金开始回流到日本国内。过剩资金冲入股市和房市,日本股价每年以 30%、地价每年以 15% 的幅度增长,而同期日本名义 GDP 的年增幅只有 5% 左右。日本开始了虚假繁荣的五年时光,甚至狂妄地宣称"卖掉东京就可以买下整个美国"。好景不长,1989 年,日本政府开始施行紧缩的货币政策,经济泡沫破裂,股价和地价在短期内下跌超过一半,银行形成大量坏账。日本经济从此失去了耀眼的光芒。

在这种形势下,日本的半导体和计算机产业深受打击,TRON 系统也受到美国政府的打压。1989 年,日本政府准备把 TRON 系统安装到校园的计算机里,美国政府指控 TRON 系统是"日本政府设下的贸易障碍",扬言所有使用了 TRON系统的企业都将失去美国市场的公平对待。面对美国的恐吓,许多日本电脑公司担心失去美国市场,中断了和 TRON 系统的合作。坂村健为此表示极度失望。TRON 系统就此彻底淡出了电脑操作系统领域,目前主要作为日本的数码相机和其他电子产品的操作系统使用。

击退 TRON 系统之后,视窗再无竞争对手。1990 年 5 月,微软推出的Windows 3.0,在界面、人性化和内存管理等方面有了重大改进,成为微软在个人电脑市场开疆拓土的头号功臣。1995 年 8 月 24 日,伴随着滚石乐队震耳欲聋的*Start Me Up*,微软花了 3 亿美元进行 Windows 95 的发布。也是从这一年起,比尔·盖茨成为世界首富的同义词。在整个 90 年代,个人电脑的普及让微软飞黄腾达,视窗的销售数量从 1987 年的 100 万套飙升至 1999 年的 3 亿多套,助推微软成为全球第一家市值超过 6000 亿美元的企业。电脑功能越来越强大,硬件价格大幅度降低,受此影响,英特尔的市值最高达到 5000 亿美元后就不断走低,而逐渐成为主流操作系统的视窗,其价格却不降反升,视窗版权费在 1992 年仅占 PC 整机价格的 0.5%,而到 1998 年已占到 3%。

TRON 系统倒下了,又有一个后继者站了起来。1991 年,芬兰赫尔辛基大学的学生林纳斯·托瓦兹,想为自己的电脑安装 Windows 3.0 系统,但发现这款操作系统最便宜的版本也需要上百美元。求人不如求己,林纳斯索性自己写了一个操作系统。经过两个月没日没夜的编程工作后,林纳斯敲了一万多行代码,一款叫作 Linux 的系统就此诞生了。初版 Linux 系统漏洞百出,不过勉强可用。林纳斯让它加入了美国人理查德·斯托曼为创建自由操作系统而实施的 GNU 计划中,并做了通用性授权,允许用户拷贝和改动,但要求用户将同样的开放精神传递下去,必须免费公开自己修改后的代码。

90 年代正值互联网迅速发展的时期,全球无数程序员通过互联网对 Linux 系统进行改进、调试,在规模空前的协同开发下,Linux 系统很快变成了一个高性能、高稳定性的操作系统。在 Linux 世界,如果能把某一功能的性能改进 5%,你将会被万众瞩目。而微软开发者中几乎没人会为了自己的荣耀而去改进系统内核,Linux 世界的那些现象在微软这样的大企业不会发生。林纳斯没有预见到,在未来的世界里,从手机、路由器、云服务器、股票交易大厅,甚至到太空的卫星里都有 Linux 系统的身影。Linux 系统以不同的形式应用在不同行业、不同领域。顺便说一下,互联网和 Linux 系统一样,也是一项可免费自由使用的信息技术,这才造就了今天我们所能享受的这个繁荣的互联网世界。

微软已经收服了全球的大部分市场,它悄悄地发起了个人电脑领域最后的也是最重要的一场战役——征服中国市场之战。而中国用于反击的武器,正是基于 Linux 系统开发的红旗电脑操作系统。

红旗"魂"与方舟"芯"的失败

北京时间 1999 年 5 月 8 日,开赴科索沃战场的美国 B2 轰炸机发射三枚精确制导的导弹,击中了中国驻南斯拉夫联盟大使馆。三名中国记者当场牺牲,数十人受伤,大使馆建筑严重损毁。中美两国关系一时间跌入冰点。战争的警示不止于此,以美国为首的北约国家几乎使南斯拉夫的通信系统瘫痪了——当时南斯拉夫计算机运行的操作系统,全部由微软和其他外国公司提供。

这个事件震惊了中国政府,同时也在思考:一旦发生战争,中国在信息系统上是否有能力自保?

信息产业部①、科技部在随后几天多次召集专家讨论此事,结论是:我们要建立自己的信息安全体系。虽然没有证据说明美国的计算机软件公司和通信设备公司在这场信息战中向美国军方提供了某些技术支持或计算机病毒,但如果有自己独立的计算机操作系统及相应的软件,在信息战中将相对不容易受到攻击。一个月后,在倪光南院士等专家的极力主张下,科技部部长徐冠华主持召开了"发展我国自主操作系统座谈会"。徐冠华在会上一针见血地指出,中国信息产业面临"缺芯少魂"的问题,"芯"是中央处理器,"魂"是操作系统。

这次会议之后三个月,红旗 Linux 正式对外发布。有了操作系统,还必须有配套的软件才能真正投入使用。北京科委发起了"扬帆计划",针对 Linux 系统桌面的 13 大类 50 多个问题,在全国招标。浏览器、办公软件、播放器……,一项一项解决。

2001 年 4 月,方舟科技的第一批流片②回来。经过紧张的调试,"芯跳了",中国人自己动手设计的芯片启动。一块芯片可含有上百万个晶体管。造芯片,就是在指尖上造万里长城。方舟 1 号芯片横空出世,被媒体誉为"改写了中国'无芯'的历史"。这一项目得到了科技部"863"重大专项、原国家计委重大专项、信息产业部产业扶持基金的资金支持。中国工程院出面为方舟 1 号做技术鉴定,规格之高前所未有。

---

① 2008 年被划入工业和信息化部,简称工信部。

② 流片(Tapeout):在芯片设计领域,流片指的是试生产,也就是说,芯片完成设计后,先生产几片或几十片,供测试用。如果测试通过了,就可以大规模生产了。

2001 年 12 月,红旗 Linux 系统在北京市政府的采购中击败微软,拿下订单。除此之外,红旗 Linux 系统还通过联想、方正等电脑厂商销售了 100 万套,成为全球第三大 Linux 操作系统。红旗 Linux 系统迅速迎来了自己的高光时刻,可谓出道即巅峰。

同时取得重大收获的是北京金山软件有限公司(简称金山)的 WPS 办公软件。WPS 曾经占领中文文字处理市场 90％的份额。就像微软用视窗捆绑 IE 打败网景浏览器、捆绑 EXCEL 打败莲花电子表格、捆绑播放器打败 Realplayer 一样,微软又用视窗捆绑 Office 打败了 WPS。金山"输得一塌糊涂",骨干员工基本走光,连当时的总经理雷军都提出过辞职。WPS 在这次北京政府的采购中终于扳回了一局,卖出了一万多套,雷军意气风发地说:"现在到了向微软摊牌的时候了。"

比尔·盖茨对中国市场上突然冒出的竞争对手十分震惊,他派出高级副总裁克瑞格·蒙迪专程飞到北京拜会科技部和北京市政府的有关领导,意欲挽回局面。就像攻击其他版本的 Linux 系统一样,微软在一份递交给科技部的报告中,用 3.5 万字提出了 60 个问题,详述了 Linux 系统的种种弊端,并认为红旗 Linux 系统的安全性有待商榷。

克瑞格·蒙迪最终无功而返。然后,中国人民的老朋友——美国前国务卿基辛格,给北京市时任市长刘淇写信,扣了个"非关税壁垒"的大帽子,反对中国在政府采购中歧视微软,可见,北京市政府承受了多大的压力。

为了打压红旗 Linux 系统,微软纵容盗版视窗横行中国。同时,由于不兼容,红旗 Linux 系统打不开 Office 办公软件,吸引不了普通个人用户,很快就陷入困境。从 2001 年到 2003 年,红旗 Linux 系统一直未能盈利,创始人孙玉芳在重压之下积劳成疾,2005 年年初因脑溢血医治无效离世,时年 58 岁。

红旗 Linux 操作系统和方舟芯片的失败,并非偶然。事实上,"微软之下,寸草不生",微软视窗与英特尔中央处理器组合成的 Wintel 联盟几乎一统个人电脑的天下。英特尔还有一个超威半导体(AMD)在同它竞争,而视窗直到今天在个人电脑领域也没有再出现新的挑战者。为了避免垄断官司,微软后来自己开放了 Office 的源代码。金山 WPS 通过与微软 Office 的全面兼容,才生存了下来。

天下大势已定,微软决定不再纵容中国用户肆无忌惮地使用盗版。2008 年 10 月,微软对中国使用盗版视窗和 Office 用户进行了"黑屏"警告性提示,很多还沉浸在奥运自豪感中的中国用户第一次真正感受到了"断粮"的危机。微软用牺牲短期利益的代价换来了对中国电脑操作系统市场的垄断。不! 是对全世界市场的垄断。而黑屏事件亦显示,只要微软愿意,它完全可以轻而易举地让中国的电脑"死机"。

乔布斯回归苹果

在比尔·盖茨春风得意的 1995 年,乔布斯亦东山再起。这一年,乔布斯在离开苹果公司后收购的皮克斯动画工作室,推出了全球首部 3D 立体动画电影《玩具总动员》。《玩具总动员》的成功让皮克斯名声大振,也让乔布斯的个人身价达到 10 亿美元。

与此同时,苹果公司的经营陷入了困局,其在个人电脑的市场份额由鼎盛时期的 16% 跌到 4%。在苹果公司离破产不到 90 天的时候,乔布斯回来了。乔布斯一回来就取消了兼容机,不再授权其他电脑厂商使用苹果的电脑操作系统。仅仅这样做还不够,为了拯救苹果公司,乔布斯不得不给比尔·盖茨打了个电话。

乔布斯用一贯的自大的口吻对比尔·盖茨说:"微软在侵犯苹果(图形操作系统)的专利,如果我们继续打官司,几年以后我可以赢得 10 亿美元的专利罚金,这一点你我都很清楚。但是如果那样的话,苹果反而撑不到那个时候。所以,让我们想想如何立即解决这个争端。我所需要的就是微软承诺继续为 Mac 开发软件,并且微软要向苹果投资,这样我们的成功也能让微软获益。"

你看,苹果公司都快撑不下去了,乔布斯还不忘摆谱。乔布斯不仅要求微软提供服务,还要微软给他投资。这就好比是一个正在用呼吸机续命的垂死病人对仇家说:"你要是不救我,过两天我就来收拾你。"

而比尔·盖茨居然答应了。他给了苹果公司 1.5 亿美元,得到的只是无投票权的股份,还答应帮助苹果开发 Mac OS 版本的办公软件。

毫无疑问,比尔·盖茨也有自己的考虑。当时微软正在被美国司法部立案进行反垄断调查,如果苹果公司破产,Mac OS 停止开发,电脑操作系统就 100% 成了微软的天下,这对微软是很不利的。所以,比尔·盖茨做了个顺水人情,拉了苹果一把。

作为一名曾经的嬉皮士,乔布斯一辈子都在警惕"老大哥"。1984 年,他甚至为 Mac 推出了一个主题为"这就是为什么 1984 不会变成《1984》"的广告片:一个反叛的年轻女子,从思想警察的追捕中逃脱,当老大哥正在大屏幕上进行蛊惑人心的讲话时,她将大锤砸向屏幕。垄断了电脑操作系统的比尔·盖茨当然就是人们心目中最典型的"老大哥"。讽刺的是,没有"老大哥"的帮助,乔布斯难以度过他一生中最艰难的时刻。

1997 年的 Macworld 大会上,乔布斯在会场与身在西雅图微软总部的比尔·盖茨连线通话。比尔·盖茨的脸突然出现在巨幅屏幕上,赫然出现在乔布斯和整个会场面前。观众们都惊呆了,那个场景真是 1984 年苹果广告的残酷再现,你甚至会觉得(或希望)有一个身手矫健的女人突然从过道跑过来,扔出锤子,正中比尔·盖茨那张正在傻笑的大脸,让那个画面消失掉。

但那的确不是广告。比尔·盖茨的大脸让乔布斯显得异常的渺小。乔布斯还不得不当众对比尔·盖茨表示感谢。有了微软的支持,苹果公司股价在大会当天暴涨了 33%,苹果公司从死亡边缘走了出来。

苹果公司起死回生后,乔布斯需要开始规划下一步的发展。每一年,乔布斯都会带着他最有价值的 100 名员工进行一次外出集思会。这 100 名员工的挑选原则很简单:如果你只能带上 100 人跳上救生船去开创下一家公司,你会带上谁?在每一次秘密会议结束时,乔布斯都会站在一块白板前问大家:"我们下一步应该做的 10 件事是什么?"人们会互相争论,力争让自己的建议被采纳。几轮辩论下来,大家将确定前 10 件"最应该做的事"。乔布斯会把最后 7 件全部划掉,然后宣布:"我们只能做前 3 件。"

2000 年,乔布斯的白板上出现了"音乐"这个词。

乔布斯认为,市面上现有的便携式音乐播放器都太糟糕,原因在于它们太复杂。苹果是唯一一家有能力整合硬件、软件和设计的公司,这让苹果能做到其他公司做不到的事情。乔布斯决定,苹果要用 Mac 中的 iTunes 软件来管理音乐,然后把音乐放入和 iTunes 配套的以 iPod 为名的音乐播放器上播放。将复杂的任务交给计算机完成后,iPod 的功能就可以极其简化,收听音乐也就变成了一件简单而又轻松的事情。

乔布斯每天都参与 iPod 项目,他最主要的要求就是"简化"。找某一首歌或使用某项功能,导航必须清楚,按键次数不能超过三次,否则他就会很生气。让同事们大吃一惊的是,乔布斯决定 iPod 上不能有开关键:如果一段时间不操作,它会自动进入休眠状态;当你触摸任意按键时,它就会马上自动醒来。这个功能在之后的大部分苹果产品上都实现了。苹果团队还设计了著名的滚轮功能,只要用大拇指旋转转盘,就可以滚动歌曲列表,而不需要在播放列表上按几百次按钮。日本东芝开发了一个大约只有 1 美元硬币大小的硬盘,带有 5G 的容量,可是不知道用在哪。乔布斯马上用 1000 万美元买下这项技术并用在了 iPod 上。

苹果将 iPod 设计成白色。不是简单的白色,而是安静、醒目、出挑却不张扬的"纯净"的白色。不只是机身、电源适配器,连耳机都是白色的。蜿蜒的白色耳塞线成了这个产品的一个标志。

2001 年 10 月 23 日,乔布斯隆重推出了 iPod。在描述了产品的技术参数之后,到了给产品揭幕的时刻,这一次,乔布斯没有像以前那样走到一张桌子前揭开遮布,而是说:"我口袋里刚好有一个。"他把手伸进牛仔裤口袋,掏出一个炫目的白色小玩意:"这绝妙的小机器里面装着 1000 首歌曲,而且刚好能放进我的口袋。"说完,他把 iPod 又放回了口袋,在观众的掌声中从容地走下台。

iPod 代表了苹果品牌的核心价值——艺术、创意和科技的完美结合,在消费者当中掀起了购买的热潮。最妙的是,iPod 还促进了 Mac 的销售。Mac 成为 iPod 及未来的 iPhone、iPad 等各种新潮数字产品的中心,帮助用户管理音乐、图片、视频、信息等数字生活的方方面面。乔布斯成功地将电脑变成了"数字中枢"。

iPod 的热销马上带来了一个新的问题:消费者从哪里能获得装满 iPod 的 1000 支歌曲呢? 这也是音乐产业所面临的挑战。他们正饱受盗版的侵害:人们可以从不少服务商那里免费下载歌曲。乔布斯相信，"在下载盗版音乐的人中有 80% 都是不得已的，只是因为没有人给他们提供合法的选择而已。我们创立一个合法的途径吧，这样大家都会受益。音乐公司能赢利，艺术家能赢利，苹果公司也能赢利，而用户也享受到了更好的服务，又不必偷窃。"就这样，乔布斯创立了"iTunes 商店"，并争取到了全球五大唱片公司的数字音乐的销售权。消费者每下载一支歌曲就要支付 99 美分，其中唱片公司将得到 70 美分。

iTunes 让苹果从一家卖产品的公司升级成了一家平台型的互联网企业。许多号称"互联网＋"的企业，其实只是"＋互联网"，将互联网作为宣传和销售的渠道。平台型的互联网企业，自己不生产任何产品，只帮助 B(企业)或 C(消费者)与其他的 B 或 C 进行沟通或达成交易。最有价值的互联网企业，如亚马逊、谷歌、阿里巴巴、百度、腾讯等都是平台型的互联网企业。苹果自己不生产任何的音乐，却依靠 iTunes 成为最大的音乐公司之一，这是典型的平台型互联网企业的商业模式。

到了 2005 年，iPod 售出 2000 万部，同比增长三倍，iPod 的销售额占了苹果公司当年营收的 45%。而这却成了乔布斯担忧的地方，他总害怕有什么会让苹果陷入困境。当手机开始配备摄像头时，数码相机市场立即急剧萎缩，同样的情况也可能发生在 iPod 身上。乔布斯得出结论，能抢 iPod 饭碗的设备必定是手机。如果到了手机普遍内置音乐播放器的时候，谁还需要买 iPod 呢？

乔布斯认为，市面上现有的手机都很差，功能复杂、设计难看，就像 iPod 出现之前的那些音乐播放器一样。2005 年，全球手机销量超过 8 亿部，一款优质时髦的手机一定会有市场空间。不过，此前苹果并无任何手机设计和制作的经验。乔布斯打算找一个市场现有的手机领导品牌合作。摩托罗拉，诺基亚，还是爱立信？

第二章

功能时代三雄争霸

摩托罗拉开启 1G

1940 年,纳粹德国在欧洲战场上猖獗一时。当时,原本擅长做汽车收音机的摩托罗拉公司接到美国军方的紧急订单,要求开发一种可用电池供电的无线通信便携式设备。摩托罗拉因此研发出 SCR-300 步话机,就是我们常在二战电影里看到美国通信兵背着的那个重达 16 公斤的笨玩意,整个二战期间大约生产了 5 万部。它的有效通信距离达到 13 公里,是世界上最早的实用化的无线通信设备之一。摩托罗拉还开发出了另外一款较小的 SCR-536 对讲机,于 1941 年 7 月量产,重量只有 2 公斤多,通信距离根据环境而不同,在树林里只有 300 米,开阔地则可以达到 1.5 公里。这两款设备分别被美军士兵称为"walkie talkie"和"handie talkie",后者也是世界上第一种真正大规模使用的手持无线通信设备。

作为无线通信技术的先驱,摩托罗拉参与了人类最早的太空航行。1964 年,水手四号飞行器用摩托罗拉的无线电设备将火星影像传回地球。1969 年,阿姆斯特朗站在月球上说的话,也是由阿波罗 11 号使用摩托罗拉的无线通信设备让地球听到的。

摩托罗拉发明的手机,可以说是比登月旅行更重要的"人类的巨大飞跃"。20世纪 60 年代,芝加哥暴力犯罪活动十分猖獗,该市警察局局长向摩托罗拉提出了一个要求——摩托罗拉是当时美国警方车载通信设备和对讲机的主要供应商——希望巡警在离开警车、步行巡逻的时候,也能和警局保持联络。

于是,摩托罗拉的工程师马丁·库伯领导设计了首款蜂窝电话,可以通过无线蜂窝网络①保持联系。摩托罗拉意识到,除了警方巡逻之外,这个设备还可以派上很多别的用场,于是慷慨地拨出 1 亿美元的巨资进行研发。

1973 年,库伯用一个靴子大小的原型机,在纽约街头拨出了第一通电话。电

---

① 蜂窝网络:为了解决频率有限和用户无限的矛盾,可以把一个地理区域划分成许多小区,每个小区由一个小功率基站来提供服务。相对单个大功率发射器来说,这些基站影响范围有限,同一频谱可以在较远的另一个小区中再次使用。这种移动网络结构像蜂窝一样高效,故被称为蜂窝网络。

话打给了他的竞争对手——贝尔实验室的一个主管。库伯告诉他："我现在可是在用真正的手提电话与你通话。"对方沉默良久,不过可以想象得到他那震惊的表情,因为是贝尔实验室率先提出了蜂窝电话的概念。库伯大笑了起来,街头行人纷纷侧目,他们不知道自己见证的是人类历史上第一款真正意义上的手机的诞生。

直到 1983 年年底,摩托罗手机才做好了投放市场的准备,1987 年进入中国。摩托罗拉最初的商用手机重达 1 斤,售价高达 2 万人民币,还要交 6000 元的入网费,不是普通人能用得起的。那个年代港产片里的大佬或者富豪,一部"大哥大"是标配。尽管价格高昂,手机销量仍是爆发式地增长,摩托罗拉长期居于市场垄断者的地位。到 1990 年,摩托罗拉年营收接近 110 亿美元,成为美国最大的 50 家公司之一,在全球信息产业中仅次于 IBM 和美国电话电报公司(AT&T)。而 AT&T 的主要业务之一是为摩托罗拉手机生产配套通信设备。

第一代移动通信网络(1G)建立在模拟技术的基础上。相对于只有通话功能的模拟技术[①],数字技术好得让人难以抗拒:它支持来电显示、传呼和短信业务,抗干扰力较强,发射范围更广,还容易扩容。摩托罗拉很早就开发了数字通信技术,但坐拥 4300 万用户并占有全球模拟手机市场 70% 份额的摩托罗拉觉得赚钱太容易,没有必要急着从 1G 的模拟技术转向 2G 的数字技术。摩托罗拉的内部竞争也有"战争部落"之称,手机事业部还在卖模拟手机,系统事业部却将数字技术授权给了高通,而半导体事业部还正在和高通的芯片死磕。数字手机的语音质量很快就超过了模拟手机,而消费者对发短信的热爱也让人始料未及。摩托罗拉系统部门的上千名工程师都在用高通制造的数字手机,没有一个人使用摩托罗拉自己的模拟手机。摩托罗拉手机落伍的时候,高通开始走上全球移动通信竞争的舞台。

1985 年,一位名叫艾文·雅各布的麻省理工学院教授退休。在家赋闲三个月之后,雅各布耐不住寂寞,于是找了 6 位老同事一块创立了一家新公司。新公司的

---

① 模拟信号是模拟着信息(如声音信息、图像信息等)变化而变化的信号,数字信号是将信号经过抽样、量化、编码之后形成数字信号(也叫脉冲信号),数字信号通常使用 1 和 0 表示。模拟信号通过传统的传输线路(例如电话网、有线电视网)来传输,随着传输距离的增加,传输质量会严重恶化。数字信号用光纤介质通信,可实现长距离高质量的传输。

宗旨被定为"高质量通信"（quality communications），于是，就有了高通（Qualcomm）。

新诞生的高通没有商业计划，没有产品，也没有投入多少资金。"但我们都懂无线技术，这个领域里一定有好玩的东西。在头 6 个月的时间里，我们想出了不少点子，这些点子也让我们一直忙到了现在。"

高通公司成立不久，一家货运公司找上门来。当时还没有移动通信，这个货运公司希望高通能够帮它解决公司总部与运输卡车的联络问题。雅各布想到了CDMA 技术，这一技术原本属于美国军方，二战后开放商用，但其开发和推广一直处于停滞状态。于是，高通做出了一个卫星定位装置。虽然这个装置笨重粗鄙，而且不能传递声音，只能通过敲击键盘来传递消息，但已经让这个货运公司很开心了。这套系统沿用至今，成为全球货运业最大的商用卫星移动通信系统。

雅各布由此看出 CDMA 的潜力，并且认定它比当时欧美市场上占据主流的TDMA 更先进。对运营商来说，CDMA 能够有弹性地容纳更多的呼叫，更容易且能低成本地从模拟网络升级。对消费者来说，CDMA 手机有更好的话音和连接质量，更优的保密性和更低的能耗。于是，高通成功开发出可用于个人移动通信的CDMA 技术，同时将研发过程中开发的所有大大小小的技术都申请了专利。当时并无第二家企业对 CDMA 在移动通信领域的应用进行研究，行业中的其他公司都在开发他们认为更加稳定、利润更加丰厚的 TDMA 领域。高通在 CDMA 领域独自探索，这是一次巨大的冒险，要么一无所获，要么富甲天下。

高通到各地做演示和推广，终于使得美国电信工业协会于 1993 年接受CDMA 为北美标准。标准确定了以后，CDMA 打开了走向世界的大门。由于摩托罗拉对 CDMA 还抱着观望的态度，高通不得不与索尼合资生产 CDMA 手机，与北电合资开发 CDMA 通信设备，甚至还得自己开发 CDMA 商用所需要用到的芯片——这项业务由于成本太高、难度太大而不可能找到有兴趣的合作者。高通在技术研发和开实验局[①]上的投入巨大，有时为了拿到订单还得为运营商提供融资

---

① 实验局：在通信设备行业中，实验局指实验性质的电信局级别的通信设施建设项目。

服务,却没什么收入,经常落到工资都发不出的地步。1995 年是高通成立十周年,也是高通的转折年。7 月,有近百年历史的美国大运营商斯普林特选用 CDMA。8月,高通上市,筹得近 5 亿美元,彻底解决了长期困扰它的资金问题。9 月,全球第一个商用 C 网在中国香港成功开通。市场终于被打开了,高通结束了有投入、没产出的草创时期,开始进入新的发展阶段。

在 CDMA 获得市场认可以后,高通毅然决定砍掉全部硬件业务,将通信设备业务卖给爱立信,手机业务卖给日本京瓷。高通也不得不这样做,市场增长太快,仅靠自己的工厂解决不了对 CDMA 手机和设备的巨大需求,而且自己的工厂由于规模不够也难以盈利,还严重拖累了股票价格。对那些获得高通授权的厂商来说,高通的做法可以取消他们对可能来自高通的竞争的顾虑,高通的新战略可以吸引更多的企业加入 CDMA 的生态中。这两项交易还有额外的收获:爱立信停止了对高通的专利侵权诉讼——主推 GSM 的爱立信此前视 CDMA 为死敌;在京瓷的帮助下,日本成为 CDMA 的重要市场之一。芯片设计业务则被高通保留了下来。能够自行开发芯片,特别是复杂程度极高的手机芯片,成为高通的核心竞争能力。

尽管高通非常努力,还是改变不了 CDMA 的发展进度大大慢于 GSM 的现实。1G 时代,西欧和北欧有 6 种互不兼容的技术标准,消费者一出国手机就没法用。另外,也是为了与美国的移动通信标准对抗,欧洲各国团结起来,由欧洲邮电管理委员会成立了移动专家组,成功制定了 2G 的基于 TDMA 技术的 GSM 标准。1991 年,世界上第一次基于 GSM 标准的通话在芬兰的赫尔辛基完成。为这次通话提供手机的,是诺基亚。

不过,当时的诺基亚自己也没有预见到这款 GSM 手机的重要意义。1992 年 1月,约玛·奥利拉被任命为诺基亚的新一任总裁。因为他的银行从业背景,大家都认为,他会肢解诺基亚,然后将其一块一块地出售给开价最高的收购者,如果还有人愿意购买诺基亚那些看起来一文不名的资产的话。

诺基亚翻盘 2G

1865 年,当采矿工程师弗雷德里克·艾德斯坦决定于芬兰坦佩雷镇的一条河边建立一家木浆工厂的时候,芬兰甚至还不是一个独立国家,只是俄罗斯治下的一个大公国。诺基亚这个名字的根源,可以追溯至古老芬兰语中的"黑貂"一词。这是一种有着黑色皮毛、灵活敏捷的小动物,栖息在诺基亚河边。一座建立于 13 世纪的庄园便以诺基亚为名,后来这个名字又被诺基亚公司沿用。

在一个多世纪的漫长历史中,诺基亚公司见证了芬兰的独立、苏芬战争、二战和冷战。到 20 世纪 80 年代的时候,经过不断的并购,诺基亚已经成为一家拥有 2.5 万名员工的国际化公司。诺基亚旗下有造纸、电缆、轮胎、橡胶靴、移动电话、电信网络、电视机等多个业务单元。这个庞然大物早已危机重重、摇摇欲坠。诺基亚的总部无法有效地管控各个业务版块,甚至有些并购竟无人清楚是如何发生的。很多人都明白,诺基亚必须砍掉一些亏损严重或者次要的业务部门,可真到要动手时又难下定决心。造纸? 那可是诺基亚建立的基石,也是公司最神圣的部门,而且一直在盈利。橡胶靴? 它是寒冷而又潮湿的芬兰的生活必需品,也是诺基亚最有名的产品啊,其历史仅仅比造纸晚了三年。电缆? 这个业务有着良好的现金流。电视机? 诺基亚可是欧洲最大的电视厂商之一,在全球拥有 6 家电视生产厂……任何一项业务都能找得出无数理由保留,在犹豫中,1987 年的全球性股市大崩溃给了诺基亚沉重的一击。1988 年内,诺基亚的股价大跌。这一年的 12 月 11 日,诺基亚总裁卡利·凯莫拉不堪重负,自杀身亡。

凯莫拉生前最喜欢干的事情就是把砖头大小的诺基亚手机放在餐桌上,等到震耳欲聋的铃声响起,然后再郑重其事地拿起手机接听,即使会引起餐厅其他客人的不快。① 凯莫拉对诺基亚的前途太过悲观,没有意识到能够拯救诺基亚的东西,其实一直就摆在他的面前。

1960 年,诺基亚开始关注电信产业,并研究无线电信号的传输问题。1979 年,诺基亚着手研究 1G 网络标准,并于 1982 年生产了北欧的第一部蜂窝电话——这款设备重达 10 公斤,多数情况下得放在车上使用。80 年代中期,诺基亚的手机杀入摩托罗拉大本营的美国市场,一度相当成功。为了供应美国市场,诺基亚还在韩

---

① 约玛·奥利拉、哈利·沙库马:《诺基亚总裁自述》,文汇出版社,2018 年。

国建了一家手机工厂。诺基亚快速占领了全球手机市场 13% 的份额。

摩托罗拉开始了猛烈的还击，首先和诺基亚打起了专利侵权官司，输了官司的诺基亚不得不赔给摩托罗拉 1000 万美元的巨款。摩托罗拉还推出了全球首款翻盖手机，小巧、实用而且美观，让玩惯了砖头手机的诺基亚大为震撼。1989 年 12 月，奥利拉成为诺基亚三年内的第四任手机部门领导，而刚刚过去的三年也是诺基亚手机部门连续亏损的三年。

幸运的是，诺基亚一向擅长产品研发。"在诺基亚的基因中一直混有少量疯狂的因子，我们相信别人能做到的事情我们一定也可以。"诺基亚的手机部门只需要一个愿意下到生产第一线、撸起袖子加油干、有一点点耐心，还有一副暴脾气的领导，而奥利拉正是这样的一个人。

诺基亚用了整整三年时间，开发出了 101 机型。这款手机采用了石墨灰和绿色两种颜色，后来还能更换彩壳，打破了此前手机"黑到家"的局面，让顾客发现手机原来并不是个沉闷的通信工具，而是彰显个性、体现自我的时尚产品。101 机型拥有可伸缩的结构，待机时间是普通手机的两倍。最重要的是，101 机型是当时市场上最轻便的手机。为了做到这一点，诺基亚的工程师疯狂地将 101 机型的部件数量减少到仅有以前机型的一半。101 机型是诺基亚成为全球著名手机品牌的起点，它所拥有的高科技、北欧式触感、个性化、自由开放及品质经久不衰这五个特点，成了诺基亚品牌的基因。2G 时代到来后，诺基亚 101 随即发布了 GSM 版本，这是世界上第一款 GSM 手机，也是第一款能发短信的手机。

101 手机让诺基亚集团在 1991 年扭亏为盈，次年即产生了巨额利润。虽然诺基亚 101 机型潜力无限，但当时仅仅电视机业务造成的黑洞，就能把通信业务产生的利润全部吃掉。深陷困境的诺基亚，把瑞典的爱立信公司视为救星。

与陷入多元化泥潭的诺基亚相比，爱立信简直就是专业化运营的典范。爱立信最初是一家修理电报仪器的店铺，由拉斯·马格努斯·爱立信于 1876 年创立，仅比诺基亚晚了 11 年。爱立信其人精力充沛、才能非凡，他亲自设计并生产出一系列更好的电报设备，很快得到来自消防、警察和铁路运输部门的众多订单。

不无巧合的是，在爱立信成立的这一年，美国人贝尔申请并获得了电话的专利。这一新奇的通话工具大受欢迎,马上就风靡全球。让贝尔没想到的是,其电话产品居然很快就在偏远的北欧遇见了强劲的竞争对手。新生的电话是一种奢侈品,但爱立信以其超人的洞察力觉察到,一个充满光明前途的产业即将诞生。爱立信马上从他工作过的西门子公司买来一些电话,研究其构造,迅速掌握了制造技术,推出了自己的电话产品。由于爱立信设计的电话经济、耐用而且美观,很快就在 1881 年的两次竞标中打败了贝尔电话公司的产品,赢得了大量订单。电话机、交换机等电信设备成为爱立信的主要业务。瑞典是一个小国,爱立信几乎从一开始就是一家国际化的企业,在欧洲、美洲和亚洲广泛开展业务。1894 年,还在清朝统治末期的中国,就有 2000 部的爱立信电话,它们远渡重洋到了上海。20 世纪初,爱立信勇敢地打入了美国市场。这时的贝尔电话公司,已经被它的子公司 AT&T 替代。AT&T 占有美国电话领域 90% 的市场,却未能阻止爱立信在美国占有一席之地。

对通信业务的专注让爱立信成为这一行业的全球领导者,爱立信在长达一个多世纪的时间里始终保持强劲增长的势头,几乎没有出现过明显的衰退。爱立信每年在研发方面的投入占公司全年销售额的 15%～20%,远远超过同行业其他公司的水平。到了 20 世纪 80 年代,随着移动通信的逐渐兴起,爱立信凭借此前多年积累的技术优势,赢得越来越多的市场份额。

如果发展势头良好的爱立信愿意收购,当然是诺基亚最好的出路。可是,1991年,爱立信正式拒绝买下诺基亚,再加上诺基亚随即因苏联解体而失去了最重要的出口市场,诺基亚的股东们——主要是芬兰的银行,非常绝望。

就在诺基亚连遭重创的时候,奥利拉临危受命,成为诺基亚的新任总裁。几乎无人看好奥利拉的上台。虽然他此前领导的手机部门业绩不错,那又怎么样呢?手机只在诺基亚集团中占据 10% 的营业额,是个不起眼的一个小部门。而且,"在芬兰社会的深处一直都潜伏着一种对重工业的信仰,几乎没人相信移动电话的价值,甚至在诺基亚内部亦是如此。许多人都相信移动电话就如同电视机,只有日本人才有能力从这种产品的生产中获利。"①

然而,诺基亚的好运来临了。欧洲于 1992 年统一市场,为诺基亚手机横扫欧洲市场清除了贸易壁垒。欧洲支持的 GSM 标准被全世界广泛接受。在整个 20 世纪 90 年代,全世界有 162 个国家建成了 GSM 系统,享用 GSM 服务的人数于 1998 年超过 1 个亿,GSM 在移动通信市场上的占有率达到 75%。伴随着 GSM 的发展壮大,诺基亚 101 也跟着 GSM 走出欧洲、奔向全球。101 机型成为诺基亚的"福特 T 型车",是其第一款能够大批量生产的手机。巅峰时期,仅 101 一款机型,就占到诺基亚手机销售总量的 42%。

奥利拉认为,"首先我们需要专注于一个我们有能力成为世界领先者的领域,其次这也必须是一个正在不断发展的市场。"只有运营通信设备和手机业务的通信部门符合这两条标准。1994 年,奥利拉做出了一个非常重要的决策:公司将专注于通信领域的业务,其他所有资产都将出售。

此前仅有造纸业务部门于 1989 年出售,此后诺基亚的瘦身计划大大加快,诺基亚轮胎以单独上市的方式剥离,电缆部门于 1996 年成为历史,制造最大黑洞的消费电子部门则花了好几年时间才被彻底清空。诺基亚减少了 8 成左右的业务,成为一家专注通信业务的公司。以 50% 以上的速度增长的手机业务,将占诺基亚总营业额四分之三以上的比重。中国,也成为诺基亚重点关注的市场。

进入 2G 时代,中国手机市场开始起飞。20 世纪 90 年代,许多在内地销售的外国品牌手机,有不少是从香港通过非正式渠道进来的,深圳华强北因此产生了多达 2000 个的手机"国代"②。一开始,外国手机厂商们似乎也都默认了这种做法。那时候的手机是奢侈品,消费量还不太大。

摩托罗拉和诺基亚认为,中国市场前景广阔,只有依靠正规渠道,才能获得长远发展。而且,建厂也有利于加快产品上市和供货的时间,减少物流和关税成本。

---

① 约玛·奥利拉、哈利·沙库马:《诺基亚总裁自述》,文汇出版社,2018 年。本节中关于诺基亚的数据和资料多出自此书,不再一一注明。

② 国代:国家级代理,也是第一手代理。因为谁都没有得到正式授权,所以都是"国代"。

1992 年,摩托罗拉投资了 1.2 亿美元在天津建设它的全球最大的手机工厂。三年后,诺基亚也在北京开始建立合资的手机生产基地。

建厂虽然落后半拍,但诺基亚胜在更懂中文。1996 年,诺基亚推出了首款同时支持简、繁体中文短信的移动电话诺基亚 8110,这也是最早的自动滑盖手机。1998 年,第一款内置游戏的手机诺基亚 6110 上市,贪吃蛇成了诺基亚手机的招牌游戏。1999 年,诺基亚 3210 上市,全球销量 1.6 亿台,开创了直板手机内置天线的时代。诺基亚不断推陈出新,拍照手机、音乐手机、翻盖手机、折叠手机,推出了无数经典机型,引领了手机市场变化的风潮十多年,为中国乃至世界的手机市场带来了翻天覆地的变化。

在 20 世纪 90 年代中后期的那段时间里,诺基亚、摩托罗拉、爱立信等少数在中国有手机生产基地的厂商都尝到了甜头。一方面是市场的需求量暴涨,另一方面中国大力反走私,使得许多靠水货销售的品牌一下子就消失了。中国成为全球增长最快也是容量最大的手机市场,中国市场的成功将诺基亚推上了全球销量第一的宝座。从 1998 年到 2011 年,诺基亚连续 14 年成为手机销量的世界冠军。奥利拉公开承认:"没有中国,就没有诺基亚的今天。""70 后""80 后"的中国人,还有谁没用过诺基亚呢? 很多人的第一部手机就是诺基亚。

当年流行过这么一支歌曲:

> 我赚钱啦赚钱啦
>
> 我都不知道怎么去花
>
> 我左手买个诺基亚
>
> 右手买个摩托罗拉
>
> ······

歌曲中没有提到爱立信。

比起手机业务,爱立信更重视通信设备业务。随着 2G 数字技术时代的来临,通信设备行业也经历了一段爆炸式的高速增长。借着欧洲 GSM 标准走遍全球的大好机遇,爱立信连续10年保持了平均35％以上的快速增长,超越了北美系的AT&T、北电和摩托罗拉,成为全球通信设备的老大。

在2B(面向企业)业务上做得太成功,让爱立信对手机这一2C(面向消费者)业务不如诺基亚重视。2B和2C的商业模式有很大的不同。2B操作相对简单,只要技术够先进、质量够好、价格够低,市场就是你的。2C最重要的不是技术、质量和价格,而是看谁最能讨消费者的欢心。2B和2C还存在矛盾:2B要求把成本费用控制到极致,这样才能给厂商客户供应最有价格竞争力的产品;而2C则必须不惜血本地花大价钱投入在广告上,这样才能赢得消费者的青睐。

凭借其强大的技术实力,爱立信是诺基亚在手机市场上的一个强劲的竞争对手。然而,一场火灾的意外发生,打破了爱立信与诺基亚这两个欧洲最大手机品牌之间的实力平衡。

2000年3月17日的夜晚,美国新墨西哥州平原乌云翻滚,突然一个霹雳划破黑暗直捣地面,恰好击中荷兰飞利浦电子公司在当地的一个芯片工厂。大火持续燃烧了十分钟,大量生产线瘫痪。

飞利浦认为火灾不过十分钟就扑灭了,要恢复生产想必也花不了多少时间。火灾过去两个星期后,当飞利浦发现事情的严重性超乎想象时,才给诺基亚和爱立信发出正式通知,称需要更多的时间才能恢复供货。

在收到通知之前,诺基亚早已知道危机的发生。其实,一家远隔重洋的美国工厂是否遭遇雷击,欧洲人根本无从知晓。诺基亚供应链的中层管理人员是从急剧减少的芯片供货和异常波动的芯片价格上发现了问题。他们要求与飞利浦的美国工厂直接沟通,从而第一时间就获悉了工厂着火的消息。

在得到这个坏消息后,诺基亚负责零部件供应的管理者高亨就不停地用计算器算来算去,发现这可能会妨碍到诺基亚400万部手机的生产,这个数字足以影响整个诺基亚公司5％的销售额。而且,当时手机市场的需求非常旺盛,仅中国移动在这一年就将新增4000万手机用户,核心部件的断档无疑是致命的威胁。高亨立即行动起来,30位诺基亚高层管理人员从欧洲、亚洲和美国集中到总部紧急开会,共同研究解决问题的对策。受到影响的有5种芯片,其中仅有1种能找到替代供应商,其他 4 种只能由飞利浦独家供应。高亨专门飞往飞利浦总部,以大客户身份说服飞利浦特事特办,要求飞利浦改变生产计划,动员其他下属工厂为诺基亚供应芯片。诺基亚组织了一个危机处理小组,负责每天跟进芯片的供应情况。诺基亚还动用自己公司的大量资源,协助飞利浦的受灾工厂尽快恢复生产,第一时间补上诺基亚的芯片缺货。另外,诺基亚还找了日本和美国的其他供应商,分担了部分芯片的供应任务。

爱立信的反应则要迟缓得多,等到它收到通知时才发现,没有其他供应商能够替代飞利浦的供应。此前,爱立信为了节约成本,简化了供应链。结果,爱立信的一款关键新手机短缺数百万个芯片,无法及时上市,仅此就至少损失 4 亿美元的收入。

在这一年,爱立信的手机业务出现了 17 亿美元的惊人亏损,导致爱立信集团迎来了半个世纪以来的首次经营亏损。仅仅一场大火,不足以改变爱立信手机的命运。祸不单行,受到全球互联网泡沫破灭的消极影响,通信业出现急刹车,全球诸多电信运营商和通信设备企业均受到严重冲击。为了丢车保帅,爱立信在手机领域不断瘦身,2001 年年初将手机生产业务外包给代工企业美国伟创力,10 月将手机研发、设计和营销业务全部剥离到与日本索尼合资成立的索尼爱立信移动通信公司(简称索爱),曾经在爱立信销售额中占 30% 比例的手机业务被淡化。

索尼刚刚淡出与高通合作生产 CDMA 手机的项目,正好也想找个新的有通信行业背景的合作伙伴。然而,日本手机整体上都不行。这是因为日本在 2G 推的是自成一家的 PDC 标准,与世界隔离,日本市场的手机又全部由运营商定制,导致日本手机市场相当封闭,而日本手机厂商普遍缺乏理解消费者的能力。日本企业擅长硬件却不擅长软件,索尼拥有业界最好的手机摄像头,却造不出最好的拍照手机。索爱不时推出一些设计很精致的手机,但随着智能手机对功能手机的逐步替代,软件对手机越来越重要,索爱手机变得越来越小众。事实上,日本手机品牌无一例外都在衰退,连本土市场也被苹果抢去大半。到 2011 年 10 月,爱立信将其在合资公司拥有的一半股份悉数卖给索尼,彻底退出了手机市场。索爱手机的 10 年历史,正好见证了智能手机从崛起到兴盛的过程。

全球首部触屏智能手机 Simon

塞班系统引领 3G 初期

世界上公认的第一款智能手机,是 IBM 于 1994 年 8 月 16 日上市的"西蒙" (Simon)(见上图),这也是世界上第一款没有实体按键、使用触摸屏的智能手机。它使用 Zaurus 操作系统,只有一款第三方应用软件,具备电子邮件、记事本、传真等功能。此前的功能手机,是相对初代单一通信功能的手机而言,拥有音乐、游戏、闹钟等多种功能的手机。这些功能在出厂的时候就已经设置好了,不能随意安装或卸载。从西蒙手机开启的智能手机时代开始,手机上可以随意安装和卸载应用软件,甚至可以"刷机"——重装操作系统,手机开始电脑化,也拥有了智能。西蒙手机的问世有着里程碑的意义。我们还注意到,做出第一款智能手机的并非诺基亚或摩托罗拉这样的传统手机厂商,而是擅长做电脑的 IBM,这也意味着计算机企业向通信领域的跨界。

与西蒙手机类似,1996 年,诺基亚也推出了一款名为"通信器"的智能手机。相比西蒙手机来说,它还多了个能上网的功能。"通信器"很快占据了《纽约时报》财经版块的醒目位置,不过,文章标题《近乎售罄的芬兰产品》还是有些夸张。因为"通信器"的软件运行效果不如预期,可以应用的程序也远远不够,这限制了功能的发挥。而且,它的体积宽大,过于笨拙。诺基亚认为它可以作为销售人员、证券经纪人、房地产商甚至是货车司机随身携带的通信工具。芬兰那些去布鲁塞尔参加欧盟日常会议的外交官们都会配备"通信器",以便能够在会议间歇甚或无人察觉的情况下,去看看邮件或者与芬兰外交部沟通。

从广义上说,智能手机除了能够通话,还具备了掌上电脑(PDA)或平板电脑的大部分功能。智能手机为软件运行和内容服务提供了广阔的舞台。不过,智能手机的问世,并没有马上对功能手机产生巨大的冲击。最初的智能手机过于笨重和昂贵,这大大限制了它们的推广。比如西蒙手机重达 500 克、售价 899 美元。

但是,资本的热情已经被燃起。互联网的威力有目共睹,移动互联网的班车千万不能错过。尝到 2G 甜头的芬兰,于 1999 年 3 月率先发放了全球第一张 3G 牌照。1999 年 11 月,在芬兰召开的国际电信联盟(ITU)第 18 次会议上,正式确定了 3G 的三种国际标准,包括欧洲提出的 WCDMA、中国提出的 TD-SCDMA 和美国提出的 CDMA2000。其中,前两者可以向后兼容 GSM,后者兼容 CDMA。此后两年,欧洲拍卖 3G 牌照的总价竟高达 1500 亿美元,3G 概念构成了全球 21 世纪初互联网泡沫的一部分。在互联网泡沫破裂后,3G 也是一地鸡毛,众多电信运营商负债累累、叫苦连天。由于中国要推自己的 TD-SCDMA 标准,该技术尚不成熟,而且中国也在等待自己的通信设备企业的成长,以至于中国迟至 2009 年才发放 3G 牌照,足足比欧洲晚了 10 年。中国的运营商也因此避开了欧洲同行因过早推出 3G 而产生的巨额亏损。

移动互联网时代迟迟不至,是因为智能手机需要变得足够小巧、易用、低能耗和低价格,还有赖于手机操作系统和处理器技术的进步。最早认识到手机操作系统重要性的人,竟然是比尔·盖茨——又一个打算从计算机领域向通信领域进军的跨界者。

1999 年 10 月的日内瓦世界电信展,破天荒地出现了一个新面孔:比尔·盖茨。更让人们惊讶的是,比尔·盖茨在电信展上宣称,手机的软件时代即将随着 21 世纪而到来,微软为此推出了划时代的 Windows Mobile 操作系统(简称 WM),这次先过来串门,希望大家以后一块努力。表面上,微软向一众手机厂商们递来了橄榄枝,言下之意却很明显:要么合作,要么死亡。

比尔·盖茨认为,手机的未来,软件的重要性将远远超过硬件,手机将向带通信功能的电脑演进,只要拿下手机操作系统市场,就能将手机厂商像电脑厂商一样控制在自己的掌心。微软拥有全球最强大的软件队伍,做个手机操作系统,岂非小菜一碟?

可是,手机与电脑的最大不同在于能耗,手机不可能像电脑一样带着根电源线运作,必须将能耗控制在一块小小的手机电池能够承受的范围内。为了节约能耗,手机使用的操作系统和处理器都必须采用全新的架构设计,不需要考虑耗电问题的 Wintel 联盟(微软与英特尔的合作)在手机领域严重碰壁。

WM 其实是为内存较大、允许复杂操作的掌上电脑而设计的。2002 年,微软联合中国台湾宏达的 HTC 品牌,推出了全球第一台搭载 WM 系统的 Pocket PC (PPC),大获成功。WM 顺利得到了惠普、戴尔、华硕等电脑厂商的支持,饮得头道汤的 HTC 在 WM 平台的份额一度高达 80%。

WM 要想深入手机阵营就不容易了。手机的功能虽说与掌上电脑相似,但手机的尺寸要小很多,这就要求操作系统必须适应更小的内存、更低的能耗并且要有更简单的操作方法。WM 有太多视窗的痕迹,操作习惯及产品定位无法被普通消费者适应,使用体验明显不如塞班(Symbian),一直局限于高端白领阶层。WM 市场份额最高时只占了手机操作系统的 20%。

狂妄的比尔·盖茨引起了手机厂商们的警惕。奥利拉也认识到:"在这场战斗中,操作系统便是一切核心所在。"于是,诺基亚、爱立信和摩托罗拉等在市场上打得你死我活的各大手机厂商竟然联起手来,共同推出塞班系统,以与微软的 WM 抗衡。2000 年,全球第一款塞班手机——爱立信 R380 正式上市。由于有各个手机大牌的全力支持,塞班系统在智能手机领域长期一家独大。

比尔·盖茨发现,手机领域并不像电脑领域那样可以让自己随心所欲。微软不打算自己去做手机,那不是它擅长的东西。要想打开手机操作系统的市场,微软必须在手机厂商中寻找合作伙伴。微软几乎与当时所有的手机大厂都有过深入地沟通,其中也包括诺基亚。

2002 年 7 月,奥利拉和比尔·盖茨的会面,活像是两位准备决斗的武士,在会议桌上,前者亮出了最新款的由塞班系统支持的诺基亚手机,后者则摆上了笔记本电脑。虽然在"武器"上占了上风,这次会面还是让奥利拉明白:"与他(比尔·盖茨)联手要好过与他为敌。"而比尔·盖茨也认识到:"微软在无线领域中决不可能赚到钱。"讽刺的是,诺基亚手机后来之所以衰败的一大因素就是投靠了微软,而微软手机操作系统失败的主要原因就是没有推出免费的政策。

诺基亚 7610　　　　诺基亚 1110　　　　诺基亚 8800Arte

诺基亚是塞班手机的领头羊。2001 年上市的诺基亚 9210,是第一款较为成熟而且较受欢迎的塞班手机。2002 年推出的诺基亚 7650,则是第一款基于 2.5G 网络的智能手机产品。2004 年大卖的诺基亚 7610,拥有如叶子般的时尚设计,绝对是一款令你一见难忘的手机,其不对称的机身和键盘颠覆了直板手机方正及对称的传统,再加上机身大胆的红黑颜色搭配,让人难以相信它是一款诺基亚手机。除了外观上很吸引眼球外,7610 也是诺基亚首批采用百万级别像素摄像头的手机。2005 年,诺基亚推出了超高性价比的 1110 机型,这款连摄像头都没有的手机一共售出了 2.5 亿部。十多年过去了,这款手机依然是史上最畅销的手机。

提及诺基亚塞班手机真正的爆发,就必须说到诺基亚于 2005 年 4 月正式向全球推出的 N 系列了。N9X 是诺基亚 N 系列中最高配置的旗舰级别,每一款几乎都成为当时的经典。特别是诺基亚 N90,在外观上采用了日本手机风格的翻盖加旋屏设计,还引入了 200 万像素摄像头。摄像头支持自动对焦,可 315 度旋转,让拍摄角度更多。N 系列是诺基亚进入巅峰时代的重要标志。

在 2G 时代,摩托罗拉其实仍然拥有业内最好的手机语音质量。可是,数字时代的手机在语音质量上的差别已不像模拟时代那么大,语音质量已不再是消费者关注的重点。消费者更看重外观、功能、易操作性等非技术因素,这些花里胡哨的东西成为诺基亚将摩托罗拉远远抛在身后的重要因素。

诺基亚对市场研究的深入程度绝对是迷恋技术的摩托罗拉望尘莫及的。诺基亚甚至雇了一位名叫简·奇普蔡斯的人类学学者,专职研究世界各地的手机使用习惯。他有许多有趣的发现:60%的男性会把手机放在裤子的右前口袋里,而他们会漏接大约30%的电话;61%的女性则会把手机放在她们的手袋里,这些女人漏接电话的比例高达50%;人们在会议或吃饭时将手机正面朝上放在桌子上,就意味着他愿意被联系,相反,手机被反扣在桌上就明显表示他不愿被打扰。后一发现催生了一个很有趣的功能——当人们将诺基亚8800Arte的屏幕反扣在桌面上,来电时铃声就会被屏蔽。相比手忙脚乱地将手机铃声挂断,这个动作会显得很优雅,且不会打断正在进行中的会议。这款商务手机在中国的售价超过了1万元。

奇普蔡斯更多地去往世界各地的穷乡僻壤,那里是有待诺基亚手机帝国前去征服的处女地。毕竟当时地球上仅有10亿人使用手机,未来几年内将会有新的10亿人拥有他(她)的第一部手机。奇普蔡斯发现,在孟买的贫民窟,一家人会把值钱的物品全部挂在墙上,最好给他们提供能挂在墙上的手机;在非洲,一个村庄可能会合起来使用一部手机,所以需要在手机中设置多个通讯录;许多发展中国家的农村都缺电,为他们定制只需20美元但带有手电功能的廉价手机就可以大卖。

对市场的深刻洞察让诺基亚占有了全球手机市场40%的份额,超过摩托罗拉、三星和索爱等几个主要竞争对手的份额之和。塞班手机于2006年在全球销量突破一亿,看起来还将稳稳地引领着智能手机的未来。奥利拉也在这一年光荣地退居二线,转任诺基亚董事长,有议员建议他去竞选芬兰总统。诺基亚帝国如日中天,没有任何人预料到它崩溃在即,而对它的威胁竟会来自一个从来没有做过手机的人——乔布斯,他仍然是一个来自电脑领域的跨界者。在那个时候,还能被诺基亚放在眼里的竞争对手,除了摩托罗拉,就是三星。

第三章

第二个打败日本的韩国人

三星涉足半导体产业

李健熙在 32 岁那一年决定，即使父亲和周围的人都反对，他也要买下韩国半导体公司。李健熙是李秉喆的第三个儿子，李秉喆是韩国三星集团的创始人。

韩国半导体公司是一家于 1974 年成立的韩美合资企业，主要生产以早期集成电路显示数字的电子手表。该电子手表作为韩国技术的骄傲，曾被选入青瓦台送给外国来宾的礼物清单。由于资金不足，该企业成立不到一年就面临经营不下去的局面。[①]

这家公司的生产水平仅仅停留在晶体管制造的阶段，还远远达不到制造集成电路的水平，所谓的"半导体"徒有其名。但是，"半导体"三个字吸引了李健熙的注意，可见给公司起个好名字相当重要。刚刚结束的第一次石油危机给李健熙带来了巨大的震撼，他意识到资源极其贫乏的韩国必须要走高附加值的高科技产业之路。在他看来，人类社会从工业社会向信息社会过渡的征兆已经出现，而其中最关键的半导体正是最适合韩国人才能和性格的产业。

可是，三星的管理团队并不看好半导体产业。他们认为，三星 1969 年才进军电子产业，连怎么造好一台电视机都没搞明白，发展最尖端的半导体技术从何谈起？这不仅风险过大，而且不到时候，因此他们强烈反对这项收购。

在没有父亲帮助的情况下，李健熙倾尽个人财产，拿出 500 万美元收购了韩国半导体公司韩方所持有的一半股份，又在 3 年后收购了美方所持有的另一半股份，并将公司更名为"三星半导体"。这是属于李健熙自己的第一项事业，也是日后三星电子崛起的第一块基石。

李健熙要做半导体，首先需要从发达国家引进先进技术，然而这绝非易事。在石油危机的影响下，各国纷纷举起了技术保护主义的旗帜，美国还宣称其半导体技术被日本产业间谍窃取，连带着对韩国也显露敌意。

---

① 朴常河：《李健熙：从孤独少年到三星帝国引领者》，中信出版社，2017 年。本节中关于三星的数据和资料多出自此书，不再一一注明。

巨大的技术差距、巨额的资金投入、产品生命周期短暂和专业人才短缺等种种不利条件,使当时幼小的韩国半导体公司处于四面楚歌的境地。

为了摆脱这种困境,毕业于日本早稻田大学的李健熙,亲自承担起从日本引进技术的重任。他几乎每周都会去日本与半导体技术人员见面,努力向他们学习哪怕一丁点儿有用的知识。李健熙还瞒着日方公司,在周六将这些技术人员带至韩国,让他们通宵达旦地向韩国技术人员传授半导体技术,周日再将他们送回日本。

经过不懈的努力,1981年年初,李健熙的半导体工厂终于开发出彩色电视机使用的彩色信号集成电路,技术水平实现了质的飞跃。然而,李健熙经营三星半导体公司的七八年时间,企业一直在亏钱,也没有发展壮大。这是因为半导体产业成败的关键在于规模。一个半导体产品,要有每月数十万、数百万的销量才有可能赚钱。以三星半导体公司的体量,绝对不可能赢利。半导体产业不仅对技术要求高,对资本的需求更高。

这时,一开始犹豫不决的李秉喆也对半导体产业产生了兴趣。韩国财阀界盛传着一个奇闻——装满一个手提箱的半导体元件,就价值上百万美元,而这些半导体元件的原材料不过是沙子和金属导线。但李秉喆也遇到了强烈的反对,主要是因为半导体产业所需的高技术和大量资本的问题很难解决。对当时的韩国企业来说,半导体产业是一面只可仰视而无法逾越的高墙。三星集团内部的多数人担心这项事业"会让集团走向灭亡"。三菱综合研究所也很为三星担心,一口气列举了五个三星注定要失败的理由,包括国内市场小、集团内部相关产业之间关联少、需要大量借款、技术落后和企业规模有限。

这时候,一个关键人物出现在了李秉喆的面前。曾经在二战后主持日本复兴计划的稻叶秀三博士认为,日本的产业结构已出现向半导体、电脑、新材料、光纤通信、宇宙开发方面调整和进化的趋势。其中,半导体最有发展前景。这番话深深打动了李秉喆。他决定:"在资源匮乏的国家里,企业为了生存,唯有挑战半导体这样的高新技术产业才能有出路。失败了也没有关系,为了将来的发展就应该背水一战!"

尽管三星半导体公司的技术还处在只能勉强生产家电用大规模集成电路的阶

段,李秉喆却要求制订比大规模集成电路水平高出数倍的超大规模集成电路开发计划。1982 年,李秉喆投入 27 亿韩元(相当于 200 多万美元)建立了半导体研究所,随后正式宣布进军半导体产业,并将之作为三星集团的核心产业之一。与三星的其他产业相比,半导体产业无疑是一场可能要付出巨大代价的赌博,三星半个世纪以来历经艰辛而积累的成就很可能在瞬间倒塌。整个三星集团,就像是即将迎来一场关乎生死存亡的战争一般,气氛异常凝重。而李秉喆是经过了几天寝食难安的思考,才艰难地做出了改变三星未来的这个决定。

在李秉喆下定决心的背后,是韩国政府的大力支持。韩国政府颁布类似日本 VLSI 计划的"半导体工业育成计划",并为此建立了由国家研究所、三家财团与六所大学联手的共同研究发展体制。韩国在三年时间内一共投入 2.5 亿美元,其中政府拨款占 57%。1986 年,在政府的支持下,韩国电子通信研究所、三星电子、乐喜金星集团(后改名为 LG 集团)、现代电子产业株式会社(后改名为 SK 海力士株式会社)和汉城大学五家单位开始对存储器进行共同研发攻关,不断推动存储器技术的更新换代、缩小技术差距,并最终实现对先进国家的赶超,让韩国的半导体产业得到快速的进步。

不过,在三星刚刚宣称要进军半导体产业的时候,它在国际上连能提供先进技术的合作伙伴都很难找到。那时的美国和日本正在如火如荼地进行着半导体战争。在这种形势下,三星在全球范围内都找不到一个能与其共享尖端技术的企业。而若不能引进尖端技术,三星的半导体业务就将寸步难行。

怎么办?三星绞尽脑汁,最后终于想出了一招:挖人。三星前往美国,从英特尔、德州仪器等许多半导体企业挖来不少韩裔半导体科学家,此外还从日本挖来了一些技术人才,从而解决了技术储备的问题。

1983 年夏,三星开始着手建设位于京畿道器兴区的超大规模集成电路工厂,工厂将主要生产动态随机存取存储器(DRAM)。存储器是半导体产业中最大的一块,约占半导体总产值的 30%。而用作电脑内存和手机内存的 DRAM 又是最重要的存储器,是三星志在必得的一个半导体战略高地。仅用了 6 个月——正常施工时间的三分之一,新工厂就在零下十五摄氏度的严寒中宣告落成启用。利用从美国美光科技(Micron)手中获得的技术授权,该工厂又仅用6个月就开发出了64K DRAM,之后又开发出了256K DRAM。

三星的研发速度算是相当快的了,但因为起步晚,与美国、日本等国家相比还是进度落后。64K DRAM比其他企业迟了三年才投入市场,256K DRAM迟了两年。随着产品的迭代,存储器价格如雪崩般跌落。三星的64K DRAM的制作成本是1.7美元,国际售价却在短短几个月时间内就从3.5美元跌到了50美分。也就是说,三星每生产一个就要损失1.2美元。短短4年时间,三星半导体项目累积赤字已经高达1亿多美元,将股本全部亏光。

对于今天的三星电子来说,这笔钱自不在话下。可在30多年前,1亿多美元是一个天文数字。巨额亏损如一座大山一样压在三星半导体项目的管理层身上。三星已经建成的1M DRAM工厂是否要开工?虽然1M DRAM缩小了时间差距,但仍然晚于美国和日本的企业,亏损的可能性很大。

这就是半导体产业的残酷性。摩尔定律认为,半导体芯片上可容纳的晶体管和电阻数量每18~24个月就将增加一倍。这一定律决定了存储芯片的性能在每一次升级时都有成倍的增长。新一代产品一旦上市,老一代产品的价格马上雪崩。每一代产品都必须尽快完成生产线的折旧,赚取足够多的利润并及时投资下一代的生产线。只有领跑者才有肉吃,落后者不仅连汤都喝不上,还要赔得一塌糊涂。

既然开弓了就没有回头箭,李秉喆决定让新工厂立即开工,并加快4M DRAM的研发。从4M DRAM开始,三星电子终于取得存储器市场的领跑地位。李秉喆的坚强意志,确保了三星半导体项目的成功。然而,在半导体项目上的艰辛决策及繁重的集团事务损害了他的健康,他的生命亦走到了尽头。直到去世的那一天,李秉喆也没能见到三星半导体业务的盈利。

半导体产业成就三星

李健熙原本被家族认为"性格温顺,不擅长社交,不适合做一个企业家",而且在他之上还有两位哥哥,"太子"之位怎么也轮不到他。1979年,李健熙出人意料地被父亲确认为继承人,担任了三星集团的副会长。应该说,这体现了半导体项目在李秉喆眼中的重要性,以及他对李健熙的决断力的认可。在三星半导体项目生死存亡最为关键的 1987 年,李秉喆去世,45 岁的李健熙出任三星集团会长。

在就职演说中,雄心勃勃的李健熙提出,"在 20 世纪 90 年代将三星打造成世界级超一流企业"。要做到这一点,无疑必须倚重半导体项目。

半导体一向是美国的强势产业,然而,在日本半导体公司的挑战下,到 1986 年,日本半导体产值已大幅超越美国,并且在全球半导体产业中所占的份额超过了一半。这也是唯一一次美国半导体产业落后于其他国家。日本电气、东芝和日立占据了半导体制造业世界前三强的位置。存储芯片是美国半导体产业受日本冲击的重灾区,美国的八大动态存储公司只有美光和德州仪器两家幸存。

在美国政府的强势打压下,日本政府不得不顺从美国的要求,控制本国的内存产量,大力监管由于生产过多而造成的低价销售。日本存储器制造商强烈反对日本政府的这一政策,但最终还是低头屈服,将 1M DRAM 生产线大量停产转售,把产业重心移向下一代的 4M DRAM。

让人意外的是,美国经济在 1987 年恢复繁荣,市场对物美价廉的 1M DRAM 的需求量大增,三星电子乘虚而入,抢占日本企业让出的市场,捡了个大便宜。日本存储器产业大受打击,而三星则从此进入全球半导体一线企业阵营。

才刚掌舵三星集团,李健熙便面临艰难的抉择。那时,芯片晶圆加工的国际标准是 6 英寸。尽管谁都知道 8 英寸晶圆有很大的优势,但它在试产阶段的生产效率只有 6 英寸的一半,技术上存在很大的风险。一旦决策失误,三星电子可能要面临 10 亿美元的损失。

"周围人都极力反对。但是,我们要想成为世界第一,就得将这个机会看作实现飞跃的最佳时机,没有大胆的选择,就永远无法摆脱技术落后国的地位。半导体集成技术在过去的 10 年间,足足进步了 4000 倍。技术开发周期不断缩短,如果不能在短时间内保证新技术的开发,将会丧失很多的发展机会。因此,我放弃了老老实实、安安稳稳的道路,选择了大胆的飞跃。"

李健熙孤注一掷,把生产芯片的 5 条 6 英寸生产线全部改成 8 英寸,紧接着第

6 条和第 7 条生产线开工,并于次年成功运行。这一大胆的决策让三星电子掌控了 16M DRAM 的市场,将犹豫不决的日本企业甩到了身后。以此为契机,三星电子于 1993 年登上了存储器领域的世界巅峰。此时距他就任三星集团会长,不过短短 6 年的时间。半导体市场瞬息万变,芯片开发迟一个月都可能导致数千万美元的损失。日本半导体企业一误再误,从此让出了存储器市场的领导地位。

比生产线竞争更重要的是人才的竞争。20 世纪 90 年代,日本在经济泡沫与美国制裁的双重打击下,多数企业已没有多余资金投入再研发,此时的韩国犹如饥饿的野兽,以重金疯狂吸引这些人才。即使连东芝那样著名的日本领军企业,也遭遇了人才流失问题,其中被三星以三倍薪资挖走的就有 70 多人。

经历过专利诉讼之苦的三星,如今在半导体产业上也积累了很多的专利。特别是芯片专利,三星拥有的数量大大超过其他企业,取得了领先优势。

从 1992 年到 1996 年,三星连续率先研发出 64M、256M 和 1G 的 DRAM,以及 128M 的 SRAM(静态随机存取存储器),创造了前所未有的纪录,牢牢占据了领先的地位。全球存储器的主要供应基地由日本转移到了韩国。

日本企业也在反思为何在半导体产业上败给三星,他们认为最主要的原因在于缺少像李健熙这样的直接决策者。"半导体投资从 100 亿日元上升到了 200 亿日元,当设备投资的决策权还在事业部手上时,日本企业还保持着竞争力。不幸的是,当设备投资上涨到了高达 1000 亿日元时,事业部的投资决策权被剥夺了。所以投资判断失去了机动性,每次都错失投资机会。在全公司组织会议进行投资判断,这一体制使日本的半导体产业与必要条件(即速度)渐行渐远。"

依据摩尔第二定律:制造芯片的成本平均每 4 年翻一番。这意味着半导体产业的建厂成本也在以指数级的速度上升,这给决策者带来了巨大的压力。半导体产业可以说是"时机产业",因为它需要预测前途未卜的未来,要在最佳时机进行适当的巨大投资。半导体的投资金额极大,决策速度又要求很快,稍有失误,难免头破血流。现代企业往往是所有权与经营权分离,老板不懂业务不敢拍板,职业经理人又因承担不了这么大的责任也不敢拍板,以至贻误战机。不仅是日本半导体企业在这个问题上一误再误,同一时期,中国以国企为主导的那批半导体企业亦在犹疑中起起落落。可以说,李健熙的决断力是三星电子崛起最为重要的因素。

1993 年是三星历史上一个重要的分水岭。

此前的 6 年,其实是李健熙沉默的 6 年。在李健熙上任之时,三星集团是一个已有 49 年历史和 15 万名员工的庞大企业,传统势力根深蒂固,无人把少主放在眼里。李健熙在三星建立 50 周年庆典上提出的"二次创业"口号,沦为空谈。"50 年间形成的企业体制太过牢固。经营者不思改进,公司与公司之间、部门与部门之间,利己主义横行,助长了恶性竞争的风潮。"李健熙痛心疾首,却无能为力。

从前的三星,组织机构复杂,重视论资排辈,企业决策缓慢,产品质量马虎,爱搞低价竞争,满足于在韩国市场坐井观天。所有这些陋习,全部被半导体项目无情地打破。半导体产业是竞争极残酷、技术更新最快、市场瞬息万变并且必须立足全球才能生存的产业,半导体项目要求引进国际一流人才,要求决策迅速有力,要求技术领先,要求做到世界一流,若非如此三星就不可能在全球半导体产业中立足。李健熙力推半导体,是将三星置之死地而后生,为三星成为世界一流企业奠定了基础。

半导体改造了三星,也成就了李健熙。三星的存储器项目在 1993 年取得了世界领先地位,三星集团也因此成为韩国首家赢利过 1 万亿韩元(今约 8 亿美元)的企业,这让李健熙树立起了高度的个人权威,他终于能够重拳出击,对三星集团进行全面的改革。

在上任之初,李健熙亲力亲为,发挥了很大的作用。1993 年,李健熙开始分权,他精简了会长秘书室的人数和权限,增加了各个子公司的权力。新的组织架构让三星集团面对市场变化的反应速度大大加快,能够灵活应对市场和技术的变化。分权后的李健熙则渐渐减少了自己直接决策和指挥的比重,直到不再去会长办公室工作,成为"归隐的管理者"。不去公司的李健熙只做两个工作,一是统筹三星集团的战略发展方向,二是担任三星集团的首席产品官。李健熙窝在号称"蚕城"的住宅里享受思考的乐趣,而且经常超前思考 5 年到 10 年后的事情。李健熙自小就在孤独中长大,儿时最大的乐趣是将玩具拆分后重新组装。沉默寡言的他是个学习狂,知识覆盖面极广,拥有包括电影和电视广播、历史、半导体、汽车等领域的专家级知识，尤其喜欢研究机械和电子产品，"搭地铁就想着它的运行原理，看电视就琢磨其内部构造"。每个月，从日本和美国分公司那里得来的高新技术产品会多次进出蚕城，他就在蚕城里认真细致地拆解和比较三星电子和竞争对手的新产品。

李健熙执掌三星集团5年来，虽然从财务报表上看，三星电子的业绩很光鲜：销售额翻了一倍，达到300多亿美元，出口额也增长了65％，达到19亿美元。但在漂亮的数据背后，三星电子却危机四伏。李健熙认识到，三星虽然在半个世纪以来一直保持高速增长，但是随着时代的变迁，旧体制终于无法适应新的时代变化。高度信息化社会正伴随着高新技术的急速发展而到来，以劳动力取胜的数量战略必须向以技术取胜的质量战略转变。三星电子的电视、盒式磁带录像机等产品在韩国的市场占有率第一，在国际市场上却是便宜货的代名词。

李健熙严厉地提出批评："三星电子每天都有6000名员工要对3万名员工生产出来的产品进行2万多次的修理。地球上从来没有如此低效率、高浪费的集团。"他提出："要从我开始，除了妻子和孩子，一切都要改变。放弃以量取胜，坚持以质取胜。"

质量低劣的三星手机撞到了李健熙的枪口上。

砸出来的三星手机

很多企业都喜欢把次品内部消化，三星也不例外。1995年，三星给高管配备了2000余部手机作为中秋礼物，不少高管抱怨通话不畅，并把小报告递给了李健熙。李健熙很生气地说："电话的质量至今还是如此吗？也不畏惧顾客，竟然收了钱却卖次品！"他命令把流向市面的不良产品全部回收，并无条件地换成新产品。当时一部手机的价格还很贵，零售价在150万～200万韩元之间，相当于1500美元左右。三星电子的损失如雪球一样越滚越大。三星最后居然收回了10万部手机，数量之多让李健熙深感震惊。

三星电子从1988年开始生产手机。为了追求市场占有率，三星电子急于不断推出手机新品，无暇顾及品质问题，手机次品率竟高达12％。虽然李健熙一直高呼"以质取胜",但多数三星人仍然忽视品质,无法从追求数量的陈腐观念中摆脱出来。

李健熙下令手机生产线停产,他亲自前往生产手机的龟尾工厂。15 万部手机、车载电话和传真机等次品在工厂的运动场中央堆成了一座小山,其价值在千万美元以上。运动场边拉起了"品质是我的人格,是我的自尊心!"的横幅,横幅下面站着三星电子无线事业部的管理层。2000 多名员工头系"品质保证"布条,神色凝重地聚集在观众席上。

李健熙一声令下,十多名员工提着大锤,开始用力砸向那堆像山一样的电子产品,然后在被砸得粉碎的产品上点火。

后来成为三星手机部门社长的李基泰,这样描述当时的心情:"看着倾注自己心血的产品被火焚烧,心中百感交集。但奇怪的是,当推土机碾压燃烧过的残渣时,我好像突然醒悟了,竟感觉那火苗象征着对过去的诀别。"

手机焚烧事件像一颗原子弹,炸醒了沉睡中的三星电子。次年,一直名列韩国国内第四名的三星手机市场占有率立即上升至 19%,仅次于摩托罗拉,形象焕然一新的三星手机还挺进了美国市场。再过一年,三星成了韩国手机市场的老大。三星手机的起飞,不仅仅是因为品质的提升,还与韩国开始力推 CDMA 技术有很大的关系。

1996 年,高通分别在韩国和美国建成第二个和第三个 C 网。当时韩国的通信产业非常落后,考虑到在比较成熟的 GSM 技术上无法与欧洲企业竞争(华为用了10 年努力才追上欧洲企业的 GSM 技术水平),而选择 CDMA 这样的新技术则可以快速进入全球无线通信市场,韩国政府宣布 CDMA 为韩国唯一的 2G 标准,并全力支持企业投入这一技术的商业应用。三星成了全球首家 CDMA 手机出口商,一直位列全球 CDMA 手机老大。三星还垄断了本国的通信设备市场,在全球CDMA 市场上也占了很大的份额。韩国 CDMA 产业在短短几年内就产生了数百亿美元的经济效益,被称为韩国从亚洲金融危机中得以恢复经济的希望之光。

自 20 世纪 60 年代以来,韩国政府实行了"出口主导型"战略,推动了本国经济的飞速发展。在短短几十年的时间里,从一个贫穷落后、资源稀缺、市场狭小的国家,一跃跻身发达经济体之列。但"韩国模式"的背后,是政府、银行和财阀之间打造的"铁三角"关系,财阀负债率居高不下,大而不强。这些庞然大物在支撑韩国经济的同时,也绑架了韩国经济,加剧了金融体系的脆弱性。亚洲金融风暴将"汉江奇迹"打回原形,韩国前 30 大财阀有半数破产,其中包括韩国第二大企业大宇集团。三星集团亦巨亏 22 亿美元,其中仅三星电子就亏损 6.6 亿美元。

到了 1997 年 12 月,韩国外汇储备接近枯竭,濒临破产边缘。韩国政府不得不接受国际货币基金组织提出的方案,获得了其提供的 570 亿美元一揽子贷款。美国资本大量进入韩国,以极低的价格收购韩国银行和企业的股份。不可否认的是,外资的进入,也改善了韩国银行和企业的治理水平。银行的不良贷款率在下降,企业也在从资本密集型向知识密集型转变。三星集团进行战略收缩,连续出售小汽车、卡车、工程机械、寻呼机、电脑等多个业务版块。三星集团 59 个下属公司减少为 40 个,裁员 5 万,占职员总数的 31%。连李健熙个人创业、年盈利近亿美元的半导体厂都卖掉了。三星集团内部全部清除了各子公司之间高达 2.3 万亿韩元的相互支付担保,从而使各子公司实现财务上的独立运作。到了 1999 年,三星集团扭亏为盈,处境大为改善。三星集团的负债率从两年前的 366% 下降到 166%,三星电子的负债率则从 85% 下降到 55%。

反过来说,韩国也救了 CDMA 一命。韩国的手机厂商在此后十年给高通支付的专利费就高达 26 亿美元,更重要的是,有了韩国这样一个样板市场,高通再向其他市场推广 CDMA 就容易多了。1996 年年底,全球 CDMA 用户规模才好不容易超过 100 万,但四年后即上升到 8100 万。

CDMA 看似发展神速,与 GSM 的差距仍然很大。GSM 是欧洲电信运营商和爱立信、诺基亚等设备商一起辛苦研发出来的,它们之间共享知识产权,互相免费开放使用。而高通垄断了全球 92% 的 CDMA 市场,第一次有一家企业几乎垄断了某个移动通信制式的专利,而且高通还要通过收取专利费来牟利,自然 CDMA 就打不过 GSM。中国政府原本对 CDMA 是很有兴趣的,有意学习韩国,通过引入 CDMA 技术扶持中国通信企业的成长,打破欧洲巨头垄断 GSM 设备的局面,但高通对中国提出了一系列苛刻条件,设备贵、专利费贵、手机贵、技术还不成熟,中国不接受,就大量采购了 GSM。中国的支持成了 GSM 在全球范围内被接受的关键因素。欧洲人将 GSM 重新定义为"全球移动通信系统",来到中国就被简称为"全球通"。2000 年年底,全球 GSM 用户数超过 5 亿,其中仅中国移动就拥有近 1 个亿的全球通用户。

在全球范围内,依据对 C 网和 G 网的站队,移动通信全球标准的两大阵营开始成形,一方是美国、加拿大和韩国,另一方是中国和欧洲,这对未来全球移动通信产业的发展走向产生了极其深远的影响。

三星做手机,比借势 CDMA 更重要的,是它掌控了手机的两大关键零部件:芯片和面板。今天的手机市场上最高端的面板——有机发光二极管(OLED),由三星率先商用并长期居于垄断的地位。而当年三星面板刚起步时使用的液晶面板显示技术(LCD),则是以追赶日本为起点。

1984 年,三星电子设立 TFT-LCD 研究小组,开始跟踪液晶技术。1991 年,三星电子成立 TFT-LCD 事业部,并于当年建成第一条试生产线。经过十年的技术积累,在占据存储器市场全球第一宝座的同时,三星再接再厉,大举进军液晶面板领域。

液晶面板又是一个重资产、强周期的产业,而日本在这个市场上占据了 90% 以上的份额。李健熙明白,要想在这样的产业里活下去,就必须拿出破釜沉舟的勇气,不惜一切代价做到行业第一。但此刻,他面临的形势不比当年做存储器强,甚至还更恶劣。1993 年,三星开建第一条 2 代线。项目刚上马,就赶上液晶面板行业第一次周期性衰退。好处是可以招揽失业的日本工程师,容易获取技术,坏处是整个市场都在亏损。从建立试生产线开始,每年都要亏损 1 亿美元。连续亏损五年后,迎来的却是液晶面板行业第二次衰退周期。三星逆水而上,又建成第一条 3 代线,赶上了日本企业的生产能力。

在亚洲金融风暴的冲击下,三星集团大瘦身,液晶面板业务不仅毫发未损,还加码投入了数十亿美元。1998 年,三星建成 3.5 代线,全面领先只有 3 代线的日本企业。当时韩元大幅贬值,也给三星带来了成本优势,三星的液晶面板出货量跃居世界第一,并终于有了盈利。在这一年,李健熙力排众议,在三星集团仍然负债累累、仅三星电子就负债高达 160 亿美元的情况下,出资 4000 万美元加入奥林匹克全球顶级赞助商。三星此举不仅提升了品牌形象,还大大振奋了饱受金融危机煎熬的韩国民众。1999 年,苹果向三星投资 1 亿美元合建液晶面板生产线,戴尔也给了三星 85 亿美元的订单。三星在全球液晶面板市场占据了 19% 的份额,LG 飞利浦①和日本夏普分列第二第三,韩国面板企业完全赶超了日本企业。

此后,三星和 LG 飞利浦两家韩国企业主导了全球液晶面板的投资。2001 年,LG 飞利浦投资世界第一条 5 代线,三星紧接着投资了两条 5 代线。2004 年,LG 飞利浦建成 6 代线。三星跳过 6 代线,直接建成两条 7 代线。三星电子有个著名的"生鱼片理论":隔天的鱼片只能以一半的价格出售。因此,三星的液晶面板通过技术领先和大量快速出货来抢占市场。日本企业从 5 代线的建设开始落后于韩国企业,连曾经被三星视作标杆企业的索尼,也不得不同三星合作共建液晶面板厂。

在半导体产业,后进企业只有逆势扩张,才有可能赶超先进企业。李健熙认为:"越是困难,就越要加大投资,创造工作岗位,这一想法始终没变。"李健熙通过自己的大胆决策实现了组织内部集体决策通常难以实现的事情,在存储器和液晶面板领域多次实施反周期投资,三星才终于超过日本企业,成为全球第一。

既有"小心思"(处理器及存储芯片),又有"大面子"(面板),此外,三星还在闪存、非存储芯片、定制半导体等多个半导体产品线的研究与开发上不断取得历史性的进步,三星手机在硬件竞争上就拥有了得天独厚的优势,庞大的电子零部件生产力对它的新品快速迭代提供了有力的支持。

从 2000 年开始,三星乘新兴技术之东风,以眼花缭乱的速度,不断向市场推出拥有内置摄像头、MP3 播放器和彩色屏幕等配置,以及超薄、滑盖等时尚元素的手机新产品。9 月推出的 A 系列手机,是三星手机真正风靡全球的开始,其超薄加折叠的概念足足比摩托罗拉的刀锋系列早了 4 年。11 月推出的 Uproar 手机,是世

① LG 飞利浦(LG. Philips Displays):由韩国乐金电子公司(LG Electronics)和荷兰皇家飞利浦电子公司(Royal Dutch Philips Electronics)于 1999 年成立的合资企业。飞利浦于 2008 年卖出所持股份,该公司更名为 LG Display 有限公司。

界上第一部可以播放 MP3 的手机。2003 年的 T500 女性手机,可以将屏幕作为化妆镜使用。2006 年的厚度仅 1 厘米多的 BlackJack,是当时市场上最薄的全键盘智能手机……

三星手机开始对诺基亚和摩托罗拉形成有力的挑战,中国成为三星手机的主战场。

美国眼看无法与 GSM 竞争,担心失去在国际通信市场上的主导地位,开始主推自己占优势的 CDMA 技术。在中国申请加入 WTO 的时候,美国政府提出了一个附加条件,那就是中国必须接受 CDMA,中国联通成了"背锅侠"。1999 年,联通宣布有可能采用高通的 CDMA,高通股票被华尔街高度看好,其价格一年之内竟飙升了不可思议的 25 倍,从最低 7 美元上升到了 176 美元。但中国联通的 G 网覆盖本来就不如中国移动,现在还要分出一半资源去做 C 网。联通的 C 网和 G 网左右手互搏,C 网的用户数只有 G 网的 40% 左右,导致连续亏损了好几年。

为了履行对 WTO 的承诺,中国手机整机进口关税于 2002 年降至 3%,2003 年再降为零。此时的进口手机主要来自韩国。相当诡异的是,中国一边在大量进口手机,另一边却出口得更多。中国手机 2003 年出口量达到创纪录的 9523 万部,从此成为世界最大的手机出口国。[①] 绝大多数出口手机都由诺基亚、摩托罗拉和西门子等外企生产,主要出口至美国和德国。中国出口手机的数量超过进口手机数量的三倍,这说明中国的手机产能完全可以满足本土市场的需求。为什么还需要进口手机? 一方面,是因为联通的 C 网于 2002 年 1 月开始运营,喊出"手机不要钱"的口号与中国移动竞争,当年用户数量就突破 700 万,市场对 CDMA 手机有着巨大的需求,而三星是全球最大的 CDMA 手机出口商;另一方面,则是因为中国消费者对韩国手机的偏爱,韩国品牌比欧美品牌更了解东方人对手机的需求。擅长面板的三星,在中国推出的折叠彩屏手机,深受中国消费者的欢迎。手机成了当时韩国出口中国的第一大商品。

三星看到了中国市场的巨大机会,早在 1999 年就推出全球首款中文 CDMA

---

① 张毅:《中国成为世界最大手机出口国》,人民日报海外版,2004-02-18。

手机,2002 年获得中国信息产业部颁发的手机牌照,2003 年与科健合作在深圳建成中国当时产能最大的 CDMA 手机生产基地。2005 年,韩剧《大长今》在湖南卫视热播,"韩流"在中国风靡一时。韩国手机借此东风在中国热销,三星 Anycall 手机的性感广告随处可见,韩国的长发美女风行一时,令无数中国消费者倾倒。

为了快速占领中国市场,三星的工程师能够在 3~6 个月的时间里完成一款设计,一个季度开发出 8~10 个新产品。与之形成鲜明对比的是,诺基亚和摩托罗拉的设计周期长达 12~18 个月,一年才推出 4~5 个新产品。诺基亚将其全球中低端手机的研发中心搬到中国来,将其研发效率提高了 5 倍,才赶上了三星的节奏。当然,手机并不只是把芯片、面板等零部件组合起来就可大卖,三星要想把手机做好,还需要建立更多的战略优势,比如设计。

2005 年春,李健熙带着三星核心事业的部分社长参加了意大利米兰的世界家具博览会,一行人整整参观了 6 个小时。李健熙这样表达了自己的感受:"消费者绕着展柜逛一圈,能浏览到 3 万种商品。如果无法用标新立异的设计抓住顾客的心,那么商品就难以出售。商品陈列柜的特定产品俘获消费者欢心的平均时间约为 0.6 秒(大概是把 6 个小时分配到 3 万件商品上,李健熙对数字相当敏感)。若无法在这短暂的时间内让消费者驻足,市场营销战役将一败涂地。"

当然,李健熙并不想买家具,之所以来米兰,只是为了让三星团队感受一下这里代代相传的匠人手艺和精湛设计。逛完家具博览会,回到酒店,李健熙立刻召开了设计战略会议。会场前面整齐地摆放了索尼、夏普、松下、东芝、苹果、飞利浦、汤姆逊等曾获得国际设计奖的优秀产品,以及三星电子的一百多个主推产品。这是一场比较三星电子主打产品和世界名牌产品的品评会,三星每年都会举办一次这样的"先进产品展览"。

李健熙认为:"从最高经营团队到现场职员都需要重新认识设计的意义和重要性,从而将三星产品打造成名牌。三星的设计能力尚有诸多不足,除'随意呼'(Anycall)手机外,其余都属于一流和二流之间的产品。从现在开始,经营的核心不再是品质,而是设计。"

李健熙决定,三星将集中所有力量致力构建独创设计,确保优秀人才的引入,营造创意自由的组织文化,强化模具技术基础。三星原本就在韩国专门成立了设计经营中心,投入 500 多人组建设计战略和设计研究所,专注于研究设计。此次会议后,三星将全球设计的据点扩大到了美国、德国、意大利、英国、日本和中国等国家,构建了研发各国本土化设计的全球设计体系。

三星推出全球第一部音乐手机、第一款珍珠白色的手机、第一个能挂在脖子上的手机……三星的设计有了长足的进步,横扫从美国工业设计优秀奖、德国 iF 工业设计奖、红点设计大奖到日本优良设计大奖等上百项国际权威设计大奖。对设计的重视,让三星手机的品位和档次再上一个台阶。

三星凭借先进的零部件和优秀的设计,不断推出新产品,即使每一款手机都比同等配置的其他品牌手机定价高一些,也不影响其销量,反而在树立起品牌的基础上,让产品销量在全球市场上一路攀升。同时,三星通过奥运会赞助等营销手段成功树立了"动感、时尚、高科技"的品牌形象,摆脱了那种大量生产、廉价销售的规模经营模式。

2007 年,三星电子的销售额突破 1000 亿美元[①],其获利相当于日立、松下、索尼、东芝、日本电气和三菱电机六大日本电子公司之和。在历史上,韩国对日本败多胜少。万历朝鲜战争中大败日本名将丰臣秀吉的李舜臣,几乎是绝无仅有的一个例子。400 多年后的今天,李健熙被韩国人视为又一个李舜臣。这一年的第三季度,三星在全球手机市场上以 14.5% 的份额超越了摩托罗拉的 13.1%,尽管与诺基亚 38.1% 的份额还相去甚远,但已是全球第二的辉煌成绩。[②] 不过,三星无人有心思庆祝,因为在这一年,苹果进入手机市场,开启了智能手机的革命。

---

① 依据财富中文网,三星 2007 年销售额为 1060 亿美元,利润为 80 亿美元。本书中所有世界 500 强企业的销售和利润数据均出自财富中文网,不再一一注明。

② 此处引用的数据来自高德纳咨询公司(Gartner),该公司是美国一家主要从事信息技术研究和分析的独立咨询公司。

第四章

苹果背后的隐形巨人

iPhone 的设计

早在 1999 年,奥利拉就认识了乔布斯,乔布斯当时刚刚回到苹果公司。奥利拉认为:"苹果的产品和服务是令人赞叹不已且无可匹敌的绝佳之作。"他想与乔布斯合作。不过,听说苹果的经营陷入了困境,奥利拉认为,苹果看起来"不值得"让诺基亚再谈下去。诺基亚就此错过了一次可能改变命运的机会。

到乔布斯自己想做手机的时候,他选中的合作伙伴不是诺基亚,而是摩托罗拉。

在本质上,摩托罗拉和苹果都以工程师文化为基础,只是前者对市场的感觉远不如后者敏锐。自 1928 年成立以来,摩托罗拉先后开创了汽车电子(车载收音机)、晶体管彩电、集群通信(对讲机)、半导体(微处理器和数字信号处理)、寻呼机、手机等多个产业,并很长时间内在各个领域中都强大到没有竞争对手。然而,对市场的轻视让摩托罗拉付出了沉重的代价。最典型的是铱星项目,摩托罗拉认为,它必须让人类实现在全球每一个角落都能自由通话的梦想,于是在天上布置了 66 颗卫星,利用卫星来取代基站为手机传递信号。理想相当宏大,却有一个小小的缺陷:铱星手机在建筑物内的信号不佳,而大多数通话都是在室内进行的。铱星项目在烧掉了五六十亿美元后宣告失败。

铱星的失败对摩托罗拉不是致命伤———摩托罗拉仅损失了 10 亿美元,其他都是投资公司出的钱。糟糕的是,摩托罗拉在 2G 时代的全球竞争中大大落伍了。有着浓厚工程师文化的摩托罗拉一直以来都是一家技术驱动型企业,当然不会选择他们认为技术水平较差的 GSM。一位高管事后回忆说:"摩托罗拉当年看不上GSM,我们内部开会有人说,'Let them have fun',GSM 让欧洲的小弟们先玩玩吧,做起来了也没关系,我们在里面有专利,马上就能赶上。"摩托罗拉把宝押在了CDMA 上,而且自负地认为,以它在通信行业的霸主地位,它选择哪一个制式,哪一个便会胜出。

摩托罗拉为它的傲慢付出了巨大的代价。摩托罗拉在 2G 时代的起步就慢了半拍,而 CDMA 在与 GSM 的竞争中竟又大大失利,这直接动摇了摩托罗拉在通信领域的霸主地位。欧洲统一标准的 GSM 走遍全球的同时,美国却在拆分 AT&T 后对电信业采取自由竞争的政策,一个国家竟搞出了 TDMA、CDMA 和 IDEN 三个 2G 标准,各移动运营商构建出互不兼容的网络,消费者要换运营商就得买部新手机(这个问题在出现多模手机后才解决),整个行业分崩离析、混乱不堪。为了适应美国自己的三个标准和欧洲的 GSM,摩托罗拉不仅资源大大分散,还缺乏规模效应,导致其手机业务被诺基亚逐下神坛,通信设备业务也败给了爱立信。

沉迷技术、漠视市场的思维模式让摩托罗拉在其他战线上也招致惨败。摩托罗拉的手机芯片因为拒绝给诺基亚和爱立信供货而输给了德州仪器,摩托罗拉做的电脑中央处理器曾经远远好过英特尔,可是摩托罗拉与电脑做得最好的苹果强行绑定在了一起,随着苹果电脑输给 IBM 电脑,摩托罗拉的微处理器也输给了英特尔。也正是因为这段渊源,再加上摩托罗拉 2004 年推出的"刀锋"(RAZR)手机的设计让"始终以纤薄为美"的乔布斯大为赞赏,于是,乔布斯希望能够在"刀锋"手机中内置 iPod,摩托罗拉 ROKR 手机就此诞生。

然而,乔布斯犯了个错误,刀锋手机是在摩托罗拉前任 CEO 小高尔文和前任集团总裁麦克·扎菲罗夫斯基手中制造出来的。两人都已离开摩托罗拉,摩托罗拉已经失去了灵魂。当下正在掌权的是只知道讨好华尔街的埃德·詹德。ROKR 手机既没有 iPod 迷人的极简风格,也没有刀锋系列便捷的超薄造型。它外观丑陋,下载困难,还只能容纳近百首歌曲。ROKR 手机的硬件、软件和内容分别是由摩托罗拉、苹果及移动运营商辛格勒三家勉强拼凑出来的。《连线》(Wired)杂志在其 2005 年 11 月号的封面上嘲讽道:"你们管这叫未来的手机?"[1]

乔布斯大发雷霆,决定亲自来打造一款自己想要的手机。

当乔布斯想制作一款手机的时候,苹果公司正在秘密打造平板电脑,平板电脑的一些设计理念就融入了手机研发计划之中。换言之,iPad 的想法实际上先于 iPhone 出现,并且帮助塑造和催生了 iPhone。比如多点触控技术,无需键盘或手

---

[1] 沃尔特·艾萨尔森:《史蒂夫·乔布斯传》,中信出版社,2018 年,418 页。

写笔,只要用手指触摸屏幕就能输入,这一创意就是从平板电脑移植到手机上去的。

一开始,多点触控技术难以解决轻易拨号的问题,而且,由于黑莓手机的流行,几位苹果团队成员主张在手机上配备键盘,乔布斯坚决否定了这个想法。"物理键盘似乎是个简单的解决方案,但是会有局限,"乔布斯说道,"如果我们能用软件把键盘功能在屏幕上实现,那你想想,我们能在这个基础上做多少创新。赌一把吧,我们会找到可行的办法。"

最后,产品出来了:如果你想拨号,屏幕会显示数字键盘;想写东西,调出打字键盘。每种特定的功能都有对应的按钮可以满足需求,比如永远都会"带你回家"的 Home 键。当用户观赏视频时,这些键盘都会消失。软件取代硬件,使得界面流畅而灵活。

乔布斯还花了半年时间完善屏幕显示。很多现在看似简单的功能,都是当时不断头脑风暴的结果。例如,手机团队担心,手机放在口袋里不小心碰到,会播放音乐或拨号,乔布斯打心眼儿里讨厌开关切换,他觉得那样"不优美"。最终解决方案是"移动滑块解锁",屏幕上有个简单而有趣的滑块,用来激活处于休眠中的手机。另一个突破是,在用户打电话的时候,传感器能够判断出不是手指在操作,从而避免出现意外激活某些功能的问题。

乔布斯有着喜欢尝试不同材料的"恶习"。在做 iMac 时,他试用了半透明彩色塑料来做外壳。接下来,他又用了金属,先是光滑的钛板,然后是铝制材料,不断重新设计 PowerBook(苹果的笔记本电脑)的外壳。最终,阳极电镀铝板被用在了iMac 和 iPod Nano 上。乔布斯最爱的还是冰冷、坚硬而富有光泽的玻璃。逛过苹果零售店的人,都会对其巨大的玻璃窗和漂亮的玻璃楼梯留下深刻的印象。对于iPhone,苹果团队原计划像 iPod 一样,使用塑料屏幕,可乔布斯认为玻璃屏幕更优雅实在。乔布斯找到了一种从未进入市场、还停留在实验室阶段的"金刚玻璃"。

乔布斯还有一个喜欢在项目设计快结束时叫停的"恶习",iPhone 项目也难逃这一噩运。一个周一的早上,乔布斯忧心忡忡地说:"我昨晚一夜没睡,因为我意识到我就是不喜欢这个设计。"

当时 iPhone 的设计是将玻璃屏幕嵌入铝合金外壳中,这给人的感觉太男性化,产品偏重功能但并不美观。乔布斯宣布:"伙计们,在过去 9 个月,你们为了这个设计拼死拼活,恨不得杀了自己,但是我们要改掉它。我们要没日没夜没有周末地工作。如果你们愿意,我现在就给你们发几把枪,把我们全干掉。"苹果团队没有要枪,而是马上投入修改工作。"这是我在苹果最值得骄傲的时刻之一。"乔布斯回忆说。

新的设计出来了,手机的正面完全是金刚玻璃,一直延伸到边缘,与薄薄的不锈钢斜边相连接。手机的每个零件似乎都是为了屏幕而服务。新设计的外观简洁而亲切,让人忍不住想要抚摸。而这也意味着,必须重新设计制作手机内部的电路板、天线和处理器。

这款手机完全封闭,这不仅体现了乔布斯的完美主义,也展现了他的控制欲。从 Mac 开始,乔布斯就不想让人在机箱里面乱动。当发现第三方修理店能够打开 iPhone 4 后,苹果改用一种五角形的防撬螺丝,以避免让市面上的螺丝刀打开手机。手机无法打开,就不可能更换电池,iPhone 也就可以做得更薄。

即将诞生的 iPhone 是美国出品的最新潮的科技产品,不过,所有的 iPhone 都产自深圳一家名叫富士康的企业。

代工之王富士康

富士康的老板名叫郭台铭,最早在中国台湾做电脑连接器起家。20 世纪 80 年代后期,中国台湾经济起飞,土地价格节节上扬,2500 元的月薪也招不到人。相比之下,刚刚开放的深圳,土地便宜到几乎是白送,到处都是排队等待进厂的打工仔和打工妹。在深圳建厂十年,富士康成了全球最大的电脑连接器供应商,占据高达 60％的市场份额。再过两年,富士康又吃下了全球 60％的电脑机壳市场。从连接器、机壳、主机板再到其他各种电脑零组件,除了芯片,富士康全都能够生产。再往前一步,组装电脑也就水到渠成了。

2001 年 7 月,富士康顺利完成了英特尔的第一笔电脑订单,这是富士康发展史上的一个里程碑。紧接着，康柏、戴尔、苹果和惠普等电脑公司都成了它的客户。随着科技的进步，电脑功能变得越来越强大，制造却变得越来越简单。电脑成了一个有外壳的线路板，所有零组件都安装在这个线路板上。富士康革命性地将电脑供应链压缩到极致，在龙华厂区，仅用一栋楼就可完成电脑生产的全过程：一层楼生产连接器，一层楼生产主机板，一层楼生产机壳，一层楼组装，一台台电脑从流水线上下来，直接装到大货柜车上运走，连仓库都没有。到 2003 年，富士康已经成为台式电脑全球最大的制造商。

对于富士康在全球电脑制造业的地位，IBM 的一位副总裁有过一句形象的描述："深圳到中国香港的公路如果塞车，全球电脑市场就会缺货。"2004 年，富士康开始生产笔记本电脑。再过一年，IBM 就将个人电脑业务以区区 12.5 亿美元的价格匆匆卖给了联想，转型为一家以提供信息技术整体解决方案的服务为主业的企业。

富士康的发展速度远远超出郭台铭自己的预计。1997 年，富士康员工数量达到 17000 名。[1] 当时郭台铭认为，10 年后，富士康员工可能会达到 3 万人，而实际情况是他所预计的 15 倍。2006 年，富士康在祖国大陆的员工总数就达到 45 万人，其中 33 万人工作于深圳的龙华厂区。依赖大陆的低成本劳动力优势，富士康可以用人海战术做到 24 小时轮班，人歇机不歇地快速交货。再加上富士康的大规模生产能力，自然是做一项、成一项。只要是富士康想进入的领域，都会成为它的地盘，无人能敌。

富士康也有烦恼，一家名叫华为的公司也搬来了龙华。郭台铭忍不住抱怨："华为的任正非，公司就在隔壁。我们很多同事辞职去华为可以拿到两倍的薪水。"富士康的员工听到老板抱怨之后，辞职的更多了。不过，华为给予富士康的更多，后来华为基本退出了制造领域，将很大一部分生产订单交给了富士康。而与华为竞争的美国思科(Cisco)，亦是富士康的客户。

---

① 徐明天：《郭台铭与富士康》，中信出版社，2007 年。本节中关于富士康的数据和资料多出自此书，不再一一注明。

2000 年,富士康开始造手机,随后两年相继成为诺基亚和摩托罗拉的代工商。2003 年 8 月和 10 月,富士康分别收购全球第三大手机外壳制造厂芬兰艺模(Eimo Oyj)公司和摩托罗拉的墨西哥工厂,巩固了与诺基亚和摩托罗拉的代工合作关系。2005 年,富士康收购的中国台湾的奇美通讯——为了提高手机设计能力并获取摩托罗拉的贴牌订单。

除了并购,富士康还走出深圳,在中国多地兴建手机生产基地。2000 年在杭州建成为 UT 斯达康代工小灵通手机的工厂,2002 年在北京建成手机组装厂以贴近诺基亚和摩托罗拉这两个大客户,2006 年在河北廊坊建设生产手机及手机配件的科技工业园。至此,富士康在中国手机制造的京津、浙沪和深莞三个产业圈都完成了布局。

在中国台湾建厂之初,郭台铭就注重培养自己的模具制造能力。经过 20 年时间的积累,富士康已开发了十几万套模具,建立了非常庞大的资料库,许多方案可以直接从资料库里选调和组合使用。这是富士康能够快速开发模具的奥秘所在,也是竞争对手无法做到的。一旦客户提出手机设计方案,48 小时内,富士康就可开出模具,并将样机摆到客户的办公桌上。

才做了两年手机,郭台铭就敢当众重摔他所代工的诺基亚和摩托罗拉。如此高的产品质量,加上强大模具开发能力支持下的新品开发速度,无人能够拒绝。在当时,诺基亚和摩托罗拉是全球排名第一和第二的手机巨头,然而,它们居然不约而同地让富士康为其代工,由此可见富士康的成本、质量和工业设计优势。在富士康的支持下,诺基亚和摩托罗拉加快了手机更新换代的速度,不仅不断推出高档机,还在中低端市场上与中国品牌争抢市场,给竞争对手造成了巨大的压力。

造电脑为富士康奠定了代工巨头的地位,造手机则让富士康成为全球排名第一的电子产品代工商。苹果的 Mac 和 iPod 早就由富士康负责代工,再加上富士康用 7 年时间建立起来的强大的手机生产能力,苹果手机的代工订单花落谁家自然是毫无悬念。

然而,就在乔布斯发布 iPhone 新品的前一年,在富士康发生了一件大事,险些危及它与苹果的合作。

2006 年 6 月,英国《星期日邮报》(*The Mailon Sunday*)发出一篇名为《iPod 之城》的报道,苹果的旗舰产品 iPod 主要由中国女工生产,她们的月收入仅约 387 元,但每天的工作时间长达 15 个小时。一位保安在接受采访时称,之所以工人大多为女性,主要是因为女工比男工老实。这些工厂隶属于苹果的代工厂富士康集团,"富士康深圳龙华工厂拥有 20 万名员工,这座'iPod 之城'的人口比英国的纽卡斯尔还要多。"

报道还指出,iPod 是全球化生产模式的缩影,苹果只是众多在中国设厂、利用中国的人力和设施进行生产的企业之一。低工资水平、较长工作时间以及良好的生产保密性,这些都对国外企业产生了巨大的吸引力。由于市场竞争日趋激烈,消费者的期望值越来越高,企业必须推出具有价格竞争力的产品,才能在市场上生存。

这篇报道引发了国内不明真相的媒体的追踪报道,富士康被描述为"血汗工厂"。

6 月底,苹果公司即派人员赶赴龙华,就富士康劳工案展开全面审查。经过 10 个星期的调查,苹果公司公布了调查结果。

苹果公司认为,富士康的运营情况符合公司针对供应商的政策,不存在雇用童工及强制加班的行为,所有工人的工资水平都高于当地最低工资标准。苹果公司发现,富士康工人的上班时间超过了苹果公司《行为法则》中每周最高 60 小时的标准。然而,随机受访的工人投诉最多的是工厂在淡季的加班时间不足。[①]

苹果公司对富士康工人的待遇总体上较为满意,乔布斯把所有苹果手机的代工订单都给了富士康。后来富士康发生名噪一时的"多连跳"事件,乔布斯还在第一时间找来美国最好的心理医生,协助富士康解决工人的心理问题。

iPhone 问世

2007 年 1 月 9 日,在旧金山市中心莫斯康尼会议中心的 Mac World 大会上,

---

① 张昀:《苹果公布调查结果:富士康不存在违规行为》,《广州日报》,2006-08-21。

第一代 iPhone 正式发布。

和往常的产品发布会一样,穿着黑色高领衫和牛仔裤的乔布斯缓步上台,手里拿着一瓶水。听众都带着教徒般的虔诚,整个活动更像是一场宗教复兴大会,而不是一家公司的产品发布会。

"每隔一段时间,就会出现一个能够改变一切的革命性产品。"他在开场时说道,然后举了较早的两个例子:最早的 Mac,"改变了整个计算机行业",以及第一台 iPod,"改变了整个音乐产业"。接着,经过一番小心翼翼的铺垫,他引出了自己即将推出的新产品。"今天,我们将推出三个这一水准的革命性产品。第一个是宽屏触控式 iPod,第二个是一款革命性的手机,第三个是突破性的互联网通信设备。"他又将这几句话重复了一遍以示强调,然后他问道:"你们明白了吗? 这不是三台独立的设备,而是一台设备,我们称它为 iPhone。"

初代 iPhone 瞬间惊艳亮相。"手机键盘、触控笔,谁要这些玩意儿呢?"乔布斯手持 iPhone 详细讲解:金属机身、玻璃屏幕、多点触控和全新的交互方式。乔布斯还演示了 iPhone 诸多神奇的功能,比如听音乐、打电话、发邮件和浏览网页,然后向全世界宣布:苹果重新发明了手机!

乔布斯还宣布,公司名称由"苹果电脑公司"改为"苹果公司",这意味着苹果正在由一家电脑制造商转变成消费电子产品供应商。在 iPhone 发布会的当天,苹果公司股票上涨 5%,亚洲手机股全面下滑。诺基亚前用户体验主管米卡回忆:"2007 年 1 月 9 日,我们还是手机市场的领军者,那时的诺基亚还是手机行业的第一名。到了第二天,我们就退居到了第二名。"尽管 iPhone 还要有接近半年的时间才正式上市。

iPhone 立刻被博客写手们奉为"耶稣手机"。但诺基亚为 iPhone 感到担忧,认为人们不会购买一部屏幕容易被摔碎的手机。微软则声称:"这是世界上最贵的手机,售价 500 美元的手机很难成功。它对商务人士没有吸引力,因为没有键盘。"当时商务人士的首选是带键盘的黑莓手机。

让"果粉"们烦恼的不是"没有键盘"——第一代 iPhone 手机的成功主要就在于触摸屏技术以及与之相配套的人性化操作系统,"果粉"们真正的噩梦在于易碎的玻璃屏幕。尽管苹果一直在努力寻找更结实的玻璃，但摔不碎的玻璃就不是玻璃了。美国用户的碎屏数量到 2016 年竟达 5000 万个，屏幕的维修费可能达到 160 美元，而最新款的 iPhone 也才 699 美元。[①]

苹果不仅催生了一个叫"碎屏险"的险种，还催生了一个叫"充电宝"的产业。如果乔布斯在推出 iPhone 之前做个消费者调研，肯定所有人都会坚决地答复不可能接受一款必须每天充电、还不能换电池的手机。从来就不存在绝对完美的产品，乔布斯必须在手机的各种性能之间做出适当的权衡和取舍。

第一代 iPhone 仅支持 2G 网络连接，只能使用内置软件，并不具备能扩张软件应用的功能。过了一年多时间，乔布斯携 iPhone 3G 亮相。iPhone 3G 加入了对 3G 移动网络技术、GPS 定位功能和企业邮件系统的支持，开张了应用商店（App Store）。在电脑上，如果你要下载一个聊天工具，就要先进入一个浏览器，搜索关键词，小心避过很多流氓下载网站，成功找到所需官网，点击下载、安装，去掉不必要的可选项，即可成功。但是在手机上，因为屏幕尺寸太小，而且键盘也不便输入，很难像电脑一样方便地操作。这时候，苹果说了，你只要进入我的应用商店，搜索关键词，再点击和安装就可以了。我已经替你做了筛选和检测的工作，保证你的搜索结果是唯一的，下载的应用程序是没有病毒和插件的，也不会拖泥带水地给你硬塞一堆不想要的垃圾。你不需要去面对浏览器上无数流氓下载网站布下的陷阱。怎么样？是不是感觉很方便？

应用商店让手机变得不可或缺，这是苹果最伟大的发明。应用商店的灵感来源于 iTunes 商店，两者同样都是批发商的角色。iTunes 商店将苹果从一家电脑公司变成了一家音乐公司，应用商店又让苹果成了一家软件销售公司。苹果向各应用程序商坐地收钱，佣金高达 30％。由于多数应用程序都是免费向用户提供的，苹果 8 成以上的收费都来自手机游戏，这又让苹果成了游戏巨头之一。

苹果革命性地开创了一个全新商业模式。苹果应用商店在第一年只有 500 个应用程序，上线 9 个月，就达到 10 亿的下载量。3 年后，苹果应用商店中的应用程

---

① 数据来源于 Square Trade 公司的调研，该公司是美国一家知名的第三方质保服务商。

序达到 50 万个,下载量超过 150 亿。应用商店的成功,意味着手机成为互联网的一个入口,手机厂商也蜕变成移动互联网的主宰。和 iTunes 一样,iOS 的应用商店成了苹果拥有的另一个互联网平台。刚离开金山、正在做天使投资人的雷军,以及推出 360 软件管家的北京奇虎科技有限公司(简称奇虎)董事长周鸿祎,都很清楚这其中蕴含的巨大商业价值。他们身在局外,心已向往之。

日本电信电话公司(NTT)于 2001 年 10 月就开通了全球第一张 3G 网络,全球范围内大面积的 3G 网络部署始于 2003 年。但高速上网并没有马上就带来手机革命。初代 iPhone 甚至不支持 3G 功能,这也说明 3G 到 2007 年还没有什么重要性。而 iPhone 3G 的应用商店的问世,竟成了移动互联网时代到来的标志。iPhone 的风靡让此前亏损严重的 3G 终于找到了盈利模式,反而促使了无线网络的升级。中国开始发放 3G 牌照,全球各大运营商都在 3G 网络建设上加大了投入。苹果拯救了 3G。

通信技术进步的同时,芯片技术也在进步。21 世纪初,各种芯片都变得越来越小、功能也变得越来越强,各种电子产品都相继进入系统芯片(SoC)①的时代。不管你拆开电脑、电视、DVD 还是手机,你看到的都是一块插满各种芯片的主板,而不再是各种零部件。智能手机的系统芯片集成了应用处理器(AP)、基带处理器(BP)、图形处理器(GPU)、图像信号处理器(ISP)、数字信号处理器(DSP)和网络处理器(NPU)等多种芯片,其中最核心的是运行手机操作系统、应用程序等软件的应用处理器,和负责处理各代通信协议、让手机与移动通信网络连接的基带处理器(亦称调制解调器)。

应用处理器是手机的大脑,如此重要的芯片,乔布斯不可能不重视。从一开始制作手机,乔布斯就意识到:"苹果要想真正脱颖而出,提供真正独特、真正伟大的产品,唯一的办法就是拥有自己的芯片。"苹果原本就擅长物理硬件、软件和设计的完美融合,如今,还需要加上半导体,才能有能力将手机制造工艺由平庸升华为

---

① 系统芯片(System-on-a-Chip):可把许多关键部件集成到一块芯片上。如果说,中央处理器(CPU)是大脑,SoC 就是包括大脑、心脏、眼睛和手在内的一个能实现较完整功能的系统。

神奇。

2008 年 4 月，苹果以 2.87 亿美元收购了芯片设计公司 P. A. Semi，苹果的 A4 处理器就是这个团队的成果，并被应用在了 iPhone 4 上。此前的 iPhone 仅仅是设计的成功，触摸屏技术和玻璃屏幕很容易被竞争对手跟进，iOS 系统相对安卓系统也不占太大的优势，只有处理器芯片才称得上是竞争对手难以跟进的核心技术。苹果也是在推出 iPhone 4 的时候，才真正在手机市场上稳固了自己的江湖地位。刚开始，乔布斯打算在 A4 处理器的设计上使用性能强劲的英特尔架构，可是英特尔架构太耗电，最终乔布斯还是选择了低能耗的安谋(ARM)架构，这是安谋阵营标志性的胜利。安谋只做芯片架构的设计和授权，不做芯片。如今，全世界超过 95％ 的智能手机和平板电脑都采用了安谋架构。

苹果只做应用处理器，不做基带处理器。因为基带处理器有很高的行业门槛，在无线通信技术上的每一个脚印都被大大小小的专利给覆盖掉了，贸然进入的菜鸟要么支付高昂的授权费用，要么面临难缠的专利官司。即便过了专利关，还得付出巨额的研发费和长期的研究，最后得到的很可能是一个相当悲伤的结果：对不起，现在是 4G 时代，你的 3G 芯片已经落伍，你继续往前追吧。移动通信技术十年左右就要更新一代，而新一代的技术一般要经过十年左右的准备才能投入应用——三年的前期开发、三年的标准化及三年的行业监管和测试，这就意味着企业在开始应用新一代移动通信技术的同时就得开始进行下一代的研发。比如 5G 才投入商用，华为就着手 6G 的研发了。苹果未涉足基带处理器业务，给它的未来道路留下了一个"大坑"。

晶圆代工台积电

苹果和高通都只做芯片的设计，不自产芯片。高通的芯片，全部都交给中国台湾积体电路制造股份有限公司(简称台积电)代工。苹果的处理器芯片最初交给三星代工，后来还是把处理器芯片的订单全都给了台积电。三星手机是苹果手机的最大竞争对手，苹果自然希望尽量减少给三星的订单，台积电的晶圆加工能力远胜于三星也是事实。台积电一个企业就占据了全球晶圆加工产业的半壁江山，一个中国台湾的代工企业，又是如何做到这么厉害的？

1958年夏，德州仪器的许多员工都正在享受公司为期两周的传统假期。新入职的杰克·基尔比因没有攒够假期，不得不在公司加班。就在这段比较郁闷的时光里，基尔比突发奇想："将晶体管一个个排列在半导体晶片上，是可以做出极小的微型电路的。"他兴奋地把这个想法告诉了一个和他关系很好的同事，来自中国台湾的张忠谋。张忠谋对此不以为然，由此错失了一个可以名留青史的好机会。当年9月12日，基尔比把这个想法变成了现实，研制出世界上第一块集成电路——在面积不超过4平方厘米的电路板上，集成了晶体管、电阻和电容等20余个元器件。基尔比凭借这项"轮子之后最重要的发明"获得了诺贝尔物理学奖。

张忠谋也并非一无所获。见证集成电路的诞生，让他体会到前沿技术的力量。从那以后，即便是那些看似和自己当下事业无关但有可能改变产业的新技术，张忠谋一律都会关心。即使他日后获得了相当巨大的成就，他仍然一直感谢基尔比早年给他的启发。

1974年，中国台湾效仿美国硅谷产学研相结合的模式建立电子工业研究中心，即工业技术研究院（简称工研院）的前身。工研院选派了一批工程师前往美国无线电公司学习集成电路的设计和制造技术，这批工程师中有不少对中国台湾半导体产业的崛起起到关键作用的人物，其中包括联发科（Media Tek）公司的创始人蔡明介、世界先进公司前董事长章青驹等。工研院还于1985年在硅谷设立办公室，跟踪和学习先进技术，并招募华裔工程师。海外留学人才从此持续、大量地回到中国台湾。有了人才和技术，工研院还扮演孵化器角色，中国台湾第一家芯片设计与制造的联华电子股份有限公司（简称联电）、全球最大晶圆加工厂台积电、第一家8英寸生产线世界先进半导体等公司均由工研院分衍出来，并在新竹产业园共同构筑起完整的产业链，形成联合生产群。工研院和新竹产业园在中国台湾半导体产业发展的过程中发挥了至关重要的作用。

曾经在德州仪器做到资深副总裁的张忠谋，正是在这一背景下被请回中国台湾，出任工研院院长。1987年，在张忠谋的主导下，台湾当局出资1亿美元，与飞利浦和其他资本,共同成立了台积电。工研院和飞利浦都给了台积电重要的技术支持。创立之初,由于生产工艺落后,台积电的盈利情况很差。不过转机来得很快,当时正在进行的美日半导体战争给了中国台湾意外的机遇。

英特尔在存储器领域称霸多年,在当时人们的心目中,英特尔就等同于存储器。相较存储器来说,处理器只是英特尔的副业。在日本人"定价永远低10%"的疯狂进攻下,英特尔存储器的销售份额直线下滑。要不要在存储器领域坚持下去?当时的英特尔执行总裁安迪·格鲁夫问了CEO摩尔一个问题:"如果我们被踢出董事会,他们找个新的CEO,你认为他会采取什么行动?"摩尔犹豫了一下,答道:"他会放弃存储器的生意。"格鲁夫死死地盯着摩尔的眼睛,然后说:"那我们为什么不自己动手呢?"①

于是,摩尔和格鲁夫破釜沉舟地抛弃了存储器业务,一口气关闭了八家工厂中的七家,将全部精力转向处理器业务,这才成就了后来的处理器巨人。1987年,英特尔换帅,格鲁夫成为CEO。张忠谋与格鲁夫的私交甚好,于是就请英特尔对台积电可以进行代工生产的认证。格鲁夫也需要应对日本半导体产品的低价竞争,于是就在台积电晶圆加工工艺落后英特尔两代的情况下,将部分订单交给了台积电。英特尔的订单不仅是台积电的第一桶金,还是对台积电生产能力最好的背书,相当于给台积电打了一个全球性的广告。张忠谋从此坚定了只走代工道路的信念,这在当时是一件不可想象的事情。因为那时甚至还没有独立的半导体设计公司,全世界半导体企业都是一体化模式。英特尔、德州仪器、IBM、东芝、富士通等巨头自己设计芯片,在自有的晶圆厂生产,并且自己完成芯片测试与封装,产业链完全封闭。几乎没有人看好台积电首创的分工模式,但张忠谋认为,这是一个巨大的商机。这个决定对台积电,乃至对整个世界的半导体产业链,都产生了深远的影响。

2000年,全球晶圆加工进入从8英寸厂转向12英寸厂的迭代,高达30亿美元的投资成本远远高过1995年由6英寸厂转向8英寸厂时的资本开支,许多芯片

一体化巨头犹豫了,最大的担心就是产能不满而可能产生的巨额亏损。半导体产业深受经济波动的影响,当时正逢全球互联网泡沫破裂,半导体产业跟着进入衰退周期。但半导体产业建厂一定要在行业低潮期,逆周期投资才能实现赶超。张忠谋看到了机会,加速扩产。当时台积电一年获利也不过30亿美元,张忠谋竟然坚持连续建了三座12英寸工厂,将竞争对手远远甩在后面。一旦领跑,台积电就采用激进的5年折旧政策,折旧期内高价销售,获取了超额利润和充沛的现金流来支持高额资本开支,设备折旧完了就打价格战,阻击追赶者,维持领先优势。实行一体化模式的企业,包括张忠谋的老东家德州仪器在内,就这样被台积电一一击溃,现在仍坚持这一模式的仅剩下英特尔与三星两家公司。

仅有资本支持,没有技术领先也是不行的。另一场关键的战役是发生在2003年的0.13微米制程之争。生产芯片的精度越高,工艺也就越先进,用同样的材料可以制造更多的电子元件,连接线也更细,处理器的集成度自然更高,功耗也会随之变得更小。过去晶圆加工的技术多是授权自IBM,台积电亦然。发展到0.13微米的时候,台积电毅然放弃与IBM的合作,第一次自己开发技术。这一役,让台积电的技术发展获得重大飞跃,在0.13微米世代上,拉开与联电之间的缠斗,并在迭代到65纳米及之后都一直保持领先地位。而联电因选择继续与IBM合作0.13微米制程而最终落后。

台积电通过开创晶圆代工、瓦解芯片行业的一体化模式而取得成功。事实上,在芯片产业,它不是第一个这么干的,也不会是最后一个。比如计算机产业,早期的电脑企业如苹果和IBM,都是一个企业将芯片、操作系统、电脑组装到应用软件的所有事情都干了。今天的一台电脑,却是英特尔的芯片、微软的操作系统、联想的电脑到众多的应用软件商的分工组合。应该说,从纵向一体化到横向分工化,是信息产业的普遍规律。

晶圆代工模式看似简单,却是个很难坚持的道路。与台积电并称中国台湾"晶圆双雄"的联电,比台积电还早7年创立,可是联电同时也跨足芯片设计,让国际芯片设计公司担心在联电代工有可能技术外流。走一体化路线的英特尔和三星亦难拿到外部订单,比如英特尔一直想从高通手中抢走苹果芯片的订单,因此高通就不可能把订单下给英特尔。台积电始终坚持"不与客户竞争"的铁律,才将竞争对手全都远远抛在身后。

中国台湾的半导体产业大约与韩国同时起步,发展路径也很相似。中国台湾早期依靠给在台建厂的美日厂商做低端加工起步,积累所需知识与技术。当时在台的美日厂商愿意授权的仅有制造和封测技术,中国台湾缺少自己的核心技术。在韩国的半导体产业崛起后,日本眼看无法在价格与规模上和韩国竞争,就将低代线的液晶面板技术和存储器技术授权给中国台湾的企业,扶持中国台湾半导体产业的成长。

三星为了控制成本和降低风险,也有 30% 的液晶面板要向中国台湾采购。中国台湾面板行业快速崛起,位居前列的五家企业号称"面板五虎"。2007 年,台湾友达光电的面板发货量排名全球第一,LG 飞利浦和三星电子分别排名第二和第三。[1] 然而,台湾面板业未能风光多久。2008 年全球金融危机期间,三星和 LG 的彩电销量下降,就不再外购面板,自己的面板生产线的产能就足够使用。友达、奇美等台湾企业由于没有自有彩电品牌,在面板需求大幅下滑时无计可施,最后依靠祖国大陆彩电企业的支持才渡过难关。

不仅是面板,存储器价格也受金融危机冲击而雪崩,从 2.25 美元跌至 0.31 美元,中国台湾的众厂商哀鸿遍野,三星却做出一个令人瞠目结舌的决定:将三星电子上一年的利润全部用于扩大产能,增加市场的供应。三星可以依靠运营其他产业来给存储器业务提供资金支持,而中国台湾的 6 家存储器企业仅从事单一业务,融资能力又弱,结果全军覆没。连给中国台湾的企业提供技术授权的欧洲奇梦达(Qimonda)公司和日本尔必达(Elpida)公司也都倒闭了,分别被中国紫光公司和美国美光科技(Micron Technology)公司收购。

中国台湾的企业没有韩国财阀那样的融资能力和抗风险能力,在存储器、面板等项目上都竞争不过韩国,半导体技术整体上始终落后。中国台湾最终还是在旱涝保收的代工领域找到了最适合自己的位置,也避开与美日韩半导体产业链的直

---

[1]   数据来自美国专业显示器调研机构 Display Search。

接竞争。

　　晶圆代工模式的兴起,大大降低了半导体行业的进入门槛,催生了大量的芯片设计企业,造就了全球半导体产业链的繁荣。没有台积电就不可能有高通、博通这样的芯片设计巨擘出现。台积电也开启了全球半导体产业向中国台湾分流的历史潮流,让中国台湾因晶圆代工的兴起而拥有了不少半导体龙头企业,如芯片设计的联发科、做封测的日月光等。

　　而联发科2003年推出的手机系统芯片,又在深圳掀起了一场轩然大波。

第五章

华强北不相信眼泪

赌机

要想了解中国手机产业的发展史,永远离不开深圳的华强北。

1979 年,粤北兵工厂改名华强公司,迁入深圳。工厂附近的一条路被命名为华强北路。

1988 年,华强北路的赛格大厦一楼分离出了一块区域做电子市场,专门销售国内外电子元器件。仗着邻近香港的便利条件,电脑、手机等各种世界流行的电子产品第一时间就会登上赛格电子市场的舞台。赛格电子市场的生意异常火爆,商家源源不断入驻。不到两年时间,赛格大厦八层楼面全部被电子市场占据。再后来,华强公司将赛格大厦附近的几栋厂房也都改造成商铺,华强北发展成为全球闻名的"中国电子第一街"。

华强北每天人山人海,无数的柜台和商铺串联起了一条完整的电子信息产业链。做电子生意的人在这里走一趟,从元器件、加工制造到客户市场全部都能搞定。那时候,传呼机、VCD、跳舞毯……每年都有一个产品在华强北成为爆款,带来一波又一波造富神话。

"华强北感冒,全国电子市场打喷嚏。"如果说,电子元器件是华强北赖以存活的血液,手机便是支撑整个华强北躯体的灵魂。

20 世纪 90 年代,大量手机从香港被运到深圳。有的是通过水客以蚂蚁搬家的形式积少成多,携带过关;有的是趁夜色以快艇越海送货。非正规渠道的手机到了华强北,再通过华强北销往全国各地。此外,华强北也做手机的翻新业务。那个年代,诺基亚、摩托罗拉、西门子、爱立信、波导等手机品牌正红,价格在 2000 元到6000 元之间。那么贵的手机,没有多少人舍得买,翻新机就有了很大的市场。翻新机也有产业链,有负责回收的,有负责维修的,有负责翻新的,还有负责批发和零售的,环环相扣,扣扣赚钱。

到了 20 世纪末,华强北的手机产业从倒卖和翻新进入仿造的阶段。当时诺基亚正统治着功能手机,整条街都在叫卖诺基亚。比如最为忠实的跟随者"诺×信",

其产品紧跟诺基亚的系列产品不断仿造更新，不仅标志设计与诺基亚相差无几，其经销专柜、海报、宣传折页也都全部复制诺基亚。

不仅是诺基亚，什么大品牌有新品发布，几天后就能在华强北看到高仿假货。任何一款流行机型，在华强北都能找得到。深圳和东莞的手机制造业初具雏形，除了富士康等几个知名的代工大厂，还出现了多如牛毛的为华强北配套的零配件生产和成品组装小厂，只要准备几台数控机床就可以对外接单了。

时光进入 2003 年，一则消息在华强北不胫而走，所有听到该消息的人都躁动不安。

据说，台湾的手机芯片商联发科提出了一个手机芯片的"交钥匙解决方案"。一块小小的 MTK 手机芯片主板，就能够将手机的上游与中游产业环节整合起来，完成多种手机功能的集成，搞定手机软件平台的全部设计工作。

在华强北摸爬滚打了多年的人都知道这条消息意味着什么。这样一来，手机的核心部件问题解决了，生产手机成了一件很容易的事情。手机厂商只需要购买面板、摄像头、外壳、键盘等硬件，就可以造出一部手机。很快，第一批 MTK 芯片的手机就生产出来了。当时市场上一部品牌手机要几千元，而这些 MTK 芯片手机只卖几百元。MTK 手机生产的模式简单、流程短、资金周转速度快、利润可观，因此迅速吸引了许多淘金者进入这个行当。做手机一夜暴富的神话开始在华强北这块小小的土地上频频流传。

一开始，生产厂家不敢在手机外包装箱上署地名，只印上"深圳"一词的拼音首字母"SZ"，久而久之便被喊成了"山寨"。"山寨"一词源于广东话，是"小型、小规模"的意思，在普通话里也代表那些被人占山为王的地盘，有着不被官方管辖的意味。山寨一时成了深圳的代名词。

华强北的山寨老板，有单凭高仿 iPhone 4 一款机型做到 60 多万部的出货量的，还有将诺基亚 N95 仿冒机做到出货 100 多万部的。不过，高仿的技术含量低，竞争也激烈。"一部新机子就算卖得好，黄金期也就三个月，因为大家都在模仿。没什么专利，也没什么太复杂的技术，买个机子回来一拆开，什么都知道了。而且成本方面，主板跟面板 120 元，电池外壳 80 元，杂七杂八的费用 50 元，卖个 350 元自己能赚 100 元,到了市场终端也就六七百元这样,大家都能接受。因为不用纳税,所以价格好说。"

低端山寨手机甚至可以做到功能定制,你可以在华强北买到任何一种配置的功能手机,而且价格低廉,交货快速。一个美国人曾在华强北做了一次试验:只需要 350 美元,就可以买到一台售价在 700 美元以上的 iPhone 6 的所有部件;工人只需要 15 分钟就可以完成上百个工序,组装出一部新手机。

手机市场实在太大,在高仿的基础上做些创新,另辟蹊径,收益更佳。比如山寨机首创的双卡双待,甚至四卡四待可一机支持三大运营商;手机直连网线;全方位滑盖设计;单反摄像头外挂;超长待机时间;能点火的手机;能验钞票真假的手机;法拉利赛车型的手机;为信佛的人设计的佛光手机;还有每天五次闹钟提醒祷告,有指针指示麦加方向的穆斯林手机……许多脑洞大开的创意让正规品牌手机厂商望尘莫及。那几年,正值以"抗摔"著称的诺基亚雄霸天下,年轻人会因自己的手机有贪食蛇游戏而骄傲。所以,拥有超长待机、双卡双待、自带低音炮等强大功能的华强北产诺基亚山寨机,迅速引爆国内外市场。不过,手机潮流来去太快,这就逼得山寨机天天都在想着创新。

就如一直觊觎手机市场的华为,在一份对山寨机的研究报告中说:"山寨机极具创新意识,不怕丢脸,不怕低利润,把能实现的功能都实现,想方设法地满足消费者的一切需求,即使你没有的需求,也给你创造出来,只有想不到,没有做不到。"

喇叭大、电池大,在大街小巷放着《爱情买卖》,这是在新生代农民工聚集的区域常见到的事,也最被山寨手机商津津乐道。"一般山寨手机,多是两个喇叭,在嘈杂的街市上,他们喜欢喇叭响声带来的回头率,但两个喇叭声响有限。"一家山寨手机公司的大区经理研究出一部全身布满 8 个低音炮、穿透力极强的"神器",打工仔们拿着它播放音乐,就像带着一个音响招摇过市。这款音响手机在短短几个月的时间里共售出 120 万部,收获了一个亿的利润,创造了奇迹。这个神器的发明者也由自主创业变身为山寨机老板,成了山寨手机市场的一段佳话,也吸引了更多的人投身到了山寨大军中。

并不是所有人都从手机生意中赚到了钱。有人一夜暴富,就有人倾家荡产。

"赌机"一词应运而生。做手机就是赌,只有赌对了"机",才能赚到钱。

做一款新机的前期投入大约50万～70万元,如果能整合好上下游资源,20万～30万元就能搞定。一个办公室,几名销售人员,就成了所谓的"品牌手机厂商",要做的则是从方案商处购买方案、整合上游供货资源、组装成品手机以及找渠道进行销售。行内人多笑称自己为"组装商"。山寨手机入行门槛并不高,然而要获得成功,有时候靠的是运气。做一款机子,如果碰对了,前期几十万元的投入,往往能够收获数千万元乃至上亿元的利润。

"做手机就是摸彩票,用2块钱去搏500万。"

做手机不仅仅要赌对机型,赌对数量,还要赌新机的上市速度。按照工信部的规定,一部手机要入网检测的话,差不多要耗费两三个月的时间,这个时候市场早就被抢光了。所以,不少拿到了牌照的品牌手机厂商也会"兼职"做山寨机。

2009年,一款名为"铁疙瘩",外形酷似鳄鱼的山寨手机销量飘红,出货价高达560元。这款机型被波导手机看中,生产、入网检测,以每部360元的出货价放到市场上销售,几个月的销量都没有达到三位数。仅隔一年时间,市场早把老款淘汰了。并且,正儿八经的手机品牌很难打进三流市场。[①]

赌对款式,一夜暴富。如果赌错了,血本无归也是常有的事。一个月投入两款机子,开发投入加上原料成本,2万部手机便需要800万元的资金。能否顺利卖出去,还是一个说不准的事情。

"从没有什么市场调研这东西,没人会做这块的投入,要不就是高仿,要不就是自己的一些点子,没有跟市场的沟通,也没有太多专业分析,反正一款机子出去,就看能不能赌中了,概率大多是十分之一。如果赌中了,那款机子加量生产,两三个月身价上亿。"

然而在华强北,两三年内没赌中一款机子的大有人在。产品推到了市场上,几

---

① 卢桦:《山寨手机阴暗内幕揭底 深圳"华强北"走向没落》,央视网,http://news.cntv.cn/map/20110712/108753.shtml,2011-07-12。本节关于深圳"华强北"的资料多引自此文,后面不再一一注明。

个月内无人问津,仅仅半年下来亏损就达 5000 万元。很多人因此家破人亡、妻离子散。

手机雨

山寨手机的数量有多少呢?真实出产量难以统计,但我们可以从联发科的手机芯片出货量看出一些端倪。2005 年,联发科智能手机芯片出货量达 1 亿,2006年即达 2.2 亿,2014 年达 10 亿。联发科芯片在中国智能手机中的占有率高达4 成。

据报道,2007 年,山寨手机的产量至少有 1.5 亿部,几乎与正规渠道的手机总销量相当。在一线手机品牌进入三四线城市和农村市场之前,山寨手机一直主导着这些市场。这一年,中国 80%的手机生产厂商汇聚在深圳,华强北成了中国乃至亚洲的手机交易中心。

在 20 世纪 90 年代,手机在中国市场上还是奢侈品,摩托罗拉、诺基亚、爱立信三分中国手机市场的天下。1998 年,中国出台规定,要求手机生产必须获得牌照许可。科健、波导、熊猫、夏新、迪比特、TCL、中兴、南方高科等企业尝到了头道汤,在获得牌照后以贴牌方式大量进口,并与外资企业合作建厂生产,通过狂砸广告大卖手机。与此同时,在华为智能网技术支持下,中国移动的"神州行"预付费业务问世,手机通话资费大幅降低,中国手机用户数量剧增,仅 2000 年一年即新增用户4000 万,达到前 5 年新增用户数量的总和。2001 年,中国超越美国成为世界上手机用户最多的国家。国产品牌在中国手机市场上的占有率从 1999 年的 5%快速上升至 2003 年的超过 50%。自称"手机中的战斗机"的波导借此东风迅速崛起,连续六年在国产手机中销量第一,在 2003 年以 1000 万部的销量超越了诺基亚和摩托罗拉,成为当年中国手机市场的销售冠军。

可是,这些中国手机品牌厂商多数都没有自己的核心技术,普遍依靠整机进口贴牌,或者与外企的合资来获得国外品牌的技术和设计支持。到了 2004 年,延续5 年之久的手机生产"审批制"终止,取而代之的是"核准制",此前只有 37 家企业获得手机生产牌照,此后有实力的手机企业都可以拿到牌照。已经熟悉中国市场和政策的诺基亚、爱立信、三星等外资品牌,在拿到牌照后纷纷抛弃了中国的合作伙伴。

下有山寨手机、上有国外品牌,第一波国产手机品牌的生存空间受到全方位的挤压,它们既失去牌照优势,又在技术、质量、渠道和价格等方面全无优势,被打得一败涂地,多数在 2005 年左右迅速衰弱,乃至退出市场。波导主要做海外市场和贴牌代工,沦为三线小品牌。曾经出资百万英镑赞助英超球队的科健、2002 年央视广告标王的熊猫、品牌价值一度高达 71 亿元的夏新都已从市场上消失。波导的常务副总裁竺兆江离开波导后,去非洲卖“传音”。TCL 在“宝石手机”上捞了一笔,收购阿尔卡特手机后转战海外。还能在国内市场上有存在感的,恐怕仅剩下持续在老人机市场上走红的首信。

在这一波国产手机品牌中,只有中兴得以幸存。中兴是中兴通讯股份有限公司的简称,是号称“巨大中华”的中国四大通信设备厂商之一(其他三家是巨龙通信、大唐电信和华为技术),拥有通信技术上的优势。在联通将 CDMA 引入中国后,中兴即成为主要的 CDMA 设备供应商,并为联通供应 CDMA 手机。当时中兴在公司内部做存话费送“联通新时空”CDMA 手机的活动,开放了一批联通特别提供的靓号,笔者也在其中挑了一个有 3 个 8 的手机号码,一直使用到了今天。

山寨手机填补了很大一部分这些国产手机品牌退市留下的空间,华强北成了最大的山寨手机批发市场,山寨手机也支撑起了华强北的繁荣。顶峰时期的华强北,日均人流量超过 50 万,日成交量超过 10 亿人民币。随着时间的推移,这条不到一公里的街道名声越来越大,发展成为世界最大的电子元器件集散中心,以及全球电子产品的销售中心。这里密布着 30 多家电子交易市场和 1 万多家大小商铺。“华强北走出 50 多位亿万富翁”“一米柜台月租几十万”之类的报道并不鲜见。

深圳的山寨手机甚至上了央视。2008 年 12 月,《新闻联播》报道了山寨文化。“山寨”这种草根词汇进入央视这样的大雅之堂,意味着山寨文化已经有了巨大的影响力,才能引起国家级电视台的关注。

在这次报道当中,记者从“山寨现象”起源的手机开始走访。记者采访的专家认为山寨手机的问题主要是外观可能会侵权。山寨机的名称实际上是正牌大厂商送给那些拼装手机厂商的,而如今大肆流行的"山寨相机""山寨电影""山寨明星"甚至"山寨版的春晚"等诸多带有模仿性质的"山寨现象"也被提及。

山寨工厂就是地下工厂,其主要特点为仿造性、快速化和平民化。其实,山寨产品的起源和发展地并非仅仅在深圳。改革开放以来,中国企业缺乏资金、技术落后,不得不靠仿制和改良起家。中国最早的科技企业大多数都有山寨的痕迹。到了21世纪初,中国的手机、VCD、学习机、游戏机、MP3等数码产业发展迅猛,大量中小企业资本投入有限,只能凭借对市场的快速反应,以模仿或代工起家,通过灵活的渠道运作,迅速取得市场成功。这种以极低的成本模仿主流品牌产品的外观或功能,并加以一些创新,最终在外观、功能、价格等方面全面超越主流品牌产品的生产模式被大量复制后就形成了山寨经济。

应该说,山寨产品是市场经济培育期的必然现象,山寨经济是发展中国家市场经济发展需要经过的阶段。作为改革先锋的深圳,有着许多得天独厚的自主创业优势,于是就尴尬地成了传说中的"山寨之都"。在山寨文化被央视报道,几乎同时,深圳加入联合国教科文组织全球创意城市网络,成为中国第一个、全球第六个"设计之都",也是发展中国家中第一个获得这一荣誉称号的城市。"山寨之都"同时也是"设计之都",你不能不惊叹,深圳,真的是一个神奇的城市。

深圳迟早要摘去"山寨"的标签。山寨手机商狂欢的同时,危机已经开始酝酿。

山寨手机这个行业原本就百病丛生。不管是生产商还是终端商铺,基本不注册,没有执照,自己随便起了个名字,方便逃避税收和打假。一旦被查处则随时走人,换个招牌东山再起。即使有注册公司的,也是在乡下弄个农民的身份证来做法人。这种"被法人"的情况太多,以至于形成了一个完整的产业链,有一帮人专业为手机公司提供工商注册以及申请牌照等一系列服务。

这个行业陷阱重重。例如某个圈钱案例,有一家手机公司请来中国香港某著名影星做代言,利用明星的影响力,在短短半年的时间里就将销量冲到了每个月10万部。明星效应加上采购规模,为其争取到了上游供应商更大的支持。10万部手机的采购成本,仅仅只需200万元的预付款,其余1000万元的货款都拖欠着。

到 2009 年 5 月,该公司又推出了几款新机,并在深圳某酒店召开了新品发布会,会上再签下了 10 万部的出货合同。手机行业针对经销商从来都是先打款后发货的,这次的新品发布会就提前收到了 5000 多万元货款。加上拖欠供应商的 1000 万元货款,这个手机公司的老板就携带着 6000 多万元货款人间蒸发了。

当上游厂商以及下游经销商气势汹汹地来到了深圳,却发现那家公司已是人去楼空。不仅办公室里空无一人,就连电脑、传真机、电话机等所有办公设备都被卷走了。他们去找营业执照上的企业法人,却发现那个法人是一个完全不相干的乡下老人。

2010 年 5 月,行业里又出现了新的骗局。那时候的上游厂商将月结期限改为了 30 天,并且预付款需达 70% 以上。此时一部手机的零部件成本在 200 元左右,其中必须现金付款的屏幕、主板和摄像头这三大件约为 120 元,其余周边配件为 80 元。再加生产、流通等各环节的成本,一共需要 250 元。

比如成本达 250 元的手机,小东同学第一个月以 250 元平价出售,最终带来了 3 万部的销量。当月小东同学全额付清上游供应商货款。

第二个月,出货量为 6 万部,当月上游周边配件货款只付了 70%,这相当于欠上游供应商 144 万元的货款。第三个月销售数量为 10 万部。在前两次合作的基础上,小东同学已逐渐获得了供应商的信任,因此当月上游周边配件货款只付了 50%。相当于欠上游供应商货款 400 万元。而上个月欠下的 144 万元也只付了 50%,总欠款 472 万元。

令人咋舌的是,第四个月,小东同学将出货价压到了 230 元,以每部亏损 20 元的价格出售。当月销量直达 20 万部,又产生了新的供应商配件欠款高达 1600 万元,外加前两个月欠下货款,总欠款为 2072 万元。

而另一方面,由于该款手机低价倾销,市场反响较好,因此从第四个月开始,小东同学称货量有限,要求经销商必须打款至其私人银行账号,方才同意提货。为了降低经销商的戒备心理,小东同学只要求经销商预付 30% 的货款。预定货量达 20 万部,于是又收了 1380 万元的货款。

随后,小东同学像一阵烟一般消失了。

类似于小东同学的这种做法，大多是几个项目一起进行，平均下来每个月可骗入一单，一年下来可收获上亿元。

在这个行业里，并没有人把这些当作见不得人的事，有人说起自己的行骗经历，常有沾沾自喜的神情。而在套取货款消失后，这些手机公司的幕后老板又会在另外一个电子市场摆起摊档继续经营。小东同学消失两个月后，就有人说在赛格市场的办公区看到他的新办公室。事实上，这位套取货款的小东同学只是一个执行者的角色，谁也不知道幕后的老板是谁，而这种老板，大多同时操控着五六个骗局。

深圳 3000 多家山寨手机商里，据说至少有 1000 家都在干行骗的事，这是行业里惯常的现象。"通缉令：姜××，某某手机厂老板，欠本人货款 800 万元，有知其下落并提供有效信息者，奖励 100 万元。有抓捕并帮助追讨者，分其一半货款。"类似这样的"山寨版通缉令"，在山寨手机厂商聚集的 QQ 群里比比皆是。发布这些通缉令的基本是上游厂商，被拖欠货款有三四百万元的，也有多达三四千万元的，其中不乏多家上游厂商通缉同一个手机制造商的情况。

这个行业缺乏诚信，当有人诈骗和跑路时，却很少有人公开报警，因为谁的屁股都不干净，于是这又催生了一个专门讨债的行业。十来人在华强北围追堵截某个手机商的状况并不鲜见。有一个故事颇值得玩味，某山寨手机老板在为其儿子举办满月酒时声称："我知道自己名声很差，但我希望我儿子能做一个讲信用的人。"

山寨手机行业里的欺诈行为太多，又导致了山寨手机质量低下的问题。

在山寨手机行业里，由于屏幕、主板和摄像头技术含量较高，多由中国台湾厂商垄断，因此基本上都是一手交钱一手交货。除此之外的周边材料，包括电池、外壳、按键、充电器等的生产厂商大都集中在珠三角一带，其数量数以万计，在各种合作中都处于被动的一方。

"一块电池赚你五毛到一块钱，一年下来不到三千万。被骗了一次，一年就白做了。行业里的规则，付款期至少 30 天，你不接，有大把人接。但是接单的时候，很难判断这家公司会不会跑路。要说看他硬件设施，办公室富丽堂皇的；要说看他信用记录,没法查,这行里谁都不是光彩上岸的。做了一单换一个名头,小公司一个劲地冒,谁都不知道谁。作为被动的一方,我们就只有从材料方面减缩,增加些利润空间。"有上游供货商坦言,偷工减料是唯一可行的风险化解办法,这种行为在行业里高达 90% 以上。

"一般一块标注 1200 毫安的电池,你叮以说成有 4000 毫安,但实际只做到600～800 毫安,这样一来,成本就从 7.5 元缩减到了 6.5 元,事实上缩减的 1 元成本,相当于销售出去的盈利了。"

各项标准严重不达标,电池在充电时爆炸等现象就不足为奇了。除去电池问题,按键脱落、充电器发热、接头短路等问题也层出不穷,此类现象一开始偶尔会在名声不好的供应商处出现,可是在侵吞上游货款现象肆虐横行的时候,配件质量问题开始普遍存在。

除了质量上偷工减料,山寨手机还有其他牟利的路子。在山寨手机这个行当,已经出现了"硬件不赚钱,软件捞回来"的思维。2008 年以来,"众一"品牌的手机大批量生产低端机,其出厂价格仅为成本价加 2 元,但其盈利状况良好。这在行业里并不值得惊讶,因为它有另外的盈利渠道。

夜半时分,手机会自动开机发送一条短信,然后再自动关机。数据传输流量自动刷用,无法关闭。这种"灵异"现象的屡屡发生,令人们对众一手机骂声一片。因为这些手机用户每个月的账单中总会出现各种莫名其妙的扣费。这大多是手机制造商、电信增值业务服务商(SP)、电信运营平台等联合制造的恶意收费项目。

"山寨手机里,100% 有恶意收费项目,当然,从 2010 年开始,有部分收费是有隐晦提示的,姑且可不叫作恶意收费。"有手机制造商表示,一般每个月每部山寨手机会被扣费最少 5 元,普遍为 8 元、10 元。

在暴利的驱动下,在央视曝光的 2008 年,深圳估计生产了 2 亿多部山寨手机,销售额近千亿元。然而,从 2009 年开始,山寨手机由盛转衰。

iPhone 的问世推动全球移动通信大踏步进入 3G 的时代,高通在 3G 芯片的供应上占有绝对领先优势,但高通芯片卖得很贵,非正规渠道根本拿不到。我们知道,深圳山寨手机依赖联发科芯片起家,联发科芯片只支持 2G 的 GSM,在以

CDMA 为核心技术的 3G 上不专业。一时没跟上 3G 的步伐,这让山寨手机在技术上出现了落差,对一向自诩走在技术和时尚最前沿的华强北的打击是相当致命的。而且,到 3G 时代,联发科不得不向高通交专利费,联发科芯片的价格优势也没有 2G 时代那么大了。

3G 时代,智能手机开始替代功能手机,手机向电脑的方向演进,软件越来越重要。手机不再是把一些零部件拼凑起来就能生产,它开始需要灵魂———操作系统。山寨手机厂商遇到了大麻烦,因为他们普遍没有软件定制能力,这不是几个人就能轻松搞定的事情。那些擅长软件的企业,比如做出"米柚"(MIUI)的小米和做出 YunOS(现改名为 Alios)的阿里巴巴,从中找到了切入手机市场的机会。

也正是在功能手机被智能手机淘汰的同一时间,中国开始出现民工荒,与之相对应的则是中产阶层的崛起。消费升级让山寨手机逐步被时代抛弃。再加上网络销售渠道的发达,手机的生产厂商和销售商大可通过阿里巴巴等网站进行交易,无需再往华强北跑。大量消费者也开始在淘宝网等电商网站购买手机。网络销售促进了手机厂商产品质量和经营信用的提高,因为口碑不好的产品及其厂商很容易就会被大量的差评淘汰。更重要的是,阿里巴巴创新了第三方支付保证体系:买家付款给第三方后卖家才发货,买家确认收货后第三方才将货款打给卖家,彻底解决了买卖双方的支付风险问题。政府也加大了对知识产权的保护力度,开始严厉地打击山寨手机。

如果你在 2011 年的某一天走过深圳华强北的桑达雅苑,你可能会有幸遇到一场罕见的"手机雨"。那天中午 12 点左右,不少人正要外出吃饭,忽然间漫天的手机就从天上掉了下来。人们被眼前的景象惊得目瞪口呆,密密麻麻的手机不断往地上掉,有的砸到了人们的脑袋,也有的砸向了停放在楼下的 10 多台汽车,甚至连一楼走廊的扶手都被手机给砸弯了。掉下来的手机大多是 iPhone 4、诺基亚 5800、诺基亚 N97 等品牌仿冒机。这场"手机雨"持续了 5 分钟左右。

这批手机来自桑达雅苑上边的无证手机作坊,当时深圳市市场监督管理局工作人员正要查处此作坊。得知政府工作人员来到门口,屋内的 4 人为毁灭证据,匆忙间将 4 箱共计 930 多部手机从窗户扔了下去。

此次查处,拉开了深圳市政府对山寨手机强硬而持续的打击的序幕。第 26 届世界大学生运动会将于当年 8 月在深圳举行,为了深圳的形象,政府连续两个月严打,大力查处了上百个山寨手机厂家。整个深圳的山寨手机出货量减少了一半以上。大量山寨手机厂商关门,也就意味着与他们有往来的交易都成了坏账。如此连锁反应,整个行业的诚信体系都已崩溃。

到 2012 年年底,号称全球最大山寨手机销售中心的某数码城,5 平方米左右的柜台曾经每月租金 10 万元,但现在已有近 4 成柜台空置,租金更是降到 8000 元都无法转租。这里依然有高仿三星、HTC 等品牌智能手机的产品,还有一些山寨功能手机出售,只是鲜有人问津。远×数码城也是如此,这里以销售仿制三星、iPhone 等品牌的山寨手机和手机配件为主。

到这时候,深圳手机厂商数量跌到约 400 家,仅仅是高峰时期的十分之一。华强北几乎所有的山寨手机商都在经历转型:一部分转向水货手机销售;一部分转向获利丰厚的苹果配件销售;还有一部分则转向自主品牌创业。自主品牌创业绝非易事。经过这些年的风雨洗礼,市场上的主流品牌厂商在产品品质和成本控制等方面都有了很大的提高,在智能手机市场上,主流品牌厂商的单核产品出货价格能做到 300 元以下,采用联发科方案的双核手机约 500 元。红米、天语等手机主流品牌已经成了山寨手机转型的重要阻力,"小黄蜂手机都已卖到了 400 元以下,让中小品牌怎么卖?"

山寨手机的遗产

深圳的山寨手机产业覆亡了吗? 这个世界永远比你想象的要更加精彩,山寨手机的巅峰时刻才刚刚来临。中国市场不行了,海外却有更加广阔的天地等待开拓。2010 年,山寨手机中国出货量约 2.3 亿部,同期竟有 1.5 亿部山寨手机出口海外,其中有 2000 万部进入印度(iSuppli 市场研究公司数据)。2011 年,山寨手机的中国市场销售大跌,但出口数量的增长足以弥补中国市场的损失,仅冲入印度市场的山寨手机就同比翻了一倍。到了 2013 年,山寨手机在中国市场的销售已无足轻重,全球出货量却仍然高达 3 亿部,其中很大一部分是为印度本地品牌做贴牌。

当然,中国市场的昨天就是东南亚和南亚市场的今天。随着印度等国也在逐步加强对市场的规范,中国功能手机在海外也实现了品牌化。比如基伍(G'FIVE),2010 年在印度市场仅次于三星,全球出货量排名第九。还有"非洲之王"传音。2017 年,传音在非洲卖了 1.2 亿部手机,其中 9000 万部是功能手机,用的还是联发科的芯片。非洲每卖出两部手机,就有一部是传音。基伍和传音的成功,不仅仅是因为价格低廉,还因为继承了华强北的极客①基因。比如,印度和非洲跨网话费昂贵,SIM 卡却很便宜,所以很多人都有几张 SIM 卡,基伍和传音就支持四卡四待。印度和非洲很多地方没有电却有手机网络,基伍和传音就做到了二三十天的超长待机。非洲兄弟能歌善舞,传音就主打音乐超大声量外放,还随机赠送头戴式防滑耳机。它还设计了专门针对黑人的美颜功能,解决了非洲人民夜拍"见牙不见人"的大难题。传音的智能手机进步得也很快,2017 年销量进入全球前十,2018 年跃居全球前九。

山寨手机虽然被逐出中国市场,但它对中国手机产业的发展有着不小贡献。

品牌手机也多有模仿作品问世,连乔布斯也鼓励其团队"当海盗,不要当海军",意思是要像海盗一样,既为自己的工作感到自豪,又愿意去窃取别人的灵感。乔布斯还骄傲地宣称:"在窃取伟大的灵感这方面,我们一直都是厚颜无耻的。"山寨手机亦有许多创新,它的一些前卫先进的设计理念已被品牌手机学习和采纳。

其次,山寨手机巨大的市场份额使得整个手机产业链条的上下游得到了快速的发展,在手机生产的每一个环节都通过竞争提高产品技术含量并降低价格,形成完整的产业链,为品牌手机的崛起打好了硬件基础。可以说,全世界都找不到比深圳更好的手机配套生产基地。从品牌到代工,全球智能手机一半的生产量都落在了深圳以及与之相邻的东莞。

而且,由于山寨手机的存在,使得中国手机行业竞争异常激烈。不断的优胜劣

---

① 极客是美国俚语 Geek[gi:k]的音译。过去被用于形容"对电脑痴迷的人",如今更多是指在互联网时代创造全新的商业模式、尖端技术与时尚潮流的人,也经常被引申为"狂热于技术的人"。

汰，促使那些技术创新、制造工艺、自主设计、渠道和供应链整合能力等综合实力较强的企业得以脱颖而出。在山寨手机的刺激下，深圳手机的研发周期可缩短到诺基亚、三星等品牌厂商的 1/6 左右，从而以速度和成本取得价格上的绝对优势。小米、OPPO 和 vivo 其实都被消费者视为品牌化的山寨手机。当品牌手机比山寨手机的价格更低、性能更好、对市场变化的反应速度更快，市场上还能有山寨手机的空间吗？如果中国品牌手机连山寨手机都能打败，占领全球市场当然也不在话下。

山寨手机的泛滥成灾，还为 GSM 阵营做了不小的贡献。高通对 CDMA 授权的收费很高，联发科就只做适配 GSM 的手机芯片，所以每个山寨手机的用户都只能是 GSM 网的用户。CDMA 手机品种少、价格贵，这在很大程度上限制了 CDMA 客户的增加。山寨手机则从中国冲向全球，所到之处都大量增加 GSM 用户。山寨手机打击了整条 CDMA 产业链，不仅全球许多小的 CDMA 运营商破产，连主推 CDMA 设备的中兴、朗讯和北电的业绩都大受影响。反之，华为、爱立信和诺基亚这些 GSM 系的设备商则从山寨手机中受益。

最重要的是，手机是芯片的最大用户，山寨手机的兴旺直接驱动了以联发科和展讯等手机芯片设计公司为代表的半导体产业的发展。展讯的最初资金来自联发科，后来却成为联发科最大的竞争对手。中国自主推出 3G 的 TD-SCDMA 标准后，没有一家欧美公司为之设计手机芯片，而展讯仅用一年时间就完成了 TD 手机芯片从设计到打通电话的全部研发流程。如果没有展讯挺身而出（当时华为、海思都还没成立），TD-SCDMA 早就胎死腹中了。而 TD-SCDMA 的技术储备及相关产业链，又为中国后来 4G 的 TD-LTE 打下基础，TD-LTE 标准被全世界接受，中国才能在 5G 中拥有了较大的发言权。可以说，山寨手机为中国的芯片和电信产业做出了很大贡献。

山寨手机虽然走向没落，深圳却在其发展过程中培养了创业基因、创新设计、硬件供应链和发达的物流等。特别是硬件供应链，是公认的深圳优势。

如果你是一个工程师，想用一周的时间来实现一个创意，在哪儿可以做到？只有深圳。在深圳，你能在华强北不超过一公里的范围内找到实现这个想法所需的绝大多数原材料。以华强北为中心、1.5 小时车程为半径的这块土地上，运转着全世界最生机蓬勃的制造业链条——从电子元器件到工业设计，再到加工厂。只需要不到一周的时间，你就能完成从产品原型到产品、再到小批量生产的整个过程。而且，山寨的过程实际上锻炼了供应链的能力，尤其是成本控制。全世界只有在深圳才能够把一部手机的成本控制在几十元，在这里，任何被大型制造商忽视的小众需求都能够被满足。

经过多年的手机等电子产品的不断更新换代和重新洗牌，深圳在数字产业领域优势明显，从强大的制造能力、大量的工程技术和设计人才储备，到快如闪电的物流，一应俱全。深圳已经成为各种数码产品硬件开发商的沃土，被誉为"生产商的天堂"。比如大疆无人机，最早源于香港科技大学，最终还是落脚在深圳。

即便山寨手机的历史已经终结，华强北也永不落幕。在手机之后，从电子手环、无人机、矿机①到电子烟，对于电子产品，华强北永远拥有最敏锐的嗅觉和最快速的行动。特别是比特币被炒上天的那几年，矿机也成为炙手可热的香饽饽。2017 年比特币价格高涨，华强北的矿机销售异常火爆。全国买家闻风而来，疯狂抢购供货严重不足的矿机。有些买家担心第二天价格上涨，敲定价格后就全额付款，引发了秒杀的现象。2018 年初虚拟货币价格跳水，整个比特币市值减少 2000 亿美元以上，矿机价格跟着大跌。有人年前下单约定 3 月取货，一台矿机还没到手就已损失过万。短短 20 天左右的时间，华强北可能经历了人类有史以来最惨烈的一次"矿难"。不过，华强北永远不相信眼泪，类似的故事还将一遍遍上演。

山寨手机退出中国市场的原因有很多，雷军却当仁不让地认为，这事主要应归功于小米。

---

① 矿机：用于赚取比特币的电脑，这类电脑一般有专业的挖矿晶元，多采用烧显卡的方式工作，耗电量较大。用户用个人电脑下载软件然后运行特定演算法，与远方服务器通信后可得到相应比特币。

第六章

小米为发烧而生

魅族的成功与小米的诞生

乔布斯的创业故事被写进了一本名叫《硅谷之火》的书中,这本书影响了中国很多的互联网创业者,其中也包括雷军。早在就读武汉大学计算机系时,雷军读了这本书后激动得不停地在学校操场上转圈,还连续几夜没有闭眼。在大四的时候,他和几个小伙伴创办了一家小公司。创业的艰难超乎他的想象,缺乏资金也缺乏资源,小公司很快就撑不下去关门了,以至于多年后他还经常公开表示不鼓励大学生创业。

从大学毕业后,雷军被分配到北京工作。1992 年初,他加入了金山,一直做到 2007 年金山上市。雷军发现,他投注了 15 年心血的公司市值不过 6 亿港币,与同期市值 15 亿美元的阿里巴巴及 40 亿美元的百度相去甚远。从 WPS 到词霸,从词霸到毒霸,从毒霸到游戏,还做过电商卓越网,金山在每个行业都做到细分领域的前几名,却永远不是老大。雷军对此曾深深反思。他认为自己在战略上没想清楚,用身体上的勤奋来掩盖战略上的懒惰。只顾埋头拉车,没有抬头看路。雷军“守正出奇”,做事缺少周鸿祎那种不管三七二十一的狠劲,于是,“金山就像是在盐碱地种草,为什么不在台风口放风筝呢? 站在台风口,猪都能飞上天!”金山被认为是个没有创始人的企业,做的每一件事都不是真正意义上的创业,在这样的体制下是做不成大事的。身心俱疲的雷军决定离开金山。他用金山股份换来的钱,做些针对移动互联网项目的投资。同时,他也在寻找属于他的那头“飞猪”。

雷军是个不折不扣的手机控。在自己开发手机之前的 16 年,他换过 53 部手机,每年至少要玩 3 部手机。做了 20 多年软件产品的他,对手机有很多自己的想法。每次见到一家手机公司的人,他就拉着别人提意见。大约 10 年前,诺基亚鼎盛的时候,雷军认识了诺基亚全球研发的副总裁,还给他提过上百条意见。

2008 年 10 月,HTC 发布了全世界第一部安卓(Android)操作系统的手机。雷军特意去中国香港买了一部。以现在的眼光看,HTC Dream 是简陋的,它保留了实体按键和侧滑键盘,屏幕小得仅有 3.2 英寸,内存也只有 192MB。但是在那个智能手机尚未普及的年代,HTC Dream 的出现无疑是革命性的。无论是触控为主的交互方式,还是内置的多项谷歌服务,都极大地提升了用户体验。用了这部手机之后,雷军认为强大的安卓有着很大的潜力。而且,中国正在从 2.5G 步入 3G,手机网民的数量高速增长。雷军认定,移动互联网将进入高速发展期,手机用户数量将很快超过电脑(当时很少人相信这点),智能手机必定是下一个风口。

第一部量产的安卓手机——HTC Dream(G1)

作为一名天使投资人,雷军开始遍访中国大大小小的手机厂商,寻找合适的手机投资项目。最终,他看中了黄章的魅族手机。

因为对电子产品过于痴迷,黄章在高一时被学校开除,并被父亲赶出家门。于是,黄章独自闯到深圳打工,曾经在码头上做过搬运工。2002 年,26 岁的黄章出任新加坡合资企业爱琴公司总经理。在他的主持下,爱琴 MP3 产品有了当时闻所未闻的功能——20 小时超长播放时间、128MB 内存、免驱动连接电脑等等,让爱琴 MP3 名声大振。新加坡来的大股东希望通过广告轰炸占领市场,黄章则坚持认为产品应该靠卓越的技术和超群的功能去赢得消费者的口碑,根本不必打广告。由于无法和股东在管理理念上达成一致,黄章带着一个名叫白永祥的工程师离开了爱琴公司,以 10 万元现金起家创立了"魅族",短短几年就把魅族打造成了中国 MP3 第一品牌,年销售额超过 10 亿元。

和乔布斯一样,黄章也注意到了音乐手机给 MP3 带来的冲击,于是他在 2006

年年底决定转型做手机。魅族 MP3 的生产线，他随手就丢了，没有一点痛惜。黄章拿到联发科的方案后没有马上生产手机，而是经过 2 年的努力和 34 版的设计修改，一一解决了操作系统和触摸屏等关键技术问题，直到 2009 年夏天，才正式发布魅族的第一款手机 M8。每家魅族专卖店的门口都排起了长龙，这样的盛况当时只在 iPhone 手机上市时才看得到。一个粉丝甚至转战了 4 个省，倒了 3 趟火车和 1 趟汽车，就为了尽早买到 3 台魅族的 M8 手机。魅族 M8 的价格只有 iPhone 3GS 的一半，性能却更好，上市 2 个月就销售 10 万部，5 个月销售额突破 5 亿元。对产品要求很高的法国电信，一次就定了 5 万台 M8 手机。就连沙特王子，也成了 M8 的粉丝。

最值得一提的是 M8 的操作系统。魅族没有选择 WM 系统作为底层，因为 WM 系统的用户界面太差，操作不方便，每部手机的授权费还高达十几美元。它最终选择了微软的 Win CE。Win CE 是一种嵌入式操作系统，主要是用于汽车、机床等工业产品中，不是专用于手机的操作系统，没有与通信协议和 App 对接的模块，也没有现成的 WiFi 模块，对魅族来说很多领域都是空白。魅族仅有的 18 位软件工程师没日没夜地干，最终居然把这件事做成了。操作系统成了 M8 的一大竞争优势，连微软都对此赞不绝口，以至于收藏了一部 M8 摆在微软总部的展馆里。

2009 年，国产手机厂商几乎全线亏损，魅族 M8 手机逆市崛起是一个天大的奇迹。这款被誉为"国产机皇"的手机，引起了雷军极大的兴趣，他想以投资人的身份进入魅族。那段时间，雷军频繁出入魅族，黄章会提前在冰箱里备好雷军爱喝的可乐，两人就一边喝可乐、一边讨论手机。雷军把软件、互联网和资本运作的方法悉数告诉了黄章，黄章则将开发手机的经验倾囊相授，甚至把手机设计草稿拿给雷军看。黄章不像其他厂商那样在市场推广上投入巨额费用，而是几乎把所有的资源都投入产品研发中，每次只做一款产品，成功后再把利润投入下一款产品的研发之中。黄章的这些理念深得雷军的赞赏。

雷军最喜欢的还是看黄章如何在论坛上跟"魅友"互动。黄章每天至少要花 4 个小时浏览论坛，用户发现的技术问题，他总是第一时间知道、第一个提出解决方案。黄章还和"魅友"在论坛中深度探讨魅族手机操作系统的使用体验。从 M9 开始,魅族的手机操作系统改为基于安卓系统的深度定制,日后将被命名为"Flyme"。Flyme 系统是魅族产品的"灵魂所在",是魅族手机的核心竞争力。魅族通过与"魅友"的互动来了解自己手机操作系统的不足,及时改进,再让"魅友"体验。在这些不断的互动中,魅族在"魅友"心目中建立起了很高的忠诚度,这让雷军大有感触。

雷军将谷歌中国工程研究院副院长林斌介绍给黄章,希望黄章能拿出 5% 的股份吸引林斌加盟。黄章认为,高薪和分红都没问题,股份免谈。雷军则认为要给高管股份,否则很容易被人挖走。黄章说:"他们走了我自己也能做。"当时的黄章还没有意识到资本运作以及股权激励的重要性,对利润分享还停留在勤劳致富的阶段。

由于和黄章没有谈拢,2009 年下半年,雷军决定自己出手来开发手机。他也一直认为最好的投资是投给自己。在决定创业的那一刻,雷军又想起了《硅谷之火》中乔布斯说的那一句话:"你要是有梦想不妨一试,那样你也许真能办成一家世界一流的公司。"

雷军要做自己的手机,先得给公司想个好名字。好的公司名字真不容易想到。这个名字要易记易传播,最好是生活中早已熟悉,本身带有色彩感和富有情绪的;商标可以注册,要获得配套的顶级域名,便于国际化推广。

经过一个月的头脑风暴,在否决了上百个名字之后,"小米"成了最终的选择。小米是五谷之一,温润滋养,人们耳熟能详,也显得亲切平和。移动互联网的英文 Mobile Internet 的首字母组合"MI"恰巧也是"米"的拼音。将小米的标志图形"MI"180 度倒转后,又近似汉字"心",只是少了一个点,寓意"让用户省一点心"。小米就这样诞生了。

在决定开发手机后的第一年,雷军花了绝大多数时间做的事情就是找人,特别是懂硬件的人。雷军是做软件出身的,不懂硬件也缺乏硬件方面的人脉。雷军和几个候选人谈了两个多月,进展缓慢。要知道,此前在互联网行业没有做硬件能够成功的案例。事实上,直到今天,除了小米,几乎找不到第二家能够把硬件做得好的互联网企业,甚至连谷歌、微软都在手机项目上栽过跟头。连雷军自己也在长达一年多的时间里不愿对外公开自己在开发手机,别人就更要迟疑了。

直到摩托罗拉北京研究中心总工程师周光平博士的出现,事情才有了转机。雷军在和周光平第一次见面聊了一个小时后就敲定了。其实,在谈到第 15 分钟的时候,周光平就决定出来一起"闹革命"。平价的好手机是周光平多年来的夙愿。在周光平加盟后,小米硬件团队的组建可谓在黑暗中撕开了个口子。在接下来的一个月内,小米公司敲定了 10 多名拥有近 15 年经验的硬件工程师。

面对小米这家刚起步的创业公司,有些面试候选人还在犹豫,这时候怎么办?

雷军和小米的联合创始人团队轮番上阵,很多时候一聊就近 10 个小时。小米手机硬件结构工程负责人第一次面试从中午 1 点开始,聊了 4 个小时后,憋不住出来上了个洗手间。他回来后,雷军说:"我把饭订好了,咱们继续聊。"这一继续就聊到了晚上 11 点多,聊到被面试人终于答应加盟小米。后来他说,之所以答应下来,不是那时有多激动,而是体力不支了。

为什么雷军对人才这么重视?因为创业最重要的因素,是团队,其次才是产品。有好的团队才能做出好的产品。直到今天,小米依旧在花费巨大的精力寻找专业而且合适的人才。

雷军为小米的初创团队一共找来了 14 个人,其中一半来自谷歌、微软和金山。2010 年 4 月 6 日,在离金山总部不远的银谷大厦 807 室,负责软件用户体验的黎万强的父亲端来了一锅熬好的小米粥,几个创始人一人喝了一碗,小米公司就算正式成立了。

小米手机的粉丝经济

在小米公司成立后,雷军并没有马上开始造手机,而是先花了一年时间,基于安卓系统深度定制了 MIUI 手机操作系统。手机操作系统很复杂,研发周期很长。此前很少有公司会在开发软件时去听取用户的意见,比如微软会动用五六千个工程师开发一个操作系统,这五六千个开发人员会分成一个个小组,每个小组除了 3 个工程师外,还会配 1 个产品经理和 1 个测试员,但用户的声音基本为零。微软在个人电脑时代取得巨大成功,在互联网时代却受到了不少挫折,比如 Windows

Vista 系统的失败及手机操作系统屡战屡败,就与它的这种产品开发模式有很大关系。雷军在金山做软件的时候也是封闭开发,关起门来研究一两年,以为做到最好了,可是发布之后用户未必喜欢。而且这一两年时间里市场可能发生了很多变化,要改也来不及,就错过了很多机会。

对于 MIUI 系统,小米公司用了全新的互联网开发模式,提出了每周迭代的概念。什么是每周迭代呢? 小米团队会在每周五下午推出新一版的 MIUI 系统给用户试用。下周二,用户会提交体验报告。一开始能收到上万条反馈,几年后发展到每期能有十多万用户的参与。从这些体验报告中,可以汇总出用户上周最喜欢哪些功能、哪些觉得不够好、哪些功能正广受期待。小米公司内部设置了"爆米花奖",根据用户对新功能的投票产生上周做得最好的项目,然后给相应员工奖励,奖品就是一桶爆米花,以及被称为"大神"的荣誉感。

在用户的参与下,MIUI 系统被开发出许多很好用的功能。比如你到了星巴克,手机就会弹出提示,告诉你可以一键连接星巴克的免费 WiFi,不用输密码;老人看不清手机屏幕上的字,小米就开发了一个极简模式,可以让字号变大;不想接陌生电话,小米可以设置成只接通讯录里的电话,等等。

每个周五,许多用户就开始等待 MIUI 系统的更新。这些发烧友很喜欢刷机,体验新系统和新功能。也许这次发布的新功能就有他们亲自参与设计的,或者某一个被修复的 Bug(漏洞)是他们发现的,这让每一个深入参与其中的用户都非常兴奋。

小米的员工还和用户通过论坛进行零距离接触。好的功能得到用户的表扬,团队自然很开心;当一个产品经理和工程师负责的功能被用户吐槽甚至大骂的时候,不用开会、不用动员,他们自然而然地会加班加点,全力去改进。

通过这种模式,MIUI 系统建立起了人数多达十万的互联网开发团队。团队的核心是小米公司的 100 多个工程师,核心的边缘是论坛人工审核通过的有极强专业水准的 1000 个荣誉内测组成员(也被称为"荣组儿"),在外围则是 10 万个对产品功能改进非常热衷的开发版用户。在这个团队之外,有千万人级别的稳定版用户,这些用户其实也在以自己的方式参与 MIUI 系统的迭代完善。

MIUI 系统还建立了不同梯度的升级制度。更新最快的是荣组儿的内部测试版,每天升级,能最快尝试新功能和测试 Bug 的修正;其次是开发版,每周升级;再就是稳定版,通常 1～2 个月升级。

正是这种用户深度参与的机制,让 MIUI 系统收获了令人吃惊的好口碑和用户增长速度。2010 年 8 月 16 日,MIUI 系统第一个版本发布时,只有 100 个用户。到 MIUI 系统发布一周年的时候,用户数量已经增长到了 50 万个。这 50 万个核心用户是小米手机在 3 年后能达到 6000 万用户、5 年后达到 1.3 亿用户的基础。

为了感谢这最初的 100 个种子用户,小米后来推出了一部名叫《100 个梦想的赞助商》的微电影。这部微电影讲述了一个小镇青年坚持赛车梦想的故事,在微电影中那辆赛车的车身上,印着 MIUI 系统首批 100 个用户的网名。这部向用户感谢和致敬的微电影,成为用户群体和小米员工心目中的经典之作。

小米就像一个小餐馆,老板跟每个来吃饭的客人都是朋友。这种交朋友的方式可以让发烧友长期持续地参与进来一块开发产品。苹果的 iOS 系统每年一更新,谷歌的安卓系统也只能每月升级一次,每周都能迭代的 MIUI 系统成了小米的一大竞争优势。有了好的团队,又有了与用户的充分互动和沟通,开发出来的产品还能差吗?

2011 年 8 月 16 日,雷军在北京的 798 艺术区举办了小米手机的第一场发布会。雷军身着黑色 T 恤、牛仔裤和布鞋,十足山寨了一把乔布斯。现场挤满了狂热的"米粉",连雷军这个主讲人都差点挤不进去会场。进不了会场的人就在场外席地而坐,仰望大液晶屏看现场直播。

雷军在台上每公布一项技术参数,台下就传来一阵几乎要掀翻屋顶的声浪。一位记者问:"这都是哪请来的托,太敬业了!"工作人员实话实说:"都是自己来的,我们也没想到。"

小米 1 率先推出双核 1.5 千兆赫(GHz),它还有 1GB 内存①、4GB 存储②、支

---

① 内存:电脑和手机中的随机存取存储器(RAM),可以随时快速读写,通常作为临时数据存储用途,相当于数据中转站。它与 ROM 的最大区别是数据的易失性,即一旦断电所存储的数据将随之丢失。

② 存储:电脑和手机中的只读存储器(ROM),是一种只能读出事先所存数据的固态半导体存储器。同等功能的手机,存储越大越好。

持 32GB 的 SD 卡扩展、800 万像素摄像头。这样的配置，其他厂家当时都能卖到四五千元。当雷军最后喊出 1999 元的定价时，会场内一片沸腾。有人喊出了"雷布斯"，他的目光在声音的方向停留数秒，旋即离开。

小米不仅手机做得好，连包装盒都很花心思。为了保证纸盒边角的"绝对棱角"，小米从国外定制了高档纯木浆牛皮纸，然后将纸张背面的折角位置事先用机器打磨出 12 条细细的槽线，这样才能确保每一个折角都是真正的直角。包装盒制作成型后通常会略向外扩张，因此要将盒壁设计成向内倾斜合适角度以抵消膨胀。又比如，为了避免手机在盒子内晃动，同时又能被轻松取出，手机内托的底部边长都比顶部减少了 1 毫米，形成梯形。整个设计团队历时 6 个月，经过 30 多版结构修改，上百次打样，做了一万多个样品，最终才有了令人称道的小米手机包装盒。一般手机包装盒的成本只要两三元，而小米包装盒的成本将近 10 元。

小米做出了"让用户尖叫的产品"，以高配低价和粉丝效应成功走出了自己的路，给智能手机市场带来了令人耳目一新的变化。那时候，国内手机市场还是山寨手机一统天下的局面，雷军最怕别人将小米手机视为山寨手机。在媒体沟通会上，一旦有记者质疑小米的质量，雷军都会耐心地解释小米手机的元器件来自哪些世界一流的供应商，并且是由苹果的"御用"代工厂组装的。讲到激动的时候，雷军会忍不住现场演示摔手机，一次不够再摔两次三次，来证明自己的手机质量过硬。

在小米手机上市前，为了采购备货，雷军和林斌到日本和中国台湾去拜访手机零部件的供应商。供应商一般都会先问一句："你们是家新兴的农业科技公司吗？"然后转到核心的问题："一年打算卖多少？"雷军硬着头皮报了 30 万台，供应商表面很客气，但后来就不再有消息了。也有人不客气地直言道："把你们前三年的财务报表拿来看看，否则我怎么知道你会不会做到一半倒掉。"再拜访另一个供应商，供应商派了一个经理来接待。经理问："你们预计销量是多少？"雷军说："30 万。"经理又问："是一个季度吗？"雷军说："是的。"出门后，林斌问雷军："我们之前不是说好对外说预计一年卖 30 万台吗？怎么变成一个季度 30 万台了？"雷军说："话讲出去了，我们一定要做到，手机卖不出去，我们自己掏钱买下来。"事实上，小米的第一轮预售就有 13 万人预订，相当于半天时间就产生了 2 亿多元的销售额。小米上市头半年一共卖了 719 万部,供应商的接待人员也从经理换成了副总裁,再换到 CEO。

小米手机做出来了,小米公司将之定义为"互联网手机"。手机的体积小,货值高,天生适合走电商渠道销售。小米手机 70% 的销售量由小米网承担,其他的走运营商渠道。没有中间商赚差价,小米手机才能以平价销售。

下一步,就是要做产品宣传。小米没找到合适的市场策划负责人,就让黎万强顶上。黎万强把一个投放资金高达 3000 万元的营销计划摆在了雷军面前,没想到被雷军一句话就给拍死了:"阿黎,你做 MIUI 的时候没花一分钱,做手机能不能也这样? 我们能不能试试不花一分钱去打开市场?"黎万强感觉雷军给自己挖了个大坑,"我真是被逼上梁山的,你做老板,没米下锅时,只能自己上。"黎万强只好靠用户的口碑来做小米手机的宣传,结果竟闯出了一条新路。

能得到用户口口相传的必须是超出预期的好产品,但超预期产品不一定都能让用户乐于去做口碑传播。适合做口碑传播的产品必须要有黏性,消费者关心这类产品的新技术和新功能,并且不时要更新换代。数码、家电、汽车、家居装修等品类都能让消费者长期持续关注,手机无疑是其中最具黏性的。多数消费者买手机,都会比较一项项参数:屏幕有多大? 应用处理器是双核还是四核? 主频是 1.5GHz 还是 1.7GHz? 电池容量又是多少毫安时? 操作系统好不好用? 关注得多自然话题也多,有了好话题就有了好的传播点。

很多企业也想学小米的口碑营销,却没有注意到它们的产品并不具有对消费者的黏性,那凭什么让消费者关注你? 靠不断抽奖吗?

小米对用户开放开发产品、提供服务的企业运营过程,让用户参与进来一块玩,通过论坛沉淀、微博拉新、微信客服、QQ 空间宣传等社会化媒体的沟通方式,将"参与感"而不是产品卖给用户。

小米把包装盒都玩出了话题。

小米有两个做研发的胖员工组合成了盒子兄弟。为了证明小米确实是用 10 块钱的成本做出的高质量盒子,盒子兄弟用双人叠罗汉的方式站在包装盒上。盒子兄弟的这张图片花了半个小时拍摄。刚开始,盒子兄弟很兴奋,眉飞色舞的样子,觉得自己要火了,但摄影师一直没通过。半小时后两兄弟面露苦色,尤其上面那个实在憋得不行,脸都红了,摄影师才说 OK。这张图片成了"米粉"圈内流行的 PS 素材,盒子兄弟的逗乐感大大增加了传播性。

除了恶搞,小米还喜欢玩情怀。

小米刚做手机时,为了提高品牌知名度而做了个"我是手机控"的活动,用户只要选择好自己用过的机型,即可自动生成图片,随用户的文案一块发到微博上去。这个活动还可以帮助用户计算出他在手机上所花的钱,并且通过突出他的第一部手机来炫耀机龄,还可分享与手机相关的难忘往事。这个活动一发布,转发次数就突破了 10 万。几年后,这个活动在新浪微博上已经有了上千万次的讨论。用户的参与热情很高,很多用户都为他/她的每部手机写了很详细很精彩的故事。这个活动,小米没有投入一分钱,但用户的参与热度维持至今。

2012 年 5 月,小米准备发布青春版手机。青春版手机的包装很有文艺情怀,就像是一本名叫《小米青春》的书,广告语为"绝版青春,疯狂到底!"。7 个小米手机的创始合伙人利用一个下午的时间,在公司附近的中央美院的学生宿舍,拍了个名为《我们的 150 克青春》的微电影。在这个片子里可以看到,每个合伙人都很搞怪:雷军打游戏,黎万强玩摄影,KK 要去约凤姐,洪锋调侃臭袜子,林斌看《金瓶梅传奇》,刘德弹吉他,周光平在玩飞机。短片出来后,一个上午就卖光了 10000 件 T恤,这件商品还长居小米网上的畅销品宝座。[①]

后来,小米又向《那些年,我们一起追过的女孩》致敬了一把,制作了一张青春版手机的线上首发海报。发布了"那些年"海报的两条微博,转发次数超过 300 万。这个在微博上开的产品发布会,让小米准备的 15 万部青春版手机一发布就卖掉了,活动效果之好超乎所有人的想象。

2014 年,小米用一分钟的品牌广告《我们的时代》告诉人们:无论这个时代的价值观看上去怎么颠覆、怎么多元,人类对于美好情怀的向往其实一直没有改变。

---

① 黎万强:《参与感:小米口碑营销内部手册》,中信出版社,2014 年。本节所用资料多参考此书,后面不再一一注明。

除了最后一秒出现小米标志,广告全程都没有出现任何小米品牌和产品形象。在央视春晚黄金时间播出这则广告前,小米提前一周发布网络视频。不到 24 小时,网上播放量已近 150 万次,获得超过 4900 万个点赞,微博话题讨论近 20 万条,超过 10 万人下载了配乐铃声,无数用户上传了自己的照片,制作了专属海报……很多用户在网络上提前看了两三遍,春节期间回到老家,边吃饺子边听到电视广告音乐响起的时候,就会对家里人说:"这是小米手机没有手机产品的广告,有点意思,快看看。"这个广告前后花费 6000 万元,是小米少有的大手笔广告投放。

不管是恶搞还是玩情怀,小米都是通过自媒体与用户沟通,依赖用户的口碑传播,不仅与用户大大拉近了距离,还节约了巨额的广告支出。

"因为米粉,所以小米。"

很难想象,一个普通的消费者会亲手制作礼物,送给卖他产品的企业,而这样的事情就在小米不断地发生。有一位用户,用真正的谷物小米,粘出来一只小米手机的模型,送给小米公司。在这部真正的"小米"手机面前,所有的小米手机恐怕都是"山寨"的。

小米公司收到的全国用户送来的小礼物远不仅仅是这部"小米"手机。最开始,这些小礼物摆在小米员工的办公桌上。后来,小米公司专门买了个柜子用以陈列这些礼物。再后来,这些礼物装满了两面墙的陈列柜。

"米粉"的狂热让人吃惊。小米每到年终都会组织一个盛大的"爆米花年度盛典",邀请全国"米粉"参加。爆米花活动全程让用户参与,用户在论坛上投票决定举办城市;现场的用户表演节目,表演者是提前在论坛海选出来的;布置会场有"米粉"志愿者参与;资深"米粉"将在盛典中领取"金米兔"奖杯并成为《爆米花》杂志的封面主角;每次"爆米花"活动结束,当地资深"米粉"还会和小米团队聚餐交流。"爆米花年度盛典"是"米粉"们自己的节日。

为了这些铁杆用户,小米还开发出了大量的周边产品。比如米兔,这个带着雷锋帽的兔子形象受到了众多"米粉"的喜爱。仅 2014 年的"米粉"节,米兔的销售量就超过 10 万个。还有小米文化衫、小米帆布鞋、小米钱包、小米背包……雷军把周边产品带来的收入称作"'米粉'给小米的小费"。

2012 年 4 月 6 日,小米公司成立两周年,上千个"米粉"从各地赶到北京,在活动现场不停地欢呼和尖叫,雷军就像电影明星一样在台上一呼百应。现场公开发售的 10 万部小米手机,仅用了 6.5 秒就全部被抢光。同样的一幕一次又一次在小米的新品发布会上出现。"米粉"们毫不掩饰自己对小米手机的喜爱之情。

在很多互联网公司的眼中,用户仅仅是个数字,日活跃多少人、月活跃多少人、点击率是多少、转化率又是多少,没有一个数字是鲜活的。在雷军看来,千万要把用户当人看,"当你真的去走访和了解一个用户的时候,你会发现,那个数字跟实情不一样,一个高度满意的用户,能给你带来十个用户,一个无比忠诚的用户,最少能给你带来一百个用户。"

小米的性价比局限

当小米开发产品时,数十万个消费者热情地出谋划策;当小米新品上线时,数百万个消费者涌入网站参与抢购;当小米要推广产品时,上千万个消费者积极地参与到产品的口碑传播中……这是中国商业史上前所未有的奇观。消费者和品牌从未如此广泛深入地互动。通过互联网,消费者扮演了小米的产品经理、测试工程师、推广人和梦想赞助商等各种角色,他们热情地参与到小米品牌发展的每个环节中。在"米粉"的狂热支持下,小米这个 2011 年 8 月才推出的新品牌,到了 2014年,出货量就达到 6112 万台,比前一年增长了 227%,超越三星,拿到了中国年度手机销量第一名。[①]

雷军以乔布斯为师,小米的成功也有很多苹果的影子。

我们知道,一款手机从创意、设计、决策、生产到销售,有五个环节,至少要经历五个角色之手,即工程师、设计师、管理者、生产者和销售人员。在一般的公司里,这五个角色通常是割裂的,工程师不懂设计、设计师不懂技术、生产的人不管销售、销售的人不管生产,而管理者只懂管理。而苹果手机为什么会取得如此巨大的成功,关键在于乔布斯本人集工程师、设计师、管理者、生产者和销售人员五个角色于

---

① 孙奇茹:《小米手机连续 5 季度销量第一》,《北京日报》,2015-07-03。

一体,他对苹果手机出品的每一个环节都深度参与。小米也一样,雷军也是一个乔布斯式的产品经理。只有伟大的产品经理,才能做出伟大的产品。

有了超预期的好产品,才能成就建立在粉丝经济之上的好品牌。好品牌一定是靠好产品撑起来的,而不是靠品牌定位定出来的。好产品如此重要,又预示着机海战术即将过时,单机为王的时代已经来临。苹果和小米基本上都仅靠一年一两款新机型的节奏就打下了偌大的江山。单机为王还意味着供应链的简化,对降低成本有很大的好处。

雷军和乔布斯的成功,还都在于他们的跨界。软件思维与硬件思维有着很深的隔阂,软件要求尽快上市,产品初期粗糙点没有关系,反正可以不断地打补丁,硬件却要求尽可能做到完美才能出厂售卖。雷军和乔布斯分别是做软件和硬件出身的,前者做出了让用户尖叫的手机硬件,后者做出了苹果手机的灵魂 iOS 系统,才分别成就了小米和苹果品牌。

但小米也有很多和苹果不一样的地方。

苹果和小米的成功,宣告了手机软件时代的到来。iOS 系统和 MIUI 系统,对苹果和小米产品的成功至关重要。苹果的 iOS 系统只能每年升级一次,小米的 MIUI 系统可以每周迭代。MIUI 系统甚至先于小米手机诞生,通过与发烧友的深度互动而赢得对方的忠诚。苹果像一个大明星,与自己的粉丝保持着距离;小米更加亲民,花费了许多精力维系自己的粉丝群。不过,MIUI 系统是基于安卓定制的,时间长了流畅性会降低,在基础体验上还是无法与苹果自有的 iOS 系统相比。

在软件上小米与苹果各有所长,但软件时代的来临并不意味着硬件不再重要,正相反,当软件的竞争形成僵局后,少数几项硬件功能又成为竞争的焦点,如摄影质量、使用流畅度、电池续航能力等。硬件升级成功与否将决定手机能否成为新的市场爆款。苹果做到了芯片、硬件、软件和设计四者的完美融合,才拥有超强的综合竞争能力。而小米则在最重要的芯片上一直高度仰赖高通和联发科的供应。

手机的品质在不断上升,销量向爆款集中,消费者不再频繁更换手机,这又意味着消费者的购买决策变得谨慎。这时候,为手机的购买者提供体验服务的重要性就出来了。消费者需要有人讲解新款手机的功能和使用方法,需要知道各款手机之间的区别在哪里,网络销售给消费者提供的服务体验肯定是不如店面销售的,这是苹果要在一个城市最繁华的街区开设专卖店的重要原因。而小米专注于线上销售的模式,又将成为小米的另一个重要短板。

小米喜欢和粉丝沟通,倾听用户的意见,而乔布斯曾表示:"消费者不知道现在的科技可以做什么事情,他们不会去要他们认为不可能的东西。消费者想要什么就给他们什么,这句话听起来很有道理,但是通过这种方式,消费者很少会得到自己真正想要的东西。"曾经有记者在苹果的 Mac 发布会之后问乔布斯做过什么类型的市场调研,乔布斯语带嘲讽地回应:"贝尔在发明电话之前做过任何市场调研吗?"研究消费者的想法只能够改善现有产品的性能。研究和采用最先进的技术才能产生革命性的新产品。两方比较,高下立判。

而不管是走店面渠道销售手机,还是要在研发上投入高昂的费用,以及要有充足的市场备货,都要求手机必须有较高的利润空间。手机就像一门海鲜生意,生猛海鲜才能卖出大价钱,一旦臭了就分文不值。以性价比著称的小米手机利润率太低,承受不了滞销产品可能带来的巨额损失,所以才以销定产,被迫走"饥饿营销"的路子。线下拓展不力、研发投入不足、市场供货不够,这些都对小米的进一步发展带来了严峻的考验。而走高价路线的苹果,有着充足的利润支持线下渠道费用、研发费用和滞销损失。

乔布斯重新定义了手机,也重新塑造了手机的生意模式。小米则走出了一条与之完全不同的新路。根据电脑越卖越便宜的趋势,而且基于其互联网模式,雷军认为,按硬件成本定价必然会成为未来消费电子标准的商业模式,小米"在 10 年内可以赶超苹果"。靠硬件赚大钱的苹果,和硬件低利润的小米,谁能掌控手机市场的未来?

小米自称是第一个互联网手机品牌,互联网思维成就了小米。金山时代的雷军可不是这样的。雷军是程序员出身,他亲手打造的金山毒霸在查杀病毒种类、查杀病毒速度、未知病毒防治等多方面达到世界先进水平。为了打击盗版,雷军于 1999 年曾经掀起红色正版风暴,将定价 168 元的产品降到 28 元。这个风暴瞬间席卷全国,100 天内销售超过 100 万套,刷新了中国正版软件的销售纪录。然而,这个价格和销量在互联网思维面前不堪一击。360 推出免费杀毒模式,把中国所有的知名杀毒软件杀得人仰马翻。等到金山醒悟过来,于 2010 年 11 月宣布金山毒霸永久免费时,市场大势已去,360 已经获得了几亿的用户,把杀毒市场牢牢地抓在了手中。

雷军痛定思痛,反思了金山毒霸的失败。雷军认为,他是被互联网革命干掉的第一代,互联网最先吃掉跟它最近的软件行业。互联网思维威力巨大,当然也可以用它来更新手机产业。雷军从来都认为小米是一家互联网公司,而不是一个手机制造商。小米平地惊雷,当年击败金山毒霸的周鸿祎也在翻来覆去地对小米细细剖析。作为中国互联网免费模式的鼻祖,周鸿祎当然通晓"把用户体验做到极致""硬件不赚钱软件捞回来"等观念。不过,周鸿祎从来都不愿意与竞争对手硬碰硬地正面对撞,特别是那种大公司才能玩得了的平台,切入行业巨头不关注或干不了的细分市场才是他爱干的事情,他也没想到自己有一天会去卖手机。

雷军做手机从零起步,仅用了短短两年半时间就做到了中国手机市场销量第一。同一时间段,诺基亚竟从全球手机市场老大的地位,跌到卖身出局的地步。在中国市场,小米起步的 2011 年,诺基亚仍然销量排名第一,从当年第四季度起,才开始被三星超越,从此就急转直下。诺基亚帝国的崩塌,何以如此之快?

第七章

诺基亚帝国的崩塌

面对苹果与谷歌的威胁

iPhone 上市不久后,一位名叫劳瑞·玛卡瓦拉的《赫尔辛基新闻报》(*Helsingin Sanomat*)记者给诺基亚新闻中心写了一封邮件,从普通消费者的角度,对比了自己使用的诺基亚的 E51 商务手机和苹果的 iPhone,认为塞班系统的用户体验很差:更换铃声要下探 5 个层级,每天必用的编辑短信功能,需要从编辑短信、多媒体短信、语音短信和邮件中去选择,远不如苹果的产品容易上手,塞班系统的"这些复杂的设计让我抓狂"。

收到玛卡瓦拉邮件的诺基亚新闻中心如临大敌,他们首先想到的不是去和公司的相关部门沟通,解决邮件中提到的问题,而是要"解决"提出问题的人。新闻中心先是不断地给玛卡瓦拉打电话,劝说他不要炒作诺基亚的负面新闻。紧接着,新闻中心的高管又开着豪车,在下属的前呼后拥之下,来到《赫尔辛基新闻报》编辑部和玛卡瓦拉当面交涉。一番唇枪舌剑、唾沫横飞的交锋后,该高管确定玛卡瓦拉不会报道邮件的内容,态度立即来了个 180 度大转弯:完全赞同邮件中所说的塞班系统的种种复杂的设计,在 iOS 系统面前,塞班系统没什么竞争力。因为他 5 岁的女儿接触到 iPhone 后,很快就自己搞懂了怎么使用。到了晚上,她还询问:"今晚我可以把这个神奇的手机放在我的枕头下吗?"从自己的女儿身上,这位高管就意识到,诺基亚遭遇了前所未有的危机。

不仅这位新闻中心高管有危机感,iPhone 带来巨大威胁几乎是诺基亚高管的共识。奥利拉曾做过一个小调研,发现公司最高层的 12 个高管里,仅有 2 人认为苹果不是威胁,剩下的 10 人都认为问题很严重。

诺基亚并不缺乏对问题严重性的认识,只是缺乏解决问题的勇气。

后来的人看诺基亚,一般都会认为诺基亚在变革来临之时反应迟钝。事实上,诺基亚公司的内部运作效率是相当高的。诺基亚一直认真倾听消费者意见,研究市场趋势。诺基亚设有一个专门的市场信息搜集网络,仅在中国就有 300 多个直属市场部的市场推广员,每天在市场上收集各种各样的资料和信息,而且在当天就会提交报告,分门别类后由不同专题的市场分析小组研究。为了快速抢占市场,诺基亚常常以最快的速度研制出最能满足用户所需的高质量产品,手机型号的更新速度犹如时装的变化,让人应接不暇。诺基亚的供应链还相当高效和发达,不仅能将成本降到最低,还能做到"早上接到订单,晚上就能出货"。

诺基亚的技术水平亦不落后,甚至在多个领域都领先。诺基亚先锋性地在手机产品上引进了照相和音乐等创新的理念,还超前尝试涉足了游戏领域。先进的技术和创新的设计从来都是成就诺基亚帝国的主因。

然而,作为一家超级成功的大公司,诺基亚不可避免地"改进快、革命慢"。

在习惯了做一个制定游戏规则的领先者之后,机构日益庞大的诺基亚渐渐染上了大公司都有的毛病——不再积极地从战略层面思考,创新永远停留在战术和产品层面。一切都要在既定的产业路线上按部就班,所有的尝试都必须用数据来证明是否可行,革命性的想法总是会被"市场太小、成本太高"之类的说辞否定,这就给后来的颠覆者留下了可乘之机。大公司擅长改良式的创新,小公司才干得了颠覆式的创新。尽管在技术、品牌、生产能力、管理经验、营销网络以及现金储备方面都有优势,但大公司对一些虽然可能代表市场方向,却不符合甚至损害其赢利模式的项目犹豫不决、进退维谷。这个时候,传统管理经验便成了大公司决策依赖的路径。一旦竞争对手从某个新兴的、非主流的,却发展迅速的细分市场切入,重新制定游戏规则,曾经的产业优势就会瞬间变成巨大的包袱。

大公司害怕变革、害怕出错、害怕股价下跌,不敢去做任何会让证券分析师惊慌失色的事情。不仅是诺基亚,哪个居于垄断地位的大公司愿意舍弃自己丰厚的既得利益呢?发明数码相机的柯达,最后被数码时代淘汰,这样的例子不胜枚举,像腾讯这样敢用微信快速干掉 QQ 的企业一定只是少数。

除了未能对触摸屏技术在第一时间做出反应外,诺基亚还犯了两个致命的错误:一是用企业思维而非平台思维来为用户提供应用软件服务,二是在手机操作系统上站错了队。

诺基亚早在 2007 年就率先在全球范围内推出了手机 Ovi 商店,这比苹果的应用商店早了 1 年,谷歌推出 Google Play 就更晚了。但诺基亚的 Ovi 商店更像是一

诺基亚 E51

次以互联网服务为目标的垂直整合。诺基亚购买了涵盖社交网络、旅行、照片共享、移动广告及数字地图等方面的多家内容供应商。在砸了 150 亿美元的巨资后，诺基亚 Ovi 战略失败。失败的原因倒不能简单地说产业链战略就是错的，谷歌在做安卓操作系统的同时也打造了好些个杀手级的应用，关键还是用户体验不好。诺基亚 Ovi 商店里的软件既难找又下载慢，浏览器做得也很差。诺基亚用关键绩效指标(KPI)来管理这些软件，能管得好才怪。苹果和谷歌应用商店的成功证明，产业链通吃并非必须，更重要的是打造好开放平台，扶持第三方应用程序商的成长，促成生态的建设。

　　苹果发布的第一代 iPhone 带来了全新的触摸屏操作体验，同一时间，诺基亚的 N 系列手机也达到辉煌的顶峰。比如号称"滑盖机王"的 N95 是诺基亚的第一款导航手机，其拥有的 500 万像素的拍摄能力，给当时的消费者带来了强大的震撼。诺基亚很难一夜之间就把物理按键全盘抛弃，当终于醒悟到触摸屏手机的潮流无法阻挡时，诺基亚仍然坚持用塞班系统。可塞班系统本来就不是为多点触控操作而开发的，在添加多点触控功能后，代码变得十分复杂，数量多达 3000 万行，接近 Windows XP 的水平，占用内存空间大，运行效率相当低下，许多新的核心功能很难实现。塞班系统虽然不好用，但定价高昂的 iPhone 其实给它留下了不小的生存空间。真正给了塞班系统致命一击的，是随后兴起的安卓系统。

2007 年 11 月，谷歌与全球 34 家硬件制造商、软件开发商、电信运营商以及芯片制造商共同组建"开放手持设备联盟"，谷歌向所有想使用安卓平台的厂商公开了源代码，各厂商可在安卓平台上自行定制自己的手机操作系统。谷歌放话说：哥就是一个活雷锋，哥花了数亿美元搞起来的安卓系统可以免费授权给大家使用，还不断提供升级服务。哥只有一个小小的要求，大家必须在手机中预装哥的移动服务生态系统(GMS)，包括谷歌搜索、Chrome 浏览器和谷歌游戏商店等应用程序，当然，这也是为了让用户获得更好的服务。于是，免费又强大的安卓系统在很短时间内就风靡全球，智能手机开始走向大众化。

强大的安卓系统横空出世，以免费开放的模式将手机市场重新洗牌。可是，当其他手机品牌纷纷转投安卓阵营的时候，诺基亚仍然死死抱着落后的塞班系统不放。2008 年，诺基亚收购塞班公司，塞班系统成为诺基亚独占系统。诺基亚基于塞班系统推出了 5800XM 手机，单从产品层面来看也是一款成功的产品，在价格下降到 2000 元左右的时候开始在中国市场流行。此外，诺基亚推出的旗舰 N97，在侧滑全键盘的基础上增加了触控操作方式，类似于 HTC 的 G1。但从整个手机行业来看，不管是 5800XM 还是 N97，抑或是其他塞班触控手机都无法拯救诺基亚。诺基亚在努力地改变，但很遗憾，N97 是 N 系列最后一代的旗舰机型，诺基亚进入了一个迷失的时期。

诺基亚在应对 iPhone 的威胁时行动缓慢，需要兼容键盘的塞班系统改造起来费时费力是主要原因。诺基亚也意识到了塞班系统不可能解决的缺陷。可是，谁都可以投奔安卓系统，就是诺基亚不可以。作为当前市场的老大，诺基亚实在无法放下身段，与昔日败将摩托罗拉等品牌一块向谷歌俯首称臣成为安卓平台的制造终端。于是，除了维护塞班系统机型的正常迭代更新外，诺基亚还与芯片巨头英特尔合作，尝试为触摸屏操作开发新的手机操作系统，"米狗"(MeeGo)便是这一思路下的产物。

就像在许多大公司里常见的那样，米狗系统最大的敌人不是 iOS 系统，也不是安卓系统，而是塞班系统。庞大的塞班部门为了维护自己在诺基亚公司中的强势地位，总是想方设法打压米狗团队的进度。经过举步维艰的开发，2010 年年初，诺基亚与英特尔联手发布了基于 Linux 平台的米狗系统。米狗操作系统可在智能手机、笔记本电脑、平板电脑、智能电视和车载信息娱乐系统等多种电子设备上运行，并有助于这些设备实现无缝集成。米狗系统的设计思路是比较超前的，它并不是手机专用的操作系统，而是为物联网时代的来临而准备的。它比阿里巴巴的阿里云 OS 系统早了一年多，比华为的鸿蒙系统更是足足早了 9 年发布。米狗系统生不逢时，在米狗手机即将问世之际，诺基亚迎来了一场人事的大变动。

2010 年，在智能手机或诺基亚的历史上都是堪称分水岭的一年。

今天我们再回头看第一代的 iPhone，它的缺点显而易见：内存仅 128MB，这导致其速度很慢，而且不支持多项任务同步处理，甚至不能执行一些最基本的任务，如复制和粘贴文本；芯片主频仅有 412 兆赫（MHz）；不支持 GPS 和蓝牙传输；电池续航能力很糟糕；镜头仅有 200 万像素；英飞凌基带芯片的通话功能也不够好。这款手机可以说是拼凑的产物，使用了三星 DVD 播放器中的芯片组件，操作系统也是把 Mac 的 OS X 系统改改凑合着用的。苹果又用了几年时间才终于学会了怎么造一款精品手机，经典的 iPhone 4 在 2010 年发布。iPhone 4 是第一部提出"视网膜屏幕"概念、第一部采用背照式摄像头、第一部采用陀螺仪的手机，其玻璃加不锈钢的外观设计与做工更是令人印象深刻。最重要的是，这款产品用上了苹果自己研发的 A4 应用处理器和功能更完善的 iOS 4 系统，有着超高的流畅度。iPhone 4 也是第一款全球同步发售的苹果手机，一上市就引发抢购热潮。iPhone 真正的崛起点其实是在 2010 年。

在这智能手机大变革的几年时间里，为了不错过任何一辆班车，三星一个不漏地发布了塞班、WM、安卓等多种操作系统的新机，试验了自家的 AMOLED 面板、CMOS 传感器、摄像头、应用处理器、内存、闪存等元件。在卧薪尝胆数年之后，三星终于在 2010 年发布了"盖乐世"（Galaxy S）系列的第一个产品 i9000，其强大的性能让它获得了"最有可能超越 iPhone 4 的三星旗舰机"的称号。三星在硬件和软件不断试错后得出的宝贵经验成果，最终都被整合到这款旗舰产品身上。i9000 销量过千万台，让三星手机脱胎换骨，成长为全球手机领先品牌。三星 Galaxy 系列延续至今，成为三星最高端的手机系列。

尽管苹果和三星已经崛起,市场仍有很大的机会。后来在中国市场上叱咤风云的"华米 Ov"(即华为、小米、OPPO、vivo 四大手机品牌),在 2010 年都还默默无闻。华为从 2003 年开始做手机,到 2010 年还主要在卖功能手机(80%的占比),看样子还将埋头吃定电信运营商渠道。原本做音乐手机的 OPPO 还在犹豫要不要舍弃键盘,雷军和几个合伙人正在喝滚烫的小米粥,步步高手机终于决定要推一个叫 vivo 的新品牌。

2008 年,诺基亚的销售额达到历史顶峰的 742 亿美元,高居世界 500 强第 85位[①],一时间风头无两。然而,不祥的是,它的利润同比却接近腰斩。这意味着诺基亚品牌的盈利能力在下降,它的产品竞争力在走下坡路。2010 年,诺基亚手机发货量达到历史性的 4.6 亿部。销量份额开始急转直下,从第一季度的 40%滑落到第四季度的 32%,但仍然大大领先于苹果的 19%和三星的 13%。[②] 2010 年,诺基亚在研发上投入了 58 亿欧元,是苹果的 4 倍以上。是的,诺基亚还有机会。虽然诺基亚犯过很多错误,但是在技术和市场大变革的年代,不犯错误是不可能的。如果说,在过去几年,大家对安卓系统的潜力还摸不清楚的话,到 2010 年,市场趋势已经很清晰了:安卓阵营的手机出货量和市场份额都超过了苹果。2010 年,诺基亚仍然拥有强大的品牌、制造和渠道能力,只要及时走上正确轨道,诺基亚完全可以东山再起。

诺基亚需要一个眼光如炬、力挽狂澜的领导者。在这关键的时刻,奥利拉亲自挑中了史蒂芬·埃洛普。

与微软的联姻

埃洛普是诺基亚历史上第一位非芬兰籍的 CEO。诺基亚这么一个很本土化的公司选择了一个美籍 CEO,乍看起来令人不解,其实是大势所趋。

随着 3G 时代的来临,手机不再仅仅是硬件厂商的舞台,软件成为产业竞争的

---

① 数据来自财富中文网于 2009 年公布的世界 500 强销售及利润数据。
② 数据来自艾媒咨询的《2010—2011 年度中国手机市场发展状况研究报告》。

新疆域。手机企业越来越像一家软件公司,而不是一个电子产品的制造商。诺基亚此前的高管没有一个人懂软件,美国却是全球软件业最发达的国家,诺基亚不能不考虑去美国找懂软件的人才。作为一个国际化企业,芬兰市场所占的销售额比重早已微不足道,美国却是其最重要的手机市场之一,诺基亚曾经是美国最大的手机品牌,占有高达三分之一的市场份额。而且,美国还是重要的资本市场,诺基亚已于 1994 年在纽约上市,它也需要与美国的投资者更多地沟通。所以,我们的问题不应该是诺基亚为什么选了一个美籍 CEO,而应该是:它为什么没有早这样做?

上任一个多月,埃洛普即宣布诺基亚全球裁员 5000 人,这成为诺基亚 10 年来最大的一次裁员。裁员是节约成本最立竿见影的方法。作为职业经理人,埃诺普要为公司的利润负责,裁员原本无可厚非。然而,不可否认的是,埃洛普的美式管理风格大大伤害了诺基亚的企业文化,在埃诺普和诺基亚之间造成了深深的裂痕。

裁员只是牛刀小试,埃洛普面临的最核心问题是应该采用何种手机操作系统。我们知道,诺基亚有如下选择:一是坚持自己赖以起家的塞班系统;二是力推新开发的米狗系统;三是拥抱已成市场主流的安卓系统。塞班系统大势已去,但当时还有 20% 的市场份额,在低端智能手机市场还有强大的势力。米狗系统的诞生让很多诺基亚人感到兴奋,诺基亚已在这个项目上倾注了很多心血和资金。当时的安卓和 iOS 的应用商店建立不过两年,很难说米狗没有希望。

经过近 5 个月的激烈争吵,2011 年 2 月,埃洛普宣战了。他发出一份主题为"燃烧的平台"的内部邮件,在邮件中,他指出了对手的强大,同时称诺基亚的产品无法与 iPhone 相媲美。他说:"我们也站在一个燃烧的平台上,并且我们必须决定如何改变我们的行为。"在这个手机的软件比硬件越来越重要的时代,诺基亚的前途决定于"建立或者加入一个生态系统"。

不管是兴奋还是忐忑,所有人都很期待,诺基亚终于开始行动了。但是,让人大跌眼镜的是,埃洛普没有选择塞班系统,没有选择米狗系统,也没有选择安卓系统。发出邮件三天后,诺基亚与微软共同宣布,两家公司建立深度战略合作伙伴关系,诺基亚手机将选择微软的 Windows Phone(简称 WP)手机操作系统,昔日的对手将联手共同对抗安卓系统和 iOS 系统。

微软的 Kin 手机

诺基亚在劫难逃。

为什么是微软？

都说诺基亚是老大心态，而微软有过之而无不及。诺基亚还承认自己的手机操作系统不行，但微软绝对认为自己的手机操作系统是全世界最棒的。作为全球最大、最成功的软件公司，微软的视窗在电脑操作系统领域一直是唯我独尊的存在，牢牢占据着 90％ 左右的市场份额，剩下 10％ 份额的苹果电脑的操作系统也是微软的作品。智能手机不过就是一部能打电话的电脑，手机和电脑的操作系统技术基本相通，对微软来说又有何难？

触摸屏的时代到来后，微软的 WM 系统和塞班系统一样迅速被 iOS 系统和安卓系统击溃。这一回，动作最快的又是靠 WM 系统起家的 HTC。HTC 干净利索地改换门庭，推出了世界上第一部安卓手机。仅过三年，HTC 的市值就暴增至335 亿美元，超越诺基亚与黑莓，成为市值仅次苹果的全球第二大手机厂商。

苦于没有多少手机厂商愿意支持 WM 系统，微软决定自己做一款手机试试。2010 年 4 月，微软发布了一款名为 Kin 的手机；5 月手机上市；6 月底微软就宣告放弃；7 月，美国电信巨头威瑞森公司(Verizon)宣布实在无法忍受清理存货的漫长过程，将所有 Kin 手机下架退回了微软。为了这个手机项目，微软花了 5 亿美元收购了"安卓之父"安迪·鲁宾创办的 Danger 公司，而最终成果是仅售出约 8000 部Kin 手机。按收购成本计算，每一部 Kin 的成本高达 6.25 万美元。Kin 手机的设计很酷，有个小小的圆脸。但它的失败之处就在于有个微软最爱的键盘。

微软痛定思痛，决定另起炉灶，推出专门为触摸屏手机设计的 WP 系统。2010

年 10 月,微软发布了 Danger 公司出品的 WP7 系统。在随后的三个月的时间里,包括圣诞节的"黑色星期五",再加上微软推出的买一送一优惠活动,全球也仅售出了 200 万部 WP7 手机[①]。

微软求变的心态比诺基亚还要迫切。微软尝到垄断电脑操作系统的巨大甜头,对手机操作系统可谓是不惜任何代价,志在必得。微软迫切需要有重量级的手机巨头加入 WP 阵营。微软有系统没市场、诺基亚有市场没系统,两者化干戈为玉帛就成了顺理成章的事情。这么个尚未被市场证明成功的 WP7 系统,就被诺基亚轻率地押上了未来。

埃洛普的举动令诺基亚的员工和小股东深感不安,他们认为把诺基亚完全押宝在微软战车上过于冒险。一批小股东要驱逐埃洛普,不幸被董事会镇压,诺基亚失去了最后的机会。

既然战略方向已定,剩下的就是雷厉风行的执行。

2011 年 4 月,诺基亚宣布再次减员 7000 名,减员主要来自将其塞班部门外包给管理咨询和信息技术服务机构埃森哲(Accenture)。诺基亚也得以节省大约 10 亿欧元的支出。此次诺基亚减员人数占到其手机部门员工总数的 12%。

6 月,在米狗系统发布一年多以后,诺基亚终于发布了第一款搭载米狗系统的手机 N9。N9 应用了大量的黑科技,喊出"不跟随"的口号,比如它是世界上第一款正面没有任何按键的全触摸手机;屏幕与机身边框采用一体式无缝设计;机壳采用聚碳酸酯材料制成,很轻很结实还不掉色,而且不像金属材质机壳会影响天线性能;屏幕在阳光下一样能有清晰绚丽的显示效果。米狗系统有着与安卓系统、iOS系统类似的操作体验,而且与安卓系统一样地开放了源代码。N9 是一台将操作体验与精湛工业设计融合得极其完美的手机,被媒体誉为诺基亚第一个可以拿得出手的"iPhone 竞争者"。但是,埃洛普态度冷淡,声称:"N9 再好,米狗还是会被我放弃,WP 才是诺基亚的未来。"在 N9 发布前,诺基亚和英特尔已经相继宣布放弃

---

① 邹蕾:《微软售出 200 万部 WP7 用户满意度达 93%》http://www.cnmo.com/news/83831.html。2011-01-28。

继续开发米狗系统,而系统的流畅度、稳定性和新功能都是需要开发商通过不断的调试和研发来提升的。N9 成为第一款也是最后一款采用米狗系统的手机。这部充满悲情色彩的手机获得的评价,就像范冰冰为它演绎的广告词:"我能经得住多大诋毁,就能担得起多少赞美。"

埃洛普还将前任 CEO 康培凯任内规划的安卓项目腰斩,并拒绝了谷歌发出的合作邀请。在诺基亚看来,选择安卓,做得再好,也只是为谷歌打工。而选择微软做合作伙伴,以诺基亚出色的硬件能力,加上微软一流的软件能力,完全有可能新建一个手机系统生态圈,从而再做回手机市场的领导者。

于是,塞班裁员、米狗被弃、安卓受拒,诺基亚的命运被完全绑在了 WP 的战车上。

2011 年 10 月,赶在圣诞购物季之前,诺基亚终于推出旗下首款加载 WP7 系统的手机 Lumia 800,迈出了反击苹果和安卓的第一步。Lumia 在芬兰语中是"雪"的意思,其中文名称被定为非凡系列。Lumia 是诺基亚在 N9 之后的又一力作,与 iPhone 4S 相比也并不逊色。诺基亚对之寄予了深切的厚望。

2012 年,微软在美国旧金山发布了 WP8 操作系统,它采用了全新的 Windows NT 内核和界面,可支持多核处理器和高清分辨率,整体性能更加强劲。诺基亚开始大量生产 WP8 手机。糟糕的是,新的 WP8 系统和原来的 WP7.5 系统并不兼容,这对应用程序开发商和用户都是个不小的打击。微软对待用户的傲慢态度于此可见一斑。微软缺乏用户思维,难怪在互联网时代会屡屡受挫。

业界一度看好 WP 系统,认为它能够成为与 iOS 系统和安卓系统并列的三大移动端操作系统之一。证券分析师认为,WP 系统性能远远好过塞班系统,WP 系统的手机只要替代塞班系统的手机的市场,一年卖个 6000 万到 8000 万部应该没有问题。

谁也没有想到,WP 的市场份额最多时连 5% 都不到,市场表现还不如塞班系统和 WM 系统。对于手机来说,硬件时代或软件时代都已成为过去式,如今的手机拼的是应用程序给消费者带来的体验。应用程序的多少决定手机操作系统的成败。时间是最昂贵的成本。在诺基亚瞎折腾的这几年,安卓系统和 iOS 系统已经各自建成了完整的生态体系，智能手机操作系统的大势已定。姗姗来迟的 WP 系统陷入了一个恶性循环：WP 系统的手机卖得少，开发商缺乏兴趣，WP 系统上的应用程序就少，消费者体验就差，消费者体验差，WP 系统的手机就卖得差，WP 系统上的应用程序就更少……连支付宝都懒得为 WP 系统操心，中国网民因支付宝迟迟不更新其 WP 系统客户端，却在苹果智能手表还未上市之时便开发出与之适配的客户端的行为，给支付宝起了个"ibitch"的绰号，闹出了一场风波。

除了诺基亚，没有什么手机厂商支持 WP 系统。诺基亚再怎么苦苦力挺，终究还是独木难支。WP 系统没能站住脚，诺基亚手机也就跟着失败。诺基亚 2013 年销售的智能手机总量，还比不上之前功能手机一个型号的销量。

WP 系统起不来，塞班系统也终告灭亡。2012 年第四季度财报显示，诺基亚售出的塞班系统的手机为 220 万部，只有 Lumia 手机的一半，仅占诺基亚智能手机总出货量 1590 万不到 14% 的比例。2013 年 1 月，诺基亚宣布"808pureview"将是最后一款塞班系统的手机。在经历了 12 年的发展之后，老迈的塞班系统再也跟不上新系统，终于累趴了。尽管谁都知道早晚会有这么一天，但这一天真的到来的时候，所有人仍唏嘘不已。伴随着一代玩家的美好记忆，一个辉煌的时代就此终结。

既然销售不行，埃洛普就继续干他拿手的铁腕裁员。

2011 年 9 月，诺基亚宣布关闭设在罗马尼亚克鲁日的制造工厂，砸碎 2200 名员工的饭碗。随后，诺基亚宣布关闭诺基亚手机地图的应用部门，共波及员工 1300 名。11 月，诺基亚西门子网络公司宣布将裁员 1.7 万名，几乎占到其员工总数的四分之一，诺基亚称此举可以使公司每年节省 10 亿欧元支出。

2012 年 2 月，诺基亚宣布：由于其智能手机装配业务转至亚洲，将在芬兰、匈牙利和墨西哥裁员 4000 名。6 月，诺基亚宣布第二季度手机业务持续亏损并超出预期，为此将在全球范围内实施 1 万人的裁员计划，并将其奢华手机部门 Vertu 卖给欧洲私募公司 EQT VI。

诺基亚宣称"科技以人为本"。当"科技"不行的时候，"以人为本"自然也不复存在。

连续性的大裁员未能阻止诺基亚的没落。埃洛普在诺基亚的三年，诺基亚的市值由 300 亿欧元跌到了 100 亿欧元。由于股票成交量不断萎缩,诺基亚股票陆续从伦敦、巴黎、斯德哥尔摩以及法兰克福证券市场摘牌退市。

2013 年 4 月,雅安地震后,有人说,看到三星和苹果捐了 6000 万元和 5000 万元,我没有什么感觉;倒是看诺基亚捐了 100 万元和 4000 部手机时,一种悲伤油然而生。

诺基亚为什么输了

但是别担心,裁员不顶事,埃洛普还有最后的杀手锏:把诺基亚给卖了。

在加入诺基亚之前,埃洛普就擅长卖东家。2005 年,在加入国际影像软件巨头 Macromedia(推出了 Flash、Dreamweaver 等强劲软件)6 年后,埃洛普成了这家公司的 CEO。仅仅掌权几个月,他就把公司以 34 亿美元卖给了 Adobe 公司,他也成了 Adobe 的全球首席运营官。这个收购被业内人士称为强强联合,目标是要"对抗微软"。有趣的是,埃洛普在 Adobe 只干了两年就离开了,后来于 2008 年 1月被微软纳入旗下,负责过 Office 软件项目。再后来的事情,大家都知道了——埃洛普加入了诺基亚。

于智能手机而言,2013 年又是个特殊的年份。那一年,智能手机的全球出货量超越了功能手机,驶入了快车道。诺基亚却在这一年日薄西山,宣布将手机部门出售给了微软,更名为"微软移动"。市值曾经高达 3030 亿欧元的诺基亚,仅以54.4 亿欧元的价格卖掉了手机业务,转型为一家单纯的通信设备企业。微软以37.9 亿欧元收购诺基亚的手机部门,另外还掏了 16.5 亿欧元购买了与手机相关的专利。

在被微软收购的新闻发布会上,奥利拉说:"我们并没有做错什么,但不知道为什么,我们输了。"

诺基亚为什么输了?

当一个公司的规模在由小变大时,公司必定会出现官僚化的倾向。从研发、生产到销售等许多横向的业务部门,还有从总部到各个国家的许多纵向的层级机构,互相之间没有问题是不可能的。研发部门认为自己的技术是最棒的,在销售部门看来却没有足够的竞争力,而生产部门则抱怨不准确的备货量和大量积压的库存。每个业务部门都将越来越为自己的部门利益而战,而不是把心思花在公司的整体利益上。为了战胜官僚化倾向,一个消费品公司需要建立以产品经理为核心的管理体制。一个产品经理将为他的产品负最终责任,由产品经理来负责打通所有部门之间的壁垒,让整个公司都为产品销售的成功而努力。乔布斯是一个卓越的产品经理,而刚接管手机部门时的奥利拉也是一个产品经理,但随着组织结构越来越庞大,诺基亚的产品经理竟然变得越来越无足轻重,没有人能对新的细分市场产品负最终责任,也就没有人能够对颠覆性的新市场做出快速而有效的反应。

至于埃洛普,他关注的重心从来不在产品上而是在股价上。埃洛普属于华尔街爱死了的那一类职业经理人,擅长裁员、分拆乃至把公司整个卖掉,通过这些财务手段来快速拉升股价,在最短时间内完成吃肉、吐骨和擦嘴的全套动作。

由于埃洛普来诺基亚之前就职于微软,所以不少人质疑埃洛普是微软派到诺基亚的"特洛伊木马"。埃洛普既尴尬又很委屈:桑杰·贾把摩托罗拉卖给谷歌大家都说好,他把诺基亚卖给微软怎么就不行了呢?他极力为自己辩白,声称诺基亚与微软合作的决策是"集体领导"的结果。"我们确保了整个管理团队始终参与到了谈判过程中……管理团队中的每个人都认为这是一个正确的决策,董事会评估了整体情况,并且做出了最终决定。"能做出最终决定的人,当然是诺基亚的董事长奥利拉了。而且,诺基亚手机部门的卖价相当于 72 亿美元,看似大大低于摩托罗拉的 125 亿美元,但诺基亚保留了核心专利(后来仅和苹果打官司就收了 20 亿美元[①]),卖得不算亏。

2014 年,诺基亚宣布完成与微软的手机业务交易,正式退出手机市场。一代手机巨头就此轰然倒下。埃洛普拿了诺基亚赔偿给他的 2540 万美元离职金高高兴兴地回到微软,继续执掌微软的手机业务,管理加入微软的大约 3.2 万名诺基亚员工。大家都认为,埃洛普将是下一任微软 CEO 的热门人选。

---

① 焦立坤:《苹果向诺基亚支付 20 亿美元专利费》,《北京晨报》,2017-08-01。

很多人认为,把诺基亚手机托付给微软,是诺基亚在一百五十多年的发展史上,下得最臭的一步棋。

表面上看,微软收购诺基亚,可谓是强强联合。两者虽然都已过气,但优劣互补,未必不能 1＋1＞2。事实最终表明,谷歌收购摩托罗拉失败的悲剧再次重演。微软对手机项目心有余而力不足,微软本质上是一家 2B 厂商,并没有直接与消费者打交道的经验。更何况微软是一家超级垄断的企业,仅凭视窗操作系统的销售就可以数钱数得手软,根本没有心思再去琢磨怎么讨好消费者。微软从头到尾就没在手机项目上找对过感觉。比尔·盖茨自己也曾当着乔布斯的面公开承认:"我愿意放弃很多东西来拥有乔布斯的品位。"微软不可能做出像苹果 iPhone 一样"不同寻常"的手机。

埃洛普还能怎么办? 答案很容易猜到:继续裁员,包括向最重要的中国区域动刀。自诺基亚被收购以来,微软将之裁掉了 1.25 万个工作岗位,其中包括北京工厂的 3000 人。诺基亚还砍掉了 Asha、S40 等功能手机产品线,却一直未推出新款 WP 手机。终于,连埃洛普自己都觉得不好意思了。2015 年 6 月,52 岁的埃洛普从微软"退休"。埃洛普一走,微软即宣布手机部门累计亏损 76 亿美元——相当于在诺基亚的投资全部打了水漂。微软认为在手机业务上不会有恢复盈利的可能,在财务上一笔勾销了这笔损失。

直至 2016 年,微软才推出两款旗舰智能机,第一季度仅仅卖出 230 万部,销量较上年同期下降 73％。仅仅两年多时间,微软就对手机项目完全失去兴趣,于是以 3.5 亿美元价格将诺基亚功能手机的生产、销售以及分销等资产打包出售给昔日为诺基亚手机代工的富士康。

微软的 WP 系统也成了明日黄花。比尔·盖茨是最早看到手机操作系统市场机会的人,为什么微软起了个大早,却最终连晚集也没有赶上? 让人叹息的是,微软同样败在了路径依赖上。微软用个人电脑的思维来做手机,过去的成功也成了它的包袱。比如说,在互联网时代的软件业,免费成了抢占市场先机的第一利器,安卓系统就是通过免费来垄断市场,然后再躺着赚钱。微软却从一开始就收取高昂的系统授权费用,严重影响手机厂商的积极性。比如中兴就曾表示,每生产一部

WP 系统手机,要交给微软 27 美元,比高通收费还狠,这直接导致其无法针对中国市场推出廉价版的 WP 系统的手机。等微软到 2014 年才后知后觉地将 WP 系统免费,事已晚矣。还有,微软没有将 WP 系统作为一种独立的操作系统来运作,WP 系统的研发是视窗部门做的,WP 和视窗深度绑定,同步升级。这就使得 WP 系统的用户体验性很差。既不免费、体验又差,WP 系统的失败就是迟早的事了。

诺基亚公司曾一度打算重新回归手机市场。然而,经过连年巨额亏损,诺基亚实力大降,在 2015 年和 2016 年甚至跌出了世界 500 强榜单。2016 年 4 月,诺基亚宣布因为通信设备市场的艰难,全球裁员 14％,1 万多名员工离开,诺基亚对于手机这个行当更是有心无力。诺基亚一以贯之的审慎再次发挥作用。经过认真评估,诺基亚认为手机业务对于公司长期经营的稳定性影响太大,因此决定将手机业务剥离出去。

谁还愿意接下诺基亚手机品牌的这个盘子?

这个世界永远不缺情怀,芬兰公司 HMD Global 欣然接手。HMD 公司的创始人大都是诺基亚原来手机业务的员工,当年诺基亚手机委身微软时,他们坚守理想,创办了 HMD,甚至连公司名字 HMD 都是“诺基亚手机之家”的意思,眷恋之情不言而喻。HDM 获得了诺基亚商标在手机和平板电脑项目上 10 年的唯一使用权。为 HDM 代工诺基亚智能手机的,还是富士康。

诺基亚智能手机华丽归来,选择的第一个落脚点竟然是中国,真的让人出乎意料。诺基亚陆续在中国发布了一系列性价比较高的安卓机型,X6 就是其中的一个代表。当年诺基亚太过骄傲,未能在第一时间拥抱安卓系统,直到 2014 年 2 月卖身微软前夕才推出首款安卓系统的手机,终因错失转型升级的好机会而迅速走向衰落。如今才真正下定决心投入安卓阵营,市场是否还有它的机会?

然而,HMD 很快就交出了一份让人大吃一惊的答卷。2017 年,诺基亚卖出 1000 万部智能手机,2018 年的销量就接近翻倍,上升到 1900 万部,进入全球出货量前十名。尽管表现尚可,但在诺基亚缺席的几年时间里,中国手机市场沧海桑田,许多国产品牌相继崛起,中国已不再是外资品牌的淘金之地,甚至也不再是互联网品牌的盛宴。小米碰到了什么麻烦呢?我们且从雷军和董明珠的 10 亿赌局说起。

第八章

雷布斯与董小姐的 10 亿赌局

格力手机摔不坏

2013年,在央视财经频道主办的第十四届"中国经济年度人物"颁奖盛典上,董明珠和雷军作为一对获奖人物共同出场。主持人开玩笑说,这是这个舞台上少有的"型男和美女"组合,然后"不怀好意"地用一连串的数字对比来挑起争议,"如果从工厂的数量来说,小米是0,格力是9;员工数量,小米是0,格力是七万以上;专卖店,小米是0,格力是三万以上。"

雷军则自信地说:"小米的互联网模式最最重要的就是轻资产。第一,它没有工厂,所以它可以用世界上最好的工厂。第二,它没有渠道,没有零售店,所以它可以采用互联网的电商直销模式。这样的话没有渠道成本,没有店面成本,没有销售成本,效率(利润)更高。第三点更重要的是,因为没有工厂,因为没有零售店,它可以把注意力全部放在产品研发,放在和用户的交流之上。所以,小米的4000名员工中,2500人在做跟用户沟通相关的事情,1400人在做研发。所以,它把自己的精力高度集中在产品研发和用户服务上。"

面对这场"传统与虚拟之间的竞争",向来好胜的董明珠表示,虽然她和雷军都来自珠海,而且是朋友,但也不能不在这里"掐一下"。

董明珠现场做了个市场调查,她问观众:"今天在座的有多少人使用小米手机?"现场只有3个人举手。不过雷军的应对也很快,他说:"这说明我们的市场空间很大,还有99%的人都没用小米手机。"

随后,董明珠又把矛头对准了小米的短板:工厂和供应链。她问雷军:"(富士康和英华达)不给你做怎么办?"雷军作答:"发展到今天,强调专业化分工,做工厂的人专心把工厂做好,做产品的人专心做产品。"

接着,董明珠又爆了一个猛料:刚才在后台,雷军和她就"杠起来"了,雷军说五年以后小米会超过格力,自己当时没有回应。现在在台上她要说:"不可能。"主持人见缝插针地说:"那你跟他打个赌。"

可惜,董明珠并未接招,而是转而寻求外援。她说,小米的网上销售模式也可以为格力所用,以格力几万家专卖店的优秀服务为基础,假如她和马云合作,同时做好传统和电商两个零售渠道,"那不是天下都是我格力的了吗?"

董明珠步步紧逼,雷军连插话都很难。就在主持人宣布要进行下一环节的时候,绅士了半天的"雷布斯"终于忍不住开始了反击。他说,小米的优势在于贴近用户群、轻模式以及重视服务。伴随着越来越重的语气,雷军最后终于抛出了他的赌局:"请全国人民作证,五年之内,如果我们的营业额击败格力的话,董明珠董总输我一块钱就行了。"

董明珠则拿出制造业的实干精神回复说:"你这一块钱不要在这说。第一,我告诉你(小米超过格力)不可能;第二,我跟你赌 10 个亿。"

打完赌后,两人更激动了。董明珠吐槽说,如果消费者自己不小心摔了手机,厂家是不需要负维修责任的。雷军则表示:"如果我做小米空调,我保证七年免费服务。"——比格力还多一年。

在董小姐和雷布斯开赌的 2013 年,小米的营收是 316 亿元,格力则突破了1000 亿元,比小米的三倍还多。小米仅仅只有 3 岁,而格力已经有了 23 年的历史。

擅长做事件营销的小米,马上在微博上发布了一个"全民投注赢 100 台小米8"的活动,只要转发评论即为参与活动,拥有抽奖的资格。5 年内,如果小米营收超格力将随时开盘。5 年之后,即使小米输了,也有奖品可抽。为什么用小米 8 的手机做奖品呢? 因为小米预计,五年以后,小米手机应该更新到第 8 代了。

董明珠却没有这样的娱乐精神。10 亿赌局成为热议,自然有人会拿这个话题来撩拨董明珠。口无遮拦的董小姐就在一个商业论坛上评论小米:"为什么大家不买小米手机,不是因为它贵,而是质量不行,因为小米把控不了供应链的品质。"

雷军听了之后十分愤怒,于是隔空喊话董小姐:有本事你来啊。正好董明珠也觉得空调产业有规模瓶颈,不能再只做空调,寻思着朝工业机器人、数控机床、精密模具、新能源技术等多项产业转型。反正在搞多元化,加一项手机也不算多。而且,董明珠心里非常清楚,在未来,空调可能不会被淘汰,但空调遥控器一定会消失。想想如果将来消费者拿着小米手机来控制格力空调的开关,这将让骄傲的董小姐情何以堪？

说干就干，在 2015 年 6 月举办的格力电器股东大会上，董明珠宣布，质量好得"三年不用换"的格力手机已经开始销售，市面上供不应求，"卖 5000 万部还是 1 亿部对格力来说都不是问题。"

为了证明手机质量好，董小姐声称格力手机从两米的空中摔下去不会坏，然后还当场演示了一番。董小姐此举被当年的营销界视为反面案例，手机都进化到智能时代了，而董小姐的思维还没跟上。迟至 2011 年雷军摔手机也还可以收获点赞，但到 2015 年的董小姐来摔就不对了。

这款格力手机一开机，就会出现来自董明珠的问候："感谢您选择格力手机，这是格力跨进全球 500 强①后推出的首批手机之一，它不仅可用于人际沟通，还能开启格力'智能环保家居'的大门。"问候语的下方，还有董明珠龙飞凤舞的"亲笔签名"。

问题是，"吃瓜群众"既不关心董小姐的亲切问候，也不在意签名，却都把注意力放在开机界面上方出现的董明珠头像。手机是一部相当私密的个人用品，要是每次开机都能看到同样一个女人的笑脸，即使她自称为"心理年龄二十多岁"，让人感觉还是有些怪怪的。

对于"吃瓜群众"的吐槽，董明珠不得不出来解释："为什么格力手机用我的照片做开机画面？不是因为省广告费，是我要告诉消费者，我是格力手机创始人，这是尊重消费者。""更多是代表承诺而出现的，而不是代表我自己美或不美。"

这款格力手机搭载 1.2GHz 高通四核处理器，5 英寸 720p 屏幕，1GB 内存，8GB 存储，前置摄像头 200 万像素，后置摄像头 800 万像素。从配置上看还不如售价 999 元的红米 Note②，却喊出了"要对消费者负责"的 1599 元的卖价。

格力内部员工和下游供应商不得不给格力手机接盘。让他们头疼的是，董小

---

① 2015 年，格力电器在"福布斯全球 2000 强"中排名第 385 名，但未进《财富》世界 500 强。

② 关于手机产品名称中的后缀：note 为大屏机；plus 为高配版；pro 为升级版；max 为更大版；S 为"strengthen"（加强）、"super"（超级）或"speed"（速度）的缩写，意思为外观几乎无差别的硬件升级版本。

姐还坚持每年都推出一款新一代的格力手机。新款格力手机上再也看不到董小姐的头像了,但是销量呢? 据说每款"匠心之作"的格力手机的销量都达不到小米 8 一天的销量。

传统制造业出身的董明珠,对品控的把握十分有信心,以为只要用造空调的方式把手机质量做好,那么格力手机还不是"分分钟超过小米",做到"世界第二"? 虽然市场上几乎看不到格力手机,董明珠仍然不忘初心,放出话来要准备力推全面屏的第四代 5G 手机。面对外界对于格力手机是否失败的疑问,董明珠非常生气地回应:"我都没有拿到市场上去公开卖,凭什么定义我失败。这些天天评价的人,你来做行不行?"

小米也要卖空调

雷军说,做手机不算啥,我连空调都会做。

在做空调之前,小米早已进入了数码产品和家电领域。小米手机的巨大成功大大出乎小米团队自己的意料,当他们发现小米手机"为发烧而生"的商业模式远比他们想象的强大,自然想到,可以用这个商业模式销售更多的产品。

比如说充电宝,很多用户希望小米也做一个。于是小米公司内部开始讨论,研究了市场上各种移动电源的型号、容量和外观,最终决定做一款大容量的产品。雷军拿了一张纸,随手画了个外观,然后就这么做出来了。没想到,发布后一个月就卖了 200 万个。卖了大半年后,又有用户说需要一个更轻薄的,于是小米就又做了一个容量稍小的产品。小米充电宝的质量也做到了极致,铝合金的外壳,所有材料都用的是最好的。同等质量的充电宝,别人的要卖两三百,小米只卖 69 元。小米充电宝第一年的销售额就突破了 10 个亿。

小米手环也是用"海量微利"的思路做出来的。国外的手环六七天就要充一次电,小米手环做到了 30 天充一次电。这么好的手环,只卖 79 元,两三个月就卖到了 100 万个。这个价格让国内各大厂商惊呼:"雷军下手真狠。"

小米的充电宝和手环都有可能做到世界第一,但还都只是小儿科,重要的是在

2013 年,小米公司决定进入电视机和路由器市场。小米做手机的思路是:把硬件看成是电脑,用安卓系统来做软件,最后通过电商把价格降低。如今,小米还是用这个思路来做电视和路由器。小米认为,电视机不仅仅是用来看电视的,只要把手机与电视机连接,就能增强电视的智能度和交互性。接着,小米又把路由器变得智能起来,从空气净化器、摄像头、电子秤、智能灯到血压仪,都可以与小米手机或路由器连接。

但小米公司的精力有限,自己只做手机、电视和路由器,其他智能硬件市场只能用投资的方法进入。小米寻找那些有潜力的智能硬件公司——既有好的团队、又是该领域的佼佼者,投资它们,提供一些设计和研发的支持,输送“海量微利”的理念,让它们以把价格击穿的爆款模式来做产品,通过小米网推广和销售,构成小米生态链的一分子。小米生态链已拥有上百家硬件厂商、上千个产品,成为小米体系内与手机并立的业务版块。

小米用越来越多极具价格竞争力、人性化简便操作和简洁清爽外观设计的智能家居产品,构筑起大众“买得起的第一个智能家居”。截至 2015 年 6 月,小米路由器、摄像头、电视盒、智能音箱、扫地机、智能灯具、智能空调等智能家庭在线设备超 1000 万、应用程序安装用户超 1500 万、日活量超 200 万,业已成为全球第一智能家居平台。

小米在电脑端的小米商城之外,还设立了手机端的“有品”商城,有品除了销售小米自己的产品和有关联的智能家居产品外,还向第三方品牌开放,销售它们的产品。有品销售的产品越来越丰富,小米也越来越像一个精品电商,而且在中国坐稳了仅次于阿里巴巴和京东的电商第三把交椅。

小米有了上亿的用户后,雷军投资的一些移动互联网项目也来凑热闹了。比如移动医疗类的有九安医疗;互联网金融类的有米币、小米支付、积木盒子、小米小贷等。小米手机还预装了 UC 浏览器、金山词霸、YY 语音、WPS 等多款“雷军系”企业的应用程序。依托小米手机这一互联网平台,雷军所做的风险投资的回报率超过了其他大多数的风险投资,“雷军系”企业隐隐成为 BAT(百度、阿里巴巴、腾讯)之外的第四大互联网阵营。这又是一项传统手机厂商不可能拥有的战略优势。

　　小米手机自带了应用商店、云服务、游戏、浏览器和电子阅读等功能，小米能够提供的服务内容越来越丰富，这里也蕴藏着巨大的商机。比如小米游戏，2014 年初的流水还只有 3000 万元，依靠小米生态，到年末就有了接近 2 亿元的流水。小米还率先推出了手机聊天工具"米聊"，雷军认为，如果腾讯的动作慢 6 个月，米聊就有 50% 的成功机会。

　　与一般的手机厂商相比，小米形成了自己独特的竞争优势。首先是营销模式，即粉丝经济，也可以理解为品牌输出；其次是产品模式，即"软件＋硬件＋互联网服务"；再次是生态模式，包括智能家居生态和互联网应用生态；最后是渠道模式，即精品电商。

　　小米不仅是手机厂商，还是智能家居商和精品电商。小米如果能够成功地从产品型公司向平台型和服务型的公司升级，估值就能从百亿美元级别上升到千亿美元级别。而亲手打造一家市值上千亿美元的公司是雷军最大的梦想。

　　然而，小米的互联网思维在空调产品上却撞了墙，因为空调是一种不可能在线上就能生存的电器。

　　空调是一种比较特殊的大家电。普通电器买来就能用，或者只需要简单安装；空调却是个半成品，安装得好不好对产品性能有很大的影响。正是基于空调的这个特性，董明珠才敢退出国美，自建专卖店来做销售和售后。凭借遍布全国的几万个专卖店，格力能够既不受家电卖场的欺负，也不受电商渠道的冲击，做到了全球空调的老大。

　　小米的电商销售模式解决不了空调的售后服务问题，只能寻求外援。拥有全国性空调售后服务网络的大厂没有几家，小米选择了美的集团。为了与美的达成战略合作，雷军可是拿出了真金白银，于 2014 年 12 月投入近 13 亿元换取了美的集团 1.3% 的股份。雷军看中美的集团的可不仅仅是空调，而是其广泛的家电产品线。小米要做生活电子消费品领域的无印良品，就必须不断地增加家电产品。与美的合作，看来是个快速扩张产品线的捷径。而且，小米在小家电领域玩得风生水起，比如路由器销量已突破百万，在中国智能路由器市场遥遥领先，在大家电领域却进展不顺。要想在大家电市场有作为，也不能不与美的这样的重量级厂家深度合作。

美的也很激动,在其公告中称:"除资本层面外,小米与美的将在智能家居及其生态链、移动互联网业务领域进行多种模式的战略合作。"美的也把智能家居作为未来发展的重要方向。自 2014 年 3 月正式发布智慧家居战略以来,美的已实现单品牌内多类家电产品的互通互联。美的计划未来三年内累计投入 150 亿元,让其智慧家居产品的销售额占整体销售额的 50% 以上。美的最大的短板在于互联网思维,而这正是小米最大的优势。为了更好地植入小米的互联网基因,美的允许小米提名一名核心高管为美的董事。

这桩"婚姻"看上去门当户对。美的是与格力竞争中国家电老大的强劲对手,董明珠其实与小米不构成竞争关系,但不能不对美的可能插上互联网的翅膀而感到紧张。她一边声称:"我急什么?"一边却尖酸地讽刺小米和美的都曾经发生过的专利纠纷问题。爱立信虽然不做手机了,但仍然能凭借手中持有的大量专利收取授权费用。三星于 2014 年 1 月向爱立信支付 6.6 亿美元,以了结双方之间的技术许可纠纷。此外,爱立信每年要向苹果收取 2.5 亿到 7.5 亿美元专利费。由于未以手机售价 1% 的标准向爱立信支付专利授权费用,小米在印度面临禁售风险(此前基伍手机就是因为诺基亚和爱立信的专利诉讼而退出印度市场),这一事件被雷军认为是小米走向国际必须经历的成人礼。

可是,美的与小米的蜜月期刚过,"小两口"就开始闹别扭。2015 年,小米与美的合作,推出 2699 元起的"i 青春智能空调",市场反响冷淡。之后,美的再未与小米合作推出新的产品。很可能是因为,美的很快发现只推自有品牌或生态链品牌的小米,更可能成为竞争对手,而非合作伙伴。如果美的为小米做代工,岂不是给自己培养出了一个竞争对手?

让人困惑的是,美的与小米的合作不了了之,随后不到一年,美的竟然与华为结成战略合作伙伴关系。这是怎么回事?

2016 年 7 月,美的与华为在佛山美的集团总部签署战略合作协议,双方将针对移动智能终端与智能家电的互动、渠道共享及联合营销、芯片、操作系统、人工智能(AI)和大数据等方面构建全方位的合作关系。华为是小米最大的竞争对手,作为美的股东的小米,不知心中是何感受？想当初小米战略入股美的的时候,双方也是这么甜言蜜语的,最终却以同床异梦告终。美的"红杏出墙",这回就能保证郎情妾意？

虽说都在搞智能家居,小米和华为的路数大不相同。小米网已有的 200 款产品全部是小米的自有产品或生态链产品。想和小米合作的厂家,只能为小米做代工或成为其生态链的一分子。华为做智能家居比小米晚了两年,2015 年才发布 HiLink 战略。华为的商业模式是做开放平台,不管哪家的产品,只要质量过硬,都可以上华为商城销售。具备智能功能的则纳入华为手机的智能家居网络。具体到美的,美的只能为小米代工,当然心不甘情不愿。但美的以自有品牌与华为合作,却可在保证品牌影响力的前提下,使双方优势互补,自是一桩美事。

无奈之下,小米只能另寻"新欢"。小米吸取经验教训,不再找大品牌合作,而是找在空调品类上不强的大厂合作。拥有军工品质、但空调市场份额不高的长虹电器成为小米空调的代工商。当然,小米空调的售后服务,还是交给美的完成。

2017 年 8 月,小米推出"智米"全直流变频空调,售价 4399 元。如此高昂的价格,与小米倡导的高性价比背道而驰,结果可想而知。像智米、云米、紫米、纯米等以"某米"命名的均属于小米的生态链公司,小米要求生态链公司以"单品爆款"的模式来做产品,但并非所有的合作伙伴都愿意或能够以不超过 5% 的净利率来操作。

在吸取之前失败的教训后,2018 年 7 月,零售价 1999 元、公测价仅 999.5 元的米家互联网空调正式发布。不同于前两次的是,这次空调产品用的是"米家"品牌,这意味着小米亲自下场与格力、美的等家电厂商竞争。从定价来看,米家互联网空调重回小米爆品模式,通过高性价比策略来开拓市场,这也是小米手机和小米生态链屡试不爽的杀手锏。

米家空调的外观是没得说的,极简纯白的机身外观,圆形的 LED 屏,设计相当新颖。米家空调可实现精准到 0.1℃ 的温度调节,不会出现低一度冷、高一度热的情况。米家空调可使用米家应用程序实现对送风角度、送风量等细节的控制,而且能远程开关,下班快到家时用手机先开好空调,一进家门便"透心凉、心飞扬"。米家空调还可搭配小米网关、湿度计、摄像头等智能小配件使用,玩法多多。

米家空调的上市是小米在空调领域的背水一战。小米与格力、美的等空调大厂正面抗衡,在 2019 年上半年取得了空调出货 100 万台的佳绩,显然不易。

小米与格力的芯片路

空调仅是副业,小米的重心还是手机。在小米费劲捣腾空调的这几年,中国手机市场已经是浓云密布。小米 2015 年销量蝉联中国第一,但仅出货 7000 万部手机,与原定目标的 1 亿部相差甚远。2016 年,小米手机竟跌到中国第四,从此被华为、OPPO 和 vivo 三座大山牢牢压着。

为什么小米的销量会落后了呢? 其实不难理解。前有饿虎:华为、OPPO、vivo抓住了县乡换机潮,线下渠道的销量起来了,抢走了很大一部分市场;后有群狼:360、魅族、乐视等第三阵营品牌都同样用高性价比战术在线上渠道追打小米。小米靠线上渠道起家,但即便中国拥有全球最发达的电商销售网络,线上销售也仅占零售总额的 10%,大头仍然在线下。小米有心往线下门店拓展,产品价位又提不上去,难以给线下渠道足够的利润空间。小米发展太快,几年时间就从初创的十几个人扩张成上万人的公司,在管理上“大量漏水”,最严重的是供应链问题,在不断“饥饿营销”的背后其实是小米一直未建成完善的供应链系统。还有产品,网友是如此嘲讽小米 5 的:“小米重新定义了黑科技的含义:黑色背景的参数。”

雷军被迫重新挂帅小米,喊出“生死看淡、不服就干”的口号,一副破釜沉舟的样子。小米大幅扩张以小米之家为核心的线下门店,用生态链产品来提高门店的客流量和销售额,对标日本无印良品和美国开市客(Costco)。小米之家的坪效①做到 27 万人民币,这个数字已是世界第二,仅次于苹果。雷军亲自抓供应链和研发管理,为此不惜劝退了当初联合创立小米的相关合作伙伴。最关键的还是,2016年 10 月,小米推出了真正堪称重量级的产品——小米 MIX 全面屏手机。这款手机由著名设计大师、民主设计和极简设计的倡导者菲利普·斯塔克设计,第一次实

---

① 坪效:每坪面积上可产出的营业额,即单店营业面积内每平方面积上每天所创造的销售额。

现了正面无实体按键设计,屏占比高达 91.3%。之后的三星 Galaxy S8、iPhone 8 都跟进了这种技术。一直被苹果吐槽抄袭、山寨的小米终于开始引领整个技术的潮流,小米低谷期开始破冰。

不过,依靠设计出彩的小米 MIX 未能构筑起牢固的竞争壁垒,众多手机品牌纷纷都推出了全面屏手机。手机的终极竞争还是要看芯片。如今的全球手机市场,无疑是苹果、三星和华为三家居大,而且也只有这三家拥有自己开发的应用处理器芯片。与中国的多数手机厂商一样,小米在高端手机使用高通芯片,平价手机则使用联发科芯片。如果小米想从竞争异常残酷的中国手机市场脱颖而出,跻身全球顶级手机制造商行列,就必须摆脱对通用芯片的依赖。而且,小米在中低端机型上拥有庞大的出货量,一旦红米手机哪怕仅仅是部分机型采用自己设计的芯片,其生命周期内的出货量完全可以到 1000 万的水平,能节约下来的芯片采购资金不是一个小数目。

虽然在电脑领域,英特尔中央处理器与微软的视窗垄断绑定,所以仅有超威等个别公司有能力参与电脑处理器的竞争,但手机领域不同,安卓系统是免费的,再加上安谋(ARM)提供的手机处理器架构公版和专利授权,海思、展讯、联芯等芯片设计公司都能较快地拿出自己的手机处理器芯片。为长远发展考虑,雷军也着手在手机芯片上布局。

早在 2014 年底,小米就和大唐电信的子公司联芯科技共同投资成立了北京松果电子有限公司。联芯将自主开发的 LC1860 芯片的设计平台以 1 亿元的价格授权给松果电子,松果电子因此拥有了开发手机 SoC 芯片的能力。2015 年,联芯的 LC1860 芯片被用于红米 2A 手机,当年出货量超过 500 万部,市场表现大大优于华为海思早期的试水之作 K3V2,直逼海思麒麟 910。LC1860 芯片的成功,让小米大大增强了自己开发芯片的信心。为小米代工生产芯片的中芯国际亦是由大唐电信控股。大唐电信作为传统通信设备厂商,在通信专利上有一定的积累,对小米在海外市场上也能有一定的保护作用。

2017 年初,小米于北京举办松果芯片发布会。小米的 5C 新机,将搭载自主研发的松果处理器——澎湃 S1,其性能和高通的骁龙 808 相当。小米也成为继华为之后,第二家拥有自主处理器的中国智能手机制造商。

不过,作为松果拿出的初代产品,澎湃 S1 的表现并不能令消费者满意。其较为落后的 28 纳米制程,带来了较为严重的发热问题,导致小米 5C 的销量不够理想。5C 也成了小米唯一搭载澎湃 S1 芯片的机型。

松果没有放弃,依然在致力于推出第二代芯片产品澎湃 S2。然而,澎湃 S2 连续多次流片失败,导致小米上亿元的资金被打水漂。在手机处理器界,即使如高通和联发科这般强悍,也难免有马失前蹄的时候。远的不说,就如高通骁龙 810 的发热问题,联发科 Helio X10 的 WiFi 断流问题等,也才是近几年的事。对于刚刚踏入自研处理器门槛的企业而言,初期产品的质量问题似乎是很难逾越的一道坎,想想华为的海思麒麟处理器曾经经历了多少的磨难。

手机芯片耗资甚巨却短期内难见成效,迫使小米决定在芯片研发上开辟一个新的战场。人工智能物联网芯片在系统架构上比手机芯片要简单得多。对于研发投入规模不足的小米而言,走这个方向更安全一些,也更容易见到成果。

2018 年 9 月,在小米主导下,松果与人工智能物联网芯片领域的知名企业中天微达成了战略合作协议。7 个月后,小米重组了松果电子团队,挑选出团队部分成员组建南京大鱼半导体。重组后,松果继续专注于手机芯片研发,而大鱼半导体则重点投入人工智能物联网芯片领域。

在全球智能手机市场出现增长瓶颈的当下,物联网成为各家手机厂商争相布局的新领域。小米在这个方向上动作较快,已收获了丰硕的成果。2018 年,小米物联网版块营收同比增长达到惊人的 104％。小米物联网已经发展成一个连接了 1.5 亿台智能设备的世界最大的物联网平台。

物联网家电与传统家电相比,一个显著的特点就是对智能控制的要求非常高,必须既能与其他设备互联,又能与用户沟通交流。通过搭载物联网芯片,物联网产品就能具备强大的感知能力和计算能力,甚至能将部分以往只能在大规模计算中心才能实现的人工智能功能集成到精巧的设备上,为用户提供更好的服务。

在 2019 年的小米新品发布会后,面对媒体的疑问,雷军表示:"难道你做汽车你一定要做发动机吗?""难道你不做发动机,你就做不了飞机吗?"

小米手机芯片的前景看来渺茫。

现在,造个手机芯片或物联网芯片已经不是件太难的事情,董小姐也加入了这个领域。

2018 年 4 月,格力发布年报,上年净利润高达 224 亿元。可是,股民先别高兴,格力接着宣布,今年我家不分红,这笔钱要拿来做芯片。市场大哗,格力股价大跌 9%,市值蒸发 270 亿元。当时正值中兴事件高潮,A 股上的国产芯片概念股掀起一波强势上涨的行情,其中国民技术、紫光国芯、北方华创等多只概念股均涨逾 20%。可是做芯片这事儿,到了格力这就成了股价跌停。

格力做芯片绝非为了蹭热点。2016 年,格力就成立了微电子部门,打造自有芯片。每台空调都会用上好几个芯片,格力每年在芯片采购上要花费近 50 亿元。空调高端芯片领域中,如变频驱动芯片、主机芯片等都依赖进口,主要供货商包括德州仪器(Texas Instruments)、意法半导体(STMicroelectronics)、日本瑞萨等。格力开发芯片可以视作在产业链上向上游的延伸。只不过,在中兴事件之前,格力还没把芯片这件事提高到"产业化"的程度。

格力的芯片进口依赖并非偶然,看似红火的中国家电企业,其实普遍没有芯片设计能力。芯片供应受制于人,导致中国家电企业缺乏核心竞争力,利润"比刀片还薄",产品质量严重受制于芯片性能,还常常得忍受芯片供应商的供货歧视,企业的发展经常面临意外的波动。大多数中国电子信息企业的命运其实都不掌握在自己手中。

此芯非彼芯,与小米等手机厂商做的数字芯片不同,格力要做的是模拟芯片。

现实世界中的一切信号,包括光热力声电等都属于模拟信号。经过电子系统处理,连续的模拟信号可转变成 0 与 1 两种不连续的信号,也就是数字信号。信号在电子系统中经历了从模拟到数字再到模拟的过程,对应的是信号的输入、处理和存储、输出三个环节。其中信号的输入和输出分别是由传感器和执行器,也就是模拟芯片来完成。信号的处理和存储分别由处理器和存储器,也就是数字芯片来完成。

模拟芯片在网络通信、消费电子、计算机、汽车电子以及工业控制等领域有着广泛的应用。模拟芯片的价格相对较低,2017 年全球销售额为 545 亿美元,仅占半导体市场整体的 13％。但模拟芯片的市场增长速度为 6.6％,高于芯片市场整体的 5％[1]。由于中国是全球消费电子的最大生产国,仅中国一个国家就消耗了全球一半[2]以上的模拟芯片。预计未来 5 年,中国的模拟芯片市场将从 2000 亿元增长到 2500 亿元,而中国的模拟芯片也严重依赖进口。

在数字芯片领域,华为等中国厂商还有一定的话语权,模拟芯片则基本由美日欧企业绝对垄断。仅德州仪器一家就以 108 亿美元销售额占有 18％的市场份额。德州仪器是集成电路的发明者,不过在后来的发展中,它的电脑处理器输给英特尔、手机处理器输给高通,于是就退守模拟芯片的市场。模拟芯片种类繁多,非标准化的工艺也多,对工程师的经验积累要求更高。打个比方,在音响系统中,播放机是数字件,喇叭就是模拟件;制作好的播放机要靠技术进步,制作好的喇叭则靠经验积累。由于模拟芯片行业重视经验积累、研发周期长、产品种类多、价值偏低等特性,使其产品和技术很难被复制与替代,市场竞争格局较为集中,强者愈强、大者恒大的规律较为突出。所以,模拟芯片不是花钱就能马上砸出成果的。不过,模拟芯片烧钱相对要少得多,更讲究坐冷板凳的工匠精神,显然比数字芯片更适合格力的口味。而且,模拟芯片市场正处在一个专利到期、代工模式兴起的阶段,发达国家也有意退出低端模拟芯片市场,中国国家政策正对芯片产业予以大力支持,比较有利于格力的进入。

为什么格力要做模拟芯片?因为在格力打算发展的领域,从物联网、人工智能、机器人到电动汽车,模拟芯片都有广泛的应用。如果能把模拟芯片做好,格力就不仅能真正"掌握核心科技",还将为中国半导体产业的进步做出重大贡献。

"为什么我一搞芯片股价就掉?因为我是真干,格力希望成为创造者,而不是靠着别人活下去。我们希望格力电器的发展,带动产业的发展和相关上下游企业

---

[1]　佚名:《模拟芯片增速最快,五年时间销售额有望从 545 亿增至 748 亿美元》,半导体芯科技网,2018-01-12。

[2]　来自赛迪顾问公司的统计数据,该公司为工业和信息化部下属企业。

发展。"

问题就在于"真干"二字。此前董小姐造手机、造新能源汽车,哪个不是"真干"?

董明珠宣称一掷 500 亿元做芯片,不是说着玩的。2018 年 8 月,珠海零边界集成电路有限公司正式成立,主要经营范围包括了半导体、集成电路、芯片的开发与销售,其注册资本就有 10 亿元,法定代表人就是董明珠。

更引人注目的是,同年 9 月,闻泰科技收购世界一流的半导体标准器件供应商欧洲安世(Ansir)集团,格力也豪掷 30 亿元参与一把。闻泰科技的主营业务是为手机厂商做硬件的研发和设计,此次出资 114 亿元间接持有安世集团 34% 的股份,相当于是半导体产业链上游和中游的整合。安世集团是全球汽车芯片的领军企业,业务范围亦涉及移动和可穿戴设备、工业、通信基础设施、消费电子和计算机等多个领域,与格力的业务有很大的相关性。近年来,半导体行业垄断程度加剧,美国的限制又严,比如 2015 年紫光欲以 230 亿美元收购美光泡汤,像安世这样可供并购的半导体优质资产极少,董小姐的出手可谓又快又准。

不管跨界抢地盘或是出手做芯片,都不影响格力或小米财务报表的漂亮程度。经过 5 年的高速增长,小米营收翻了 5 倍多,2018 年达到 1749 亿元。格力的营收仅仅翻了一倍,不过还是比小米要高 200 多亿元。虽然雷布斯输了与董小姐的 10 亿赌局,但其实两人都是赢家。小米和格力双双进入世界 500 强的 2019 年度榜单,这也是这两家企业的首次入榜。

小米才成立 9 年时间,是世界 500 强中最年轻的公司。雷军给所有在职的同事和核心外包服务团队共计 2 万多人,都赠予了 1000 股小米集团股票。

终于进入世界 500 强企业了,雷军和董明珠的工作压力更大了。2019 年第一季度,小米全球的市场份额同比下滑 10%。与小米形成鲜明对比的是,华为和 vivo 的全球市场份额出现了同比 50% 和 24% 的增长。[①] 雷军的"互联网劳模"这个

---

① 　数据来自 IDC Quarterly Mobile Phone Tracker 公司。国际数据公司(IDC)是全球著名的信息技术、电信行业和消费科技咨询、顾问和活动服务专业提供商。

岗位看来还得继续干下去。董明珠能否率领格力集团再上一个台阶,在芯片等领域再造出一个新格力,这个任务可比小米突围的难度要大得多。再过 5 年,且看小米和格力谁还能笑傲江湖?

不管格力如何与小米较劲,格力都不构成对小米的威胁。真正让小米感到吃力的,还是华为和荣耀在线下线上的双重冲击,以及 OPPO 和 vivo 这些突然在线下发力的新贵。让人惊异的是,OPPO 和 vivo 居然同出一门——老牌消费电子品牌步步高。

第九章

步步高手机家族

从小霸王到步步高

OPPO 和 vivo，中国智能手机市场上的双子星，两个品牌从渠道到营销上的做法都非常相似，经常被人以"蓝绿兄弟"或"Ov"并称。事实上，这两大品牌也同出一门，都源自段永平创立的广东步步高电子工业有限公司（简称步步高）。现在的年轻人知道段永平的不多了，因为他爱美人不爱江山，为了心爱的女人而退出江湖10 多年，但当年他的名头可是相当响亮。

1988 年，在改革开放的热潮中，曾经是中国最大、最强的电子元器件厂的北京电子管厂风雨飘摇，厂里的一个年轻人段永平不愿再待在死气沉沉的老厂里虚度光阴，于是通过考研离开了这里。硕士毕业后，段永平南下广东寻找机会。他来到了中山，接手了一家亏损高达 200 万元的小厂，主产家庭用的游戏机。当时，中国市场一夜之间冒出了数百家游戏机的生产厂，段永平并未抢在市场的前面。但他做事有个特点，就是"敢为天下后"。他认为："作为开路先锋，有时固然可以占得先机，有时却要承受巨大的阻力，当市场成熟起来，再寻找突破口。"别人都在打游击战、做贴牌，看什么好卖就组装什么，段永平却下决心以正规军的方式创出自己的品牌。他要集中兵力、快速切入，取得突破口后再乘胜追击，凶猛地吃掉对手。

1991 年，段永平将这家小厂改组成小霸王电子工业公司。霸王虽小，出手却不俗，段永平花了 40 万元打出了央视的第一条有奖销售活动广告，推出"拥有一台小霸王、打出一个万元户"的小霸王大赛。随后，他请成龙作为品牌代言人，一句"同是天下父母心，望子成龙小霸王"红遍大江南北。此外，小霸王的电视广告《拍手歌》在中国城乡到处传唱，"你拍一，我拍一，小霸王出了学习机……"几乎成为那个儿歌稀缺年代的新儿歌代表。

在当时，只要狠得下心敢在央视疯狂砸广告，随随便便就能成功，段永平却没有被广告带来的产品热销冲昏头脑，他以铁腕的手段强力进行产品质量、售后服务和经销网络三项工程的建设，为品牌结结实实地准备好"三驾马车"。段永平称得上是中国最具品牌战略的企业家之一。

仅仅几年时间,段永平就将小霸王打造成了一家年产值近 10 亿元的公司。彼时,段永平认为,小霸王必须有更先进的激励机制,否则会失去发展的原动力。经过几番思考,段永平向集团高层提出改制,但被拒绝。于是,1995 年,段永平辞职。他带着生产部门和开发部门各 3 个人出走,跨过珠江,前往东莞创立了步步高。

段永平在步步高搞起了股份制,几乎所有中层管理人员都入了股。员工们纷纷投资,代理商也不甘落后。聚沙成塔,步步高有了一笔可观的启动资金。段永平又开始了新一轮的逆袭征程,走到哪杀到哪,先后在复读机、电话机、VCD、学习机领域夺得中国市场的 NO.1。

步步高的成功,很大程度上是营销上的成功,段永平对广告的运作,可以说达到业内登峰造极的地步。

请来李连杰,并重金聘请音乐人订制了脍炙人口的广告歌曲:"世界自有公道,付出总有回报,说到不如做到,要做就做最好。步步高!"

从 1999 年到 2000 年,步步高连续两年在央视投入 1 亿多元的广告,成为央视标王。

仅仅有广告是不够的,"广告只是一面旗帜,品质才是入场券,如果品质不好,那么越打广告,死得越快。产品品质确实不错时,才可以推出广告。"段永平不仅看重产品品质,他还讲究速度。"我们一个月换一次技术方案以便降低成本、提高品质,这变化比电脑还快,谁能够跟上这种变化?"不少做电视机等大家电出身的企业在做手机时都很不适应,一大问题就是跟不上手机更新换代的节奏。在这一方面,做 VCD 出身的步步高系品牌是有很大优势的。

虽然产品、广告和渠道都做得很好,但是步步高的成功最主要靠的是人心。由于段永平在小霸王受到无股权激励的困扰,所以,随着步步高企业的发展壮大,他不断地扩大员工持股的比例,让所有中层管理人员都入股,其他员工没钱入股的他就借钱给员工,然后让员工通过股份分红还给他。一开始他的股份有 70% 多,后来稀释到只有十几个百分点。就这样,步步高成了一家全员持股的公司,赚钱大家分,这样员工能不拼命吗?

到了 1999 年,步步高的业务范围不断扩大,先后进入了视听、通信等行业。于是,段永平做出了一个重大决定:拆分业务,让大家各自独立发展。段永平成立了三家相互独立的公司:黄一禾执掌教育电子业务,主打点读机和学习机;陈明永执掌视听业务,侧重 VCD、DVD 和 MP3;沈炜执掌通信业务,主攻无绳电话和步步高手机。三家公司可以共用步步高的品牌和销售渠道。

在步步高黄金时代刚刚开始时,段永平却出乎所有人意料,选择了隐退。为什么在事业如日中天时退出?段永平为了他心爱的女人——刘昕。刘昕是段永平在中国人民大学读研时的学妹,后来成为美国《棕榈滩邮报》首席摄影记者。段永平答应刘昕:"等将步步高推上一个新台阶后,一定到美国和你会合。"2001 年,段永平正式从公司退休,选择到美国定居,兑现了对妻子的承诺。

段永平虽然远离了步步高,但他的商业智慧与企业家精神有了很好的传承者。OPPO、vivo 两个兄弟品牌继承了段永平的管理基因,都发展成为中国排名前列的手机品牌。

Ov 的成功之路

陈明永是段永平的四大门徒之一。1992 年,他毕业于段永平曾就读过的浙江大学,然后在小霸王担任总经理助理,最后跟随段永平创建了步步高。2001 年,陈明永创建了定位年轻群体的 OPPO 品牌,主要做 MP3、MP4 和蓝光 DVD 等新潮数码产品。陈明永发现,MP3 播放器即将被音乐手机取代,他想进入的 GPS 导航、电子书等产品都可被手机集成,于是动了做手机的念头,遂于 2008 年推出"笑脸手机"。笑脸并不是一个简单的摆设,而是摄像头、自拍镜和扬声器的组合,为 OPPO 主打的音乐手机概念服务。这种配置与外观的另类结合,不得不说是很成功的一招。OPPO 本来就有视听方面的技术基因,独立的音乐解码芯片有着高效的数字信号处理能力,再加上独特的"纯音频"设计,及支持包括 3D 环绕立体声在内的 8 种音效,让音质圆润、自然、纯净而且多层次。此外,便捷的歌曲库管理、同步歌词显示、专用音乐侧按键、一键进入音乐世界等功能,都突出了 OPPO 笑脸手机主打的音乐卖点。

当时的三星品牌在中国市场正热,OPPO 手机刚上市就请了韩国女星鞠知延出演广告片,产品包装也很有韩国范,很多人都误以为 OPPO 是一个韩国的手机品牌。OPPO 手机一上市就展开广告攻势,迅速占领各大电视台,每天进行轰炸式的营销宣传。强大的广告攻势得到了巨大的回报,OPPO 迅速登上国产手机前三名。而且,强大的国际范品牌影响力使 OPPO 手机在行业利润日益稀薄的背景下,依然保持着较高的利润,拥有其他国产品牌无法相比的品牌溢价。

OPPO 做手机时正值中国智能手机市场启动,OPPO 的整个手机业务都围绕音乐手机定位,一时没跟上智能手机发展的步伐。2009 年,OPPO 推出的第一款智能手机 X903,用的还是威猛无比的侧滑全键盘,钢铁机身加凌厉线条,显得硬派十足,设计风格大变且功能落伍,销售成绩并不如意。苹果、三星、HTC 纷纷抢占智能手机市场份额,小米也异军突起,曾经的手机市场黑马 OPPO 却逐步被对手甩开距离。2011 年,OPPO 召集了 35 个一级代理商开会,陈明永忧心忡忡:"感觉已经到了有今天没明天的日子。"

在这功能手机向智能手机转型的关键时期,陈明永壮士断臂,将库存的 220 万部功能机大幅降价甩卖,然后静下心来,扎扎实实地做了几项重要的工作。

首先是产品的研发。OPPO 在中国、日本、美国和印度相继设立了 7 个研发中心,在拍照、旋转摄像头和闪充等领域获得了多项发明专利。特别是闪充,OPPO 新推出的超级闪充技术能实现高达 50 瓦的充电功率,是目前世界上最快而且安全的手机充电技术。有了这项领先技术,OPPO 才能骄傲地宣称"充电 5 分钟,通话 2 小时"。这个文案也很有步步高的底蕴。

有了好技术,还得要有好设计。OPPO 的品牌精髓是"至美"。陈明永对"至美"的阐释是:"凡是 OPPO 出品,必须是设计的精品,是有格调的艺术品。"OPPO 希望通过精致设计与创新科技的结合来创造美妙的手机使用体验。

在强大的研发和设计实力支持下,OPPO 不断地推出经典的好产品。比如 Finder 的 6.65 毫米的厚度是当时全球最薄机身,Ulike2 的前置美颜技术,Find 5 的息屏美学设计,N1 首创 206 度旋转摄像头,Find 7 开启了手机闪充的时代,N3 首次搭载 1600 万像素电动旋转摄像头。时间在慢慢流逝,OPPO 品牌始终年轻。

2016 年,R9 手机成为 OPPO 的重要里程碑。OPPO R9 携手索尼共同设计了 IMX398 影像传感器,自拍更美更自然,创造了 88 天销售 700 万部的纪录,这在国产手机史上是前所未有的佳绩。凭借这款拍照手机的热卖,OPPO 在 2016 年以 7840 万部的出货量和 122% 的同比增长率打败小米,跃居中国智能手机市场第一名。(IDC 数据)

至美的产品,其营销对象是追求时尚的年轻消费群体。为了征服年轻人的心,OPPO 最爱用明星代言,谁红就请谁,而且大量冠名各地卫视与音乐和娱乐相关的节目。2009 年,冠名湖南卫视《快乐大本营》栏目。2011 年,请来好莱坞巨星"小李子"莱昂纳多·迪卡普里奥代言。2012 年,与曲婉婷、陈曼、兰玉、Molly 等名人跨界合作,上线"享·自由"广告。2013 年,邀请陈坤、江一燕为 OPPO N1 拍摄广告片《他/她不知道的事》。2017 年浙江卫视年中盛典,由陈伟霆启动新品发布,李易峰公布热力红限量版,周杰伦和王俊凯共同宣布产品售价,众多明星合作共同推出 OPPO R11。2018 年 11 月,宣布与精灵宝可梦达成官方合作,人气卡通形象皮卡丘作为 OPPO 超级闪充电力大使亮相。

OPPO 还做体育营销,2015 年成为巴塞罗那足球俱乐部(简称巴萨)的全球合作伙伴,推出巴萨定制手机。2017 年 8 月 8 日,红蓝撞色设计的 OPPO R11 巴萨限量版于"红蓝之夜"在上海发布。

OPPO 跨界并取得巨大的成功,让沈炜坐不住了。2009 年,沈炜注册了品牌 vivo,2011 年推出首款 vivo 手机,原有的步步高品牌手机悄然成为历史。

近水楼台先得月,OPPO 的成功经验,vivo 全面复制。

vivo 成立了 7 个研发中心,其中两个位于美国的硅谷和圣地亚哥。vivo 刚开始的研发方向注重音乐和拍照上的单点技术突破,后来演变成向包括 5G 在内的智能手机整体技术创新全面推进。这些年,为 vivo 品牌代言过的有宋慧乔、崔始源、宋仲基、倪妮、彭于晏、周冬雨、鹿晗、蔡徐坤和易坤林,其中前三位都是韩国明星,数量之多与 OPPO 相比毫不逊色。vivo 也抢着冠名综艺节目,"综艺千千万,Ov 各一半"(Ov 即 OPPO 与 vivo 的简称)。2016 年,vivo 成为 NBA 中国官方合作伙伴,篮球明星斯蒂芬·库里也为 vivo 的 Xplay6 代言。

vivo 依靠跟随策略追着 OPPO 跑，也迫使 OPPO 不断往前冲。好哥俩你追我赶，一不小心都冲进了中国手机品牌的前五名。

《华尔街日报》曾撰文用"主要借助于渠道和营销赢得市场"来描述 Ov 的成功，认为它们主要依靠搭建细密如神经组织的销售网，以及各种广告、营销的助攻打开市场。应该说，Ov 靠的就是中国消费品最传统的营销招数，但它们的模式被许多中国手机品牌研究、复制，却没有一家能够做出可与之媲美的业绩。最不可效仿的是，OPPO 和 vivo 在中国各拥有 20 多万家的线下门店，号称渠道下沉能力达到中国邮政的水准，这是它们每年一共能卖掉 2 亿部手机的最可靠的保证。其他手机品牌的零售网点数量远远不能和 Ov 相比，线下销量占了 Ov 总销量的 90% 以上。

为什么这么多零售商都愿意跟 Ov 合作？许多渠道伙伴从步步高时代就开始合作，已形成多年的默契。一起赚钱，也一起扛风险，大家在价值观上已是高度一致，更看重的是中长期的合作，并非外界所言的一级代理商控股那么简单。

零售商愿意卖 Ov，也是因为 Ov 能提供快速有效的服务。小城镇的零售店很多时候并不是把赚钱能力放在第一位，它们更多担心卖出的产品会出问题以及出了问题如何解决。毕竟客户都是乡里乡亲，产品出了问题面子上也过不去。所以不是 Ov 给了渠道多大返利，而是 Ov 的服务做到了让渠道放心。一旦零售商卖的产品真出了问题，Ov 都是第一时间免费更换，即使是县级渠道，Ov 的服务响应时间也不超过 48 小时。其他品牌类似的流程则需要一周多甚至更久的时间。

遍及中国大小城市，Ov 的蓝绿组合占据了手机零售门店 80% 的户外广告和店内展示资源。Ov 在选址方面也比较讲究，即便是最小的县城或者较大的乡镇，只要是客流量多的地方，就一定有 Ov 手机的店铺。这些店铺既是 Ov 手机强有力的销售渠道，同时也是 Ov 手机的宣传广告。

Ov 的成功还有一个非常关键的因素：员工持股。工会分别占有 OPPO 和 vivo 公司 61% 和 62% 的股份[①]，员工是 Ov 成功的最主要受益者。在这一点上，我们仍

[①]　来自天眼查网站 2020 年 6 月数据。

然可以看到段永平时代留下来的成功基因。

Ov 也有短板。虽然注重研发，但相对华为、苹果和三星等手机巨头来说，Ov 在硬核技术上差距明显。例如，Ov 都将摄影和自拍作为主要卖点，但在最权威的 DXOMARK 摄影与自拍功能的前十排名中，都没有 Ov 的影子。Ov 也都没有自己的芯片设计技术，OPPO 直到 2019 年才在手机芯片上发力。

Ov 在 2015 年开始发力，不仅仅是受益于运营商减少购机补贴、消费者转向社会零售店购机，还因为手机进入处理器性能相对过剩的年代。2015 年上半年，性能强大的高通骁龙 810 芯片开始投入商用。此后，手机性能体验的差距快速缩小。Ov 向来都是联发科芯片、三星和高通中低端芯片的常客，即便是 OPPO 在 2016 年售价 3499 元的旗舰机型 R9s Plus，所搭载的处理器也只是高通骁龙的 653。因为不用最新最贵的处理器，把重点放在自己擅长的影音领域，得以让 Ov 很好地控制自己的产品成本，又有突出的卖点，从而获得足够的利润空间来支持渠道与自身的成长。

vivo 在中国市场比 OPPO 慢了半拍，在印度市场却领了先。

中国手机行业流传一句话："如果你在印度失败，差不多就可以关门了。"在中国市场，手机品牌竞争格局基本尘埃落定，"华米 Ov"和苹果五大巨头瓜分市场的格局，短期内难有改变。为了寻找一线生机，最早是山寨手机，然后是不甘失败的二线阵营品牌，都到印度来淘金。到如今，一线品牌小米、OPPO 和 vivo 也闯进了印度。印度是仅次于中国的全球第二大智能手机市场，使用智能手机人数虽超过 4.3 亿人，但仅占该国智能手机潜在总市场的 45％而已。2018 年，印度手机市场整体出货量达到 3.3 亿部，同比增长 11％。其中智能手机仅 1.45 亿部，成长空间仍然很大。众多中国手机厂商在印度攻城拔寨，推动了该市场从功能手机向智能手机的转化。印度 4G 网络正在如火如荼地建设，对智能手机的普及也起到推波助澜的作用。

擅长在县镇市场打拼的 vivo，到了印度自然是如鱼得水。vivo 直接把国内的线下经验复制到印度，平均每个邦派了三四十个中国的区域经理来负责，整个印度团队多达三四千人。经过短短几年的发展，vivo 在印度拥有了 7 万个零售商。

vivo 在中国原本就惯用刷墙和"包下那条街"的手段来渗入乡镇市场,到了印度也很快将其广告遍布大街小巷。如果不是肤色、语言的差异,你会以为自己身处在中国的某个小城市。vivo 与印度板球总会合作,自 2016 年起正式成为印度板球超级联赛主冠名合作伙伴。印度板球超级联赛是印度人最关注的体育赛事,在印度有上亿观众,vivo 在球场广告、球星签名商品及球星粉丝见面会等活动中开展一系列合作。很多印度人甚至认为 vivo 是印度本土手机品牌。

到 2017 年,vivo 在印度的智能手机市场份额上升到 10%,仅次于三星和小米。中国品牌手机在印度的市场份额整体达到 53%,相对于 2016 年增长了 19 个百分点,占据了印度一半的智能手机市场。印度智能手机出货量排名前五的品牌中,中国品牌占据了四席,联想和 OPPO 紧跟在 vivo 后面。印度国产手机厂商的市场份额由 2015 年的 54% 骤降至 10% 左右(IDC 数据)。印度国产手机其实只有品牌和渠道,生产完全靠中国给它贴牌,当然缺乏竞争力。

小米于 2014 年进入印度市场,与当地电商平台合作,又玩起秒杀的那套把戏,不到 5 个月,销量已突破 100 万台。印度"米粉"比中国"米粉"还要疯狂,有人在小米 4i 首发式活动上喊道:"我愿为小米的产品而死!"小米 4i 的定价约合人民币 1270 元,只相当于 iPhone 6 价格的四分之一。印度人称小米手机为"中国的苹果"。《福布斯》杂志则称:"小米让苹果在印度的生意更难做了。"印度物流水平低下,电商原本没什么影响力,是小米等中国手机品牌把印度电商渠道激活了。2017 年,靠印度市场的大力支持,小米才重回全球销量前五。小米先进入港台,再到新马,最后还是在印度这样的低收入人口大国才找到感觉。2018 年,小米打败三星,成为印度市场出货第一的手机品牌。

印度的整体消费能力还是偏低,对高性价比的手机更青睐。印度本土手机品牌还不成熟,无论是价格还是在性能上都不能让民众满意,而苹果、三星定价一向较高,相对而言,中国手机品牌的高性能、亲民价和经常请本地明星代言,自然得到印度人的喜爱。中国手机品牌还普遍在印度建立研发中心,深入了解本地人的使用体验和需求,以更好地打造本地化产品。

印度本土制造业原本十分薄弱,手机产品严重依赖进口。随着中国手机品牌在印度市场发展越来越好,印度将手机的进口关税从 6％提高到了 13％,迫使中国手机厂商纷纷将生产基地搬到了印度。vivo 在印度的第一座工厂投资 3 亿元,年产能达到 2500 万部手机。vivo 正在投入 40 亿元建立第二座工厂。OPPO 投资 23 亿元的位于印度大诺伊达的制造工厂已成功完成第一阶段的建设,可月产 400 万部智能手机,2020 年的月产量还将翻一番。小米手机已实现 75％的印度国产化比例,正在建设第二座印度工厂。手机配件商也跟着组装商蜂拥而至,已有超过 150 家的中资手机配套企业来到印度,80％以上的手机零部件需求都可以通过印度本地采购来解决。中国手机在帮助“印度制造”起步,还解决了大量印度人的就业问题。

三星也将全球生产基地落在了印度,不惜血本造了个投资最大、占地最广的手机工厂,年产能号称能达到 1.2 亿部。三星目前是印度市场占有量仅次于小米的手机品牌。富士康也计划在印度投资 50 亿美元,新建 12 座工厂,可能雇用多达 100 万的当地工人,从而将苹果的部分生产基地从中国迁到印度。

当然,在印度赚钱也不容易,印度的效率非常低,什么都是问题:土地私有、征地极难;工人素质低;交通电力等基础设施极差。在印度生产手机的总成本甚至还要略高过中国,而且印度东西卖不贵,利润也有限。但中国企业看中的是印度市场更长远的机会。

有意思的是,多数中国手机厂商开拓海外市场都把印度作为首选,其次是东南亚市场。而“一加”(OnePlus)品牌却是先从欧美发达国家市场入手。更让人惊讶的是,一加亦有步步高的血统。

本分的一加

很多人看不懂一加。一加在 2014 年才现身江湖。作为一个只在电商渠道销售又不打广告的手机品牌,一加的知名度极低,却号称已进入 18 个国家销售——不是传音称王的非洲小国,而多数是欧美发达国家。

要看懂一加,就得先看懂 OPPO 的蓝光 DVD 播放机。OPPO 的蓝光 DVD 一般人都不知道,在影音发烧友中却声名显赫,被封为"殿堂级表现的全能播放机"。OPPO 蓝光 DVD 几乎囊括了全球所有音响器材专业测评机构和主流媒体的最高奖项或评分,在欧美高端蓝光 DVD 市场上打败了索尼和天龙。刘作虎于 1998 年大学毕业后即进入 OPPO 工作,段永平和陈明永都是他的导师。2004 年,刘作虎在硅谷设立了生产蓝光 DVD 的 OPPO Digital 公司。OPPO 蓝光 DVD 每周五升级一次软件,然后在美国的一个论坛上和用户互动,所以美国用户会感觉这个品牌是他们自己的品牌。大家可能觉得小米每周将 MIUI 升级的做法很厉害,其实这个套路是 OPPO 蓝光 DVD 早就玩过了的。

不幸的是,蓝光 DVD 的时代正在走向终结。就像 iTunes 干掉 CD 一样,各视频网站也干掉了 VCD 和 DVD。没有了光盘,自然也就不再需要 DVD 播放器。即使是 OPPO 蓝光 DVD 这么好的产品,也只好宣告停产。不过,拥有顶级的品质、坚持高端路线、做好论坛社区文化、主攻发达国家市场,OPPO 蓝光 DVD 的这些成功基因,我们都能在一加手机上看到。

2012 年,刘作虎接手 OPPO 手机业务,在主导 Find 5、N1 等几款大热机型上市后,刘作虎急流勇退,于 2013 年 11 月宣布离职。随后,刘作虎创立一加科技,着手打造一加手机。

从一开始,一加手机就定位在了品质高端、价格亲民的路线上。2014 年 4 月 23 日,北京五棵松,一加手机发布首款旗舰产品,为"全球首款两千元以内的高通骁龙 801 手机"。因为独特的设计、极佳的手感和超强的配置,被业界誉为"科技界的无印良品"。发布会当天,一加手机国内百度搜索量高达 18 万。在海外的推特(Twitter)热门话题榜上,OnePlus 和其品牌口号"Never Settle"(不将就)分别高居第一名和第六名。

5 月 28 日,一加官网联合京东、易迅等多个平台,采用"现货＋排队"的模式同步首销。同一时间,一加在海外多个国家采用"邀请购机"模式发售。首销预约量即超过了 140 万部。刘作虎当时最大的恐慌是产品供应能不能尽快补上需求的缺口。因为一加一开始只准备了 20 万部手机,结果发现市场需求旺盛,临时又追加了 100 万部的订单。

《纽约时报》《华尔街日报》《时代周刊》《卫报》等各大国际媒体都对一加手机不吝赞美之词,连刘作虎自己都觉得一加实在太牛了。"好像每个海外媒体评价你很好,你就真的觉得自己很好,甚至有很多老外跑来要求主动加入,不要薪水的那种,只要给他基本的生活保证就好了。"

然而,2015 年的一加 2 手机出现了和前一部手机截然不同的市场反响。一开始,刘作虎想借着一加 1 的发布乘胜追击,在线下一口气开出了 45 家体验店,还推出了一款价格更低的轻旗舰①一加 X。可是,在这一年,中国智能手机总需求量没有什么增长,华为的荣耀手机却抢走了 2000 万部的销量,魅族新推出的魅蓝又抢走了 1500 万部销量,乐视和 360 这些"互联网的野蛮人"都在凭借低价扰乱手机市场,市场空间骤减。用刘作虎的话来说:"厂商纷纷脱裤子竞争,搞得这个行业赚钱都变成一件可耻的事情。"

那段时间,每天结束加班后开车回家的路上都是刘作虎最焦虑的时刻。他不断地想:到底一加出了什么问题?

不是一加 2 手机不好,而是市场的变化太快。在中国的手机市场上,没有几手黑科技的绝活,只做市场公配零部件的组装商,已不可能再赢得消费者青睐。而手机一线厂商动辄两三千人的研发队伍配置,华为甚至拥有一万多人的全球最大手机研发团队,这远远不是小品牌比得了的。如果能够早几年诞生,一加作为一个高配版的小米,未尝没有做大做强的机会。但现在的中国手机市场,已经进化成了只有少数大玩家才能入局的游戏。

一加手机比上不足、比下有余。虽然挑战不了"华米 Ov",但相对锤子、360 等小众手机品牌,还是有很大的优势。刘作虎毕竟出身 OPPO,有丰富的运营经验及深厚的行业背景,单是可以分享 OPPO 手机供应链这一项,就远远不是其他小品牌能够做得到的。更重要的是,一加手机与生俱来的国际化基因,让它得以避开中国手机市场从红海到苦海的竞争。一加手机的海外销量占总销量的三分之二以

---

①　轻旗舰手机:配置接近、但未达到旗舰标准的手机。旗舰机型体现企业的技术实力和满足少数关注参数的用户,而轻旗舰机型则满足于多数仅"够美够用"的用户的需求。

上。比如印度市场。一加原本没看上印度，后来发现竟有数千名印度用户从美国市场购买一加 1 邮寄回印度，经常访问一加官网的印度用户超过百万，还有上万个用户留言询问一加何时进入印度市场，加上几大印度电商的主动盛情邀请，于是才登陆印度市场。一加 2019 年旗舰机 7 Pro 发布后，很快就获得印度高端手机市场 43% 的市场份额（IDC 数据），与苹果竞争。

刘作虎将一加手机的成功归因于段永平教给他的"本分"。"手机行业这五年变化太大了，但我们活得还不错，核心是我们相对比较保守。这是做企业的一点感悟，每天会接触非常多的诱惑，你怎么样能够抵住诱惑，不犯错误，说起来容易、做起来不容易。"

刘作虎面对的诱惑有哪些？比如线下开店。刘作虎相信自己学不了 OPPO 的店海战术，他毅然砍掉了所有 45 家体验店，只做线上销售。再如低价上量。跻身一线阵营的诱惑力很大，但刘作虎还是保持了价格坚挺，专注于做出好产品，安心做百万级别的小众品牌。一加 3 出来后，用户很喜欢，感觉这个品牌一下子又回来了。即使研发实力有限，一加还是在自己擅长的欧美市场上做出自己的特色。比如欧美人的眼球喜好 6000K 左右的色温，而亚洲人则偏好 4000K 左右的色温，一加的影像工程师们就会根据相应的场景，为相机进行针对性的调校，以符合欧美用户的审美标准（类似传音专攻黑人夜间摄影）。一加 7 Pro 手机因此在 DXOMARK 评分的全球前十名中拥有了一席之地。在 2019 年第一季度全球高端智能手机（售价 400 美元以上）市场份额中，一加排名前四，排在前三位的分别是苹果、三星和华为（IDC 数据）。

不仅一加，其他中国手机品牌在发达国家市场也越来越受青睐。欧洲市场比美国和日本开放，中国手机有竞争力的价格和创新功能对欧洲消费者的吸引力越来越大。2018 年，中国智能手机凭借 6000 余万部的出货量占据了欧洲整体市场份额的 32%，同比增长了 27%。当年 5 月，小米正式进入法国、意大利、英国等国家，在短短半年内，即跻身西欧市场销量前五。

realme 和 iQOO 新手上路

一加的成功让 OPPO 看到新的希望。毕竟一加不是自己的品牌，那为什么不自己推一个互联网品牌，就像华为推出的荣耀？

于是，OPPO 推出了互联网品牌"真我"（realme）。realme 的定位是"OPPO 的性能＋小米的价格"。互联网手机的竞争策略是"硬件不赚钱、软件捞回来"，OPPO 针锋相对地实施"线上不赚钱、线下来支持"，凭借线下庞大销量筑成的供应链优势，推出更高配置、更低价格的手机产品，来碾压竞争对手。OPPO 推出 realme，切中了小米的两大软肋：一是低价品牌要把价格往上抬很难，但高价品牌要把价格向下俯冲容易；二是线上品牌开发线下渠道很难，但线下品牌开发线上渠道却很容易。OPPO 要用 realme 来收割互联网手机市场，挤压互联网竞品的生存空间。

realme 的出场还是比较谨慎的，它先在印度市场试水。2018 年 5 月，采用了联发科 P60 处理器以及玻璃材质后盖的 realme 1，联合亚马逊以 8990 卢比（1 元人民币相当于 10 卢比）在线上起售，两个月取得了 40 万部的销量，并以 4.5 的评分成为亚马逊印度畅销排行榜上"评分最高"的手机。8 月，realme 2 在印度 Flipkart 电商平台首发，5 分钟便售出 20 万部。10 月，realme 在印度电商节创造了 12 小时售出 70 万部手机的辉煌业绩。到 2019 年第一季度，realme 已成为印度市场上仅次于小米、三星、vivo 和 OPPO 的第五大品牌。OPPO 在印度原本落后 vivo 很多，realme 抹去了 OPPO 与 vivo 的差距（IDC 数据）。

在印度市场一炮打响后，realme 横扫印度尼西亚、越南、泰国、马来西亚、新加坡、埃及等十国市场。所到之处，不断打破各地电商的手机销售纪录，成为成长速度最快的手机新锐品牌。

2019 年 4 月 24 日，realme 创始人李炳忠在微博上发布文章《在巨变的时代我们越级向上》，宣布进军中国市场。

李炳忠强烈否认 realme 走的是性价比路线。因为其他宣称性价比的手机品牌往往是先定一个低价格,然后再看用什么配置来达到这个价格线。realme 则是反过来,先定一个高配置,然后再看最低能做到什么价格。这两种做产品的思路是完全不同的。比如 realme 回归中国市场的首款产品 realme X,由号称无印良品之魂的深泽直人操刀设计,全新无"刘海"的 AMOLED 屏幕、新一代屏下指纹、索尼 4800 万像素后置摄像头、超大电池与 VOOC 闪充 3.0、人工智能技术与骁龙 710 处理器等加持的产品性能体验,售价仅 1499 元起。其他 4800 万像素主摄像头的品牌一般定价在 3000 元或者更高。realme 凭借"前沿科技、设计和品质方面敢越级"的产品为中国市场带来足够意外的惊喜。

realme 瞄准的也是年轻人的市场。realme 的品牌主张也相当有个性:"改变世界不一定要论资排辈。年轻,就要敢越级。"

2019 年,realme 销售 2570 万部,跃升全球智能手机排名第九位,超过了传音。[①] realme 已进入了二十多个国家和地区。线下线上双品牌运作,继华为的荣耀取得巨大成功后,OPPO 的 realme 也成了一个新的成功案例。

眼看 OPPO 打造的 realme 获得成功,同门师兄弟的 vivo 有些慌张。2019 年,vivo 在没有进行任何预热的情况下突然宣布,正式推出子品牌 iQOO。除了一张微博配图外,vivo 没有公布更多信息,例如 iQOO 品牌首款产品、品牌定位甚至品牌名称的准确读法"艾酷"也只字未提,显得有些手忙脚乱(也可以说是制造悬念)。vivo 已经拥有了比较完备的产品线,覆盖从 1000 元到 4000 元的价格区间,其中包括主销机型 X 系列、定位低端的 Y 系列、主打线上的 Z 系列和高端旗舰定位的 NEX 系列。这回推出 iQOO,是为了更好地应对 realme 和红米等互联网手机的竞争吗? iQOO 的海报风格相当科幻,或许是想主打游戏手机的概念?

答案很快揭晓。3 月 1 日晚,iQOO 在深圳正式发布旗下首款产品。iQOO 采用的是市场顶级配置加极客外观设计,偏游戏方向,其散热和快充的功能都很强大,不同内存的四个版本覆盖了从 2998 元到 4298 元的价位。应该说,iQOO 的定位高过 realme 和红米,走的是科技感的路线。

---

① 来自 Counterpoint 数据。Counterpoint 是一家总部位于中国香港的全球行业分析公司。

iQOO 品牌负责人冯宇飞是这么规划的，"它不是特别冰冷、纯配置导向的，我希望买一部手机的时候，它能表现出一些不同。vivo 这么多年对于手机的理解从来都是个性化的电子产品，所以我们在努力打造品牌，努力赋予手机情感。iQOO 也是这样的，它一定不是堆料的东西。单说性能，现在都不差。一个产品除了有极致的性能，更多的还需要有独特的体验。因为性能只是一个发动机，怎么调校才是体验方面的东西。就算用最好的发动机，差一点的调校，操控也会很差的，这也是我们对于 iQOO 理解上的不同，它一定是两条腿走路的。"

所以，有别于 realme 和红米的低价标签，iQOO 注重的还是细分市场的用户体验。iQOO 盯的是对手机很着迷、研究很透彻的那部分新人类，而不太在乎高价低价、线上线下、是否为游戏手机这样的分类法。iQOO 要打造的是一个"回到消费者身上，把每一款产品做到极致"的品牌。

一个有意思的现象是，外国手机厂商几乎全都是单品牌操作，从功能机时代的摩托罗拉、诺基亚、爱立信到智能机时代的苹果、三星均是如此，而中国的一线手机厂商，到 iQOO 诞生后，基本完成了双品牌操作的转变，二线手机厂商中也不乏其例。应该说，智能手机市场实在太大，而且高低价位分隔明显，实施双品牌操作更能适应市场的需要。单一品牌想要横跨多界的难度很高，苹果在高端市场上高处不胜寒，三星想高中低通杀的吃相着实有些难看。双品牌战略的成功，是中国手机厂商在全球市场上都能维持领先的重要保证。

中国成为全球智能手机竞争最激烈的市场。在中国市场玩得转的手机品牌，在国际市场上表现得更出色。"华米 Ov"四大中国品牌的全球智能手机出货量连年增长，中国品牌占据了全球智能手机市场接近一半的市场份额。

中国手机市场，"华米 Ov"和苹果五大名牌的格局已经形成，从 2014 年到 2017 年，其他手机品牌的中国市场份额从 56％剧降至 24％（IDC 数据），各个小众品牌还能有生存的空间吗？

第十章

魅族直上阿里云端

王坚的勇气与魅蓝的问世

黄章极具乔布斯式的极客气质。

他有着木匠的手艺，家中的不少家具都由他亲手打造。在设计手机外形时，他会用他那个打造家具的刨子打磨出很多个模具，从中选择一个大小最合适、手感最好的交给工程师，然后工程师会按照这个木质模型打造一个钢质的模具。他再拿着魅族的原型机在家里捏上一个月，然后对背部的弧度提出修改意见。他甚至会为了音响效果，可以拆房子去看看是否是电源线有问题，于是还换了一根价值十几万元的电源线。后来又觉得地板会产生共振，还换了地板，甚至是灯、变压器和各种线路，都被他换了个遍。在给魅族装修办公楼的时候，因为不满意配色，食堂地板被砸掉了三次。自己家的别墅也因为没完全按自己的要求做好，而全部推倒重来。

黄章用他的工匠精神打造出了魅族 M8 手机，并因此一战成名。魅族 M8 手机后来被苹果公司起诉而于 2010 年停产，据说是因为外观与 iPhone 相似。

黄章显然对此并不在乎。经过两年的潜心打磨，魅族 M9 于 2011 年 1 月 1 日推出，首发当天，在北上广深地区出现了上千人排队购买的场景。由于全国预订的人数太多，导致 M9 到 4 月 1 日才正常供货。

黄章觉得自己可以退休了。在中国手机市场风起云涌、瞬息万变的那几年里，黄章过起了非常潇洒的日子。他喜欢窝在家里看电影、听歌、种菜、喝酒，偶尔带着家人开游艇出去玩玩。黄章的"宅"和"隐"是出了名的，他几乎一个月只出家门一天，甚至几个月不去一趟公司。他设在魅族大厦 5 层的大办公室空空荡荡，没有一点他个人的痕迹，常常被行政部门用作接待客人的贵宾室。他连北京、上海都没去过，而且几乎没有接受过任何媒体的采访。魅族的运营倒也一帆风顺，其系列产品一直都被粉丝誉为最漂亮的国产手机之一，取得了不错的销售成绩。

直到 2013 年 10 月，魅族的营销副总裁莫翠天宣布离职，随后拉着一个团队投奔乐视。紧接着，2014 年春节前的一天，研发副总裁马麟带着一部分总监和高级经理也跳槽加盟乐视。在春节期间的一个晚上,魅族总裁白永祥带着李楠、杨颜等几位高管来到黄章家中逼宫,一待就是一个通宵。这位前 MP3 工程师在 12 年前与黄章一起建立了魅族,如今连他也跟黄章表达了离开的意愿。

黄章被接连不断的离职危机彻底震惊,"天都变了"。

魅族员工纷纷离职的一个很重要的原因在于,在北上广深的初创企业都愿意拿出可观股权分给团队核心管理层的当下,黄章却不愿意分配股权给高管。雷军当年的警告不幸成了现实。

黄章终于醒悟到,魅族长期的家族式运营、保留所有股份在自己手里的做法,已经很难换取大家的信任和坚持了。大年初九,黄章重新出现在许久不曾现身的办公室,召集魅族几百名骨干开会,称自己从火星回归,"有一点点遗憾,大彻大悟得有点迟了。"黄章承诺要拿出 20% 的股份和期权,分给公司的高管和员工。可是黄章似乎并没有打算割自己的肉,他要通过引入外部资本的方式来给员工兑现股权收益。"我回来就是来搞股票的,用股票这个东西,让食堂的阿姨也买得起房。"

黄章说,从这一天起,魅族开始要变了。说完后,他就又从公司消失,丢下副总裁李楠去满世界找钱。

李楠先后见了上百家机构,能投几千万人民币的财务投资人几乎全扫了一遍。周鸿祎对这件事很上心。在此之前,360 的那些应用程序曾两次惨遭苹果应用商店的集体下架,奇虎股价亦跟着受重挫,让周鸿祎相当窝火。凭借手中的 4 亿用户、被网友称为"红衣教主"的周鸿祎连腾讯都敢硬拼,在苹果面前却像个大气都不敢出的小媳妇,他何曾受过这等委屈?

而且,360 软件管家其实就是电脑版的应用商店,负责给电脑用户提供正版的软件使用,周鸿祎何尝不想将电脑行业的成功经验复制到手机行业上去?虽说手机就是一部带通信功能的电脑,但电脑与手机的游戏规则不同。手机应用商店的成功必须基于两个前提,一是互联网,二是软件免费,这两个前提在电脑诞生初期都不具备。当时的电脑要安装软件,都得去买不同的光盘来安装。直到互联网已经成熟而且软件免费的时代到来了,才在电脑上出现"360 软件管家"这样功能类似苹果应用商店的东西。遗憾的是,电脑行业的硬件与软件是分离的,联想、惠普等绝大多数电脑厂商都不擅长软件，也就从来没想过（也可能是缺乏能力）在电脑出厂时就预装一个软件管家来收过路费。手机行业却走的是硬件与软件一体化的路子。360 所能提供的杀毒等服务，各手机厂商自有的手机助手基本都能提供，所以，360 的应用软件就很受手机厂商排斥。

与其受制于手机厂商，不如自己去做个手机厂商。看着昔日手下败将雷军将小米手机做得风生水起，周鸿祎早就心痒难忍。而且，360 作为个人电脑和互联网时代的霸主，面对移动互联网时代的来临，和微软一样有着强烈的危机感。360 也曾与华为、海尔谈过合作，出了几款 360 特供手机，那是玩票性质，如今，正式进军手机产业的机会来到面前，怎么能够错过？2014 年底，周鸿祎亲自飞到魅族总部所在的珠海，与黄章相谈甚欢，合作的事情差不多就要成了。

这时候，发现要被踢出局的阿里巴巴当时的 CTO 王坚跳出来，拍胸脯说阿里巴巴要给魅族投更多的钱。

魅族真正的大坑来了，因为王坚比黄章还要理想主义。黄章只是想做一部好手机，王坚却想做出一个好的手机操作系统。

电脑操作系统的市场，微软的视窗系统和苹果的 iOS 系统实现了几乎 100% 的垄断。这不仅让中国在经济上损失良多，在国家信息安全上也存在隐患。打败垄断者的，往往是新的技术革命。当智能手机挤压个人电脑市场、移动互联网侵占互联网地盘的时候，芯片与操作系统都面临着新的市场洗牌的机会。

苹果开始研发手机的时候，乔布斯一脚踢开了最重要的合作伙伴微软，用自己的团队研发出基于 Unix 的移动操作系统 iOS，终于为打破微软的垄断和控制出了一口恶气。iPhone 和 iOS 系统发布 10 个月后，谷歌发布了安卓系统。与封闭式的 iOS 系统不同，安卓系统是开放式的，谁都可以加入安卓阵营。

如果说中国电脑操作系统的遗憾是因为比微软晚了 15 年才起步，那么当移动互联网时代到来时，几乎同时起步的中国手机操作系统原本是有机会占据一席之地的。有意思的是，这回，是中国的电信运营商们走在了前面。

在谷歌发布安卓系统一年后，中国移动就推出了 OPhone 系统。OPhone 系统号称是性能可与安卓系统并驾齐驱的自主系统，宣称要打破几大国外移动系统的垄断。中国移动当时的总经理王建宙表示，已经备好了 60 亿元的补贴，誓要成为 3G 手机市场的主导者。当时手机操作系统还处在群雄逐鹿的阶段——诺基亚的塞班系统初显颓势，安卓系统的市场份额仅占 5％，苹果的 iOS 系统还不成气候，微软 WP 系统尚未面世。一切皆有可能，OPhone 系统完全有这个机会。

可惜，中国移动抢准了先机，却没能把握住。OPhone 系统实际上是采用安卓源代码开发的，去掉谷歌搜索、邮件等服务后，再集合中国移动自己的飞信、139 邮箱等应用。2009 年第三季度，首批搭载了 OPhone 系统的定制机上线，市场反响平平。随着安卓系统不断升级，OPhone 系统更新速度跟不上，用户开始吐槽，很多用户购买 OPhone 系统的手机后的第一件事是手动刷机，换成其他操作系统。OPhone 系统的合作手机厂商也纷纷倒戈安卓阵营，OPhone 系统手机做到第二代就做不下去了，"首款国产智能手机系统"遂销声匿迹。

比 OPhone 系统晚两年，中国联通也开发了自己的移动操作系统"沃 Phone"系统。沃 Phone 系统称得上是真正意义上的第一款独立国产手机操作系统，基于 Linux 内核，拥有完全自主知识产权。不过，此时安卓系统的市场份额已经超过 50％，由于不能兼容安卓应用和得不到应用程序商的支持，沃 Phone 系统也终归失败。

为了不错过智能手机时代的红利而开发移动操作系统的，还有阿里巴巴。马云第一次听到王坚博士提出要研发云操作系统时，"我几乎是愤怒地惊讶于他的胆识。"但马云最终还是决定支持。2011 年 7 月，阿里巴巴正式推出了阿里云 OS 系统①，同时还联手天语发布了首款基于 YunOS 系统的智能手机。天语曾经一度进入中国手机市场前三(2009 年 3 月)，但在苹果手机带来的智能手机革命大潮中，天语一时失去了方向。王坚劝天语的老板，如果不自己革自己的命，就会由别人来革自己的命。于是天语下定决心，将阿里巴巴视作转型的最重要助力。之后卓普、夏新、基伍、康佳、小辣椒等二三线手机品牌陆续也推出了 YunOS 系统的相关

---

① 2013 年，阿里云 OS 系统改名为 YunOS 系统。为方便阅读，后文中一律用 YunOS 系统，不用阿里云 OS 系统。

产品。

阿里巴巴的 YunOS 系统可不简单,这里的"Yun",指的是"云服务"的"云"。最早做云服务的是亚马逊,为了应对美国人"黑色星期五"时的疯狂购物,亚马逊不得不建立了庞大的数据中心,因为平时资源是闲置的,于是就做起了云出租的业务。在此之前,企业需要购买服务器来安装公司软件,硬件的采购和维护都是一笔不小的开支。有了云服务,企业只需要去租一个虚拟主机来用就可以了。许多大公司和政府部门的台式电脑都已经接入云服务了,只要 5G 解决了无线网速的问题,便携式电脑和手机接入云服务就是迟早的事。YunOS 系统就是这么个融合云存储、云计算和云操作为一体的新一代操作系统。

YunOS 系统给每个手机用户提供 100 G 的云存储空间,采用"云 App"方式,让用户不需要在手机端下载应用程序,而是在网络环境下,登陆统一的云账号后,即可运行 YunOS 云端平台上的各种应用。云服务不仅去掉了应用程序需要安装和不断升级的繁琐操作,还可以让软件的运行效率有指数级的性能改善。原本要占用大量手机本地处理器资源来运算的应用程序,一旦移植到 YunOS 系统上,通过云计算,就可以瞬间完成。另外,YunOS 系统还可以把每个智能手机都变成一个数据采集器,它收集关于医疗健康、消费交易、环境交通等方面数据并将这些数据都上传到云中,交给计算机处理和存储,变成大数据,给阿里巴巴带来巨大的信息优势。总的来说,云服务是一个有广阔想象空间的未来发展方向,YunOS 系统是要抢占云时代的先机。

而且,作为中国独立自主开发的手机操作系统,YunOS 系统对国家信息安全的意义非凡。2014 年中央政府采购协议供货商名单中,YunOS 是唯一的移动操作系统供应商,安全性成了它入围的关键。

王坚想通过 YunOS 系统对安卓系统的兼容,借助安卓系统的势力范围扩大开发者数量。可谷歌对阿里巴巴这个同样是互联网巨头的中国竞争者如临大敌,根本不容许这个安卓系统的挑战者存在。2012 年 9 月 13 日,在阿里巴巴原定与宏碁联合推出搭载 YunOS 系统的 A800 新手机发布会开始前一小时,由于受到谷歌施压,宏碁被迫取消了合作。更糟糕的是,谷歌随后将 YunOS 系统定义为"非兼容版安卓系统"，威慑其他打算与 YunOS 系统合作的手机厂商。

谷歌的打压反而激起了阿里巴巴的斗志。一周后，阿里巴巴决定将 YunOS 系统升级为战略产品，宣布 YunOS 系统独立于阿里云事业群运行，并单独向 YunOS 系统投资 2 亿美元。在谷歌的威胁下，没有一家中国手机的一线厂商敢和阿里巴巴合作，YunOS 系统就选择了三线品牌手机和山寨手机的市场。山寨手机也倾向于 YunOS 系统，因为 YunOS 系统比较特殊，相比安卓系统更封闭，不容易被root①，于是山寨手机内置的垃圾软件就不容易被清理掉，它们就能获得稳定的流量，通过垃圾推送来赚钱。而且 YunOS 系统预装了阿里巴巴自己开发的消费级应用，如淘宝聚划算、淘宝比价、淘女郎等，当然也不想被 root。

为了突破安卓联盟的封锁，阿里巴巴当然也希望有分量的手机厂商来做合作伙伴。阿里巴巴一度打算自己做一款淘宝手机，和富士康等企业都洽谈过，就连和中国电信如何进行收益分成都谈好了，却在最终拍板的关键时刻叫停。阿里巴巴团队突然意识到，售后问题、库存问题都是互联网公司之前不曾遇到的，而它们不是阿里巴巴的核心竞争力。也就是在这个时候，魅族进入了阿里巴巴的视线。

2014 年 10 月，魅族与阿里巴巴发布了战略合作协议，将发布基于 YunOS 系统的 Flyme 系统，同时宣布备货 10 万部手机备战天猫"双十一"。相比 360，魅族看中的是阿里巴巴拥有的天猫渠道优势，而且黄章也不在乎谷歌的不满。反正魅族年销量不过四五百万台，如果谷歌真要制裁，那等于是谷歌在给魅族打广告，求之不得。

"郎有情、妾有意"，这桩生意就这么谈成了。2015 年，魅族宣布阿里巴巴将向其投资 5.9 亿美元。不过，双方一直未对外宣布的事情是，魅族还与阿里巴巴签署了对赌协议，后者对魅族的出货量提出了要求，而且要求魅族必须用上 YunOS 系统。

---

①　root：安卓系统中超级管理员用户账户，该账户有整个系统的最高权力，可以操作系统中的所有对象。为了手机的安全与稳定，防止用户误操作而导致系统崩溃，系统是默认未开启 root 权限的，需要获取。

由于 YunOS 系统与安卓系统兼容,不管魅族的 Flyme 系统是基于 YunOS 系统还是基于安卓系统开发的,给用户的体验是一模一样的。YunOS 系统的生存关键在于吸引到足够多的用户数量。有用户数量,才能与安卓系统平起平坐。否则,YunOS 系统就没有存在的意义。所以,王坚要求魅族必须在短期内大规模提升出货量。

魅族原本全盘学习 iPhone,连价格也跟着 iPhone 定位高端,显然难以完成短期内上销量规模的要求。李楠提出了一个两全其美的计划:做一个定位更低端的魅蓝品牌,以保证完成与阿里巴巴的对赌协议。这就像小米推出的红米品牌一样,对外宣传少,却是出货量的主要来源。

魅蓝定位于千元机市场,魅族则保持中高端定位,其 MX 系列是超高性价比的中端,而 PRO 系列则是其高端产品。那家追求完美、特立独行的公司不见了,取而代之的是要走全产品线、冲销量的大众品牌。魅族开始与黄章曾经不屑 顾的小米争夺入门机的市场。

从 2014 年 8 月到 2015 年 8 月,在白永祥和李楠的主导下,魅族在一年时间里共发布了 8 款机型。这意味着,平均每隔一个半月,魅族就要在北京国家会议中心或北京演艺中心狂欢一次。魅族邀请众多明星助阵,其中不乏邓紫棋、汪峰、筷子兄弟等当红歌手。

整个 2015 年,魅族受益于机海战术,出货量大幅提升。全年总销量突破 2000 万部,同比增长 3.5 倍。其中魅蓝的销量占了 70%。

增长的销量带来的却是巨额的亏损。2016 年初,黄章现身公司年会发表新春致辞,他提出公司新一年的发展方向是"稳增长、创利润、挺进 IPO",销售目标则定为较保守的 2500 万部。

然而,时光进入 2016 年,中国智能手机市场的拐点悄然来临。经历多年的高速发展之后,中国智能手机市场总量开始下降。从竞争环境来看,以 OPPO、vivo、华为、金立等为代表的线下渠道厂商强势增长,而以小米、魅族等为代表的互联网手机公司则面临巨大压力。

2016 年,魅族疯狂开了 12 场发布会,最终全年还是只卖出 2200 万部手机,未达到预定的销售目标。销量上不去,利润就出不来,走低价路线的魅蓝就赚不到钱。不仅不赚钱,频繁的价格战还让魅族的魅力不再,严重损失了粉丝的忠诚度。从产品的层面来说,魅族旗下拥有 MX、PRO、Note、E、A、Metal 等十几个系列,产品线混乱,令人难以区分。更为尴尬的是,这十几款产品中没有一个爆款。为了冲销量,魅蓝占用了公司过多的资源,导致在高端机上的研发投入不足。

机海战术难以为继,李楠一度想复制小米的生态链模式,但是在魅族内部折损了四个团队都没有做成。2017 年 1 月,李楠表示,魅族将要减少产品,更加聚焦少数几款产品。这明显是在回归黄章的初心。那些李楠主张的全产品线、机海战术、提升出货量等等,黄章其实并没有兴趣。尽管魅蓝的销量显著,但在工业设计和审美上,和黄章理想中的手机差异甚大。黄章将魅族危机的原因归咎于魅族失去了初心,当然,还有利润。作为一个"土味十足"的老板,黄章不懂资本运作,但知道利润对于经营一个企业的重要性。黄章认为:"对公司来说能赚钱的就是人才,不断亏钱就是费(废)材。"

为了再现 M8 的荣光,黄章提出了打造魅族 15 周年梦想机的概念,同时一改魅族过往的文青风格,以及魅蓝带来的低端机形象,直接定位商务高端。为了达到这一目的,白永祥主导设计了 Pro 7 双面屏手机。该款机型定价 2880 元,比上一代 Pro 6 提升近 400 元。

然而,被寄予厚望的 Pro 7,成为魅族史上的一次滑铁卢。

魅族的核心用户是年轻人。对于 Pro 7 的设计,"魅友"直呼手机变丑了,并不为新品买单。在技术革新上,魅族也再次追错了潮流,Pro 7 的背部画屏设计,不被正在追求全面屏的手机市场接受。Pro 7 发布两个月就不得不降价,沦为千元机。当时定制画屏的成本是 1600 万美元,魅族本来下了百万部的订单,却积压了几十万部,给公司造成了重大亏损。

做产品的白永祥、做 Flyme 系统的杨颜和做营销的李楠相继离职,"魅族三剑客"分崩离析。

黄章真的只能靠"自己也能做"了。

红米独立　小米突围

魅蓝和红米一样都是走极致性价比路线。黄章给魅蓝降温,雷军却力推红米,两个企业走上了不同的发展道路。为了既保销量又要利润,雷军做了两个重大决定:提高小米品牌的定位,不再谈性价比;将主打千元机的红米品牌独立运作。

红米品牌是怎么来的呢? 2012 年 4 月,中国移动的领导找到雷军,希望小米做支持 TD-SCDMA 制式网络的 TD 手机。读者可能会觉得奇怪,从来都是手机厂商求着运营商要订单,怎么会有运营商找手机厂商做手机? 原来,TD-SCDMA 是中国自主推出的 3G 标准,被工信部配给了实力最强的中国移动,中国电信和中国联通则分别获得 CDMA2000 和 WCDMA 牌照。其他国家都不愿支持 TD-SCDMA,苹果不推出该制式的手机,高通也不为之做芯片,中国移动为此损失了不少高端客户。在对拓展用户数量关键的千元机市场上,CDMA2000 和 WCDMA 两种标准的技术相对成熟,在国际范围内都有很多的运营商和设备商支持,销量大、成本就低,愿意为之供应千元机的厂家很多,而 TD 的千元机想赚钱就难了。外资品牌本来就对 TD 手机比较冷淡,中资品牌听说要做千元机也多在叫苦,中国移动只好找雷军帮忙。

雷军率团队进行调研之后认为,当时很多人觉得千元机质量都不高,深谙性价比之道的小米应该大有可为。雷军遂决定做千元机,开始研发代号为“H1”的第一代红米手机。

2013 年 7 月,小米公司推出全新产品线的红米(Redmi)。从一开始的定位上,红米系列就是用来走量的产品。红米 1 选用了联发科 28 纳米四核处理器,屏幕是友达的 1280×720p,定价仅 799 元。红米 1 来势汹涌,首批发售 10 万部,竟有超过 900 万用户通过 QQ 空间预约购买。

后来有网友奇怪为什么红米 1 代的产品代号叫 H2 而不是 H1? H2 是第二代红米,此前的第一代红米 H1 由于硬件流畅性达不到要求而被取消,当时已经订购了 20 万个专用的芯片,为此损失接近 4000 万元。可见,小米公司并不因红米手机的低价就放松对品质的要求。

此后数年间,红米也一直坚持高性价比的定位,红米手机沉重打击了当时火遍全国的山寨手机,促进了智能手机的迅速普及。2014 年,红米 Note 在印度市场正式发布,在中国取得巨大成功的红米手机也成为小米公司进军印度的急先锋。

截至 2018 年第三季度,红米手机累计售出 2.8 亿部。不过,随着红米系列产品线的日趋丰富,它在价格空间上也不断扩张,往下走低至 499 元(2015 年 3 月发布的红米 2A,"米粉"节特价),往上走则高至 1499 元(2016 年 7 月发布的红米Pro)——这样的价格定位,与小米品牌的某些中端产品发生了冲突。

为了加强红米品牌的竞争力,2019 年 1 月,小米公司正式宣布红米品牌独立运作。雷军表示:把小米和红米分开,各自按不同的方向发展,可以把小米品牌做得更好。红米专注极致性价比,主攻电商市场。小米专注中高端和新零售。

红米品牌独立后,半年时间内即连续发布了 4 款生态链产品:99.9 元的AirDots 真无线蓝牙耳机、899 元的全自动波轮洗衣机 1A 8kg、最低 3499 元的笔记本电脑红米 Book 14 和 3799 元的 70 英寸智慧电视,基本上比小米的同档次产品的价格都要低上一截。

红米占了小米的性价比定位,小米就得努力往上走。2015 年 1 月发布的小米Note,标准版售价 2299 元,增强版 3299 元,是首款价格一举突破 2000 元和 3000元大关的小米手机产品,号称要对标价格近两倍的 iPhone 6。然而,小米推崇的"海量微利"模式,最大的弊端开始显现:没有考虑到为研发预留足够的利润空间。小米的研发投入仅有销售额的 3%,这在越来越讲究硬核技术的手机产业是个非常严重的短板,什么互联网思维到了这里都碰了个头破血流。在 4G 手机、指纹手机等历次市场升级战中,小米连续失利。什么"极致""专注"的口碑营销均沦为空谈,小米从"性价比高"跌成了"低端机"。而且,互联网手机的门槛太低,好不容易送走一群小鬼,先后又来了三尊大神:荣耀、realme 和 iQOO。小米在与这三个品牌背后的华为、OPPO 和 vivo 这三个实力大厂的竞争中并无技术优势。

到了 2019 年 2 月 20 日,号称"战斗天使"的小米 9 在北京工业大学体育馆发布。小米 9 请了当前正红的加油男孩组合(TFBOYS)成员王源为形象代言人,按照内存大小不同推出 2999 元和 3299 元两个价位。雷军表示,"好看又能打"的小米 9 可能是最后一款 3000 元以内的小米品牌手机。小米 9 的上市也标志着小米正式上探中高端市场。

可是,据说小米 9 的销量冲到 500 万部就上不去了。2019 年 11 月,小米 9 下架,距其发布仅 9 个多月时间,成为小米历史上最短命的旗舰机。2019 年上半年,小米手机海外销售有 33% 的增长,但总收入的增速只有 5%,相比上年的 58% 大幅下滑。小米公司手机的平均售价只有 999 元,还不如上年的 1374 元。小米曾经占了智能手机线上销量的 50%,如今的份额降到了 20%。小米在中国市场的整体市占率也下降到了 12%。

雷军咬咬牙,9 月 24 日再发布新品:售价 3699 元起的小米 9 Pro 5G 和售价 19999 元的 5G 环绕屏概念机。前者是目前小米唯一一款起售价超过 3000 元的手机;后者是小米第一款年轻人买不起的手机。发布会上,雷军向"米粉"推荐:小米 9 PRO 5G 性价比较高。事实上,小米 9 Pro 5G 的确是当时业界价格最低的 5G 手机。尴尬的是,当前 5G 的基础设施建设还不足以支持换机潮。新品推出后,小米的股价居然暴跌 4.6%,就算在第二天宣布 2 亿港元回购,股价也毫无起色。高端手机走不动,说明小米还未能成功摆脱"性价比"的标签。

如今再来检验小米以手机为核心的智能硬件、以 MIUI 系统为载体的互联网服务和新零售著称的"铁人三项",小米 90% 的收入仍然来自硬件的销售,而且硬件的毛利率,手机只有 7%,其他产品只有 10%。小米在家电领域扩张得太厉害,大多都是贴牌,这对其品控能力提出严峻的挑战。小米电视 2019 年销量破千万台,做到了中国第一,但在离互联网较远的白色家电领域,空调、洗衣机等产品的行业前四的市场占有率均超过 70%,行业集中度非常高,再加上房地产下行导致的行业萎缩,小米想要突围谈何容易?

小米的电商模式与阿里巴巴、京东不同,小米兼任硬件厂商和互联网平台。可是,小米的"有品"App 的大部分产品为小米自营品牌并优先推广,不引入与自营产品在相同价位上竞争的品牌,比如搜索"电视",结果均为小米电视;搜索"洗衣机",大部分为小米洗衣机,少部分为松下和西门子等高端品牌。这限制了小米电商业务的发展。小米之家基本都落在一二线城市,无法下沉到三四线城市去,开到 500 家左右后,就不再怎么增长,这与雷军原本计划的 1000 家相去甚远。

小米 2019 年上半年营收达到 957 亿元,同比增长 20%;利润 57 亿元,同比增长 50%。看似成绩不错,但公布财报后的 2019 年 10 月,小米的市值仅有 260 亿美元,较上市之初的高点缩水了 60%。小米的营收与格力的 973 亿元相当接近了,但市值跌到仅有格力的一半。

从魅族祛魅到阿里云汽车智能

雷军上扛小米、下推红米,忙得焦头烂额,黄章则是欲隐于江湖而不能。2014 年以后,每次在公司门口见到那辆显眼的保姆车,魅族员工们就知道:老板又回来了。黄章基本上每年都要宣布"复出"一次。当听到黄章宣布出山时,很多员工都不知道他是什么时候又隐居了。

黄章不断退隐和回归的这几年,是中国手机厂商转型升级最为关键的时期。魅族因为政策的不稳定,逐渐迷失了自己的方向。2015 年,魅族盯紧小米,用魅蓝对标红米。2016 年,小米模式陷入困境,魅族开始学习 OPPO 和 vivo,以机海战术来争夺线下市场。2017 年,魅族又开始学习华为做商务机,魅族手机的消费者定位也不再是过去的年轻人。

在这段时间里,因为市场竞争的激烈,中国消费者变得越来越挑剔。才短短几年时间,各手机品牌的外观设计和操作系统都进步到了一定的水准,手机又回归到硬件为王的时代,能够刺激用户的只剩下面板、摄像头、芯片等少数几项硬核技术的革新。魅族引以为傲的 Flyme 系统已经失去了魅力。

魅族希望回到小而美的状态,但这样的小众品牌已经对供应商没有什么吸引力。零部件的订货数量少,就意味着无法从供应商手中率先拿到新量产的技术,只能在一线手机公司使用完毕、上游厂商量产成熟、市场的第一波热度已过的时候用到。但彼时下一波新技术已经出现,用户的兴奋点也已经转移。因为出货量下滑,魅族居于供应链竞争的弱势端。无法在供应链拥有话语权,就难以在产品推陈出新上占据先机。

黄章的任性也给魅族带来了不小的困扰。因为厌恶高通的霸道,黄章与高通反目,在很长一段时间内都坚持使用三星和联发科的芯片,这也影响了魅族在消费者心目中的高端形象。可是,只要魅族的手机依然需要连接 3G 和 4G 网络,即使使用三星和联发科芯片,也无法离开"高通税"的征收范畴。即便心有不甘,魅族还是在 2018 年与高通和解,补交了高通税并采购高通芯片。高通至此完成了和所有中国主要手机厂商的专利授权谈判。

2018 年,魅族提出"惟精惟一"的理念。魅族手机在这一年的销量仅有 551 万部,同比剧减了 74%。魅族辛苦折腾 4 年,销量又回到几年前。虽然还想做回"小而美",但魅族不仅很久没有推出能让消费者排长队的产品,反而尴尬地发现自己的新品在快速降价中沉沦。

2019 年"618"电商节,魅族旗舰机型魅族 16s 价格直降 499 元,魅族 16Xs 的价格也从 5 月 30 日首发时的 1698 元降至 1499 元。降价消息一出,魅族官方微博立马被首发购买的魅族用户们攻陷。为了避免用户负面情绪的快速蔓延,魅族紧急出台政策:6 月 6 日之前购买并激活使用的魅族 16s 的用户,可领取总价值 500 元的魅族官网手机通用购机券。只是不知道,还有多少用户会愿意用上这张购机券。

黄章总是说:"产品第一,其他都是第二。"当魅族已经做不到"产品第一"的时候,它还能往何处去?

尽管许久没有推出能引起市场轰动的重磅新品,魅族仍然在埋头努力,据说已悄悄投资了一个亿在 5G 实验室上。魅族品牌的手机仍然基于安卓系统,但魅蓝系列大部分用的都是 YunOS 系统。在魅蓝的主要支持下,YunOS 系统一度拥有了 3000 万个用户,在 2015 年占据中国手机操作系统市场的 7%,超越微软的 WP系统,成为全球第三大手机操作系统。但随着魅族抛弃了大众路线,YunOS 系统也日渐式微。

YunOS 系统的失败并不影响王坚的勃勃野心。正相反,他认为,在这个我们即将进入的万物互联时代,"手机并没有那么不可替代"。雷军曾经认为,"未来手机会是这个世界的中心。"可在王坚看来，"对于真正成熟的互联网来说，手机只是诸多的在线设备之一。事实上，手表、电视、眼镜、汽车……非常多的东西都开始在线化。慢慢地，人类创造出来的每一个设备都会变成互联网的终端。"阿里巴巴另外推出了 AliOS 系统，定位为面向汽车、IoT 终端、IoT 芯片和工业物联网的操作系统。

2016 年 7 月，上汽集团的荣威 RX5 上市，这是全球首款智能汽车。此前车市的所谓智能化，只不过是通过数据线或蓝牙与手机连接，将手机映射到中控大屏，实现一些基础、简单的操作。而荣威 RX5 摆脱了手机的控制，你可以直接同它对话，让它自动为你开门、开空调、开启导航系统、播放你喜欢的音乐，它还能为你预订美食、推荐看电影的地方、寻找合适的停车场，以及帮你把账单付了。迟早有一天，它甚至连车都会帮你开了。在这些功能的背后，就是基于 AliOS 系统的"斑马智行"解决方案。

头顶"全球首款互联网汽车"的光环，荣威 RX5 上市便受到市场热捧，在不到三年的时间里累计销量超 55 万辆，并助力上汽互联网汽车总销量突破 100 万台。上汽乘用车公司也凭借着荣威 RX5 的强势表现，成功跻身中国汽车自主品牌一线阵营之列。

从荣威 RX5 开始，汽车成为继电脑和手机之后的第三个智能的互联网成员。而这还仅仅是万物互联的开始。在未来，我们身边的每一件东西都将拥有自己的智能。手机仅仅是万物之一，与万物互联的无限想象相比，YunOS 系统在手机上的失败又算得了什么？

王坚说："我做 YunOS 招来了很多非议，甚至比我这一辈子挨的骂还多，但我不后悔。"而在央视《对话》节目中，他再次坦言 YunOS 系统是他可以看到的，离中国有一个自主的操作系统最近的时候。王坚望着同在台上的倪光南院士，这位为中国信息核心技术奔走了数十年的老人，对他当时的心情完全感同身受。

王坚挨骂是正常的，因为他的思想太超前，超前到难以被人理解。王坚为什么要做阿里云？因为他预见到一个"在线"的社会——任何时间、任何地点都在互联网上的人类社会即将来临。届时，人类将依赖"云"来提供数据存储、计算和信息处理的服务。到那时候,不管手机、电脑、电视还是车屏,全都将变成单纯的网络终端,不再需要自己的"大脑"了。依托云服务,谷歌已经用 Chrome 浏览器打败了 IE,用在线办公软件 Google Docs 抢走了 Office 的很大一块份额。等到 5G 时代来临,云服务已经无所不在的时候,安卓系统和视窗系统都有可能被淘汰,基于云服务的 YunOS 系统,完全有可能成为新一代的操作系统霸主。当人们发现,谷歌、微软和亚马逊在一夜之间几乎垄断了全球云服务的时候,是阿里巴巴为中国在云服务上占据了一席之地。

未来很美好,现实很残酷。连阿里巴巴的 YunOS 系统冲击手机操作系统市场都失败了,中国还有推出自主手机操作系统的希望吗?

中国手机品牌已经占据全球手机市场的半壁江山,但中国的手机仍未拥有自己的操作系统。就像所有的电脑都在使用微软的视窗系统或苹果的 iOS 系统一样,全球所有的手机用的也都是谷歌的安卓系统和苹果的 iOS 系统。不论电脑还是手机,几乎所有的操作系统都被控制在美国公司的手中。华为的 EMUI 系统、小米的 MIUI 系统、魅族的 Flyme 系统,都是基于安卓系统而定制。

没人希望看到安卓系统和 iOS 系统双寡头垄断的局面出现,但所有人都眼睁睁地看着这样的局面已成为事实。

第十一章

乐视为梦想窒息

乐视插足奇酷恋

话说错过与魅族合作的周鸿祎也没闲着,他的动作甚至还比阿里巴巴快了 3 个月。2014 年 12 月,360 和酷派宣布合作成立一家名叫奇酷科技的合资公司,主打互联网手机。"奇"是奇虎的奇,"酷"是酷派的酷。360 分两次投资 4.54 亿美元现金,持有 49.5% 的股权。

酷派做寻呼机出身,2003 年转型做手机,推出中国第一款彩屏智能手写手机——酷派 688,引领了手写笔的风尚。在苹果手机带来的智能手机革命冲击中,酷派于 2009 年集中 500 名工程师,用了 200 天时间,在东莞黄江对安卓手机进行封闭式攻坚研发,终获成功。酷派还决定,不再坚持只做 4000 元以上的高端市场,主推低端产品线,价格一路向下,直到 400 元左右。酷派就此顺利转型,成为中国智能手机老牌的"中华酷联"(指中兴、华为、酷派、联想四家公司)四大家之一。"中华酷联"都依赖运营商渠道销售智能手机起家,酷派为联通定制了 GSM 和 CDMA 双网都能运行的"世界风"双模手机,还与中国电信强绑定,连央视黄金时段广告也一块投放。2014 年,酷派收入高达 249 亿港元。但是,大多数营收都来自运营商渠道,让酷派失去了手机的定价权,其每年的净利润总是在数亿港元左右徘徊。

2014 年的夏天,电信业开始实施营业税改增值税,将运营商惯用的预存话费送手机、实物赠送、积分换礼品等市场促销活动等同销售,需要缴纳增值税,大大加重了运营商的负担。同时,国务院国资委要求三大运营商把营销费用削减 20%,且规定三年内连续降低,以稳定利润。当运营商补贴渐渐减少的时候,越来越多的消费者开始转向电商和社会零售门店购买,电信营业厅渠道销量在智能手机销量中所占比例也越来越低,这让酷派积累多年的运营商优势荡然无存。

"中华酷联"四大家中,只有酷派以手机为主业,所以酷派最焦虑。阿里巴巴也找过酷派,酷派与天宇相似,销量大、价格低,其实阿里巴巴更愿意与魅族合作。酷派老板郭德英动了心,但临门一脚前又反悔了,没舍得将酷派拱手让人,就此错过了与阿里巴巴的联姻。没想到形势急转直下,逼着郭德英不得不走互联网的路子。

一旦下了决心,郭德英的动作又比谁都快——不仅和 360 谈成了合资,甚至还找了个"接盘侠"。2015 年 5 月,周鸿祎志得意满地准备推出第一款奇酷手机,声称:"对不起,这次我来给手机圈添堵了。"话音刚落,乐视贾跃亭在他背后"开枪"了。

从一所普通专科学校毕业后,贾跃亭做过多种不同的营生,比如在税务局做过网络技术管理员,倒卖过煤炭,办过电脑培训学校,开过印刷厂,还折腾过钢材的买卖。就这样在山西恒曲这么一个小县城度过七年快乐而充实的时光之后,某一天吃饭,偶尔从邻桌客人那里听说了"基站配套设备"这个名词,贾跃亭敏锐地意识到其中的商机,毅然进入通信行业,并幸运地拿下了联通在山西大半的基站配套业务。短短一年时间,他的公司注册资本就从 100 万元扩至 3000 万元,贾跃亭本人在其中占了 80％的股份。

贾跃亭发迹的那一年,正是全球通信业正在经历寒冬的 2002 年。中国各大运营商都在大幅缩减投资规模,任正非自称"有半年时间都是噩梦,梦醒时常常哭",贾跃亭却奇迹般地掘得第一桶金。2007 年,贾跃亭的西伯尔科技在新加坡上市,成功融资两亿元。作为西伯尔的 CEO,贾跃亭给自己开了高达 120 万新币(当时接近 600 万元人民币)的年薪。

由于运营商们都在开拓宽带业务,贾跃亭遂于 2004 年成立了乐视网,为运营商提供网络高清视频服务。当在海外上市的优酷、土豆、爱奇艺仍在亏损时,在业内排名第 17 位的乐视网却仅用了三年便宣布盈利,随后在 2010 年成为唯一一家在 A 股上市的视频企业。

从一个小镇青年奇迹般地变身为两个上市企业的老板,贾跃亭的发迹被认为是有"贵人相助"。据说,乐视网之所以能赚钱,是因为在盗版横行的年代用很低的价格囤了不少好剧,于是在网络视频流行及政府严惩盗版之后,竟成为"中国最大的网络视频版权分销商",靠给其他视频网站供片赚钱。但这种竞争优势明显不可持续,毕竟电视剧的生命周期很短,消费者不断追新剧,老剧转眼就乏人问津。优酷的版权费仅用三年摊销,第一年高达 70％,而乐视要摊 10 年,第一年仅有 10％。为了掩饰不良财务状况及融到更多的资金填补窟窿,贾跃亭不得不造出一个比一个更炫的概念,也"烧"掉了越来越多的钞票。

　　然而,一边被股民称作夸夸其谈的庞氏骗局制造者,靠 PPT 把乐视网市值做到千亿级别,另一边却被众多公司员工视为踏实干事的人。贾跃亭或许不是一个称职的 CEO,但绝对是个优秀的产品经理。

　　2012 年 9 月 19 日,贾跃亭召开新闻发布会,放言要做互联网电视,颠覆传统电视产业。看过苹果、小米或锤子产品发布会的观众会深感失望,在台上布道的贾跃亭不仅没有明星气质,甚至还有些语讷言拙。没有人看好贾跃亭的互联网电视,乐视网股价下跌,传统电视厂商冷眼旁观,连相当一部分乐视员工也持悲观态度。

　　7 个月后,60 英寸、40 英寸和 50 英寸三款乐视电视陆续上市,举世皆惊。当时,中国大多数家庭使用的电视还停留在小尺寸、满足基本收视需求的阶段,可以联网的电视机刚刚出现,也只有少量版权节目可以点播。乐视在大屏、工艺设计、处理器等层面打破常规,全面高配,将产品硬件做到极致,又主要通过电商销售,省去中间渠道费用,再将超级电视以低于成本的价格销售,最后依靠视频内容和广告服务把钱赚回来。乐视这样的竞争模式是没有拥有影视资源的传统电视厂商做不到的。乐视超级电视上市 4 年,销量几乎每年都在以 100％ 的速度增长,2014 年超过 150 万台,2015 年销售 300 万台,2016 年突破 600 万台。贾跃亭抓住了智能电视的风口,在这个红海中成功地杀出了一条血路。乐视成为中国乃至全球电视行业的最大黑马。

　　就像小米用高性价比颠覆了手机市场一样,乐视也用大屏和低价在电视市场上成功破局。如果贾跃亭放慢脚步,先在智能电视领域深耕,至少做到这块业务能够盈利以后,再向其他领域进军,那么今天的乐视网一定不会以如此惨淡的结局收场。可是,贾跃亭被互联网模式强大的威力冲昏了头脑,很快就兵分多路,一个方向是内容和服务上的延伸,如乐视体育、乐视影业、乐视金融等,另一个方向是产品上的延伸,如乐视手机、乐视汽车。贾跃亭试图从门户网站到硬件,再到应用和内容,形成一个闭环。也就是说,用户购买乐视的电视、手机等终端产品,然后用乐视的应用,看乐视的视频,一条龙全包了。

　　贾跃亭不喜欢社交,但对产品相当痴迷,他把主要精力都放在了对产品的琢磨上。从 2013 年底,乐视开始从魅族挖人。贾跃亭最喜欢干的事情就是与马麟一块探讨手机设计细节的改进。乐视先着手做手机操作系统 EUI。乐视的 EUI 系统也是主打物联网的概念，打算从手机、电视到汽车通吃，要成为"中国首个全终端智能生态系统"。经过足足一年时间的准备，直到 2014 年底，贾跃亭才放出风声要做手机。而乐视手机真正闪亮登场，还要再过上半年。

2015 年 4 月 14 日，贾跃亭站在了北京万事达中心的舞台上。与发布超级电视相比，超级手机的声势可是强盛了不少。台下一大批影视明星坐在最前面捧场，他们的身后是乐视员工及观众，在场人数达到 5000 多人。远在地球另一端的美国硅谷，贾跃亭的形象也通过视频出现在了大屏幕上。

发布会开场播放了一个"吃苹果"的视频，一个少年冲过无数如僵尸般膜拜的人群，抓住台上供奉的一个青苹果张口就吃，形式像极了苹果公司经典的 1984 年的广告。穿着一身乔布斯的行头却宣称要吃掉苹果，贾跃亭一点也不觉得有什么违和。他豪气冲天地表示："伟大的乔布斯让手机进入智能手机时代，封闭的苹果生态在为用户打造极致体验的同时却阻碍了行业创新。下一代互联网不再需要专制者，我们要做的绝不仅仅是一部手机，而是一个完整的移动互联网生态系统。"

贾跃亭说："过去一年，我一共做了两件事。"第一件事是用 4 个月的时间定义了第一辆超级汽车。第二件事就是做超级手机。乐视手机超级在哪里呢？别人的手机 UI① 是满足人与设备的交互，乐视的 EUI 要解决的是人与生态的交互。大概意思是，用户只要和 EUI 打交道就可以了，电视、手机和汽车等设备都交给 EUI 来管理。贾跃亭大讲"无生态不超级"，核心内容即"平台＋内容＋终端＋应用"的垂直整合完整生态，平台是乐视网，内容是乐视强大的影视资源库，终端是电视、手机和汽车等载体，应用则是软件系统。贾跃亭认为："如何通过手机的乐视平台推广内容服务，将是乐视手机成功赢得用户的关键。"

万众瞩目之下，贾跃亭从裤兜里拿出了乐视手机，瞬间，掌声四起，响彻万事达中心。贾跃亭给出了一个极有诱惑力的口号："让我们一起，为梦想窒息！"不无反讽的是，窒息的却是乐视的股民。乐视股价大跌近 8％，股市用脚给乐视手机投

① UI(User Interface)：用户界面，指对软件的人机交互、操作逻辑、界面美观的整体设计。

了票。

乐视手机的"生态化"概念听起来很炫，但其实除了拥有其他手机厂商没有的影视资源外，没有什么特别的东西，或者说还停留在画饼的阶段，有待未来实现。乐视手机真正引起轰动的地方，是它的价格。发布会召开 10 天之后，乐视手机推出量产成本定价，将手机所有零部件的供应商、单价列出，并将清单公布到乐视社区。贾跃亭称，超级手机 1 的初期成本为 1510 元，超级手机 1 Pro 初期成本为 2865 元。但是，两款手机的售价则分别为 1499 元和 2499 元，显而易见，是低于成本的销售价。贾跃亭还在超级手机 Max 上采取了用户参与定价的模式，也就是说，用户认为这部手机值多少钱，那么就卖多少钱。

成本定价必须有个参照物，贾跃亭选择了市场上风头正劲的小米。他说："乐视手机 1 Pro 绝对是零利润。而号称硬件免费的小米手机，其实都有 15％～20％的溢价。"他认为超级手机将"秒杀小米"，并表示"不服单挑"。

小米没有回应，联想却跳了出来。联想 CEO 杨元庆公开批评竞争对手公布材料成本清单的做法，称这种竞争行为不理性。而贾跃亭则通过微博针锋相对地回应了杨元庆，他称："乐视不理性不重要，重要的是让用户变得更聪明更理性，不为硬件溢价买单。"贾跃亭认为，工业时代的思维已经过去，希望杨元庆能够理解手机生态模式，与乐视一块引领手机产业进入生态时代，携手赶超苹果。

杨元庆再次发招，言语间充满调侃意味，攻击性十足："好呀，携手赶超苹果！不过光靠砍底价，搞补贴，恐怕不行唉！有没有点儿新鲜的？528，告诉你后工业时代的玩法，欢迎你来！"

贾跃亭确实到联想去了，不过不是去和杨元庆商谈怎么对付苹果，而是去挖联想的墙角。早在 2011 年乐视就开始从联想挖人，这回又从联想挖走了包括集团副总裁在内的三位高管。加上最早挖来的魅族团队，以及小米网络营销的创意负责人，还有摩托罗拉和微软的数位高管，乐视手机团队的阵容堪称豪华。

可是，乐视手机以低于成本的价格开卖，受到业内的集体抵制。乐视手机一个月就卖了 200 万部，这个速度不能不让手机巨头们感到恐惧，乐视面临有订单却无法供货的局面。网络上出现预定乐视手机用户的吐槽和喊话，急问何时能够供货。

贾跃亭回应说,有人说,乐视已经成为行业公敌。因为他们公布了 BOM 成本按量产成本定价,甚至硬件免费的定价模式所导致的"你懂的"的原因,给他们的超级手机带来一定的供应压力。间接承认了封杀后所遭遇的供货压力。

为了解决供货问题,贾跃亭再做大动作。2015 年 6 月 28 日的晚上,贾跃亭坐在办公室里,周围是几个跟随他打天下的干将。桌子上,摆着一瓶昂贵的红酒,杯子都准备好了,却没有立即打开。所有人都知道,贾跃亭在等一个电话。铃声终于响起,接通之后,他听到了一个等待已久的消息:乐视入股酷派手机的事成了。一片欢呼声中,红酒开启,倒满每一个杯子。此时的贾跃亭,酒未喝,已是红光满面。[①]

当晚,酷派发布公告,宣布乐视以 27 亿港元入股酷派,成为酷派的第二大股东。乐视占股 18%,仅比第一大股东的股份少 2%。消息一出,市场一片哗然,最恼火的当数周鸿祎。

360 黑马与乐视蒙眼狂奔

贾跃亭在酷派合作项目上投入的资金比周鸿祎少,收获却要大得多。乐视与酷派是在总公司的层面合作,还间接拥有了在奇酷的影响力。乐视入股酷派之后,酷派作为大股东对应给奇酷的支持迟迟不到位。2015 年 8 月,郭德英卸去酷派董事长一职,转由贾跃亭亲自掌舵,酷派与乐视开始把奇酷当竞争对手而非合作伙伴看待。

周鸿祎心里堵得慌,在朋友圈愤怒地表示:"谁在我背后捅刀子试图 screw 我,我的原则是一定 fuck 回去。"但作为一个生意人,他还是要面对现实,想办法收拾这个乱局。在三个月的争吵之后,三方最终达成协议,360 所持奇酷科技的股份增加到 75%,取得对奇酷科技的控制权。相比 360,乐视真正获得了酷派集团最核心的供应链、专利和硬件研发能力。酷派将转型互联网手机品牌的筹码完全押在了乐视身上。乐视有做智能电视的实业成功经验,在酷派眼中显然比奇虎这样的纯

---

① 杨勇、贾跃亭:《我们做了很多看似疯狂的事》,《中国民商》,2015 年第 8 期。

软件公司靠谱。

乐视的插足似乎并未影响奇酷的正常运作,2015 年 8 月,360 OS 安卓定制手机操作系统正式发布。

360 不愧是做互联网出身的,在用户体验上下了很多工夫。360 OS 系统做得相当出彩,"安全、轻快、省电"是它的特色。360 OS 系统独创"财产隔离系统",杜绝网购交易风险,手机丢失后可远程定位查找、锁死手机和在密码输错后自动拍照并发送到云端。为了省电,360 OS 系统可将不常用的应用一键冷藏,内置的微信清理工具支持按时间、内容或联系人选择和清理不需要的缓存文件。360 OS 系统可智能判断用户的手机使用习惯,来自动安排白天的唤醒和夜晚的睡眠,还能从系统底部深层防御,严防未经允许的应用程序私自启动。

此外,360 OS 系统还拥有众多充满乐趣的细节功能,为用户带来更贴心的体验。比如红包提醒,不会让你一个留神就错过了几个亿;双微双开,一部手机上可同时运行两个微信号,工作生活两不误;脸龄拍照,不仅美肤,还能鉴定性别和年龄,等等。

360 软件"全家桶"原本广受电脑用户诟病,奇酷手机却没有什么拖泥带水的东西,还支持内置软件的卸载。应该说,周鸿祎做手机确实是带着诚意而来的。360 在电脑领域的商业模式,是先给用户提供杀毒、开机加速、清理流氓插件、过滤弹窗等解决痛点的超预期体验,凭借免费利器来抓取海量用户,然后再通过卖广告、做搜索、搞游戏和金融增值业务赚钱。这就是所谓的"羊毛出在狗身上,让猪来买单"。周鸿祎要想把这一套打法用到手机上,就得先把用户体验做到极致,把手机硬件价格杀到最低,赢得海量手机用户数量,然后再考虑靠用户流量来赚钱的事情。

奇酷手机在当年"双十一"购物狂欢节的表现上也"够硬",销量排名国产品牌前四位,跻身"花旗小妹"(华为、奇酷、小米、魅族)之列,风骚一时。但如果看数据,奇酷的这个排名并不是真的那么强。奇酷这个第 4 名的销量是 16 万部,而第 3 名的魅族超过了 100 万部。

奇酷品牌在昙花一现后被雪藏,开始单干的周鸿祎决定主推自己的 360 品牌。

2016 年 3 月 21 日,360 f4 手机粉墨登场。

软件出色,硬件又高配低价,360 手机不受欢迎都不行。"圆润有型,自如随心"的 360 f4,与同日上市的 iPhone SE 在简洁、小巧、好用、亲民等方面不谋而合,被媒体和网友冠以"安卓小苹果"的称号。

与好体验、高颜值相比,360 手机超高的性价比更是引人关注。360 原本就是靠"免费"在软件市场中杀出一片天地的,这回做手机,虽然做不到免费送,但高配低价的打法是必须的。

2016 年,当时市场上的 4GB 内存的手机仍是旗舰配置,很难看到 2000 元以下的 4GB 内存的手机。而 5 月面世的 360 N4,搭载联发科 Helio X20 芯片加 4GB 内存版本,售价仅为 899 元,如此高性价比的手机引起了市场的轰动。10 月份发布的 360 N4S 骁龙版,同样是 4GB 内存,但是处理器采用了性能更稳定的骁龙 625,售价只有 1299 元。2017 年 2 月,售价仅为 1399 元的 360 N5 搭载骁龙 653 加 6GB 内存依然惊艳,5 月推出的 360 N5S,前置摄像头升级为与后置摄像头一样的 1300 万像素,机身前后均采用 2.5D 弧面玻璃,瞬间将手机的档次提升了一个高度,零售价只有 1699 元,被誉为"披着旗舰机外观的千元机"。在随即到来的电商 6 月狂欢节,360 销量同比增长 50%,再度进入国产品牌销售前四。

360 成为手机行业中的一匹黑马,以更高的性价比成了一家可能对小米产生威胁的企业。然而,由于乐视的搅局和其他竞品的普遍杀价,消费者已经对性价比不再感冒。你再搞性价比,也拼不过乐视的亏钱卖吧？ 更何况高性价比就是"烧钱"的同义词,360 公司的整体营收仅 130 亿元左右,而且 360 借壳江南嘉捷回归A 股有业绩承诺:从 2017 年至 2020 年,利润必须从 22 亿元提高到 41.5 亿元。这使得 360 不能在手机业务上"烧"太多钱。即使乐视手机谢幕退场,360 也不敢再玩下去。反正 360 手机的销售额也才 10 亿元的规模,砍掉无碍大局。2018 年 8 月 N7 Pro 的上市,成为 360 最后一次召开的新品发布会。360 基本上没做错什么,错只错在生不逢时。

再说回乐视手机。乐视手机想靠价格战杀出一条血路,竞争对手早已做好了应对的准备。就在乐视手机发布会上宣布新机价格 37 分钟之后,小米 4 立即宣布

360 f4

降价 200 元。在乐视手机正式发布后不久,奇酷、努比亚和小米等手机品牌相继亮相新品,配置与乐视手机类似,乐视手机的价格优势并不明显。

价格战谁都会打,乐视还能有什么高招? 贾跃亭认为,乐视手机的优势在于打破产业边界。在乐视的生态系统中,手机、电视、汽车是一个密切相关的有机结合,现在你可以将乐视电视上看到的视频收藏到乐视手机上,未来还可以用乐视手机来操纵乐视汽车。将手机、电视和汽车通吃的乐视,会比单一的手机、电视、汽车厂商更具优势。

贾跃亭以为他在建生态,但真正的生态是建一个能够扶持众多相关企业的平台,众多相关企业的成长带来平台生态的繁荣。但乐视的生态却是从门户网站、硬件到应用形成一个闭环,让用户购买乐视的手机和电视,然后用乐视的应用,看乐视的视频,搞的是产业链通吃。开放与闭环其实并无优劣之分,闭环做得好的话,当然可以给用户提供更好的体验。而且没有绝对的开放,也没有绝对的闭环,关键是企业要依据自己的实力和能力选择恰当的路径。比如苹果虽以做软硬件一体化闭环著称,但苹果的 iTunes 商店和应用商店都是开放平台。小米也在一边卖硬件,一边投入巨资做内容。乐视网最初就是靠内容胜过了优酷、土豆等竞争对手,贾跃亭自然会想到涉足体育、影业等领域把内容进一步做好。想法本身没有错,错就错在超过了乐视的实力边界。有一句很恰当的评论:"老贾明明是吕布的命,非想干曹操的事儿。"贾跃亭如果仅仅干一件事,他一定能成功。问题就在于他想干的事情太多了,远远超出了他的驾驭能力。乔布斯经历了多少大起大落,才从一个辍学嬉皮士成长为全球最佳CEO,正如他自己所说:"被逐出苹果是最好的经历。"相比之下,贾跃亭的发家之路太快太顺,几乎没有经历过挫折,这使得他并不具备管控一个庞大集团企业的能力,一个市值过千亿元的企业在管理上竟然是个"草台班子",这最终导致乐视网踏上毁灭的不归路。

从智能电视到智能手机,贾跃亭想的都是先在硬件上亏钱,再从软件上捞回来的套路。问题是,乐视有充足的资金"烧"到赚钱的那一天来临吗?乐视手机原计划卖到500万部就可以持平。但实际上卖到500万部的时候,还是每部要亏200块。

虽说手机和电视一样,都可以看视频,但电视是耐用品,卖出一台电视就圈住了一个能看几年视频的用户,手机却是快消品,用户逃得很快。而且手机数量多、单价低,同样是一个产品亏200块,乐视超级电视是一年亏几亿的级别,乐视超级手机一年就得亏几十亿。作为手机市场的后来者,乐视销量起点低,在供应链上处于劣势,打价格战很吃亏。

乐视做电视是对的,做手机有问题但还有机会纠正,最致命的是去造车。不是玩玩概念,而是真金白银投了下去。贾跃亭说:"我不懂汽车,所以我造出的车一定是最具创新性的。"贾跃亭造的FF汽车,非常炫酷的大屏,底盘电池的设计,在行业内都是领先的。连许家印对FF都动了心。许老板投FF前,先做了密集的调研,甚至把样车单独拉到德国,不让FF的人陪同,单独找了一批专家做测试,足足开了600多公里,中间没断电。他是在了解了FF这个车有多"硬核"之后,才拍板要投入67.5亿港币,成为FF的第一大股东。

应该说,贾跃亭是真心想把这个生态给做好,否则就不会将自己的股票减持套现100亿元再借给公司,还冒着丧失公司控制权的风险多次将股权质押出去,质押金额高达300亿元。在2016年财务危机爆发以后,他仍然舍不得丢车保帅,未在某地产公司对乐视移动业务开高价时及时将之脱手,为了掌握FF的实际控制权而不惜跟许家印闹翻。如果不造车,乐视可能还有机会。但造车的选择最终让乐视失血过度,再也撑不下去了。贾跃亭是会计出身,最终却没控制好现金流,这不能不说是个巨大的讽刺。

乐视从 2013 年开始做超级电视引起关注,2015 年在超级手机等项目上疾速扩张,当年 5 月 12 日股价达到历史顶峰的 179 元,市值最高时接近 1800 亿元,2016 年形势急转直下,智能终端业务巨亏 38 亿元,从崛起到崩溃前后只用了短短 4 年的时间。

2018 年,乐视网亏损 40 亿元,股价只剩个位数。2019 年,乐视网收入不到 5 亿元,巨亏超百亿元,拉响退市警报。

贾跃亭长期滞留美国,并贡献了一句“下周回国贾跃亭”的流行语。他在美国做什么呢?贾跃亭仍然痴迷于他的造车梦。2019 年 8 月,FF91 在洛杉矶豪华车展上惊艳亮相。FF91 百公里加速 2.39 秒,续航最高可达 700 公里,搭载了容量为 130 kWh 的电池,最大充电功率可达 200 kW。当然,更重要的是极致化的智能,FF91 拥有无人驾驶、自动泊车、人脸识别、车载互联、语音交互、一键开门、远程遥控等功能,车内搭载了多块大屏,用户在车内就能实现移动办公、娱乐、游戏和观影。FF91 被贾跃亭称为“人类的第三互联网生活空间”。

在 FF 一只脚踏入量产边缘之时,贾跃亭放手一搏,主动申请个人破产重组,把个人债务问题跟 FF 公司隔离开来。贾跃亭 90% 以上的债务都是替公司担保的债务,至乐视崩塌以来,贾跃亭已替公司偿还债务超 30 亿美元,待偿还债务约 36 亿美元,减去已冻结及可转股的部分,债务净额约为 20 亿美元。为了把 FF 做成,实现变革汽车产业的梦想,贾跃亭放弃了一切个人财产。要知道,贾跃亭仍然以 45 亿元的资产名列 2019 年福布斯富豪榜之中。贾跃亭“做了很多看似疯狂的事”,也许这是最疯狂的一件。

寡头化的中国手机市场

2016 年 6 月,乐视斥资 9 亿再收购酷派 11% 股份,成其第一大股东。但乐视不仅无法将酷派带入互联网时代，反而因自身资金链危机的大爆发，严重拖累了酷派的发展。在与乐视合作之前的 2014 年，酷派是全球出货排名第七的大厂，卖了 4520 万部手机。与乐视合作之后的 2015 年，酷派加乐视的手机销量竟然只有 3050 万部，到 2016 年再跌至 2150 万部（IC Insights 数据）。乐视的疯狂未能填补上酷派衰退让出的空间。贾跃亭时代的酷派，2015 年和 2016 年的营收连续大幅下滑，分别只有 147 亿港元和 80 亿港元，2016 年的净亏损高达 44 亿港元。接下来，我们看到的就是酷派一系列的负面新闻：大幅裁员、卖地求生、拖欠贷款、长期停牌、面临退市等等。等到摆脱乐视这个大麻烦之后，酷派复苏的希望也越来越渺茫。

陷入麻烦的还有金立手机。

金立与步步高颇有渊源，金立手机的市场手段也有着非常明显的段永平风格。

段永平离开小霸王后，小霸王公司开始分崩离析，高管纷纷出走，其中包括时任小霸王副总裁的杨明贵。杨明贵在东莞组建金正集团，主营 VCD 生意。他离开小霸王时，带走了一位名叫刘立荣的得力干将。

29 岁的刘立荣，被任命为金正集团常务副总裁。"真金不怕火炼——金正 VCD""苹果熟了——金正 DVD"等让人记忆深刻的广告语都出自他的手笔。VCD 和 DVD 的时代过去以后，在经销商的建议下，刘立荣创办了一家手机公司，起名叫"金立"，其寓意是"刘立荣从金正出来，开始自立了"。

说是"自立"，但由于没有手机牌照，金立只能借用天时达的品牌做贴牌生意。做贴牌就意味着：金立每卖出一台手机，就要给天时达几十块钱抽成。这样一年下来，100 万部的销量就要多花出去几千万元。而且，更让人窝火的是，没有牌照就不允许打广告。不过，做贴牌生意也为金立手机积攒了经验值，做好了手机产业链的整合。

2005 年，金立获得了 GSM 和 CDMA 双牌照，并且得到了年产 700 万部的许可。金立终于可以大展拳脚了。这时候，刘立荣做了一个让金立快速崛起的重要决定：邀请巨星刘德华代言。于是，在著名导演冯小刚的操刀下，刘德华代言的"金品质，立天下"广告开始在央视刷屏。金立手机月销量瞬间突破 25 万部，当年最高达到 40 万部。

尝到明星效应甜头的金立,在 2006 年开启了新一轮攻势,电视广告投放从央视扩散到湖南卫视、凤凰卫视等热门地方台,包括冠名当年大红的《超级女声》。狂轰滥炸的广告效果立竿见影。2006 年,金立手机累计销量达到 400 万部,2007 年直接翻番,超过了 800 万部。到 2008 年,金立手机年度总销量突破 1000 万部,成为当时国产手机中销量最高的品牌。在贴牌时代结束后,波导、夏新、熊猫、科健等第一代国产手机品牌全军覆没,金立手机适时崛起。

2011 年,金立手机的全球出货量已经超过 2100 万部。然而,智能手机时代已经来临,刘立荣"重营销、轻技术"的战略不灵了,金立手机开始渐渐掉队。

作为功能手机时代的"小霸王",金立对智能手机时代的反应迟钝了不是一星半点。iPhone 诞生之后,HTC、三星、诺基亚、摩托罗拉等巨头纷纷跟进,"中华酷联"在 2010 年前后都发布了首款智能手机,连最迟的小米也于 2011 年夏天进场,而金立的智能手机到了 2011 年 11 月才姗姗来迟。

金立智能手机慢工却没出细活。同样是 1999 元的售价,金立首款智能手机搭载的是联发科芯片,摄像头像素为 500 万,但小米 1 却采用了高通芯片,摄像头达 800 万像素。将性价比做到了极致的小米直接把金立打蒙了。

首战失利,金立没有吸取经验教训,仍然一意孤行,以广告为王。从 2016 年到 2017 年,金立豪掷 60 多亿元,先后邀请冯小刚夫妇、余文乐以及"达康书记"吴刚为手机代言,甚至模仿《人民的名义》的风格,拍出了一段时长为 4 分钟的广告。金立主打安全、商务概念,想走高端路线,但其手机却坚持使用联发科芯片,明显高价低配,自然乏人问津。依靠广告的驱动,金立手机在 2016 年攀上 3060 万部的销量高峰,全球排名第 11 位(IC Insights 数据)。可是,这也是金立最后的辉煌。此后,金立手机销量一路惨跌,到 2018 年,仅占有中国手机市场不过 1% 的份额。

像金立这样迅速由盛转衰的手机品牌数不胜数。2010 年,中国有 300 多家手机公司,到 2017 年仅剩下 20 余家。

2017 年,中国智能手机市场首次出现饱和,出货量同比下滑 5%,2018 年再降 11%。2019 年下半年 5G 手机开始入场,中国智能手机市场仍难挽颓势,下降

7.5％(IDC数据)。中国智能手机市场已经进入存量竞争的时代,只要我多卖出一部,你就会少卖一部。我可以平着本卖,但也不能让你赚着钱。有人赢就意味着有人输,要想不出局,就得对自己狠一点。

中国的智能手机市场,从拼低价格的山寨机、拼性价比的小米、拼线下渠道的Ov、拼性能的华为,到今天,已不知道还能再拼什么。连雷军都认为,目前手机创新已经进入瓶颈期。用户原先关注的处理速度、分辨率、屏幕大小、电池续航时间、摄影质量等重要指标,基本上都得到了满足。手机整体性能已经过剩,新的手机热点,比如5G、折叠屏,还没到爆发的时候。在这个技术的停滞期内,一时很难再有让用户掏大价钱买新手机的理由,用户使用手机的周期延长。理论上说,如果购买手机的用户人数不变,换机周期从一年变成两年,那就意味着手机市场容量将只有原来的一半。在出现下一代革命性终端产品之前,手机行业竞争的是运营效率、专利技术和海外市场。

华为、Ov、小米等一线公司线上线下全渠道、高端低端双品牌、高价低价全产线地全面发力,市场份额迅速集中。中国智能手机市场由倒三角格局向T字形格局演变,市场前5大品牌占据的份额从2017年的75％提高到2018年的84％,一年时间就提升了9个百分点(IDC数据),其他品牌的生存空间被严重侵蚀。不要说山寨手机,连二线品牌手机都快没有生存空间了,中国手机市场进入了寡头竞争的阶段。与“华米Ov”在同时代背景下做手机,就是手机厂商的悲哀,因为在任何角度都没有超越竞争对手的丁点希望。这不只是乐视、360、酷派和金立手机的无奈,更是锤子、美图等第三阵营手机的集体悲哀。

做锤子手机的罗永浩开始发力电子烟项目、360手机的团队转战周鸿祎原本并不看好的智能手表、美图手机卖身小米……几年前那波造机潮催生的公司所剩无几。他们曾经野心勃勃,以为手机技术进化到“组装”模式,三星的屏幕、高通的芯片、索尼的摄像头,把这些部件相加就能造出产品,但供应链的门槛之高,远远超过他们的想象。能把每张手机发布会门票卖出几百元高价的罗永浩,用了六年多时间终于悲伤地得出一个结论:“如果没有千万级的规模,在供应链里永远是很疲惫的状态,经常出问题。这个行业是不许你小而美的。”比如小米,往往会把盈亏平衡点建立在销售 500 万部的预期上,卖出超过 500 万部的手机才会有利润,小厂家能怎么跟? 而且,手机产业同样受摩尔定律主导,新一代芯片上市后,使用老款芯片的机型往往会价格雪崩,不能在新机型上赚足利润就无法承受清理旧库存的沉重负担,跟不上芯片迭代节奏的小厂家越来越难在这个市场上立足。你看曾经无数品牌各领风骚的个人电脑市场,如今不也仅剩联想、惠普和戴尔等屈指可数的几个大厂商? 其他份额超过 5% 的仅有苹果、华硕和宏碁,而且市场占有率还在进一步下滑。手机也和电脑一样,走上了寡头化的道路。

中国手机在中国市场上的出货量减少,在全球市场上的出货量却在增加。从全球范围来看,手机市场仍然有很大的想象空间。手机是一个能做到 1∶1 的人机配比率的大市场,电视、电脑或其他任何电子产品都做不到如此高的人机配比。中国在 2018 年已经达到 1∶1.12 的人机配比率,但地球上仍有数十亿人没有手机。作为信息社会最基本的交流工具,手机必将和粮食、石油、电力一样成为所有地球人生存的必需品。

如今全球每年生产的 20 亿部手机中,中国制造占了四分之三,中国品牌占了二分之一。中国制造和中国品牌看似强大,不能否认的是,手机的芯片、摄像头和屏幕等关键零部件以及更重要的操作系统都掌控在国外厂商的手中。中国每年要进口 2000 多亿美元的芯片,很大一部分都应用在了手机上。电脑时代缺芯少魂的问题在手机时代依然存在,而且可能更严重。

下部　通信战国

第十二章

联想还在联想

"并购＋低成本"成就电脑领先

1983 年,在加拿大国家研究院做了两年访问研究员后,倪光南决定回国。目睹了中国在计算机产业上与西方国家的巨大差距,他心急如焚,寝食难安。

20 世纪 60 年代,中国的计算机水平并不落后,当时只有美国、英国、苏联、法国和中国这几个大国能自主设计制造计算机。1961 年,刚刚进入中国科学院计算技术研究所工作的倪光南,就参与了中国第一台电子管计算机的设计。这也是中国自行设计的第一台大型通用数字电子计算机。可是,在晶体管问世之后,计算机也很快就进入了芯片时代。计算机以指数级的速度更新换代,而当时的中国与西方世界隔绝,国产计算机的性能已经与西方国家有了天差地别的差距,几乎是要从零开始重新起步。

在国外的工作经历,让倪光南对西方高技术企业有了认识,同时也熟悉了当时世界最先进的微处理器和 C 语言技术。他决心将联想式汉字输入成果做成一台实用的汉字微机①,为此自己掏出几千加元买了够研制几台汉字微机样机的关键器材带回国。不到一年时间,他主导的"LX-80 联想式汉字图形微型机系统"就正式推出,首创在汉字输入中应用联想功能。随后,为了将科研成果产业化,倪光南应柳传志等人邀请加入了中国科学院计算技术研究所公司,这家公司就是如今全球第一电脑大厂联想集团的前身。倪光南接受邀请时提了三个条件:不做官、不接受采访、不出席宴请,他想把时间和精力都集中在研发上。倪光南开发的联想汉卡在头三年就为公司创造了上千万元的利润,联想集团的"联想"二字也是从联想汉卡而来。倪光南还主持开发了联想系列微机,确立了联想公司延续至今的核心业务。1994 年,倪光南被遴选为中国工程院首批院士。

可是,科学家出身的倪光南个性过于耿直,对于公司的一些问题有不同的看法。比如当时流行管理层持股,联想也贷款借给高管用于持股,这样的操作可以提高管理层的积极性,可也有国有资产流失的嫌疑。于是倪光南就举报了这件事,但

---

① 联想式汉字输入系统,利用上下文的关联由计算机辅助汉字输入。

中科院调查结论是"没有发现个人有违法违纪问题"。今天的倪光南也认为他当年"也许应该灵活些……但我做人有原则,原则有时候很难灵活,因为我不知道该怎么掌握,这可能是我这个年纪的知识分子的缺陷"。

此外,关于联想的发展战略,倪光南和柳传志也意见不同。两人分别主张走"技工贸"和"贸工技"路线,前者注重研发技术,后者重点推销产品。1988 年以来,联想自主研发了 5 个专用集成电路(ASIC)芯片并成功地应用于汉卡、微机和汉字激光打印机。倪光南还与复旦大学和长江计算机公司达成合作意向,准备在上海成立大规模集成电路设计中心。同时,中国通信产业方兴未艾,倪光南主导的程控交换机事业部已成为联想集团第二大部,仅次于杨元庆领导的微机部,并计划升格为子公司。然而,身为企业家的柳传志认为倪光南做的项目太多,联想的能力跟不上,技术无法变成钱。特别是研究芯片投入巨大,企业承受不了这样巨大的风险。

倪柳矛盾激化,曾经生死相依的朋友最终不得不分道扬镳。1995 年 6 月 30 日上午,联想集团六层会议室,56 岁的倪光南被解除了总工程师和董事的职务。柳传志在随后的发言中声泪俱下。倪光南则镇定自若,他说:"在任何一个岗位上都不会忘记这样一个大目标(科教兴国),而内心感到全心全意为了这样一个大目标工作,永远是最幸福的人。"

离开联想的倪光南加入了方舟科技。他没有领取方舟科技的薪酬,也拒绝了股份,只要了战略市场部副总裁的职务,然后利用自己的威望和政府打交道,为方舟争取到关键的资源:包括"方舟 3 号"获得政府补贴 1500 余万元作为研发经费;政府下的几万台内嵌方舟芯片的网络计算机①订单;为方舟芯片开发配套软件的8000 余万元政府补贴。可是,捞够钱了的方舟创始人李德磊却说不干就不干了。他赶走了倪光南,中断方舟芯片的研发进程,一边说没钱做芯片,一边却投了 3000万元去建方舟大厦,还声称:"中国真正赚钱的不是高科技,而是房地产。"

---

① 网络计算机由服务器来集中进行数据的处理和存储,其电脑终端对操作系统和芯片的要求较低,从而能够绕过 Wintel 联盟。网络计算机有点类似于云计算,只不过后者有较大弹性、更强调分享并更具规模效应。

即使被人利用和驱逐,倪光南仍然不改初心,全身心地为整个中国信息产业及国家自主创新奔走呼吁、摇旗呐喊。比如软件和集成电路产业降低增值税率,基于 Linux 发展自主操作系统,政府采购必须支持国产软件……特别是中国要发展自主操作系统和中央处理器,他认为这不仅关系到国家信息安全,也关系到电脑产业持续发展的问题。他一直有个梦想,中国能够用自主研发的芯片加 Linux 操作系统,来替代微软与英特尔联盟对个人电脑市场的垄断。

联想解聘倪光南后,即宣布永久废除"总工程师"一职,并将倪光南力推的芯片、交换机等项目悉数下马。在柳传志决定选择"贸工技"商业模式的那一刻,联想就已经奠定了此后的发展道路。

2004 年 12 月,联想宣布,以 12.5 亿美元收购 IBM 的个人电脑部门。这成为联想发展历史上的一个关键转折点。当时,联想营业额仅为 30 亿美元,全球个人电脑销售额排名在 10 名以外。而曾经击败苹果电脑的蓝色巨人 IBM,其个人电脑营业额高达 130 亿美元。不过,联想的年利润有 2 亿多美元,IBM 则相反,其个人电脑业务在被收购之前已产生了 2 亿多美元的亏损。个人电脑刚问世的年代,IBM 的业务重心仍在企业级的商用电脑,对技术含量低且前景不明朗的个人电脑并不太重视,而且还迫于政府反垄断的压力要将业务开放。没想到随着互联网的普及,电脑成为普通家庭的必备商品,这个市场一下子发展起来了。为了同微软竞争,技术实力强大的 IBM 推出了连比尔·盖茨都宣称是"90 年代最好的操作系统"的 OS/2,但无力挑战已建好生态壁垒的视窗系统,而且其他电脑厂商还视 IBM 为竞争对手,不愿意采用 OS/2 系统。结果,曾经是计算机代名词的 IBM,眼睁睁地看着自己在个人电脑领域沦为亏损的组装商,Wintel 联盟则飞奔在阳光灿烂的大道上。对 IBM 来说已经成为包袱的个人电脑业务,在联想眼中仍然是奇货可居的宝贝。

这场"蛇吞象"的新闻震惊了整个信息产业界,也引发了业界对"联想能否消化得了"的质疑。联想对 IBM 个人电脑部门的整合也确实不顺利,文化冲突、高管离职等问题让联想焦头烂额。这项收购所付出的巨额资金,让联想在随后的 5 年内背负较大的财务压力,业绩也持续下滑。到 2009 年初,联想已出现了近亿美元的亏损。

毋庸置疑,巨大的收购风险让联想如履薄冰,连已卸去董事长一职的柳传志也不得不重出江湖,再扛大旗。联想把海外运营和开发部门逐步迁回中国,采用中国的高效率管理和服务平台,极大降低了成本和费用,终于不再亏损。2011年,联想的营业额达到216亿美元,在全球个人电脑市场排名第二。其中,ThinkPad系列占到中国笔记本电脑市场份额的1/3,北美地区渗透率也从5%上升至8%。ThinkPad从一个在IBM手上亏损的品牌被联想运作成为净利率1%～2%的盈利部门。

并购IBM的个人电脑业务让联想尝到了甜头,发现这是一条迅速做大的捷径。自己去搞研发和建品牌多辛苦啊,哪有并购来得轻松?方舟芯片的惨败似乎也证明了倪光南要做芯片的决定是错误的。

联想的并购战略绝对不能说是错的。

一方面,不管哪个产业,其发展路径一定会从市场竞争阶段走向垄断竞争阶段。在这个过程中,规模优势决定了大鱼吃小鱼、小鱼吃虾米,最终市场上仅会剩下少数几个玩家。已经发展成熟了的个人电脑产业,正是到了应该大规模并购的阶段。

另一方面,由于人力等成本的提高,发达国家会将中游的制造环节向发展中国家转移,对下游的营销环节,则视自己的竞争优势做有选择性的保留,比如IBM把电脑品牌ThinkPad一块甩卖了,而苹果电脑的iMac则至今长盛不衰。至于产业上游的研发和核心零配件环节,发达国家往往会牢牢控制在手中。

联想抓住机会,在个人电脑产业走向成熟之际全球扫货。2011年1月,联想斥资约1.75亿美元与日本电气合资,联想持股51%。联想在日本个人电脑的市场份额一举上升到25%,超越富士通、东芝而攀升至第一位。6月,联想以约3.4亿美元收购德国消费电子厂商Medion AG 37%的股份,随后又通过进一步收购成为控股股东。这项收购给联想增加了约20亿美元的营收,并使其在德国的市场占有率扩大一倍达到14%。2012年9月,联想以大约1.5亿美元收购巴西最大消费电子产品制造商之一的CCE,又增加了8亿美元营收。联想在亚洲、欧洲和拉丁美洲的核心市场都完成了布局。

2013 年,联想终于击败惠普,登上全球个人电脑市场第一的位置。然而,惠普此后又一度超越联想。怎么办?是的,你猜对了,联想连续收购日本电气剩余持有股份的 90％和富士通 51％的股份,将其在日本个人电脑市场的份额提高到 40％。2019 年第一财季,联想的个人电脑销量以 25％的市场份额位居全球第一,相当于全球每卖出 4 台个人电脑,就有一台隶属于联想旗下品牌。

看似业绩漂亮,但联想的市场地位相当脆弱。联想成为行业霸主不过是通过全球并购获得市场,再凭借中国制造的低成本优势获得规模效益,并未拥有核心关键技术。包括联想在内的全世界个人电脑,"芯"与"魂"都被 Wintel 联盟绝对垄断。在 Wintel 之外,只有苹果的操作系统和超威半导体的处理器还能生存,但苹果和超威半导体也是美国企业,而且也都实现了与英特尔或微软的兼容。也就是说,联想的命脉是被美国给牢牢捏在手里的。2018 年,微软和英特尔的利润分别是 166 亿美元和 211 亿美元,而联想仅有可怜的 6 亿美元,从这个简单的比较中,我们就能知道谁才是真正的老大。

敲不醒的联想手机

受年销 10 多亿部智能手机冲击的影响,个人电脑市场在整体上增长乏力,全球每年销量仅有 2 亿多台,而且还在不断下滑。联想不得不把手机作为公司新的业务重点。早在 2002 年,联想就在北京中华世纪坛召开过手机新品发布会,这个时间比华为还早了一年。联想手机原本有个不错的开局。随着中国 3G 牌照的发放,运营商为了快速拓展 3G 用户,大力补贴,功能手机快速退出舞台,中国智能手机市场开启了属于"中华酷联"的时代。中兴、华为、酷派和联想四家公司依靠运营商的扶持迅速崛起,一度占据国产手机一半以上的销量。为了配合运营商的销售,联想采用机海战术,效果很好,2012 年卖掉 2300 万部手机,成为仅次于三星的中国市场第二大智能手机厂商。

然而,成也萧何、败也萧何。对于运营商来说,拓展用户数量是关键。用户越多,每月收到的话费就越多,前期投入的巨额电信基础设施成本就能越快收回,在和其他运营商的竞争中就越有利。所以,运营商不仅不指望在手机上赚钱,相反,还经常补贴手机销售。手机卖得越便宜,用户数量增长得就越快。可是,在运营商的营业厅里存话费送手机,用户们肯定不会在乎手机品牌,厂家也就跟着不会在品质上下功夫。当时,只要制造的手机符合运营商标准,市场销售就不用担心。在运营商的柜台里,千元机、百元机比比皆是,业务人员也会极力促销各种绑定业务。运营商这样做的好处在于快速普及 3G 智能手机,但也因产品品质和体验的差评伤害了用户,手机厂商则成了"背锅侠"。

2013 年,中国智能手机销量首次超过手机总销量的九成,功能机沦为老人机,移动互联网用户也占到了网民的 79%。运营商完成了 3G 手机的普及,准备停止补贴、收割市场。以小米为代表的互联网手机形成浪潮,在中国手机整体销售中占到 13% 的份额。运营商主导的销售渠道受到强有力的挑战,联想却仍然觉得大树底下好乘凉,迟迟没有行动。因为市场惯性,联想手机的业绩在表面上依然好看,掩盖了联想手机的种种问题。用联想集团掌门人杨元庆的话来说:联想的手机部门"拿榔头敲都敲不醒"。

在这运营商品牌向消费者品牌转型的最后窗口期,联想在忙什么呢?是的,你又猜对了,联想还在并购。这回购买的,又是一个国际大牌:摩托罗拉。

在此之前,摩托罗拉已落到了谷歌的手中。谷歌将摩托罗拉裁员 1.7 万人,把它的中国天津工厂和巴西工厂都卖给了代工商伟创力,但仍然在短短两年多的时间里亏损了 10 亿美元。原本在安卓阵营中仅次于 HTC 和三星的摩托罗拉元气大伤。2014 年 1 月,谷歌将剥去大部分专利后的摩托罗拉手机业务以 29 亿美元的价格甩给了联想。在这一年,联想加摩托罗拉一共出货 9000 万部手机,联想骄傲地宣称:"我们才是全球第三。"这也是联想手机业务的最高峰。

从 2014 年开始,随着运营商连续三年大幅降低手机补贴,长期依靠运营商渠道的几大国产手机品牌终于迎来了寒冬。Ov 开始狂欢,联想、酷派、中兴则相继陷入困境,只有华为例外。2014 年上半年,任正非放话说:"一部手机赚 30 元,算什么高科技?"华为做了一个很惊人的决定:下半年将机型总数减少 80%,非运营商渠道占比将提升至 80%。到当年第四季度,华为跃居中国智能手机市场销量第三名,仅次于小米和苹果。"中华酷联"只有华为顺利实现了转型。

2015 年,联想的中国市场手机销量仅有 1500 万部。也是在这一年,手机线下渠道开始复兴,OPPO 和 vivo 凭借线下渠道的多年积累开始爆发。联想进一步溃败,2016 年在中国市场的手机销量再降至不足 500 万部,在中国消费者眼中已无足轻重。尽管联想全球销量仍有 5100 万部(以摩托罗拉为主,IDC 数据),仅比小米少 200 万部。

从 2013 年至 2016 年是中国智能手机高速发展的四年,在此期间,联想手机的高层每年都有大变动。阵前频繁换将实乃兵家大忌。换一个领导就换一种想法,以至于联想的手机产品线相当复杂。联想品牌的各系列手机本就定位不清,Zuk、Vibe、摩托罗拉各子品牌又顾此失彼,甚至还一度"去联想化",让联想品牌退出手机市场——估计是某个定位专家出的主意,认为联想品牌只应该专注在电脑上。频繁变更的产品线产生了四大弊端:一是增加了内耗,二是不利于品牌建设,三是贻误了战机,四是没人会认真地琢磨如何把产品做好。具体表现是,在中国智能手机高速发展的几年时间里,联想手机竟然没有能给消费者留下深刻印象的爆款。尽管杨元庆也在新浪微博上认证了个联想"首席产品经理"的头衔,但联想显然缺乏类似乔布斯或雷军那样能够统筹一切的产品经理。

联想手机的问题是多方面的。被联想员工称为手机业务"救火队长"的移动业务集团总裁陈旭东事后总结:"我削减了很多产品线,只保留了很少的一部分,全部精力都放在琢磨产品上,试图做出精品,但结果发现还是不理想。后来我发现光有好的产品还不够,还需要针对不同市场特点来卖货,产品、品牌和渠道需要三箭齐发。"

但联想已再没有复兴手机市场的机会。摩尔定律决定了手机的更新迭代越来越快,一步拉下就再跟不上节奏。2016 年中国手机市场除了苹果就是华为、Ov 的天下,小米跌至第五。Ov 这两家主打时尚年轻市场的手机,通过流量明星代言、综艺节目冠名等宣传方式和其清新时尚的手机外形吸引了大批年轻用户,Ov 合计占据了 32% 的市场份额,分别排名第一和第三,华为则排在第二(IDC 数据)。五大一线品牌垄断中国智能手机市场的格局初现。

按理说,联想卖了那么多年电脑,在消费者业务上有着丰富的经验,做手机的条件可比华为强多了。其实不然。虽说智能手机就是一部带通信功能的电脑,但两者大不一样。手机与消费者的关系更密切,用如胶似漆来形容一点也不为过,连最亲密的爱人都无法做到像手机一样形影不离。所以,手机靓丽的外形和使用的便利性非常重要。手机更像是一个时尚产品,需要紧紧抓住市场潮流和技术趋势来不断地更新换代。联想被困在了电脑营销的思路里,从来就没找准过卖手机的感觉。再加上联想的战略原本就注重短期利益,对消费者和技术都不擅长做长期专注的研究,心急吃不成热豆腐,越急就越做不好手机。时至今日,联想手机的品牌形象从来就没有建立起过,以后恐怕也不再有机会建立了。

在手机产品越来越讲硬核技术竞争的时候,联想的并购战略在很大程度上注定了它缺少核心技术的困境。而缺少核心技术,又让联想只能依靠并购来做大规模。两者是相辅相成的关系。

并购消耗了联想的大部分现金,对并购的消化又耗费了联想的大量精力和时间,这使得联想不可能再有多少资源能投放到需要很长时间才能见到效益的研发项目上。例如手机项目,联想明显缺乏认真打磨几款好产品的耐心,一味急着把各款手机像胡椒面一样往锅里撒。出于"我们会失去未来"的担心,2017年,杨元庆鼓起勇气,不再注重"很漂亮的成绩单",提出要在未来三年内在人工智能项目上投入12亿美元。这被认为是近几年来联想距离领先的技术浪潮最近的一次,但联想准备投入的这点钱与华为相比完全不是一个量级。2018年,联想实际投入研发费用仅占收入的2.5%,已经连续4年走低。

联想的企业基因已经被定格在"贸工技"上,很难再有改变。柳传志的爱将郭为曾造访华为,任正非直截了当地劝他不要做研发:"你要做就得大做,小打小闹还不如不做。"联想总裁杨元庆访问时,任正非也说过类似的话:"联想想发展成技术型的企业,股东和投资人不答应,还是难!"柳传志自己也承认:"我特别佩服任正非,他敢往上走,我不行,我做不到。"

缺乏核心技术又注重短期利益,也导致联想营销战略飘忽不定,在品牌使用上有着严重的机会主义。到底是用 ThinkPad、Motorola、NEC 和 Fujitsu 这些收购品牌，还是用联想自己的 Lenovo？从眼前利益来看，当然是用这些影响力较大的收购品牌好，它们的品牌溢价能力明显高过 Lenovo。但长远来看，对 Lenovo 的发展肯定是不利的。这个两难选择对联想一再产生巨大的困扰。

联想的历次收购看起来都是在捡别人淘汰的技术，比如 IBM 不想要个人电脑转型服务器的时候，联想买了它的个人电脑业务；IBM 不想做服务器，要做数据的时候，联想又买了其服务器业务。日本的日本电气和富士通也都是在对个人电脑市场前景不看好的时候丢给了联想。

在手机方面，摩托罗拉已经奄奄一息了，联想又斥重金做了"接盘侠"，但是到了联想手中的摩托罗拉，除了怀旧牌之外，在中国市场拿不出什么能吸引用户的亮点。中国移动 2016 年的一份终端报告显示，摩托罗拉手机的通信能力超过了苹果和华为，毕竟这是它的老本行；多媒体能力虽弱于苹果，却好过华为；要命的是"产品易用性"指标，摩托罗拉被甩出几条街，说明它对中国的消费者没有深刻的了解，而且操作系统仍然是它的短板。

联想没能让摩托罗拉在中国市场起死回生，不过，在海外市场，摩托罗拉手机的表现还是很不错的，2018 年在本土市场的美国做到了第四名，仅次于苹果、三星和 LG。虽然联想品牌的手机是不行了，但依赖摩托罗拉手机在美洲市场的不错表现，联想手机业务在整体上还能在全球智能手机市场上排行第七（IDC 数据），而且做到了持续盈利。这倒是符合联想特别注重报表利润的经营战略，真不知道是应该让人赞赏还是叹息。

联想原本是有机会成为华为那样的高科技企业的，在刚开局的时候，联想不是没有拿到过好牌。

联想可能错过了什么

绝非偶然，摩托罗拉、德州仪器和高通等美国公司都是横跨移动通信和半导体两界的行业巨头。倪光南也从中看到了计算与通信技术融合的趋势，并作出了部署。1992 年,在倪光南的提议下,联想立项研发电信局用的程控交换机。那会儿的局用交换机市场,号称"七国八制",基本上被几家跨国巨头占据,竞争难度大,但中国人装固定电话的数量在激增,市场容量巨大,发展前景广阔。几乎同时,南方也有一家小民营企业盯上了局用程控交换机市场。

1987 年,任正非集资 2.1 万元,在深圳蛇口创立了华为公司。刚开始,华为做单位内部用的小交换机的销售代理,掘了第一桶金后,就开始搞自主研发,"一不小心踏入了高深莫测的通信行业"。最艰难的时候,华为连续 6 个月发不出工资。1992 年,华为销售额超过 1 个亿[①],任正非在年终总结大会上哽咽地说了一句"我们终于活下来了",就泪流满面了。

1 亿元对华为来说是天文数字,对联想来说却仅是个零头。1992 年,联想凭借汉卡和微机等产品,收入已经接近 18 亿元。1993 年 10 月,华为的 C&C08 2000 门交换机在浙江义乌投入应用,但首批产品极不稳定,断线、死机、阻塞,问题层出不穷。为此,任正非派了几十位工程师现场驻扎,拼命调试设备,晚上直接就睡地板,花了 2 个月才将故障全部消除。起点高的联想毫不示弱,依托其在计算机上的技术积累,联想的第一台交换机 LEX 5000 于 1994 年元旦在河北廊坊顺利开局。虽然比华为晚了 2 个月,但其首台局用交换机容纳用户数量是华为的 2.5 倍。联想的背后是人才济济的中科院,其家底远远不是白手起家的华为能比的。1995 年,联想交换机卖进了中南海。然而,随着倪光南离开联想,他力推的通信设备项目戛然而止,联想比华为早三年时间成立的专用集成电路设计项目也遭否决。

联想鸣金收兵,华为却开始发力。当时的华为远远不能和国际通信巨头相比——北电早在 1990 年的亚运会就捐了一台当时最先进的 8000 门程控交换机,华为只能在农村市场"刨食",凭借农村数字交换解决方案和跨国公司提供不了的第一线优质服务,用三年时间在农村市场做到了 9 亿元的销售额。尽管进步神速,

---

①　由于华为早期公布的年度收入经常用的是合同销售额,导致数据较为混乱。本节采用的年收数据是华为于 2020 年 1 月 10 日提供给《华尔街日报》的,详见佚名:《任正非:孟晚舟由妈妈和丈夫在加拿大陪伴,不是很孤单》,新浪网,2020-04-21。

华为与联想的差距仍然很大。联想 1995 年的营收达到 67 亿元,是华为的七倍多。

此后,华为将市场从农村向一二线城市拓展,又用了 3 年时间将营收做到了 60 亿元。在固定电话领域面临"坚实天花板"的时候,华为进行了战略大转移,盯上"无线的未来是无限",一头扎了进去,结果,仅 WCDMA 设备的预研就投入了 40 多亿元。由于中国未发放 3G 牌照,华为的 3G 技术好几年无法变现。而各国际通信巨头吸取了固网交换机竞争失利的教训,主动发起价格战,使得华为投入 16 亿元用于研发但仍然较为落后的 GSM 设备也未突破市场。华为资金链紧绷,任正非每次见到无线部门的负责人就问:"你们什么时候能给我把 60 亿拿回来?"

在华为最困难的时候,深圳市政府竟收到无数的举报信,告华为欠薪、欠货款、走私,还偷税漏税。派驻华为的调查组仅发现华为迫于融资困难才有一些不规范的做法,最终由朱镕基总理决定免除对华为的处罚。1999 年底,华为参与福建移动通信项目投标,当时正在搞数字福建的福建省省长习近平给了个批示:"福建对中外设备一视同仁。"听到 3.2 亿元中标的消息后,任正非这个钢铁汉子竟热泪盈眶,泣不成声。他不停地敲打着桌子,颤抖着一遍一遍大声念叨:"我就说我没有问题,我就说我没有问题! 我要有问题,福建会给华为这么大的项目吗? 国家会给华为这么大的项目吗? ……"周围的人无不潸然泪下。

福建项目也是华为获得的第一个过亿元的合同,这一项目的成功,奇迹般地引爆了另一个项目。福建移动将华为的预付费智能网方案推荐给中国移动总部。中国移动以极快的速度与华为合作,开通了全国的移动智能网,也就是神州行预付费业务。一夜之间,神州行用户满天下,在 2000 年中国移动净增的 4197 万用户数中占了大部分。中国移动的总用户数也爆炸性地翻了一倍,全球通跃居全球第一大网。老百姓很快乐,"神州行,我看行!"华为更高兴,这个合同的总金额居然高达 8.2 亿元人民币,华为活下来了。

在中心城市竞争不过已有几十年技术积累的跨国公司,华为又回到了农村,解决中国偏远地区的 GSM 通信问题,逐渐打开了国内市场。金融风暴席卷东南亚,华为凭借低价优势,先后拿下了越南、老挝、柬埔寨和泰国的 GSM 市场。与此同时,互联网的流行推动了老百姓购买电脑的热情,联想也迎来了辉煌的日子,成长为中国市场电脑销量排名第一的品牌。两个企业在差不多的时间都依靠低成本走上国际化的道路,只是一个偏重技术,另一个更喜欢并购。

联想买下了 IBM 的电脑业务,华为却买下了 IBM 的智慧。1998 年的时候,华为已经发展成一家拥有近 8000 名员工的大公司,任正非开始觉得公司管理的各方面都不对劲了。用 IBM 的管理诊断报告的话来描述:"缺乏准确、前瞻的客户需求关注,反复做无用功,浪费资源,造成高成本。组织上存在本位主义,部门墙高耸,各自为政,造成内耗。专业技能不足,作业不规范。依赖个人英雄,而且这些英雄难以复制。项目计划无效且实施混乱,无变更控制,版本泛滥……"华为碰到的这些问题 IBM 也曾遇到过。华尔街曾在 1992 年打算将"一只脚已经迈进了坟墓"的 IBM 分解成七个公司,新任 CEO 郭士纳坚决反对,他认为 IBM 的规模是优势,规模优势的基础是管理。郭士纳以铁腕开始变革 IBM,倾听客户的声音、打破部门壁垒、提高运营效率、转型集成服务,让 IBM"大象也能跳舞",重新成为全球信息行业仅次于微软的领袖企业。任正非认为"IBM 的经验是他们付出了数十亿代价总结出来的,他们的痛苦是人类的宝贵财富",于是投入 20 亿元巨资,请 IBM 用五年时间对华为进行管理变革。IBM 不是以顾问的形式给华为提供意见,而是直接充任各部门的一把手,在产品开发、供应链、信息管理和财务等方面,对华为强硬实施各项改进措施,进行全面的流程再造。经 IBM 流程改造后的华为,脱胎换骨成了一家国际化企业。而 IBM 也因为成功拓展了包括咨询在内的各个服务的领域,才决定把电脑这样的硬件业务卖给联想。

2011 年,柳传志传位杨元庆。最终让柳传志下定决心的是,"他(杨元庆)贷款几十亿购买了联想股份"。与柳传志不同,任正非自公司创建之日起就实行全员持股。华为极力鼓励员工用工资、奖金甚至是银行借款来购买华为的股份,一方面可解决公司对现金的极度饥渴,另一方又将员工的利益与公司的利益牢牢捆绑到了一块。华为其实是让员工对公司进行风险投资,每年都有很高的分红,既吸引员工踊跃购买公司股份,又让员工的贡献能够在华为获得最大限度的回报。

柳传志退休时,与他同岁的任正非刚下定决心将资源倾斜到之前没有重视的手机业务上。此前很长一段时间内,计算机是计算机、电话是电话,联想和华为并无交集。但当年倪光南对计算与通信两大产业融合的预见终于成了现实,计算产业和通信产业都开始跨界。一开始是做电脑的来抢手机的地盘,比如苹果和联想都开始卖手机。2012 年,苹果雄居全球智能手机第三名,联想手机也以 13% 的份额高居中国市场第二名。随后,已在通信设备领域称霸天下的华为开始反攻,用五年的时间将华为手机做到了在全球市场上坐三望二,在中国市场稳居第一的地位,而联想手机在中国的份额降低到不足 1%。2016 年,华为开始攻入联想和苹果的电脑市场。华为的笔记本电脑很快成了中国销量第一的电脑,平板电脑在中国的销量也仅次于苹果。

应该说,联想和华为两个企业面临的市场机遇是相似的,不同的只是战略决策。由于路径选择的不同,到了 2018 年,联想市值已有 80 亿美元,同时期华为的估值却已超过 4000 亿美元,至少是联想的 50 倍。

2018 年,联想营收首次超过 500 亿美元,净利润达到 6 亿美元,扭亏为盈。这是联想最近几年来较好的业绩,但其利润率仅有可怜的 1.2%。联想电脑销量超过惠普,市值却仅有惠普的四分之一。联想更适合与单纯做代工的富士康对比,富士康没搞什么大并购,其收入和市值分别超过联想的三倍和十倍。富士康每年都在稳稳地赚钱,2018 年的利润率处在近些年的最低水平,却还是联想的两倍。

联想赶走了倪光南,也放弃了硅谷最推崇的工程师文化。如果当初的联想选择的是倪光南提倡的"技工贸"路线,那么今天的联想会不会成为第二个华为? 会不会研发出世界一流的通信设备和芯片产品?

可惜的是,历史没有如果,时间也不会重来。倪光南也为此叹息:"联想曾经有过很多机遇,但擦肩而过的不少,过了就没有办法再回来。"

屋漏偏逢连夜雨。华为的光芒实在太刺眼,与联想的黯然失色形成了鲜明的对比,于是,联想就不幸成了网民们拿来反衬华为的靶子。在这个自媒体狂欢的年代,关于联想的负面消息屡传不绝。什么"联想总部搬到了美国""联想在 5G 投票中站在高通一边打压华为""联想不是一家中国企业"……凡此种种,皆为不实传闻,但给联想造成的伤害是实实在在的。还有一些如果放在其他企业看是很正常的商业活动,比如"联想赠送了大批的电脑和平板给美军及其烈属""联想电脑国外售价一直比国内便宜"等等,都成了联想"卖国"的证据。不健康的舆论环境造就了可怕的网络暴力。

这里要特别多说两句"5G投票事件"。移动通信标准之争的背后是国家利益之争。2010年1月13日下午,中国电信CDMA网络出现大范围故障告警,涉及全国绝大多数省份,原因是美国GPS系统升级,影响了CDMA的全网同步。中国电信经营的是3G美标CDMA2000,若没有GPS授权则只能维持72小时的安全运行。简单地说,中国电信3G网络的安全被捏在美国政府手里,因为他们在这个国际标准中植入了GPS这个关键项。[①] 将卫星与基站结合进行快速精准定位是高通的发明。从这个事件可以知道中国为什么要投入2000多亿元力推自己的TD-SCDMA标准。

人们使用数据业务是下载多、上载少。TD技术上下信道的频率可以调剂,也就可以腾出更多频率给下行业务。FDD技术上下行的频率都是一样的,就会浪费宝贵的频率资源。TD技术的这一优势在数据量更大的4G和5G时代会更加明显。4G有FDD-LTE和TD-LTE两种标准,前者在国际上更加主流,后者则是中国拥有较多专利和话语权。2013年12月4日,中国给三家运营商发放的4G牌照,全部都是TD-LTE标准。联通和电信直到2015年、移动到2018年才获得FDD-LTE牌照,并且被要求必须与TD-LTE融合使用。TD-LTE标准因此也广泛被全球运营商使用,中国从此彻底融入了国际移动通信标准的制定过程之中。

为了迎接5G时代的来临,又有许多新的技术标准需要确定。从厂家生产和消费者使用的便利性考虑,标准肯定是越少越好。3G有四个标准,4G有两个标准,产生了很大的资源浪费。由于各厂家的研发方向有差异,导致各自倾向的标准不同。利益所在,谁都希望自己的标准成为市场的主流,这时候,就需要各项标准的阵营凭实力说话。为了达到最终标准的统一,大家就需要坐到一块来商讨。

成立于1998年的3rd Generation Partnership Project(简称GPP,第三代合作伙伴计划),是国际移动通信标准的专业性国际学术组织,干的就是把大家召集到

---

① 奥卡姆剃刀:《TD风雨20年》,新浪微博,2014-12-15。

一块开会讨论标准的事情。表决只是一种用来了解其他厂家想法的方法,并不以任何强制性的决定为结果。标准不可能通过一次表决就得到结果,每个厂商都需要知道市场主流意见是倾向哪项标准,一方面要维护自己的利益,另一方面也要尽可能地向主流意见靠拢,然后通过不断的商议来消除反对的声音,经过多轮表决后,最终达成共识。5G 最后只产生了一个标准,3GPP 对此功不可没。没有任何一个公司敢一意孤行,自己强推一套与市场主流不同的标准。为了避免风险,像华为这样有实力的厂家都不会把宝全部押在一项标准上,而是就几项不同的标准都进行研发和专利布局。所以,即使某项标准不被市场主流意见肯定,也不会对华为在 5G 上的领导地位产生实质影响。

于是,在 2016 年的某项 5G 标准的讨论会议上,联想并没有与华为意见一致,两个公司站在了不同的标准阵营中。这是一件非常正常的事情,联想与华为两个公司意见一致的情况要更多。但是,在两年之后,这么一次并不具备任何重要意义的表决,被个别人翻出来大肆炒作,甚至让已经 74 岁并且不再担任联想集团任何职务的柳传志都愤怒地站出来发声表态。任正非也表示,联想在 5G 标准的投票过程中的做法没有任何问题。

造谣者其实也并非和联想有仇。如今这个流量为王的时代,流量就是生产力,流量就是金钱,为了获得"10 万+"的流量,只有整出耸人听闻的内容才容易获得点击和传播。在各种谣言当中,"爱国"这一主题的风险最低、受众最广,联想于是不幸"躺枪",成为负面题材的牺牲品。

当年联想买下 IBM 时,担忧市场领先地位受到威胁的一家外国电脑厂商声称"联想,想都不要想",激起广大中国消费者的义愤,起身力挺联想这一民族品牌,帮助联想度过了最艰难的时期。如今,联想从手机、笔记本电脑到平板电脑,在中国的市场份额都在不断下滑。面对消费者的感情所向,联想为何今非昔比?联想是否还能再问中国消费者一句:"如果没有联想,世界将会怎样?"

苹果的主业和华为相同,也是手机和电脑。华为的崛起自然也将对苹果形成巨大的冲击。失去乔布斯的苹果,是否能够应对华为的挑战?

第十三章

乔布斯后的苹果

乔布斯的离世

在一次次苹果新品的发布会上,乔布斯如神一般给虔诚的信徒布道。但他没有告诉"果粉"们,他的生命已经进入了倒计时。

2003 年 10 月,乔布斯偶然发现他的胰脏上长了个肿瘤。这种肿瘤很少见,生长缓慢,而且容易被治愈。乔布斯很幸运能在早期发现这个肿瘤,医生可以在肿瘤扩散前进行切除手术。然而,多年沉迷禅修的经历让乔布斯坚信,他能够通过素食、针刺、草药、水疗或者呼唤灵媒来帮他战胜癌症。到乔布斯终于勉强同意开刀的时候,九个月已经过去,癌细胞已经扩散,在肝脏上有三处转移。

在初次手术失败之后,乔布斯不仅没有消沉,反而更富激情。乔布斯是这样看待自己的死亡的:"记住自己终会死去,是我所知最好的方式,可避免陷入认为自己会失去什么的陷阱。你已是一无所有,没理由不追随内心。"乔布斯带着一种使命感回到苹果公司,他全速前进、锐意进取,不断采取一些大胆的行动,其中包括 iPhone 的诞生。

即使再次入院治疗,乔布斯仍沉迷设计。一次做深度麻醉,医生要往他脸上戴麻醉面罩,乔布斯把面罩扯掉,嘟囔着说他讨厌这个面罩的设计,要求医生给他拿来五种不同的面罩供他选择。他也讨厌安装在自己手指上的氧含量监视器,嫌那个东西的设计太难看也太复杂,他建议了种种使之更简洁的设计方式。他只吃水果沙拉,要求把六七种不同的口味摆在他面前供他挑选。当然,他最关心的还是苹果公司的设计。当同事来探望他,"每次话题转移到苹果,你就可以看到他神采奕奕,就像灯点亮了一样"。细节问题会让他充满力量。乔布斯会花上一个小时的时间来讨论新一代 iPhone 的命名——他们商定叫 iPhone 3GS——以及"GS"两个字母的字号和字体,包括是否应该大写(是)和是否斜体(否)。iPhone 3GS 是 iPhone 3G 的加强版,在速度、存储和拍摄等方面都有明显的提升。

尽管苹果产品的设计相当出彩,但技术无疑更加重要。乔布斯没有一味追求采用最先进的技术,他最擅长的是在各种相互冲突的设计与技术中求得一个最佳的平衡点。

比如 iPhone 4，它的摄像头仅有 500 万像素，与同期的许多手机产品相比算低的。乔布斯为此专门解释了一番："现在，很多厂商都热衷于谈论那些很表象的指标，涉及摄像时，则是'多少多少百万像素'，但是我们更倾向于问这样的问题：如何才能拍出史好的照片？高像素是不错，但是对于手机拍照来说，真正重要的其实是如何更充分地捕获光线。"在列举了背面照明感应器、像素数量增加的同时将单个像素感应头的大小保持不变、5 倍数码变焦、轻点对焦和内置 LED 闪光灯等一系列令人眼花缭乱的技术创新之后，乔布斯宣称："通过它拍出来的照片令人印象深刻。"

再如处理器芯片，苹果在与华为、三星的处理器芯片的较量中，苹果不总是性能最强大的，比如 A13 只有 85 亿个晶体管，而麒麟 990 5G 有 103 亿个晶体管，但苹果的芯片往往在性能与效率等综合指标上表现出色。就像是人脑约有 140 亿个神经细胞，而经常活动和运用的不过只有 10 多亿个，所以关键不在于数量，而在于效率。

许多手机品牌都热衷于秀配置，比如手机像素从几百万、几千万到近期的一个亿，可 iPhone 从来不跟竞争对手比较配置。它不讲究某项配置的单独优化，而是追求各个配置组合后的整体优化的效果，尽力给用户一款整体体验最优的手机。

在很多次产品介绍的最后，乔布斯都会展示一个简单的画面：上面有一个路标，标示着"人文"和"科技"的十字路口。乔布斯的成功就在于他一直站在人性和科技的交叉点上。他热爱音乐、图片和视频，他也热爱计算机。苹果产品的本质就是将人类对创意艺术的欣赏和伟大的工程技术结合起来。

乔布斯造就了苹果公司，但苹果公司最伟大的地方在于，它已经成功地塑造出了自己的企业文化，没有任何人是不可或缺的，包括乔布斯自己。

苹果公司的股价一度和乔布斯的体重成正比。2008 年 6 月，当乔布斯发布 3G 版 iPhone 时，他的消瘦甚至抢了产品发布的风头。《君子》(Esquire)杂志称他"穿着曾经象征他刀枪不入的战衣，像海盗般骨瘦如柴"。苹果的股票价格从 6 月初的 188 美元滑到了 7 月底的 156 美元。乔布斯在 iPod 新品发布会上的露面再次给股价带来了不利的影响。10 月初，苹果股价跌到了 97 美元。到 2009 年 1 月初，乔布斯被迫宣布要休半年的病假时，苹果股价只剩下 82 美元。

乔布斯不在时，负责企业管理的蒂姆·库克一改往日淡定的风格，富有煽动性地宣称："我们相信，我们在地球上存在的目的就是创造伟大的产品，这一点不会改变。我们一直专注于创新。我们崇尚简约而不是复杂……坦白地说，这家公司的每一个团队都在不懈地追求完美，我们能诚实地对待自己，承认错误，并有勇气去改变。我认为，无论是谁在做什么工作，这些价值已经深深地扎根在这家公司，苹果将表现非凡。"

这听起来像是乔布斯会说的（和已经说过的），但是媒体把它命名为"库克教义"。乔布斯为此深感沮丧。尤其是库克的最后一句话，那可能是事实。乔布斯不知道应该为此感到骄傲还是伤心。到 2009 年 5 月底，乔布斯还未回归苹果，苹果的股价就已经大幅上升至 140 美元。

与死神擦肩而过的乔布斯，回到苹果公司的第一天就接二连三地发脾气，让他的高管团队狼狈不堪。当天下午晚些时候，他兴奋地说："我今天过得最开心，我无法相信我感觉多么富有创造力，整个团队是多么富有创造力。"[①]

至 2010 年底，苹果公司累计已售出 9000 万部 iPhone，其利润占全球手机市场利润总额的一半以上。iPhone 如日中天，乔布斯却坐卧不安。他很清楚，iPhone 的最大威胁必定来自谷歌的安卓系统。为了保护 iPhone，在生命的最后一年，他要对安卓"发动一场热核战争"。

不仅仅苹果，微软也在打安卓系统的侵权官司。为什么安卓系统会惹来苹果和微软两大巨头的官司呢？这要从安卓系统的发明人安迪·鲁宾说起。安迪·鲁宾是个典型的硅谷工程师，生命不息、创业不止。他在 1989 年加入苹果工作了 6 年，主要工作就是研究智能手机的操作系统。离开苹果后，他参与创业的公司被微软收购，他又成了微软的员工。在微软才干了两年，他又离职创办了一家名叫 Danger 的公司，研究的还是和手机操作系统相关的东西。但是公司运营状况不

---

① 沃尔特·艾萨尔森：《史蒂夫·乔布斯传》，中信出版社，2011 年，451 页。

佳,他只好离开,然后靠自己的积蓄和朋友的支持,艰难地完成了基于 Linux 的安卓系统的早期研发。在与一家风投公司洽谈投资时,安迪突然想到了谷歌创始人拉里·佩奇,佩奇曾在斯坦福大学的工程课上听过他的讲座,于是他试着给佩奇发了一封邮件。仅仅几周后,谷歌就完成了对安卓系统的收购流程,安迪也随即加入谷歌负责安卓系统后续的研发工作,而安迪的 Danger 公司最终被微软收购。结果就是,苹果和微软都认为安卓系统里面有它们的东西,要和谷歌打官司。更何况,安卓系统对苹果的 iOS 系统和微软的 WP 系统都是最大的威胁。而且微软在Linux 系统上拥有海量专利,安卓系统不可能绕得过去。微软的一百多项专利都被应用到了安卓系统的设备上。由于谷歌是免费供应安卓系统的,微软就很有策略性地对摩托罗拉、三星甚至富士康这些安卓手机的品牌商式代工厂提起诉讼。乔布斯则放出狠话:"我会用尽最后一口气和苹果 200 亿现金储备中的每一分钱来纠正这个错误。我要摧毁安卓,因为这是偷来的产品。"

为了保护安卓系统,谷歌就想掏出 9 亿美元收购老牌通信巨头北电因破产而拿出来拍卖的专利,用这批专利来反制苹果。在竞价过程中,谷歌开始的报价为19 亿 216 万 540 美元,然后增加到 26 亿 1497 万 2128 美元,最后提高到 31 亿4159 万美元。但苹果联合微软、爱立信、黑莓、索尼等公司组成的财团,竟以 45 亿美元的天价击败谷歌和英特尔的联盟,于 2011 年 7 月取得这批专利。这笔钱中超过一半都是苹果掏的(26 亿美元)。面对险恶形势的谷歌不得不掏出 125 亿美元的巨资,在一个月后紧急收购了摩托罗拉。

曾经是美国科技骄傲的摩托罗拉,如何也沦落到被人收购的命运?

2001 年,摩托罗拉遭遇到公司成立 70 多年来的首次亏损,小高尔文未能将铱星项目及时止损是主要因素。[①] 2002 年,摩托罗拉继续亏损。仅拥有 2.5% 股份的小高尔文于 2003 年 9 月被驱逐,摩托罗拉从此不再是一个家族企业。这是摩托罗拉历史上的一个重要转折点,那家有着"造福全人类"梦想的伟大企业消失了,摩托罗拉开始彻底屈从于华尔街的意志。和 AT&T、朗讯等美国著名科技企业的命

---

① 冯禹丁、陈楠:《别了,摩托罗拉》,《商务周刊》,2008-05-29。

运一样,摩托罗拉也走上了拆卖"不良"资产、提振股价、业绩下滑、再拆卖资产的恶性循环。半导体业务是摩托罗拉这两年亏损的主要因素,不顾老高尔文的强烈反对,新上台的 CEO 詹德倒贴 2 亿美元在行业最低谷时将半导体部门剥离。这一招臭棋对摩托罗拉手机的竞争力有着致命的影响,想想苹果和华为的手机,就是因为能够自研芯片才发展起来的。更让人啼笑皆非的是,摩托罗拉半导体业务拆分成的公司飞思卡尔,在两年后竟以 176 亿美元的价格被黑石集团①揽入怀中。

在詹德的带领下,摩托罗拉手机走上了一条用低价换销量、以牺牲品牌为代价刺激股价短期提升的道路,曾经定价 6000 多元的 RAZR 竟降价到 1200 元。2006年,摩托罗拉手机的全球市场份额提升至 27%,一度让诺基亚大为紧张。可是,价格战的恶果很快体现。2008 年,摩托罗拉的市场占有率下滑至 9%,不到诺基亚的1/4(Gartner 数据)。喜欢夸夸其谈的詹德在摩托罗拉待了 4 年多,摩托罗拉在他手中成了一个烂摊子。为了复兴手机大业,摩托罗拉不惜以 1 亿美元的天价年薪请来了原高通首席运营官桑杰·贾当 CEO。美国的芯片(IC)产业有"Indian＋Chinese"之说,桑杰·贾就是印度裔。

高通和谷歌的关系,就像英特尔和微软,桑杰·贾自然非常清楚安卓系统的巨大优势。他一上台就大刀阔斧地停掉了摩托罗拉所有正待上市的功能手机和塞班手机新品,全面拥抱安卓系统。因为砍掉了众多的产品线,摩托罗拉的手机销量在2009 年第一季度剧跌四成。幸运的是,安卓手机的销售没让桑杰·贾失望。在不到一年的时间里,摩托罗拉先后推出了 13 款安卓智能手机,凭借与美国运营商的良好关系,款款都获得了不俗的销售业绩。特别是 Droid 手机,它的国际版就是大家熟知的"里程碑"(Milestone),在北美发布的 74 天里卖出了 105 万部。还有Atrix 4G,这是第一款可指纹识别及支持扩展到电脑桌面应用的安卓手机,一举拿下世界移动通信大会 2011 年度最佳智能手机等多项大奖,摩托罗拉很自豪地将其称作"移动计算的未来"。到 2011 年第一季度,摩托罗拉移动营收 30 亿美元,同比

---

① 黑石集团(Blackstone Group)又名百仕通集团,是一家全球领先的另类资产管理和提供金融咨询服务的机构,美国规模最大的上市投资管理公司,总部位于美国纽约。

增长 22%,已经连续第七个季度产生正现金流。

不过,桑杰·贾号称全美第二高的年薪大部分是期权,变现的前提是摩托罗拉股价要涨到 9.82 美元以上。摩托罗拉虽然表现生猛,但离这个目标尚有差距。要想将股价在短时间内迅速拉高,只能靠资本运作来造概念。尽管摩托罗拉手机表现不错,而且账上拥有足足 30 亿美元现金,桑杰·贾仍然连续大甩卖,2010 年出售无线网络业务、2011 年分拆以对讲机为主的企业业务,最后将剩下的消费者业务改名"摩托罗拉移动"后"下嫁"谷歌。摩托罗拉的手机硬件和谷歌的手机软件,没有比这个组合更受华尔街欢迎的概念了。但谷歌并非真心实意地想把手机做好,它觊觎的仅仅是摩托罗拉拥有的专利,谷歌要用这些专利来帮助安卓系统对抗苹果和微软的法律大棒。

乔布斯已没有精力顾及与谷歌的法律大战了。

2011 年 10 月 4 日,iPhone 4S 发布。当时乔布斯在病床上通过电视见证了发布会全程。相比 iPhone 4,iPhone 4S 拥有 A5 双核芯片、更大的摄像头进光量以及高达 1080P 的视频拍摄。4S 的"S"代表了"Siri"——苹果的第一代智能语音助手。苹果手机当年销量仅 7229 万部,利润却超过销量 4.7 亿部的诺基亚,苹果成为这个星球上最赚钱的手机厂商。

就在 iPhone 4S 发布会第二天,乔布斯,这位连续十年被《财富》杂志评为最佳 CEO 的传奇人物,与世长辞。

10 月 16 日,乔布斯的追思会在斯坦福大学的纪念教堂举行,整个教堂都沐浴在一片烛光之中。获邀嘉宾有 100 人左右,其中两张东方面孔颇为让人瞩目。一个是郭台铭,这大家都好理解。另一个竟是李在镕,李健熙的独子,也是三星集团的接班人。在那晚的追思会上,郭台铭和李在镕不会预料得到,他们两人日后将成为死敌。李在镕视乔布斯为导师,与乔布斯有着相当亲密的私人关系。在他参加这次追思会前不久,三星刚刚输掉了对苹果的一场专利官司,而这还仅仅是双方长达数年的专利大战的序幕。

苹果与三星的爱恨情仇

与在智能手机时代没落的诺基亚和摩托罗拉不同,三星奋起直追,很快再创辉煌。三星手机崛起的关键仍然是芯片与面板。

三星从 2000 年就开始推出自己的移动处理器,甚至苹果前三代 iPhone 和魅族 M8 的处理器都是由三星供应的,由此可见它的手机芯片设计实力。2010 年,三星推出强大的"蜂鸟"处理器,被应用在初代 Galaxy 手机上。次年,三星处理器改名为现在大家熟知的 Exynos,中文名称———"猎户座"。从 Exynos 4 时代开始,三星和高通达成了关于产品线、技术和产量分配上的协议,Galaxy SⅢ 就在不同地区分别使用了三星和高通的同期处理器,这意味着三星在系统芯片上的实力可与高通相当。Exynos 处理器的成功是 Galaxy 系列手机旺销的重要保证。三星不像华为一样,全部手机都仅使用自家的处理器,还是对高通有妥协。

面板更是三星的强项。三星手机的成功很大程度上要归功于它开创了大屏手机这一新品类。2010 年,首部采用 4 英寸 Super AMOLED 的 Galaxy S,4 个月内销售 500 万部。2011 年,拥有超大屏幕和 4G 无线连接的 Galaxy SⅡ 横空出世,全球 120 个国家同步发售,被英国生活消费科技杂志《T3》评为年度手机。

2012 年,Galaxy SⅢ 在发布上市 100 天销售即已突破 2 千万部。据称为了保证这款手机质量,就在官方发布前 9 天,有 60 万部 Galaxy SⅢ 被销毁,只是因为它们的外观没有像原计划的那么好。三星亦在这一年取代诺基亚,开始长踞全球智能手机销量第一的宝座,至今尚未有其他品牌能够撼动。

苹果不高兴了,不仅因为三星卖得好,还因为三星第一代 Galaxy 手机与 iPhone 的相似程度实在太大。2011 年 4 月,苹果将三星电子告上美国法庭,诉其侵犯苹果发明专利权及外观设计专利权。苹果作为触摸屏手机的开创者,在此类手机上拥有多项专利。美国对专利的保护特别严格。比如外观设计专利,在中国的保护程度很弱,但在美国,苹果 iPhone 连矩形圆角的外形都能得到专利保护。在苹果之后想在美国卖手机的,如果不向苹果交专利费,很难避免吃苹果的专利官司。

　　在和三星打官司之前，苹果已于 2010 年 3 月对 HTC 提起了 20 项专利的侵权诉讼。2011 年，HTC 全球智能手机出货量排名第五，市场份额达到 9％，在安卓阵营中排名第一（IDC 数据）。但该年年底，HTC 输掉了苹果的专利官司，很快退出美国、巴西和韩国的市场。自 2012 年开始，诺基亚也在欧洲各地对 HTC 发起专利诉讼，HTC 部分手机产品在荷兰、英国等市场陆续遭到禁售。加上 HTC 原本做代工起家，擅长制造但不擅长创新和研发，出道 5 年时间就密集推出 50 款手机，冲得很快却后劲不足，面对众多蜂拥而至的安卓手机新品牌无力招架。短短两年，一度可与苹果叫板的 HTC 全盘皆输。

　　然而，三星却强硬地与苹果扛上了。

　　三星还反过来起诉苹果侵犯了自己的专利。双方先后在 9 个国家针对 20 项专利立案诉讼。在这些专利官司中，三星明显处于不利的位置。欧洲、澳大利亚和美国的各法院相继判决三星败诉。2012 年 8 月，美国加州地方法院给三星开出了10.5 亿美元的罚单。[①]

　　这一判决令人震惊，因为外观设计专利侵权居然可以获得金额如此高的赔偿，这也刷新了美国历史上涉及外观专利赔偿数额的纪录。这起诉讼引起了技术界和设计界的大围观，两大阵营的观点泾渭分明。设计界一致认为外观设计对产品整体意义非凡，对于外观设计的侵权应该以全部利润支付赔偿。技术界则公开表示支持三星电子，他们认为科技产品的核心价值是技术而不是外观，如果将全部利润进行赔偿是不合理的，担心这一判决结果会扼杀科技公司对于产品创新的热情，影响整个行业的发展。

　　三星开始蓄力反扑了。

　　要知道，三星电子是全球存储器和面板的霸主，垄断全球 7 成以上的内存芯片，3 成的闪存芯片，还是全球领先的液晶面板供应商。三星电子为苹果供应过的

---

　　① 陈璐：《三星侵犯苹果专利需赔 10.5 亿美元　世纪专利战给行业带来深远影响》，《中国日报》，2012-08-26。

手机零部件就有微处理器、闪存、液晶面板、电池、多层陶瓷电容器、软性电路板等。三星甚至还能通过苹果的零部件订单来预测苹果产品的未来走势。2012 年 10 月,三星停止向苹果供应液晶面板。苹果狼狈不堪,因为三星是苹果手机显示屏最大的供应商,每年交付量多达数千万个,根本不可替代。11 月,三星再度停止向苹果供应一个重要零部件:iPad 和 MacBook 笔记本所用的电池。

2015 年 5 月,美国联邦巡回上诉法庭维持了 2012 年的判决,但将三星电子应赔偿的数额降到了 5.48 亿美元。同月 14 日,三星电子将这笔赔偿款支付给苹果。至此,三星在大大小小的多起诉讼中累计赔付给苹果的总金额达到 17 亿美元。① 三星电子继续就其中 3.99 亿美元的外观设计侵权赔款的部分向最高法院提出上诉,要求重新审理,并在诉状中称"外观设计专利的价值被大大高估了"。美国最高法院以 8 票同意、0 票反对,推翻美国联邦巡回上诉法院的判决。

苹果一边和三星打官司,一边仍然要向三星采购手机的零部件。比如 2017 年 4 月,苹果就从三星购买了 7000 万块 OLED 面板,用于新款 iPhone 8 的生产。库克做供应链管理出身,从未放弃将苹果供应链多元化的努力,比如 2015 年投了 15 亿美元给日本显示公司(JDI)的液晶面板厂②,2017 年投了 27 亿美元给韩国 LG 的 OLED 面板厂③。但就像基带处理器摆脱不了高通一样,苹果在面板、存储器和应用处理器的生产供应上,也不能完全脱离三星。三星也同样离不开苹果,来自苹果的订单一度占到三星电子总收入的 5%,为其第一大海外客户。两个公司既是竞争者,又是合作者,虽然会有摩擦却最终谁也离不开谁。

2018 年 5 月,美国陪审团重新审理此案,并达成一致裁决,将赔付金额改为 5.386 亿美元,其中 5.333 亿美元是因为侵犯苹果三项设计专利,而 530 万美元是因为侵犯了苹果两项实用专利。这意味着三星竟在 3.99 亿美元侵权赔款的基础

---

① 马颖君:《三星一共赔了苹果多少钱?》,第一财经,2016-05-23。

② 柔情老汉:《救救滞销 LCD! 日媒曝 JDI 还欠苹果约 15 亿美元》,https://mobile. pconline. com. cn/1242/12427415. html. baidu. com/s? id＝1628950176293502465＆wfr＝spider＆for＝pc,太平洋电脑网,2019-03-25。

③ August:《苹果为 LG 投资 27 亿:保障 iPhone OLED 屏供应》,http://mobile. yesky. com/ 209/280874709. shtml,天极网,2017-07-29。

上额外支付了 1.4 亿美元。① 6 月,苹果和三星就专利诉讼达成和解,这场前后延续了 7 年时间的专利大战终于落幕。

乔布斯的离世并没有对 iPhone 手机的销售和苹果公司的盈利产生不良的影响。

2014 年,苹果顺应市场需求,抛弃了乔布斯钟爱的"单手操作"理念,加入了三星主导的大屏手机的队伍中。4.7 英寸和 5.5 英寸的屏幕组合,让 iPhone 6 这款手机一经上市就卖断货。iPhone 6 在 5 年内销售 2.4 亿部,成为苹果历史上最畅销的机型,以后恐怕也再难有机型在数量上能够超越。2015 年度,iPhone 销量达到最高峰的 2.3 亿部,而在乔布斯去世的 2011 年,iPhone 销量还仅有 7229 万部。

近几年,iPhone 不再公布销量,让外界怀疑其销量不容乐观。iPhone 6S、iPhone 7、iPhone 8 这三代机型,在外形设计上,都没有跳出之前 iPhone 6 的影子,让用户购买兴趣大大降低。而且,随着三星和中国智能手机品牌的崛起,手机行业竞争越来越激烈,苹果也受到了不小的冲击。

2017 年,苹果终于做出了调整,既然在五六千元价位的手机市场上难以招架中国品牌的有力挑战,不如改变战略,向万元价格段挺进,通过提高利润来弥补销量的下滑。

于是,苹果推出了 iPhone X 手机。该手机是苹果史上首次应用了 OLED 全面屏设计,新增了无线充电功能,用 3D 人脸识别取代指纹识别。可以说,这是 iPhone 有史以来最具科技感的机型,不过其售价也是最高的,距离突破万元只有一步之遥。

2018 年底,从来不打折的 iPhone 也开始降价了。iPhone 8 和 iPhone X 系列普遍降价千元以上。降价带来了一时销量的提升,却对"果粉"的忠诚度产生了很大的打击。2019 年 7 月,市场曝出消息,应用 OLED 屏的 iPhone 手机实际市场需求远低预期,导致三星 OLED 面板制造工厂的实际产量还不到其产能的一半,经

---

① 王珍:《被美国法院裁决向苹果赔偿 5.39 亿美元,三星电子或寻求上诉》,第一财经,2018-05-25。

营陷入困境。由于三星是根据苹果的要求才投资了最先进的 OLED 生产线,根据双方事先的协定,三星要求苹果支付约 6.83 亿美元的赔偿金。从这个事件上既可看出苹果在 OLED 屏上还是摆脱不了对三星的严重依赖,也可看到 iPhone 承受的巨大销售压力。

尽管销售不如预期,在美国、欧盟和日本等市场的忠实高端用户群支持下,苹果仍然占据了全球智能手机行业三分之一的总收入和三分之二的利润(Counterpoint Research 2019 年三季度数据),其利润份额远超过三星或华为。

乔布斯离世后,苹果公司的业绩仍然在高速增长。

2011 年的苹果公司,销售额突破 1000 亿美元,市值高达 3000 多亿美元。苹果富可敌国,其拥有的现金和有价证券最高达到 762 亿美元,超过了美国政府。乔布斯离世才半年时间,2012 年 4 月 10 日,苹果市值突破 6000 亿美元,成为微软之后第二家达到这个市值的公司。2018 年,苹果营收高达 2656 亿美元,利润亦达到创纪录的 595 亿美元,市值更是破万亿美元。

iPhone 在苹果帝国的地位至关重要。从发布之日起,iPhone 在苹果的收入占比一路攀升,最高接近 70%,近年来保持在 60% 以上。表面上看,以 iPhone 为主的硬件销售为苹果贡献了 80% 的营收,但真正驱动苹果股价的却是建立在 iOS 系统上的应用商店和应用服务。在视窗系统之上建立的个人电脑生态,成就了微软;在 iOS 系统之上建立的手机生态,成就了苹果。以软件收入为主的服务收入超过了 Mac 和 iPad,成为苹果仅次于 iPhone 的第二大收入来源。谷歌 2018 年支付给苹果 95 亿美元的"过路费",确保苹果的 Safari 浏览器把谷歌搜索引擎列为默认,由此可见 iOS 系统作为移动互联网入口和平台的价值。Safari 在所有浏览器中的市场份额排名第五,手机浏览器中排名第一。苹果股价在 iOS 系统发布的 11 年间上涨接近 20 倍,iOS 系统生态是苹果市值突破万亿美元的首要功臣。有了生态,主销手机的苹果公司才能一跃成为地球上市值最高的企业。苹果的价值在于它转型成为一家拥有 14 亿高价值活跃用户的互联网企业(2018 年 12 月数据,其中手机用户为 9 亿),而不仅仅是数码产品的制造商。苹果用户的平均估值在 900 美元,远高于小米用户平均估值的两三百美元。

然而，iOS 系统的风险在于它不是一个开放的系统，仅仅 iPhone 专用。一家公司是无法与整个行业对抗的，封闭系统难逃沦为小众产品的宿命。iPhone 一定会和 Mac 一样，市场份额越来越小。只要哪天 iPhone 的销售走不动了，iOS 系统就会跟着衰弱。苹果的成功在很大程度上押宝于 iPhone 这单一产品之上。苹果一直在沿着乔布斯既定的轨迹前进，将现有的产品不断进行改进和迭代，没有再发布出什么万众瞩目的新品类。

库克毕竟不是乔布斯，他的思路和乔布斯根本就是不同的方向。乔布斯总是在琢磨这类问题：谁是 iPod 的敌人？智能手机。如何提升 iPhone 的品质？打造 A 系列处理器。怎么把苹果最大的敌人安卓系统干掉？买下北电的专利。下一个做什么产品？苹果电视（可惜壮志未酬）。而库克想的问题尽是：能不能少给高通付点专利费？告它垄断。高通不给供芯片了怎么办？拿英特尔凑合。能不能把三星这个不听话的面板供应商换掉？京东方。让富士康再少收点加工费？嘿，谈成了……

iPhone 上市 11 年，变化的不仅是苹果公司的股价，还有全球数十亿人的生活。

从前，消费者不太可能在吃饭前用电脑查周边餐馆、打车前用电脑叫车，现在都可以用智能手机来解决。智能手机的用户有越来越多、越来越好的应用程序可以使用，微信、支付宝、新浪微博、今日头条、高德地图、滴滴打车、大众点评、美团外卖、手机淘宝、京东商城、优酷……在应用商店里的那些小小的应用图标后，产生的亿万富翁不胜枚举。

手机应用商店的兴起深刻地改变了我们的这个世界。我们几乎所有的需求都能够在应用程序中解决。没有了手机，我们将变得很难适应现今社会。连战场上的军人，他们的命运也都被手机改变。

涉入军事与情报的手机

二战时期，德国狙击手海岑诺尔创下了狙杀的最远距离纪录。他用的是 6 倍瞄准具的 98k 狙击步枪，在 1100 米的距离外成功射杀多名在诺曼底沙滩上登陆的美国军官。这个纪录几乎是中等口径狙击枪的狙击距离极限。要知道,在这么远的距离上,狙击手需要瞄准目标上方大约三米的地方,子弹受重力影响,以抛物线的轨迹飞行两三秒钟的时间,然后在下坠的过程中击杀目标。在今天的战场上,有了智能手机的助力,这一保持几十年的极限射杀距离已多次被打破。

2009 年 11 月,英国皇家骑兵队的狙击手克雷格·哈里森在阿富汗的一场遭遇战中,利用一支 L115A3 型远程步枪,在 2475 米之外精准"秒杀"两名塔利班武装分子,解救了一名深陷重围的英军指挥官。与这款步枪配套的 iPhone 里装的软件,可以精确测算风速、重力、地球转速等微小因素对弹道的影响,帮助提高射击精度,从而创造奇迹。

2017 年,加拿大第二联合特遣部队的特种兵在伊拉克射杀了一名 3540 米外的伊斯兰国(ISIS)武装分子,再次创造了狙击世界纪录。这么远的距离,子弹需要花大约 10 秒钟的飞行时间才能射中目标。这位狙击手配备的武器很可能是加装了 iPhone 的美国 TAC-50 狙击步枪。

智能手机不仅可用来狙击,还可以有多种作战用途。美国范德堡大学与美国国防部高级研究计划局正合作研发一系列专为军队服务的智能手机应用软件。有的应用可以帮助狙击手计算射击数据,有的可以提供全面的武器信息,有的可以通过地图工具来追踪无人机和作战任务,有的可帮助进行医疗诊断,还有方便士兵列出盟友、平民和敌人的社交网络应用。

比如一款单兵作战软件,可获得周围两公里范围内所有空中、地面的卫星图像侦察情报;可将 10 至 20 名战友列入"好友名单",实时显示已方态势,协调作战行动;可对重点目标及周围环境拍照、摄像,并自动搭配 GPS 信息上传给作战单元或指挥部;也可遥控微型无人机和机器人侦察或作战。

该项目的部分成果已经在阿富汗战场上尝试实战应用,美军给派驻阿富汗的第十山地师的 3000 名士兵配发了操作系统经过加密的智能手机。按照美军实施的"奈特勇士"计划,战场上的每一位士兵都将装备智能手机,智能手机将成为美军

"一体化作战"的关键平台。①

　　容易碎屏的苹果手机显然适应不了严酷的战场环境,需要进行"三防"(防尘、防震、防水)定制。据说,苹果将在富士康的美国威斯康星州液晶面板基地内部设立生产线,组装苹果手机。表面上说是为了降低苹果手机从中国组装之后进入美国市场的关税成本,也许真正的理由是为了组装军用手机。毕竟如果为了减少成本,苹果手机更有可能搬去印度生产,而不是将生产线搬回美国。

　　手机不仅可用于实战,亦是情报战的重要工具,美国政府自然想把苹果手机变成谍战工具,却遭到了苹果公司的拒绝。

　　从1970年起,美国外国情报顾问委员会就建议:"从今以后,商业监听应该被视为国家安全的一部分,享有外交、军事和科技监听同等的优先权。"②美国监听的不仅是机构层面,它的触角还伸及普通人的隐私。以法国为例,美国通过对法国人通话的监听,平均每天可获得上百万个数据,其中有些作为重点监测目标的电话号码会自动触发系统,记录谈话内容。依据某些关键词,甚至还能追索及还原出手机短信的具体内容。

　　美国对互联网的大规模监控,始于小布什时代。"9·11"事件发生之后一个多月,小布什即签署了《爱国者法案》。鉴于策划袭击的恐怖分子是以合法的身份来到美国、在美国学开飞机、用普通电话和普通网络电子邮件沟通和准备,最终组织和实施了这次恐怖袭击,美国痛定思痛,决心要加强本土安全,防患于未然。《爱国者法案》赋予美国政府以反恐名义大规模监视的权力。

　　2007年,美国国家安全局(简称美国国安局,National Security Agency)和联邦调查局(Federal Bureau of Investigation)启动了一个代号为"棱镜"的秘密监控项目,直接进入美国网络公司的服务器,从各种个人信息中挖掘数据、收集情报。据说包括微软、雅虎、谷歌、苹果、脸书(facebook)、PalTalk、YouTube、Skype、AOL 等在内的 9 家国际网络巨头皆参与其中。令人瞩目的是,"推特"(Twitter)没有出现

---

①　陈文凯:《智能手机已成政治斗争和战争工具》,《科技日报》,2015-08-25。
②　弗雷德里克·皮耶鲁齐、马修·阿伦:《美国陷阱》,中信出版社,2019 年,171 页。

在被监控的公司列表中。由于世界主要互联网等技术公司的总部都在美国,美国政府有能力接触到世界的大部分数据。此外,美国国安局还要求运营商威瑞森每天提供数百万私人电话记录,其中包括个人电话的时长、通话地点、通话双方的电话号码。这些记录都长期保存在美国国安局的数据库里。

美国国安局 2008 年 10 月 1 日编写的一份文件披露,他们正在编制一个名为"遗失吉普"(Dropout Jeep)的恶意软件。该软件可用于收集手机用户联系人、读取短信内容、听取语音留言、确认手机所处地理位置以及附近手机信号基站,甚至可以悄悄打开手机进行相机偷拍和麦克风窃听,继而以加密数据方式把这些信息发回植入者。"遗失吉普"的最初版本需要以人工方式植入智能手机,后续版本可以远程遥控安装。①

过去,为了避免侵犯美国公民隐私,只允许针对外国人士分析这类数据。但从 2010 年起,美国国安局获得授权,为了发现并追踪海外情报目标和美国公民之间的关联,可以搜集部分美国公民的电话以及电邮记录,分析他们的"社交连结,辨识他们的来往对象、某个特定时间的所在地点、与谁出游等私人信息"。美国国安局还可以从公共、商业等来源搜集数据,包括银行代码、保险信息、社交网络资料、乘客名单、选举名册、GPS 坐标信息、财产记录和税务资料。可以说,在美国国安局面前,美国公民已完全透明,而且所有的监控行为都是暗中操作。

2013 年 6 月,棱镜项目被曝光。苹果否认此前知道棱镜项目,并表示:"我们并不允许任何政府机构直接访问公司的服务器,同时,任何想要获得相关用户信息的政府机构必须取得法院命令。"苹果披露,在过去的半年时间里,"累计收到美国执法部门 4000～5000 次用户数据调查请求,涉及刑事调查和国家安全事务,最常见的数据请求包括警方调查抢劫及其他犯罪活动、寻找失踪儿童、试图定位阿尔茨海默氏症患者或者是为了防止自杀。"

配合个别数据调查是一回事,提供所有数据或开个"后门"就是另一回事了。2014 年 7 月,法国黑客乔纳森·扎德尔斯基发现苹果 iOS 系统中存在多个未经披

① 佚名:《"苹果"手机有"后门"　美国国安局编恶意软件遥控监听》,《北京日报》,2014-01-02。

露的"后门",这些后门有可能帮助执法机构、美国国安局或其他恶意分子绕开 iOS 系统的加密功能,窃取用户的私人信息。苹果承认了三个后门的存在,但坚称这些后门只用作"诊断功能",可以帮助企业信息部门、开发者和 AppleCare 检测故障。

事实也证明,苹果是用户隐私的坚定的捍卫者,为此不惜得罪美国政府。2016年 2 月,美国联邦调查局带着加州法院的一纸法令,要求苹果公司"黑"进前一年一起重大恐袭案疑犯的 iPhone,以获取涉案资料。美国联邦调查局认为,苹果应当专门编写一个程序,为 iOS 系统创建一个后门,从而方便调查人员获取手机内存储的信息。库克称,美国政府的要求让人"感到寒意"。"如果政府让解锁 iPhone 变得更容易,它就有能力侵入任何人的设备并取得其数据。""你不可能建造一个只给好人用的'后门',只要存在'后门',坏人们就可能利用它。"双方为之展开了长达数月的拉锯战。特朗普因此还呼吁消费者抵制苹果公司产品。在这一事件中,商界与政界形成了相互对立的两大阵营。前者诉诸司法正义、反恐和民众安全,后者则坚持保护公民的自由和个人隐私。最终,还是由以色列黑客为美国政府解开了那部 iPhone 的密码。

斯诺登曝光,美国中央情报局(简称美国中情局,CIA)为了攻破 iPhone 和 iPad 的加密技术已经做出了多年的不懈努力。iOS 操作系统一度被称为是最安全的操作系统,能够有效抵御恶意攻击,充分保障手机用户的个人信息安全。然而,安全只是相对的,并没有绝对的安全。iOS 系统与美国中情局的攻防战,看来还将长期持续下去。

苹果公司敢不看政府脸色,却不敢不把关键供应商放在眼里。iPhone 的所有零部件供应商中,三星还不是最大的麻烦,毕竟面板、存储器和应用处理器都还有别的供应商可以选择。只有基带处理器,仅高通一家能够供应。高通不仅处于绝对垄断地位,还利用这一地位公然捆绑收取高昂的专利费用。即便苹果是高通最大的客户,也没有多少的话语权。苹果赢了三星的专利纠纷官司,还面临着更难打的高通反垄断官司。

第十四章

高通反垄断案

高通全球反垄断诉讼

2008 年的 7 月 11 日,苹果的第二代智能手机 iPhone 3G 正式发售,首周销量即过 100 万部。当时的 GSM 在全球拥有用户数量高达 20 亿,CDMA 也有 5 亿的用户。在随后的几年,主要是印度和非洲等经济不发达地区的 2G 用户数量还在持续增长。但我们知道,全球移动通信开始正式步入 3G 时代。

3G 最大的优点是能够高速上网,与 2G 相比,3G 的网络下载速度足足提升了 30 多倍。这时候,CDMA 技术容量大的优势就出来了,3G 的三大国际标准都以 CDMA 技术为基础,我们从这三大标准的名字上就可以看出它们与 CDMA 的关联(WCDMA、TD-SCDMA 和 CDMA2000)。[①] 掌握 CDMA 基础专利的高通自然是最大的受益者,高通终于等到了翻盘的机会。

高通修了一条名叫 CDMA 的路,大家高高兴兴地沿着路开餐馆、加油站、旅馆。等到这条路在 3G 时代发展起来了,高通一变脸,说要开始收路费了,而且价格还不低。所有用惯了免费 GSM 的人都傻了。即使 4G 的国际标准找到了抛开 CDMA 的路径,高通也掌握了不少关键性的底层专利。换句话说,在从 20 世纪 90 年代至今 30 年的时间里的前后三代移动通信技术演变中,高通一直扮演着非常重要的角色。不管是运营商、通信设备商还是手机厂商,大家发现,谁也绕不开高通。

高通拥有几千项 CDMA 的专利,并拥有多数 CDMA 的核心专利,并且还在核心专利的基础上,围绕着功率控制、同频复用、软切换等技术,不断通过研发和购买来增加专利,构建了一套复杂而完整的 CDMA 专利链。2014 年 1 月,高通一次购入惠普的 2400 项移动技术专利,震惊业界。高通的专利申请也很有技巧,它总是在前面的专利保护到期之前申请新的专利,让老专利成为新专利的一部分,一环套一环,构筑起牢不可破的专利壁垒。

---

① 　WCDMA 是宽带码分多址(Wideband Code Division Multiple Access)的简写,是欧洲推出的 3G 标准。TD-SCDMA 是时分同步码分多址(Time Division-Synchronous Code Division Multiple Access)的简称,是中国推出的 3G 标准。CDMA2000 是美国推出的 3G 标准。WCDMA 和 TD-SCDMA 向下兼容 GSM,CDMA2000 向下兼容 CDMA。

造访过高通总部大楼的访客,都会对著名的高通专利墙留下深刻的印象。高通专利墙占据了主楼大厅一层和二层的墙壁,墙面上密密麻麻地布满了上千份的CDMA专利,而这只不过是高通"专利池"的1%而已。国际通用的3G和4G的通信标准,绝大多数是由高通主导制定的,其在世界范围内的技术强势地位是不可争辩的事实。

高通雇了一个无比庞大的律师团,对专利进行严密的保护。可是,从古至今,要收"买路钱"都不是件容易的事,更何况高通是要"拿刀割肉"才给你放行。怎么解决收钱难的问题? 高通还有一个大招:芯片。

在2G时代,最重要的手机品牌都归属于通信设备企业,如摩托罗拉、诺基亚、爱立信、西门子通信等。这些企业既是全球手机巨头,也是通信设备巨头。事实上,当时的手机主要是为了通信设备商可以卖出更多的基站设备,作为移动通信网络的副产品而出现的。这些传统通信设备商都有能力制造自己的基带处理器,然后搭配德州仪器、英特尔、摩托罗拉等半导体巨头制造的应用处理器,生产手机。

到了3G时代,手机的通话功能被弱化,应用功能得到了极大的增强,原有的手机处理器生态被改变了。一方面,是通信技术与计算技术开始融合,高通、三星和华为先后跨界,同时做基带处理器和应用处理器。另一方面,做通信设备出身的手机巨头走向没落,更能抓住用户需求的苹果、小米和OPPO等手机巨头开始兴起。问题是,这些新兴手机巨头没有通信技术基因,即使做得了应用处理器,也做不了基带处理器。基带处理器的专利门槛极高,市场的新进入者根本付不起高额的许可费,而且基带处理器一直在不断地更新换代,没有在无线通信领域深厚的专利积累及多年深耕,再有钱也做不了基带处理器芯片。这就给了高通可乘之机。

高通抛掉硬件业务后,专注于专利授权和芯片设计业务。2007年年末,高通推出了骁龙系统芯片。刚开始,高通应用处理器的质量是不如德州仪器之类的老牌半导体巨头的。于是高通将基带处理器标价很高,同时搭赠应用处理器。手机厂商如果去买德州仪器的应用处理器,没有基带处理器也无法使用,所以还得去找高通,这样一盘算,还是都从高通那里采购划算。而且,骁龙系统芯片可以集成基带处理器,一般手机厂商没有系统芯片设计能力,必须将德州仪器的基带处理器外挂,这样既占空间又耗能量。很快,在基带处理器上不占优势的德州仪器、美满(Marvell)和英伟达(NVIDIA)等半导体厂商都无法与高通竞争,相继退出了手机应用处理器市场。

而且,即使手机厂商能够从博通等新兴的芯片厂商那里采购基带处理器也没有用。高通一方面可以肆无忌惮地向其他基带处理器供应商收取巨额的高通税,另一方面,只要其他基带处理器供应商用到了高通拥有的专利(在 3G 和 4G 时代是无法避免的),高通同样会要求这些手机厂商缴纳专利授权费。为了避免双重交费,各手机厂商只好乖乖就范了。到了 4G 时代,基带处理器的技术难度和研发成本让博通、爱立信这样的无线巨头都无法承担了,相继退出了这一领域。

就这样,高通利用它在基带技术上的优势,成功地将业务拓展到应用处理器业务上。高通在基带处理器上高度垄断,在应用处理器上也有很大的市场份额,可谓是统领了大部分中高端安卓手机。

到了 2012 年,高通拥有 3 万员工,已经成为全球最大的芯片设计企业,中国前十大芯片设计企业的销售总额还不到高通的 1/3。当年 11 月,高通市值高达 1000多亿美元,一度超越了英特尔。高通将 20% 左右的收入都投入研发中,2013 年大约投了 50 亿美元,远远超过联发科的 9 亿美元,可想而知联发科要从高通手中抢高端手机芯片市场有多困难。全球的主流智能手机厂家,包括苹果、三星、索尼、LG、摩托罗拉、中兴、华为等都在大量使用高通的芯片,对高通有很高的依赖性。高通的芯片还经常处于断货状态,不少手机厂商得登门求货,一些规模偏小的企业只能通过中间商才能拿到高通的芯片。

在手机芯片设计上取得优势地位后,高通又接着打压通信技术上的竞争对手。所以,我们会看到诺基亚、华为等通信设备厂商那时都更倾向在手机上用德州仪器的应用处理器,苹果、小米、OPPO 和 vivo 这些没有通信技术的手机厂商会受到高通的优待。

在芯片和专利上,高通拥有双重优势。高通因此强制实施"无专利授权、无芯片供应"的捆绑销售政策,要想购买高通芯片,就得先购买高通的专利授权。在高通的营收中,专利授权约占 1/3,芯片销售约占 2/3,而利润则倒过来,前者和后者分别占高通利润的 2/3 和 1/3。而且专利授权利润占比还在不断增加。芯片设计与专利授权的互相支持，构成了高通的主营业务。高通的年收入不算太高，只有250 亿美元左右，税前利润竟达到惊人的 60%。

我们知道，捆绑销售是垄断行为的一大特征。微软就是因为在视窗系统上捆绑销售浏览器和办公软件，吃了反垄断官司的。高通也搞捆绑销售，它不垄断谁垄断？

高通的所作所为在全球范围内引起公愤。早在 2007 年 10 月，欧盟就基于爱立信、诺基亚等手机厂商和芯片生产商的投诉，对高通滥用市场支配地位进行正式调查。该调查于同年 12 月就被终止，因为高通与这些企业达成协议，降低WCDMA 关键专利收费，让它们撤销了投诉。连最先支持高通的韩国，也觉得高通把韩国通信产业的利润拿得太多，再加上听说高通对中国的收费标准仅有韩国的一半，很不高兴。于是，韩国公平贸易委员会通过调查认定，高通滥用其在CDMA 调制解调器和射频芯片领域的市场支配力，于 2009 年 7 月作出决定，对高通处以 2 亿美元罚款。在韩国作出上述决定两个月后，日本公平贸易委员会针对高通强迫日本相关生产商签订歧视性或不合理的专利许可协议问题，发布禁止令。

高通的营收中有一半来自中国，中国是高通垄断行为的最大受害者。2013年，中国通信工业协会下属的手机中国联盟向国家发改委递交了《国产手机品牌知识产权生态调查报告》，该报告在对 20 多个中国主要品牌企业调研的基础上，详细分析了中国国产品牌手机企业知识产权的生态环境和高通收费现状，指出了高通的三大罪状：(1)将芯片与专利捆绑销售，不交专利费就拿不到"高通芯"；(2)5% 的专利费收取标准被认为要价过高(2G 时代的 CDMA 仅收 2.65%)；(3)针对中国厂商收取的专利费高于苹果、三星以及诺基亚，构成歧视性定价；并据此认为高通在中国存在过度收取专利费和搭售行为，其商业模式损害了中国的手机产业。

具体来讲，除了前面提到的"双重收费模式"外，高通还存在"整机计费""反授权协议"和"排他性条款"等方面的问题。

高通是针对整机而非芯片模组的价格来计算收费，每部手机的批发价最高上限为 400 美元，按 5% 来计算，每部手机专利费最高不超过 20 美元。这就意味着，中国手机厂商若要额外增加任何新部件,比如陀螺仪或者多媒体零部件之类,即使与高通毫无关系,只要导致售价上调,均须多付专利费给高通。

　　更恶劣的是,高通公司利用自身的专利优势迫使手机厂商签订不公平的"反授权协议"。根据这项协议,使用高通芯片的手机公司,必须将所持专利授权给高通,并且不得以此专利向高通的任何客户征收专利费。比如说,华为买了高通芯片,就必须将自身所持的专利授权给高通使用。小米是高通芯片的客户,华为就不能以此专利向小米收取专利费。高通的这个不平等条约,等于给了一些缺少专利的小手机厂商保护伞,伤害了拥有专利的大手机厂商,实质上是打击了中国手机厂商发展专利技术的积极性,不利于中国手机行业的长远发展。在通信技术上积累专利较多的诺基亚、爱立信和摩托罗拉等传统通信设备厂商,有能力与高通进行专利交换授权,才可以基本不受此类"反授权协议"的影响。

　　此外,高通还通过排他性条款,阻止客户使用非高通无线芯片。高通为手机厂商用到的每一块高通芯片提供回扣,前提条件是该手机厂商所销售的手机使用高通芯片的比例必须达到 85％以上甚至 100％。例如,2003 年,高通与华为签署了一项为期 10 年的协议,如果华为在中国市场中全部从高通手中购买 CDMA 芯片,华为只需支付 2.65％的专利使用费。如果华为购买非高通 CDMA 芯片,专利权使用费将上涨至 5％或更高。这一条款直接刺激了华为成立专做芯片的深圳市海思半导体有限公司。

　　这些排他性条款是非常重要的,因为基带处理器的研发投入巨大,从零开始设计一个有竞争力的基带处理器要花费数亿美元,而且一个设计只能用几年,然后就会过时。要想让这一业务有利可图,就需要巨大的市场规模。这意味着,一家芯片设计公司只有在已经有一些大客户排队等候的情况下,开展这项业务才有意义。这些客户必须愿意并且有能力在第一年订购数以百万计的芯片,但有这种能力的客户屈指可数,而且全都被高通的排他性条款给拴住了。连英特尔这样有实力的半导体企业,在未获苹果订单保证的前提下,也不敢贸然拓展基带处理器设计业务。

　　2015 年 2 月 10 日,中国国家发改委对高通处以 60.88 亿元(相当于 9.75 亿美元)罚款,并要求高通改变专利的收费模式,以及取消不合理的反向授权等附加条件。高通和中国发改委达成协议的收费规则是这样的:对 3G 设备(包括 3G/4G 多模设备)收取 5% 的许可费;对 4G 设备如不实施 CDMA 或 WCDMA 则收取 3.5% 的许可费;许可费基数为设备售价的 65%。

如果你买了一部 3000 元的 3G 手机,那么你要付给高通 3000×65%×5%＝97.5 元的专利费;如果手机是 4G 的,则只要付 68.25 元专利费。从收费标准上,也可以看出高通在 4G 的地位相对 3G 是有削弱的。世界各国在推 4G 标准时特意撤开了 CDMA,而且各国在发展 4G 时普遍比较激进,就是为了避开"高通税"的盘剥。

鉴于中国手机市场之庞大,中国政府要求的约 10 亿美元的罚款并不过分。高通 2013 年在中国有超过 120 亿美元的收入,10 亿美元的罚款相当于其收入的 8%,也在中国《反垄断法》规定的商家上一年度销售额的 1%～10% 的自由裁量范围之内。高通一收到罚单,就在三天之内将罚款全数交齐了。

高通在中国受罚产生了很大的反响。随后,韩国公平贸易委员会声称,它通过向韩国企业的调查发现:高通一直在暗中阻止三星向其他手机制造商销售芯片。韩国公平贸易委员会认为,高通拒绝给三星这样的芯片制造商提供专利授权许可,并要求智能手机制造商支付高额专利费,这种行为违反了韩国反垄断法,于是在 2016 年 12 月,又给高通开出一张 9 亿美元的罚单。

中国台湾也以高通涉嫌违反了中国台湾地区《公平贸易法》第九条规定为由,对高通处以 7.8 亿美元的处罚。于是高通扬言要撤回与中国台湾工研院的 5G 研发合作。中国台湾马上说可以分 5 年 60 期来交罚款。最终双方达成和解,高通以支付 8900 万美元罚款了事。

2018 年 1 月,欧盟委员会裁定,高通滥用其市场主导地位,通过向苹果公司付费的形式,以换取苹果公司在智能手机和平板电脑中独家使用高通芯片,给高通开出了 11 亿美元的巨额罚款。2019 年 7 月,欧盟又给高通开出了第二张罚单,对该公司"以掠夺性定价方式伤害竞争对手"的行为处以 2.7 亿美元的罚款。

高通不仅在全球范围内引起公愤,连高通的"娘家"美国的企业和政府也都认为高通收取的专利费太高,有垄断的嫌疑。

苹果、博通与高通的交锋

1998 年,高通创始人之一的艾文·雅各布的儿子保罗·雅各布专门到硅谷去见乔布斯。在等待见乔布斯的空隙,他借了一些胶布,把自己的手机和一款苹果的掌上电脑绑在一起。然后,保罗对乔布斯说:"你应该做这个东西。"乔布斯说:"这是我听过的最愚蠢的想法。"保罗其实找错了人,乔布斯从来就不是一个发明者,他只是个擅长改进现有产品的人。保罗只好找其他合作者做出了全球首款 CDMA 智能手机。这款手机块头仍然不小,价格也是不菲的 799 美元,两年卖出了数十万部。

到了 2005 年,风水轮流转,轮到苹果来找高通了。苹果想要将高通作为第一代 iPhone 的基带处理器的潜在供应商。高通回应的邮件内容不同寻常:要求苹果先签署专利授权协议,再谈供应芯片的事情。补充一句,当年被乔布斯嘲笑的保罗刚刚升任为高通的 CEO。

苹果负责采购的副总裁托尼·布莱文斯说:"我在这个行业工作了 20 年,从未见过这样的邮件。"大多数供应商都渴望与新客户交流,尤其是像苹果这样规模庞大、声望卓著的客户。但高通显然不需要在乎客户的想法,它知道客户没有别的选择,即使是苹果这样的大公司。乔布斯容忍了高通的收费标准,苹果手机从 iPhone 4 开始能够支持 CDMA 网络。不过,在乔布斯时代,卖得最好的 iPhone 4,季度销量也才千万级别,每年最多只需给高通支付几亿美元的专利授权费。到了库克时代,给高通支付的授权费上升到了每年十几亿美元的级别,这在库克看来完全无法接受的。

为了打破高通的垄断,苹果委托英特尔为其设计基带处理器。英特尔于 2010 年以 14 亿美元收购英飞凌(Infinenon)的无线业务后,挺进手机基带处理器市场,从而成为苹果用来替代高通的基带处理器供应商。事实上,当博通和爱立信都在 2014 年宣布退出手机基带处理器市场后,苹果除了英特尔再也没有第二个选择。

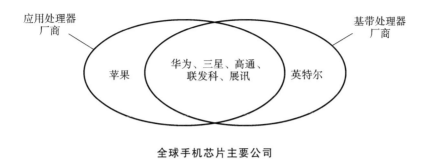

全球手机芯片主要公司

　　苹果把订单给了英特尔,严重威胁高通利益,双方矛盾激化,并最终走上了法庭。在苹果和英特尔等公司的帮助下,美国联邦贸易委员会于 2014 年 9 月开始对高通进行反垄断调查,并于 2017 年 1 月正式在加利福尼亚州圣何塞地方法院对高通提起反垄断诉讼。同时,苹果起诉高通拒绝返还 10 亿美元专利费。苹果和高通原本有协议,只要苹果不主动配合法庭或监管机构对高通发起申诉,高通每年会以回扣的形式向苹果退回一部分专利费。这既是高通对苹果这个大客户的一种优惠政策,也是高通防止苹果对它提起反垄断诉讼的一项预防措施。

　　高通与苹果全面开战:高通在多个国家起诉苹果不支付专利费,而苹果则反过来发起对高通的垄断诉讼;高通对苹果进行全面的芯片断供,一个芯片也不卖给苹果,苹果则全部改向英特尔采购基带处理器。

　　双方两败俱伤。为了避开高通税,4G 时代诞生了 LTE 技术,其核心思想就是去高通化,CDMA 技术的地位在下降,这已经导致了高通股价的下滑,在苹果这个大客户身上损失的芯片和专利收入更是雪上加霜。但苹果的损失更重。反垄断诉讼往往旷日持久,而违反合同不付专利费的判决却要简单得多。从 2018 年 12 月到 2019 年 3 月,中国、德国和美国等国的法院全都判决苹果败诉,苹果手机在这些市场面临被禁售的危险。而且,一分价钱一分货,英特尔的基带处理器质量比高通要差很多,改用英特尔芯片的苹果手机在信号上出现了一些问题,网络速度也较差,还更耗电。英特尔的 5G 技术差距更大,无法及时向苹果供应 5G 芯片。苹果想向三星采购 5G 芯片,被三星以产能不足为由拒绝。如果高通继续向苹果禁售芯片,一定会严重影响苹果 5G 手机在 2020 年下半年的上市。中国各手机品牌纷纷在 2019 年底就推出了 5G 手机,苹果哪里还敢拖下去?

要知道,手机行业和通信行业高度关联,每一代通信标准的诞生,几乎都会催生一批新的手机巨头,同时淘汰另一批老的手机巨头。摩托罗拉在 1G 独领风骚,诺基亚登上 2G 王座,苹果和三星称霸 3G,华为在 4G 异军突起。5G 又是一条全新的起跑线,一定又会给手机产业带来新的洗牌机会。华为、三星、小米都在跃跃欲试,苹果又怎敢对 5G 掉以轻心?苹果不敢失去高通的支持。2019 年 4 月中旬,苹果和高通宣布和解,双方在全球范围内的所有诉讼宣告结束。苹果大概需要补交 40 多亿美元的专利费给高通,而高通也重新供应芯片给苹果。双方各有得失,总的来说还是高通占了上风。

高通赢了对苹果的专利官司,却输了对美国政府的反垄断官司。

2019 年 1 月 4 日,美国联邦贸易委员会起诉高通垄断案开庭审理。美国联邦贸易委员会指控高通垄断了调制解调器芯片的供应,使用"不许可,无芯片"政策来强制收取过高的专利许可费率,并强迫其客户与之建立独家合作关系,排除和限制竞争者进入市场,最终推高了手机的成本,损害了消费者的利益。

在庭审期间,华为、联想、英特尔、三星、联发科等 12 家公司出庭作证,均指责高通利用垄断地位收取"高通税"。法庭证词表明,苹果经与高通谈判,同意每台手机支付专利许可费 7.5 美元,并选择高通作为独家供应商,高通则向苹果退还部分费用,实际每台苹果手机支付高通专利许可费大约为 5 美元。苹果期望通过反垄断诉讼将专利费降到每台手机 1.5 美元。

5 月 21 日,美国加州法院高兰惠法官判决认定高通存在捆绑销售、限制竞争等行为,其激进的授权策略违反了美国反垄断法。法院下令采取 5 条补救措施,包括不得以限制芯片供应为要挟提高专利许可费,不得要求独家供应,不得拒绝其他芯片厂商获得许可,必须在公平、合理和非歧视条件下,提供详尽的标准必要专利许可证,高通在今后七年需每年向联邦贸易委员会报告是否遵守了上述补救措施。法院认为,高通的做法扼杀了芯片市场的竞争,并损害了芯片供应商、通信设备制造商和终端消费者的利益。而高通在新一代 5G 智能手机调制解调器芯片方面的领先地位,还将会让这一情况持续下去。

美国经济长期居于全球领先地位,反垄断也发展得最为成熟。如标准石油公司和贝尔电话公司的拆分,都是反垄断法的经典案例。还有 IBM 和微软这样的巨头,都曾因为惧怕反垄断制裁而约束自己的捆绑销售行为。不过,美国既是全球反垄断执法最严的国家,也是专利保护执行力最强的国家。美国人特别重商,什么都想收费,比如欧洲人发明的 GSM、Linux 和中国人发明的杂交水稻都不收专利费,而美国人发明的 CDMA、视窗系统和转基因种子,全都拼命想收尽可能高的专利费。这两个看似矛盾的行为有着共同的目的:确保美国企业的竞争活力及美国科技实力的全球领先地位。

有意思的是,美国联邦贸易委员会赢了对高通的反垄断官司,却对法官极不满意。美国联邦贸易委员会委员克里斯汀·威尔逊指出,美国政府想把反垄断"仅限于美国",但法院的做法将美国反垄断法的适用范围扩大到美国境外,法官的命令似乎鼓励全球客户和竞争对手与高通重新进行合同谈判,这会损害美国创新,因此希望上诉法院重新考量对高通的裁决,确保硅谷的最新创新不会立即成为外国公司的福利。

我们还应该看到,高通芯片在美国市场上明显受到国家政策的保护。如果说是要保护通信安全,那为什么三星 Exynos 芯片被拒绝进入美国市场,使用高通芯片的中兴手机就能在美国正常售卖?三星是高通 CDMA 最重要的支持者之一,三星的 5G 设备在美国大卖,即便关系好成这样,三星手机在美国也被迫改用高通芯片。不愿意使用高通芯片的华为手机以及联发科芯片都进不了美国市场,这是明显的市场歧视。如果美国政府真想打击垄断,应该做的是让更多的手机芯片竞争者进入美国市场,这会比要求高通降低收费标准有效率得多。

更有意思的是,美国的反垄断机构一边在调查高通的垄断行为,一边还批准了高通对荷兰恩智浦半导体(NXP Semiconductors)的并购申请。高通觊觎物联网的市场,寻求将移动技术融入汽车、可穿戴设备和智能家居中,想通过物联网把数十亿的设备连接在一起,并为此打算收购全球最大的汽车芯片供应商恩智浦。尤其是高通最看好的无人驾驶,不能没有恩智浦的汽车电子技术支持。恩智浦源于老牌电子产品公司飞利浦。大家都知道飞利浦的小家电做得很好,其实飞利浦原本也是欧洲的一个半导体企业。为了降低成本和更好地参与全球竞争,飞利浦积极输出资本与技术,与亚洲企业合作,比如投资台积电、与 LG 建合资企业等。全球互联网泡沫的破灭给飞利浦的半导体业务带来了很大的冲击,飞利浦于 2005 年通过成立恩智浦将自己的半导体业务全部剥离了出去。恩智浦于 2015 年斥资 118 亿美元并购飞思卡尔,跃居全球汽车电子供应商之首,同时将半导体标准器件业务拆分出来成立了安世集团,卖给了以建广资产为主导的中国财团。卖掉安世集团后的恩智浦打算继续卖给高通。即便反垄断官司缠身,高通仍然打算通过并购来扩张规模。2017 年 4 月,高通宣布,以 470 亿美元收购恩智浦的交易得到了美国反垄断机构的许可。

螳螂捕蝉,黄雀在后。2017 年 11 月,博通宣布欲以每股 70 美元收购高通,加上高通的债务,此交易总价超过 1300 亿美元。如果此次交易成功,这将是科技史上最大的一笔并购案。这个消息震惊了全球半导体产业界。要知道,在前一年的全球半导体企业排名榜上,高通、博通和恩智浦分别位居第四、第五和第十名。如果这三家企业融为一体,市值在 2500 亿到 3000 亿美元,半导体产业将出现一个多么让人恐怖的"巨无霸"?

领导博通的是一个名叫陈福阳(Tan Hock Eng)的出生于马来西亚的美籍华裔。在过去四年里,凭借着高超的资本运作和过人的胆量,他领导安华高(Avago)连续进行了几次并购,其中最大一笔是 370 亿美元对博通的收购,从而将安华高打造成全球第五大半导体公司。安华高源自惠普旗下的半导体业务,几经变更后被以 26.6 亿美元的价格卖给了私募基金 KKR 和银湖资本。KKR 请来陈福阳出任安华高 CEO,安华高在陈福阳手中变成了一个市值高达 1100 亿美元的大公司,并在收购博通公司(Broadcom Corp)后更名为博通有限公司(Broadcom LTD)。陈福阳也成为半导体产业赫赫有名的高科技"野蛮人"。

博通和高通两家公司的核心业务都围绕芯片解决方案。相较于高通在智能手机芯片、5G 网络的影响力,博通的业务更聚焦在企业级市场,提供有线网络和无线网络的产品。早先,博通曾涉足手机基带市场,不过已经放弃了,收购高通可以补充博通在手机基带市场上的缺失。博通原本是高通的手下败将,赢不了高通就想出钱把高通买下来。而高通为什么会甘心卖给博通？这又和保罗·雅各布有很大的关系。艾文·雅各布于 2012 年退休后，保罗就兼任了高通董事长。但随后两年高通麻烦不断、业绩不佳，保罗被迫于 2014 年让出了 CEO 的位置，淡出公司的管理。保罗仅拥有 0.13％的高通股票，在高通几乎没有什么话语权，就想趁这次并购的机会好好捞一把。于是，保罗放话说博通在趁火打劫，出的价格太低了。与高通当时市值 700 亿美元相比，博通的出价看似溢价不小，但高通市值最高时也曾经达到 1300 亿美元，博通只是抓住了好时机。陈福阳慷慨承诺付给保罗 80 亿美元的"分手费"，于是赢得了保罗这个铁杆支持者。

不过，即使搞定了高通的老大，博通要想完成对高通这样的国家战略性高科技企业的收购并不容易。为了保证并购的成功，陈福阳亲自到白宫拜访特朗普，宣布计划将公司总部从新加坡迁至美国。博通原本就是一家美国公司，只是为了避税才把总部迁到新加坡，大部分运营职能都还在加州。博通不惜以每年多交 5 亿美元税收为代价回到美国，就是为了在收购高通等美国公司时可避开美国外国投资委员会的审查。陈福阳此举也有讨好特朗普的意思，特朗普正希望通过减税来让跨国公司回到美国，达到增加美国税收和就业的目的。

当时这位一向低调的 CEO 激动地说："我妈万万不会想到，她的儿子有一天能与美国总统并肩站在这里。"

特朗普当场也插了句名言："我妈也是！"

博通打算收购高通，最紧张的是半导体产业全球老大英特尔。要知道，博通是苹果的长期重要合作伙伴，为苹果供应 WiFi 和蓝牙模块、触摸屏控制器、无线充电装置和射频元件等零部件。业界普遍认为是苹果在背后给博通撑腰。库克最擅长做供应链，苹果对于关键供应商，一向不吝于以预付货款的方式对其先期资本投入予以支持，而高通是苹果最重要而且是唯一不可替代的供应商，苹果极有可能会在博通收购高通案中分得一杯羹。如果博通成功收购高通，苹果即可与高通一笑泯恩仇，哪里还需要再向英特尔采购基带处理器？英特尔在智能手机时代连遭挫折：应用处理器架构败于安谋，3G 标准 WiMax 推不起来，与诺基亚合作的米狗系统夭折。苹果订单是英特尔切入手机市场的重要突破口，绝对不得有失。于是，极富戏剧性的一幕出现了：2018 年 3 月 2 日，市场传出风声，说英特尔打算收购博通。英特尔的市值相当于高通与博通之和，如果这三个企业融为一体，全球半导体产业将出现一个总市值高达 5000 多亿美元的超级企业。

伴随着英特尔收购博通而来的另一个重磅消息是，高通宣布董事长一职易人，赶走了鼎力支持博通的"内奸"保罗。3 月 5 日，高通宣布主动接受美国外国投资委员会调查——这是很不寻常的，因为博通迁回美国后，其对高通的并购案就与美国外国投资委员会没有关系了。美国外国投资委员会随即以国家安全为由下令高通股东大会延后 1 个月举行，等待调查结果。外界认为这是高通为了拖延股东大会召开而搬出的政府救兵。高通原计划在 3 月 6 日举行股东大会，预计在这次股东大会上，博通提名的 6 位董事会成员将在高通 11 个席次的高通董事会中占多数，进而通过控制高通董事会来完成收购。

3 月 12 日，特朗普发布行政命令，要求博通"立即且永久地"停止收购高通。特朗普在总统令中写道："有可信的证据让我相信，博通可能采取行动，威胁到美国的国家安全。"高通正走在全球 5G 竞争的最前沿，而 5G 关系到美国的国家安全，特朗普最终还是"涮"了陈福阳一把，审慎地阻止了博通对高通的并购。英特尔的 CEO 马上出来辟谣，声称收购博通不符合公司的切身利益。事实证明，英特尔仅仅是想把水搅浑，不让博通顺遂心愿而已。这场集合了连环并购、董事长下台、巨头竞争、市场垄断、政府干涉等许多重要商业元素的世纪并购大戏，就此戛然而止。

博通被禁止收购高通，库克可能比陈福阳更加失望。苹果毫无选择，只能向高通低头，中止诉讼并重新向高通采购基带处理器。英特尔也未能笑到最后。苹果与高通和解的消息一放出来，英特尔就宣布停止开发 5G 芯片。没有苹果这样的大客户支持，连英特尔自己也对 5G 芯片的开发失去了信心，或者是在缺乏大订单保证的前提下不敢承担数亿美元的芯片开发成本。英特尔退出基带处理器业务其实是大势所趋。在计算技术和通信技术已经融合成"信息与通信技术"（ICT）的今天，我们看到，目前市场上仅剩的少数几个手机芯片玩家，如华为、三星、高通、联发科和展讯，全都是既做应用处理器、又做基带处理器的。手机的应用处理器和基带处理器是最复杂的芯片，两块业务相辅相成。早在 2006 年，英特尔觉得手机应用处理器不赚钱,草率地把它放弃了。当年的短视造成了今天的恶果,没有应用处理器业务的支持,英特尔也很难单独在基带处理器市场上取得成功。英特尔就此与手机失去缘分。过往的成功变成了今天的绊脚石,作为电脑时代霸主的英特尔和微软,如今同病相怜,都成为手机时代的失意者。

7月26日,苹果宣布以10亿美元价格从英特尔手中收购智能手机基带业务,苹果将获得英特尔的2200名员工和17000项无线技术专利。苹果终于结束了不能研发自己的基带处理器的历史。如果乔布斯还在,相信他绝对不会容忍"高通拿枪指着我们的脑袋"这样的情形长期存在,一定会早就补上这块最大的短板,但库克显然是个不想冒太大风险的企业经营者。10亿美元仅仅是个开始,当年博通因忍受不了每年7亿美元的投入而退出4G基带芯片业务,如今的5G基带芯片的投入只会更大,这对库克来说将是个巨大的考验。

还有一个让人料想不到的失意者——恩智浦。保罗的博士论文研究的是自动驾驶汽车技术,他当然是最想收购恩智浦的人。保罗失去董事长一职后仅仅4个月,高通即宣布放弃对恩智浦的收购。

高通再怎么垄断也可以对外并购,博通想买高通却难上加难,美国政府在反垄断上明显采用双重标准。要反垄断也只能美国自己反垄断,其他国家不行。虽然高通的垄断行为是明摆着的事情,但美国政府显然认为,自家孩子只能自家父母来打骂,高通再调皮捣蛋,也由不得别人来管教。

高通反垄断案的背后

中国对高通的反垄断处罚,当然令美国很不高兴。

美国是半导体产业的起源地,也是全球半导体产业的领头羊。美国半导体产业在20世纪80年代末一度被日本超越,90年代又收复失地,重新占据一半左右的市场份额,并将这一领先地位维持到了今天。美国政府对半导体产业极其重视,并大力扶持。"华盛顿通过支付技术研发费用和保证最终产品的市场份额,将原子弹最终制造成功的间隔缩短至 6 年,晶体管缩短至 5 年,集成电路缩短至 3 年。"[1]
从二战之后,美国半导体产业就开始高强度地投入,至今持续投入了七十余年。
2017 年,全球研发支出最高的十个半导体公司,美国公司有五家,研发支出占这十
家公司总和的 66%,其中仅英特尔的研发投入就有 131 亿美元。美国半导体企业
的研发支出占销售总额比重高达 18.5%,远远高于其他国家或地区 14.3% 的
水平。

美国占有全球半导体产业一半的份额,拥有较为完整的半导体产业链。不过,
美国在半导体产业上并无绝对优势,比如晶圆加工靠台积电,存储芯片靠三星,光
刻机靠荷兰阿斯麦尔(ASMZ),手机芯片架构靠英国安谋,半导体材料则属日本,
各个半导体强国或地区都有自己的优势。美国仅在芯片设计这个领域最强,2018
年占了 68% 的份额,博通、高通和英伟达高居全球前三位。中国仅次于美国,占
29% 的份额,以台湾联发科、大陆海思和展讯(2013 年底被紫光收购)等企业为代
表。除了美国和中国,其他所有国家加起来,在全球芯片设计产业中仅占 3% 的
份额。

半导体产业是美国的重要国家战略资产,半导体是美国最重要的出口产品,美
国非常重视维持半导体产业的全球领先地位。高通又是美国半导体产业的领军企
业之一,代表着美国的国家战略利益。美国政府自然全程高度关注中国对高通的
反垄断调查。

2014 年 9 月,《华尔街日报》援引知情人士的话称,美国财政部长雅克布・卢
致函中国有关领导人,中国针对外国企业的一系列反垄断调查可能给中美关系带
来严重影响。

12 月,在中国发改委就高通反垄断案的调查接近尾声之际,美国总统奥巴马
多次在会谈中提及中国利用反垄断政策限制外资企业收取专利使用费一事。

在高通被中国罚款的 2015 年,中国首次超过加拿大成为美国最大贸易伙伴。
美国对中国的贸易逆差高达 3657 亿美元,再创历史新高。中国对外贸易占全球贸

---

[1]　威廉・曼彻斯特:《光荣与梦想 4》,中信出版社,2015 年,305 页。

易的比重约为 7%,美国占比约为 14%,世界贸易增长已进入"中美双核"时代,这将对中美关系和国际经济政治形态产生深远影响。在"中美"成为世界经济主导的时候,中国和美国的关系却进入紧张阶段。

这一年,美方极为关注中国南沙岛礁改扩建工程。以维护航行自由、避免南海"军事化"为由,不仅美国领导层、政府要员在重要双边接触中屡屡向中方施压,美国军方更对南海海域采取了加强巡视、强化周边军事部署的行动。5 月,美军 P-8A海上巡逻机搭载 CNN 记者巡航南海,7 月,美军太平洋舰队新任司令斯威夫特乘 P-8A 飞机飞越南海上空,10 月,美海军"拉森号"导弹驱逐舰进入南沙渚碧礁附近海域,11 月,美国国防部官员称美海军计划今后每季度在南海人造岛屿 12 海里范围内巡逻两次。美国对南海问题的公开介入越来越直接和明显,这是在美国继续推进"亚太再平衡"战略的背景下发生的。中美分歧的本质是大国战略博弈,两国军方在南海发生意外摩擦冲突的事实风险会变得更高,这不禁让人担心当年的南海撞机事件会不会在哪一天突然重演。[1]

在此背景下,中国政府强硬地对高通开出巨额罚单,自然让美国政府耿耿于怀。许多人认为,两年后的 2017 年,中兴因违反美国禁令向伊朗出口通信设备而被美国处以金额与高通相当的罚款,是美国对中国处罚高通的报复。

---

① 晓岸:《2015 年影响中美关系走向的十大事件》,中国网,2015-12-14。

第十五章

美国制裁中兴事件

中兴为什么会被卡脖子？

根据《伊朗交易与制裁条例》等美国出口管制法规，美国政府禁止将美国制造的科技产品出口到伊朗。美国方面认为，2010 年 1 月，中兴涉嫌违反美国对伊朗的出口禁令，将一批搭载了美国科技公司软硬件的产品出售给伊朗电信。2013 年 11 月，包括美国联邦调查局在内的美国多个部门开始调查中兴。

为了规避风险，中兴起草了《关于全面整顿和规范公司出口管制相关业务的报告》和《进出口管制风险规避方案——以 YL 为例》两个文件。可是，2014 年，中兴一位高管在美国机场接受海关第二次检查时，美方从与该领导同行秘书的电脑中查到了这两份文件，这两份文件成了中兴有意规避美国出口管制政策的铁证。

2016 年 3 月 7 日，美国商务部官方网站披露了其调查员获取的中兴内部文件。该文件显示，中兴当时在伊朗等国实行的项目在一定程度上依赖了美国的供应链。而且，美国商务部认为，中兴一边承诺停止向伊朗出售违禁产品和不再违反美国出口管制法，一边选择了国内一家企业作为中转公司继续向伊朗出口违禁产品。于是，美国商务部以中兴"违反美国出口限制法规"为由，对中兴采取限制出口措施。4 月 5 日，中兴高层大换血，新任 CEO 上任后就对团队以及管理机制进行了改革，包括任命美国律师为首席出口合规官、完善《出口管制合规手册》、加强全球出口管制培训等。

2017 年 3 月 7 日，对于美国的三项指控：串谋非法出口、阻挠司法和虚假陈述，中兴承认了，并同意向美国财政部和司法部支付 8.92 亿美元的罚金，并承诺解雇 4 名高管，对涉事的其他 35 名员工予以减少奖金的处罚。此外，美国商务部对中兴的 3 亿美元罚金和元器件禁令被暂缓执行，具体执行情况要根据中兴对协议的遵守情况而定。

这件事原本就此结束，但是中兴只解聘了 4 名高管，其他 35 名员工中仅处理了 1 人，并未完全履行对涉事员工进行惩罚的承诺。一年后，美国抓住中兴的这一点大做文章。

2018年4月16日,美国商务部工业与安全局作出决定,重启对中兴的制裁禁令,中兴将被禁止以任何形式从美国进口商品。

制裁包括:

1. 中兴不能直接从美国进口;

2. 任何人不能协助中兴间接从美国进口;

3. 任何人不能从美国进口后转卖给中兴;

4. 就算中兴成功从美国进口了,任何人都不能买,也不能提供安装、维修等后续服务。①

制裁时间延续将近7年,至2025年3月13日止。这意味着中兴在2017年3月认罪并签署的和解协议宣告失效。

对于一些中国企业来说,完全可以不理会美国的法律和制裁。正如一位受制裁企业老板表示:"他们爱制裁制裁去呗。我们在美国没有资产,而且我们也不打算去美国。"中国政府亦坚决反对任何国家根据自身的国内法对中国的实体实施单边制裁和"长臂管辖"。但对于中兴而言,失去美国芯片供应会严重影响公司正常运转。中兴董事长殷一民在新闻发布会上指出:制裁使公司立即进入休克状态。4月18日晚,已经退休的中兴创始人侯为贵拖着拉杆箱现身深圳机场,后面跟着殷一民和CEO赵先明。77岁的侯老爷子临危受命,再次踏上征程。

中兴业务受到美国制裁影响最大的板块,是手机。

中兴手机亦依赖运营商渠道起家,由于中兴是做通信设备出身,可在全球范围内与运营商合作,这是让联想、酷派之类的厂商望尘莫及的优势。中兴1999年就推出第一部手机,2004年请来李连杰做形象代言,还在央视播出了广告。2005年,中兴和华为双双进入欧洲运营商的定制机市场,手机销量开始了飞跃式的增长。

---

① 跨境金融监管:《中兴通讯被美国全面封杀留下的五大血泪教训》,http://tech.qq.com/a/20180418/010321.htm,2018-04-18。

2007 年,中兴成为中国最大的手机厂商,手机销量突破 3000 万部,高居全球第六。最巅峰的 2010 年,中兴以 5180 万部的销量高居全球第四,在中国市场也高居第一。但中兴手机 90% 的出货量来自运营商,为了满足运营商的需求,中兴推出过大量低端手机,这些手机往往被用作诸如"充话费送手机""安网线送手机"等方式廉价销售。这类被运营商赠送出去的手机,因为出货价格和制造成本限制,质量问题严重,返修率一度高达 10%,对手机品牌的美誉度有很大的负面影响。

在运营商渠道衰退之后,中兴手机也逐渐沉沦。特别是随着"华米 Ov"的崛起,中兴近几年在中国智能手机销量的排名已经跌出了前十。但是在美国,中兴是第四大智能手机厂商,只落后于苹果、三星以及 LG。中兴 2017 年占据了美国智能手机市场 11% 的份额,美国市场占了中兴手机业务近四分之一的份额。联发科在中国大行其道,在美国却吃不开。大部分美国运营商希望手机厂家在美国使用高通芯片,不能使用高通芯片,将让中兴手机失去美国市场。

中兴手机原本有机会比联想甚至华为做得更好。作为今天世界上的四大通信设备商之一,中兴的技术力量相当雄厚,也拥有自己的手机芯片设计公司中兴微电子,成立时间比华为海思还早了一年,2013 年就做出了对标高通骁龙 800 的"迅龙7510"手机芯片。中兴最近几年的研发投入均在 120 多亿元,即便不能和华为相比,比联想等企业还是要强很多的。小米在 2018 年的研发投入也不过 58 亿元。作为一个纵跨 20 年,经历了 2G、3G 和 4G 时代的老品牌,中兴先后吃下过小灵通的红利、玩转过功能机的市场,并及时站对了高通 CDMA 和谷歌安卓的阵营,面对小米互联网模式的崛起,中兴还曾扶持了自己的互联网品牌"努比亚"应对。这家从未有过任何"方向失误"的中国手机品牌,却在 2016 年后逐渐失声。中兴手机在2018 年的全球出货仅有 1050 万部,虽然受美国制裁的影响不小,但也在很大程度上是其自身出的问题。

中兴是做 2B 市场出身的,缺乏做 2C 市场的思路。从中兴手机的广告语就能看得出来。"我强,因我专""中兴,通信专家,值得信赖"等,都是厂家思维模式,觉得自己很强,消费者就应该选自己的产品,完全没想到自己应该做点什么才能讨得用户的欢心。

当然,华为和中兴一样,也是做惯了2B市场,华为怎么可以顺利转型成做消费者市场的呢?这就与企业体制有很大关系了。中兴号称"国有民营",骨子里仍然是一家国有企业,论资排辈、山头圈子等较为典型的国企病,中兴样样都有。国企的薪酬待遇和人才选拔机制都比较僵化,这些问题在做2B市场时还不算严重,但在面对高度市场化竞争的2C市场时,负面影响就很大了。

中兴落后于华为,始于3G。曾任中兴WCDMA产品总经理的王守臣总结:"在3G产品上,我觉得还是缺乏理想,没有远大目标,还是交换机时代的从国内走向国际、从农村包围城市的思维方式。以前那套行不通了。……公司进取心不够。与华为的差距已经这么大了,我们还是按自己的节奏按部就班地来做。"[①]中兴做不到像华为那样,押上公司全部利润去重点突破某个重大项目,3G如此,其他手机亦是。

而且,中兴也和联想一样,是家上市公司,上市公司就需要时时关注自己的报表利润,否则不好向股民交待。这也让中兴比较注重一些能够更快速盈利的项目,比如做房地产和建酒店,还有几乎无人知晓的中兴新能源汽车,甚至一度琢磨过卖棕榈油。和中兴的多元化投资不同,华为要专一得多,都是在以移动通信为核心扩展,没有涉足战略主航道以外的市场。

在国际专利体系中,中兴连续八年申请量位居全球前三。截至2017年12月31日,中兴拥有6.9万余件全球专利资产,已授权专利资产超过3万件。其中,4G LTE标准必要专利超过815件,全球占比超过13%;5G标准必要专利上千件。[②]总而言之,中兴是一家在通信领域有较深厚技术积累的企业,属于中国技术最先进的高科技企业之一。

中兴经不住美国制裁的根本原因,在于中国以芯片为核心的半导体产业与美国的实力差距。

2013年,中国芯片的进口额为2100亿美元左右,再次超过石油成为第一大宗

---

① 王守臣:《文字不灭:我在中兴通讯黄金二十年》,上海远东出版社,2018年,128页。
② 新浪证券综合:《千万别把中兴逼急了,拥有6.9万件全球专利》,新浪财经,2018-04-21。

进口商品。中国的芯片进口依赖度超过 80％,高端芯片的进口率更是超过 90％。

中国半导体产业的落后是有历史原因的。计划经济时代,依靠苏联的援建和一批从美国回到新中国的半导体人才,中国的半导体产业蹒跚起步,主要干了两件事情:一是保障了"两弹一星"等一批重大军事项目的电子和计算技术配套;二是为中国建立了一套横跨科研院所和高校的半导体人才培养体系。由于当时的国际形势导致的东西方隔绝,中国半导体产业与美国的差距越来越大。尤其是在商用方面,到了 1977 年,中国有 600 多家半导体生产工厂,其一年生产的集成电路总量只等于日本一家大型工厂月产量的十分之一。

改革开放之后,早期由于缺乏统一规划,一窝蜂引进国外淘汰的生产线,这些设备在摩尔定律的驱动下,以超乎寻常的速度变成废铁。20 世纪 80 年代、90 年代,国家出面,通过国企及合资企业组织了"531 战略""908 工程"和"909 工程"三大半导体战略工程。这些工程引进的国外生产线往往投产就落后——行政审批花两年,技术引进花三年,建厂施工花两年,总共七年时间,国外不知道又更新了几代。这些"挤牙膏"式的投入,相继陷入"引进—建厂—投产—落后—再引进"的恶性循环,效果很差,屡战屡败。当时中国的半导体相关人才实在是太弱,根本无法完全理解引进来的技术,遑论自主研发。西方国家还先后用"巴黎统筹委员会"和《瓦森纳安排》来限制向中国出口最先进的高科技设备,同意批准出口的半导体技术通常比最先进的晚两代,而且是中国研发出什么设备它就马上解禁什么设备,打压中国的研发意志。

中国半导体产业的转机出现在 2000 年。全球互联网泡沫的破灭,让半导体产业也进入了低迷时期。西方不少半导体公司大量裁员,许多华裔半导体人才回国创业,中国芯片行业进入了海归创业和民企崛起的时代。

曾在德州仪器工作的张汝京,于 1997 年回到中国台湾创办了世大半导体,很快就在全球晶圆加工行业中占据了一席之地。在世大被台积电收购后,张汝京带领 300 个工程师,前往上海创办了中芯国际。2000 年,中芯一厂主厂房上梁,张汝京买来鞭炮庆祝。中芯国际仅用三年时间就建起了 4 条 8 英寸线和 1 条 12 英寸线成了全球芯片代工第四大厂,速度之快令人咋舌。由于中芯国际的大量人才来自世大或台积电,台积电多次以技术侵权为由起诉中芯国际,中芯国际不得不以赔付 3.75 亿美元的巨款及向台积电转让 10％的股份而取得和解。张汝京被迫离开为之奋斗了 9 年的中芯国际,中芯国际也因此元气大伤。

收服了中芯国际的台积电,包揽了高通、苹果和华为这三大巨头的手机芯片代工业务,一个企业就占到了全球晶圆加工一半以上的市场份额。加上联电等企业,整个中国台湾占到了全球晶圆加工市场的四分之三。台积电已拥有 5 纳米制程技术,并开始向 3 纳米和 2 纳米制程挺进。就因为有了台积电,中国台湾才在全球半导体产业中拥有无可取代的地位,如同中东石油在全球经济中的角色。台积电 2018 年营收 342 亿美元,接近中国台湾半导体产业总产值的四成,其利润达到惊人的 120 亿美元,利润率高达 35％。全球 500 强中没有哪个制造企业的利润率能高过台积电的,这完全刷新了世人对代工企业的认知。

在中芯国际第一次输了官司的 2006 年,中国芯片界又爆发了臭名昭著的汉芯事件,而国家组织的三大国产处理器"方舟、众志、龙芯"又基本上以失败告终,整个舆论对半导体行业展开了无差别的口诛笔伐,负面评价铺天盖地,中国芯片再一次走进了至暗时刻。

半导体产业链可以分成上游的材料和设备,中游的芯片设计、加工与封测,以及下游的芯片应用几大块。到中兴事件发生之时,由于手机等电子产品制造业的发达,中国早已成为世界上最大的半导体芯片消费市场,但芯片的供应被牢牢控制在美国、日本、韩国等少数几个国家和台积电等企业的手中。美国是中国重要的芯片进口国。中国市场也早已占据高通、美光等不少美国芯片巨头的半壁江山。

上游方面,半导体材料的高端市场主要被日本和欧洲的少数国际大公司垄断,中国半导体材料在国际分工中多处于中低端领域,自给率较低,基本不足 30％。在半导体设备方面,以光刻、刻蚀、离子注入机、薄膜沉积等为代表的晶圆加工设备占半导体设备整体市场的八成,美国、日本和荷兰主导了这一市场。美国占了半导体设备市场近 40％的份额。半导体设备技术难度高、研发周期长、投资金额高、依赖高级技术人员和高水平的研发手段,有非常高的技术门槛。中国半导体设备厂商与全球领先企业差距较大。除中微半导体在蚀刻机领域成为全球一线供应商外，其他领域在短期内达到世界领先水平的可能性较低。中国半导体设备的自给率仅有 8%。

中游方面，芯片设计的门槛较低，只要购买或租赁电子设计自动化（EDA）工具，几个人就能开工设计。中国兴起了上千家的芯片设计公司，整体市场占有率在 13%。不过 EDA 工具基本由铿腾电子（Gadence）、新思科技（Synopsys）和明导（Mentor）三家美国公司垄断，包括中兴在内的中国各芯片设计公司全都严重依赖外国厂商的供应。封测的技术含量也比较低，中国（大陆）的封测企业的技术实力和销售规模已进入世界第一梯队，与中国台湾和美国三足鼎立。芯片加工，中国（大陆）亦有一席之地，占据了接近 10% 的份额。总的来说，在半导体产业的中游部分，中国（大陆）的进步很快，全球产能向中国转移的趋势明显，但在目前阶段，中国对海外供应商的依赖程度还很高。

目前，全球半导体产业链的大致现状是：日本生产设备和材料，韩国、美国生产芯片产品，中国负责代工成品，然后销往世界。环节的利益分配是不均的，芯片产品永远最赚钱，其次是生产设备和材料，盈利最低的就是代工成品。

中国要想改变这一产业链的道路很艰难。中国（大陆）在芯片、元器件领域仍然较为弱势，半导体产业更多的集中在后端工艺，上游基础原材料、半导体设备以及核心元器件，如射频、可编程、高速数模转换、存储等多个核心芯片技术仍掌握在境外厂商手中。全球 54% 的芯片都出口到中国，但中国产芯片的市场份额只占百分之十几。2018 年，中国进口芯片所需的金额上升到了 3000 亿美元。

美国在应用处理器、图形处理器、可编程芯片、数字信号处理器、基带处理器、射频芯片、高端交换路由芯片、高速接口芯片，以及数模转换芯片、电源管理芯片、光模块等核心元器件方面占据绝对优势，使中国的大多数手机和电脑整机厂家均高度依赖美国元器件。以中兴为例，其手机的许多核心零部件都来自美国的高通、博通、英特尔、美光、甲骨文、康宁等科技巨头，短期内几乎无法找到能保持相同竞争力的替代产品。中兴需要从美国公司购买 25% 到 30% 的组件和硬件，而供应链的任何一项中断都会影响中兴的生产能力。

虽说中兴微电子 2017 年实现营收 66 亿元，同比增长 30%，而且中兴已实现

2G 和 3G 基带芯片和数字中频芯片的自主配套,但中兴仍有 50% 左右的芯片,特别是高端芯片,需要从美国进口。如果中兴想不被美国卡脖子,唯一的办法,就是在全部产业链上布局。而布局全产业链,不是一家企业的实力能够做得到的,需要国家层面的战略部署和顶层设计。

中国为什么目前还造不出高端芯片?关键还是在于美国对中国施加的技术限制。比如光刻机。光刻机是制造微机电、光电、大规模集成电路的关键设备,可以说是半导体芯片之魂。高端光刻机号称世界上最精密的仪器,基本上被荷兰的阿斯麦尔公司一家垄断。它每年的高端光刻机产能只有十二台,每一台的去处都被美国牢牢盯住。阿斯麦尔在招聘人才的时候,从来没有聘请过中国人,就是怕中国人学习到技术。中国之所以芯片发展进度缓慢,很大原因就在于高端光刻机对中国禁售。研发光刻机这种高精尖设备的投入大、投资回报时间长,民营企业很少会主动投入,所以需要国家投资和组织。中国自产光刻机只能达到 90 纳米工艺的水准。而台积电、三星的芯片产业那么发达,就是因为它们既不受《瓦森纳安排》的限制,还是阿斯麦尔的股东,总能优先拿到最先进的光刻机。

芯片是信息时代的基石,而芯片产业则是一个国家高端制造能力的综合体现,是各国参与全球高科技竞争的战略制高点,背后蕴藏的是巨大的商业价值和国家利益。中兴这样一个年营收千亿元的跨国企业,竟因为芯片的供应链被控制在美国的手中,被美国掐住脖子的时候,瞬间生死未卜。这一事件对中国社会拉响了警钟。

中兴受罚的影响

由于全球经济一体化,美国制裁中兴,自己也很受伤。中兴“封杀令”至少殃及美国五家供应商,为中兴提供网络芯片的 Acacia 通信公司股价暴跌 36%,市值损失 6 亿美元,中兴占其 28% 的营收。主要生产网络设备零部件的 Oclaro 股价下跌 15%,2017 年该公司从中兴获得了 1 亿美元的采购订单,在所有收入中占到了

18％。美国光学元件商 Lumentum 股价下跌 9％,中兴占其 2％的营收。[①]

受伤最重的企业居然是高通。中兴在 2017 年全球销售的 3436 万部智能手机,其中一半多使用高通芯片,按照每个芯片平均 25 美元计算,这项业务给高通带来约 5 亿美元的营收。

美国市场对中兴很重要,而中国市场对高通更重要。对高通来说,中兴受到制裁可能给高通制造了三重威胁:失去一家重要客户,竞争对手因成为替代厂商而受益,因中国采取报复行动而受牵连。

高通的担忧绝非杞人忧天。2018 年 4 月 14 日,美国重启对中兴的制裁禁令的前两天,在中国商务部的要求下,高通撤回了收购恩智浦半导体的反垄断审批申请,准备重新提交。高通于 2016 年 12 月宣布收购恩智浦,此前已获得除中国外的全球八个主要监管部门的同意。高通还宣布,其物联网的团队将裁员 40％,服务器团队裁员 50％、转岗 50％,裁员总人数将在 1500 人左右。2018 年,高通是全球前十大芯片设计厂家中唯一一个营收负增长的。虽然主要与高通的 CDMA 技术没落及苹果拒付专利费有关,但中兴事件对其也产生了不小的负面影响。

中国政府及领导人均对中兴事件高度关注。

2018 年 4 月 19 日,针对中兴被美国“封杀”的问题,中国商务部表示:中方密切关注进展,随时准备采取必要措施,维护中国企业合法权益。

5 月 4 日,中国商务部称,在中美经贸磋商中,中方就中兴公司案与美方进行了严正交涉。美方表示,重视中方交涉,将向美国总统报告中方立场。

5 月 13 日,特朗普发布推文:“我和习主席正携手合作,为中国的通信巨头中兴通讯提供一条快速重返经营正轨的道路。(中兴受制裁使得)太多的工作岗位在中国流失了。我已经指示美国商务部尽快完成手续。”

虽然中兴连发内部信及声明,认为中兴遭受的美国商务部指责“极不公平、绝不接受”,但最终还是低头认罚。

---

① 佚名:《中兴“封杀令”殃及美国五家供应商,股价全线暴跌》,https://tech. qq. com/a/20180418/015972. htm,腾讯科技网,2018-04-18。

6月7日,美国商务部部长威尔伯·罗斯宣布与中兴达成新和解协议。中兴及其关联公司已同意再支付10亿美元罚款、改组董事会和采取合规措施,中兴另外还将准备4亿美元交由第三方保管,然后美国商务部会将中兴从禁令名单中撤除。

美国对中兴的制裁,有两个细节意味深长。一是美国追加开出的10亿美元罚金,正好与2015年中国以反垄断名义向高通公司开出的罚金数额相当。

二是对中兴予以7年的制裁,制裁期到2025年结束。而中国发布的《中国制造2025》的目标包括:到2025年实现70%的核心基础零部件、关键基础材料自主保障,力争形成40家左右制造业创新中心等。

要知道,美国原本只是在调查中兴违反贸易禁令一事,可是在这一过程中,2015年连续发生了"高通反垄断案"和"中国制造2025"两件事,对中兴制裁的性质就变了,上升成了中美贸易战中的重要一环。

7月12日,美国商务部表示,已经与中兴签署协议,取消近三个月来禁止美国供应商与中兴进行商业往来的禁令,中兴公司将能够恢复运营,禁令将在中兴向美国支付4亿美元保证金之后解除。

中兴被制裁事件,怎么看都让人觉得美国是在鸡蛋里挑骨头。未对34名员工减少奖金,涉及金额大概只有百来万元,至于要上升到10亿美元级别的追加罚款吗?这就相当于是中兴未收回1块钱,却要被美国处以5000块钱的罚款。

我们再来关注一下比中兴事件稍晚发生的两起美国对中国企业的制裁事件,更有助于我们对中兴事件的理解。

2018年8月1日,美国商务部将8家中国企业及其下属的36个单位纳入出口管制实体清单,实施技术封锁。这些企业有中国航天科工股份有限公司、中国电子科技集团公司、中国技术进出口集团有限公司、中国华腾工业有限公司和河北远东通信等。美国认为这些中国企业非法采购商品和技术,用于在中国进行未经授权的军事最终用途,损害了美国国家安全或外交政策利益,对美国构成重大威胁。

2018年10月29日,美国商务部突然发难,以所谓"可能使用了来自美国的技术,威胁到了美国的军事系统基本供应商的长期生存能力"为由,宣布对福建省晋华集成电路有限公司(简称晋华)实施出口管制,列入出口管制"实体清单"。11月,美国司法部对晋华和联电,以及曾在美光任职的 3 名员工正式提起诉讼,指控他们联合窃取了美光的记忆体的制造技术。

晋华投资 53 亿美元,与联电合作在福建晋江建设 12 英寸晶圆厂,准备生产DRAM。从 2017 年 9 月到 2018 年 1 月,美光为一方、晋华和联电为另一方,双方相互提起诉讼,指控对方侵犯己方的知识产权。美光对晋华的民事诉讼被加州法院驳回,理由是"晋华的产品并没有在美国销售",即使晋华确实存在侵权问题,该法院也没有管辖权。而福州法院则裁定美光立即停止制造、销售和进口数款内存产品。2018 年 5 月 31 日,中国反垄断机构启动了对三星、SK 海力士、美光三家存储芯片巨头的反垄断调查。这三家企业占据了 DRAM 市场 96％的市场份额。DRAM 价格在 2017 年上涨了 40％,这三家公司的半导体业务在中国营收同比增长 39％。中国是全球最大的 DRAM 进口国,DRAM 价格的上扬导致下游华为、联想、小米等消费电子品牌商的成本上升,推高了智能手机的售价。

相比中兴,美国商务部对晋华的指控和制裁更加无理。仅仅是因为"可能"就制裁晋华,而晋华在受到制裁时产品甚至还未投入生产。而且,美国商务部为何不对提供技术的联电进行制裁?美国的制裁使许多供应商撤离,联电也宣布暂停与晋华合作,晋华进入休克状态。

所以,中兴事件并非个案,而是美国对中国半导体产业全方位打击的开始。中兴犯了什么错误其实并不重要,只要美国想"制裁",借口是一定能找得到的。

从全球范围来看,因各种理由而遭到美国政府制裁和罚款的公司还有很多。

自 2008 年以来,遭到美国司法部起诉,并最终支付罚金超过 1 亿美元的企业有 20 多家,其中欧洲公司有十几家,超过一半,支付罚金超过 60 亿美元。相比之下,被判罚的美国公司只有 5 家,罚金 20 亿美元。中兴是唯一一家被罚款的中国企业。

在中兴之前,在全球范围内,已有几十家银行和公司吃了美国的巨额罚单。我们应该觉得奇怪的是,美国为什么到今天才盯上中国的企业?

我们看到,美国政府开罚单有几个特点:

第一，要找有钱的单位开单，特别是那些大银行，其次是那些有钱的大公司；

第二，如果美国要盯上大公司，那也是找与美国有密切业务往来的大公司，这样才能让制裁发生效力。

中国的银行，全都是国有。其他能赚大钱的大公司，也多是央企。如果要和中国的银行或央企过不去，那就等于是要和中国政府翻脸，美国恐怕还没有这样的思想准备。而且石油或核电相关的企业与美国没多少业务往来，即使美国要制裁也拿不到钱。而中国的民营企业里，最有钱的非那些互联网企业和房地产商莫属，但互联网企业和房地产商在美国少有业务，很难让美国抓到小辫子。家电类企业利润微薄，没有什么油水。算来算去，像中兴这样具备被美国敲诈可能性的企业还真不多。

这回美国制裁中兴，很可能意味着美国国家政策的重大变化。而美国国家政策之所以发生这样的转向，又直接受当时新上任的总统特朗普的巨大影响。

特朗普上台与美国政策转向

2016 年 11 月，特朗普击败被各方看好的民主党候选人希拉里，入主白宫，震惊全球。

特朗普是一名富有的房地产开发商、电视真人秀主持人，借助铁锈地带中低收入男性白人的支持，特朗普击败了履历熠熠生辉的希拉里。希拉里的头衔包括前第一夫人、美国参议员和国务卿。相比之下，特朗普此前没有担任过任何公共职务。

在竞选演讲中，特朗普描述了一个黑暗的美国，在中国、墨西哥和俄罗斯钳制中挣扎的美国。他声称美国梦已死，已经被恶毒的商业利益以及腐败的政治家扼杀，而他可以使美国梦复活。特朗普承诺将带领美国走向一条更封闭并带有保护主义色彩的"美国优先"路线。他誓言，凡是出走海外的美国企业，出口到美国的商品将被课征 35％的关税。他将从中国赢得经济让步，撕毁与墨西哥的自由贸易协议，在美国南部与墨西哥边境建设高墙阻止无证移民进入，并且用移民往家汇款的税金来买建墙所需的砖头。他提出禁止饱受战火创伤的中东国家的民众进入美国，还承诺将推动国会废除奥巴马的医疗改革方案。特朗普计划依赖油气等化石燃料来创造就业，为此还将推翻奥巴马的清洁能源计划。

特朗普大胆的提议为他招来了众多的敌人，其中甚至包括当时的美国总统。为了保住自己的政治遗产，奥巴马在大选前几周飞往美国各地呼吁民众不要投票给特朗普，但特朗普仍然赢得了总统大选。

因担心特朗普胜选可能带来的经济不确定性，投资者全面逃离股票等风险资产。海外市场交易中，标准普尔 500 指数期货跌停。

许多人认为，特朗普的上台是个小概率的黑天鹅事件。其实不是的。泰国前总理他信，亦是一个依赖民粹支持的魅力型领袖。与特朗普一样，他信也是以亿万富翁的身份参与政治，并且用管理公司的方式来管理政府。他信依赖广大农民兄弟的选票支持，却受到大多数城市精英的强烈反对。泰国社会因为他信而被代表农村的红衫党和代表城市的黄衫党撕裂，特朗普亦被《时代》(*Time*)杂志称为"美利坚分裂国总统"(President of the Divided States of America)。为什么特朗普能够击败媒体民调而成为美国总统？因为民调主要是在大城市做的，而特朗普的支持者却多是居住在破败的城郊和小镇里的失业人群。

一上台，特朗普就开始落实他的一项项竞选承诺，包括与中国的贸易战。

三十年前对日本强硬发动贸易战的里根，是特朗普最崇拜的美国总统。特朗普对里根的评价是："他圆滑又会逢场作戏，很讨美国人民的欢心。"[①]一上任，特朗普即重新启用了里根发动贸易战的老班底：当年负责对日贸易谈判的主将、如今已70 多岁的莱特希泽。特朗普提名莱特希泽担任美国贸易代表办公室负责人，希望他能够像当年对付日本一样地对中国施以重拳。

莱特希泽亦不负所托，一上任就宣布对华启动 301 调查。2018 年 3 月，《301调查》发布，并对中国展开了五项指控，包括不公平的技术转让制度、歧视性许可限

---

① 唐纳德·特朗普、托尼·斯瓦茨：《特朗普自传：从商人到参选总统》，中国青年出版社，2016年，47 页。

制、政府指使企业通过境外投资获取美国知识产权和先进技术、入侵美国商业计算机网络及其他可能与技术转让和知识产权领域相关的内容。[①] 莱特希泽在参议院就《301调查》作证，他列出了对中国出口的1300多个产品所覆盖的十大高科技产业，称这些是中国在《中国制造2025》中计划发展的主要产业，如果让中国如愿以偿，将对美国非常不利。

基于《301调查》的指控，4月初，莱特希泽宣布对从中国进口的500亿美元商品加征25%的关税。日本和欧盟也分别向WTO递交了文件，投诉中国"涉嫌歧视性的专利技术许可规定"，要求加入美国提起的关于知识产权的磋商请求，因为中美贸易纠纷诉讼中涉及他们所拥有的"实质性经贸利益"。日本和欧盟的这一举动很明显是在向美国示好，或者说是事先商量好的。因为莱特希泽已在2017年12月与日本和欧盟达成协议，将合作对抗第三方国家受到政府支持且扰乱市场秩序的贸易行为。

中兴受罚正处于中美贸易摩擦的关键时期，从未有过的处罚力度引发各方的强烈震动。中兴受罚也被解读为中美贸易摩擦的一部分，背后争夺的焦点是两国关于5G乃至未来科技的主动权。

到这里，我们应该可以看清美国的真实目的了。贸易摩擦只是个诱因，其真正目的是遏制中国高端制造业的发展，正所谓明修栈道、暗度陈仓。

作为中国领先的高科技企业华为，自然会成为美国的下一个重点打击对象。在此之前，美国政府因担心华为与中国军方有联系，已经多次狙击华为，使得华为在美国市场的发展屡屡受阻。

2008年，华为联手贝恩资本意图用22亿美元收购美国网络通信公司3COM，被美国海外投资委员会阻止。从2010年到2011年，华为和中兴在参与美国电信运营商网络及公共网络的竞标中屡屡受到美国政府和议员的阻挠。2011年，华为以区区200万美元收购美国小型科技公司3Leaf Systems的交易，因五角大楼的干预而再次败下阵来。2012年6月，美国众议院情报委员会称华为和中兴接受政府

---

① 任泽平、罗志恒：《全球贸易摩擦与大国兴衰》，人民出版社，2019年。

援助,破坏行业竞争,要求华为、中兴公布其"内部运作"详情。8 月,美国国际贸易委员会对多国无线电子设备制造商发起大规模的"337 调查",以确定是否存在专利侵权行为,华为和中兴涉案。10 月,美国国会发布报告称,华为、中兴对美国国家安全构成威胁,建议阻止这两家企业在美开展投资贸易活动。12 月,美国众议院情报委员会发布了一份关于华为和中兴的调查报告,尽管报告中充斥着大量"可能""大概"等不确定性用词且没有任何威胁美国国家安全的直接证据,美国众议院仍然以国家安全为由,阻止华为和中兴进入美国通信系统设备领域。2018 年 4 月 17 日,也就是中兴事件爆发的第二天,美国联邦通信委员会(FCC)通过一项决定,禁止接受联邦政府补贴的美国移动通信公司购买中国企业(包括中兴与华为)生产的任何电信设备。

　　谁都知道,美国在查中兴的同时也在查华为。中兴作为一家国有企业,保密意识相对较弱,因而轻易地被美国抓住了把柄。在面对美国的严厉制裁的时候,中兴缺乏核心技术的问题暴露无遗,毫无还手的能力。平时缺乏危机意识,也让它在危机来临之时一筹莫展、束手就擒。

　　华为的业务与中兴非常相似,当年华为和中兴与巨龙通信、大唐电信以"巨大中华"并称,为中国的四大通信设备企业。在美国制裁中兴事件发生的 15 年前,华为与中兴的规模相差不大,都是 200 多个亿,但 2018 年的华为已经超过 7000 亿,接近中兴的 9 倍。美国对华为的打压更加严厉。中兴手机在美国顺利大卖,华为手机却被禁止进入美国市场。2018 年初,美国威瑞森等三大移动运营商和大型零售集团 Best Buy 相继宣布停售华为手机。与中国市场不一样的是,美国市场的手机销售极度依赖这些运营商和零售商,没有了它们的支持,想卖出手机几乎是不可能的事情。在美国政府的压力下,华为手机在美国的销售渠道全面受阻。5 月,美国国防部以国家安全为由,要求分布在世界各地的美国军事基地及其附近的商店停止销售华为手机等产品。

　　美国为何独独对华为手机如此嫉恨?

第十六章

华为手机涅槃新生

从不做手机到决心做手机

"华为公司不做手机这个事,已早有定论,谁又在胡说八道！谁再胡说,谁下岗！"

2002 年 10 月,当有人建议"华为应该尽快立项 3G 手机"的时候,任正非暴跳如雷,拍着桌子大喊。

任正非为什么一听到手机就生气？因为华为在消费品项目上吃过大亏,而且产品是和手机很接近的无绳电话。那是在 1998 年前后,正是从模拟话机演进到数字话机的时代,华为的话机事业部较早就在中国做出了无绳的数字话机,可市场价格很低,生产又外包,导致质量不佳。华为的无绳电话配合程控交换机在中国电信销售,出现了很多问题。最大的问题是不防雷,打一次雷,就坏一大批,维修人员只能免费给用户更换。更惨的是,很多无绳话机还作为礼品送给了客户,故障连连。客户调侃华为:你们连无绳电话都做不好,怎么能做好基站？搞得华为员工面红耳赤、无言以对。

和中兴一样,华为一直做的是 2B 的通信设备业务。任正非清楚,2B 厂家很难做得好 2C 业务,既然做不好,还不如不做。任正非也不是没研究过手机,他去诺基亚考察时,对方介绍有多达 5000 名的手机研发人员。思维还停留在华强北山寨手机概念的任老板一听,顿时英雄气短。加上以前的阴影还笼罩在心头,就把这事搁下了。当然,华为在十几年后建立起了全球最大的上万人的手机研发团队,那是后话,当时的华为还没有那个实力。

可是,仅仅一个多月后,任正非就拍板了要做手机。也不是说任正非看好手机项目,而是被逼上马的。全球互联网泡沫过去后,3G 网络建设开始复苏。西方国家的 3G 手机卖得很贵,中国移动就希望华为也上 3G 手机,把价格拉下来。2003 年 9 月,华为组建了一支不到 100 人的手机项目团队,和德国英飞凌合作开发 3G 手机,英飞凌原本是西门子的半导体部门。这一年,华为移动业务海外销售比前一年翻了 10 倍。

华为决定做手机之后,却发现没有中国的手机牌照,这样在中国既不能生产也不能销售手机。当年原信产部主动要给华为发手机牌照,华为不要,而后来有手机牌照的厂家,给别人贴牌一部手机都能赚好几十元。华为已经错过了以波导、熊猫为代表的国产手机第一波浪潮。由于申请手机牌照的厂商实在太多,华为直到2005年才拿到牌照。

怎么办?华为盯上了小灵通。小灵通说是无线市话,其实就是可在一个城市范围内拨打的无绳电话,源自日本的个人手持式电话系统(Personal Handy-phone System,缩写PHS)技术。2001年邮电分拆后,中国电信没拿到移动牌照,被迫启动了小灵通。京瓷下属的DDI公司也把方案递到华为面前,问华为做不做。任正非认为PHS技术落后,且不能向未来的3G演进,于是拒绝了。

中国电信发现,小灵通的供应商只有两个:中兴和UT斯达康。他们既做系统,也做手机,都是拿日本的方案来贴牌。出乎所有人的预料,尽管技术落后,通话信号差,可小灵通号码短,以固话标准单向收费,打破了中国移动和中国联通"双垄断"暴利局面,很快就风靡一时。每个城市一上小灵通都会引发轰动,消费者在中国电信的营业厅外排成长队等待购买。

中兴和UT斯达康数钱数得手软,华为却几乎要崩盘。2002年是世界通信行业10多年来形势最严峻的一年,"冬天寒气直沁入人的骨髓"。受互联网泡沫破裂影响,全球电信行业的债务一度高达1万亿美元,投资者在电信业上的总损失达到2万亿美元。世界各大电信运营商都在大幅裁员,华为的整体营收大跌22%,是华为历史上很罕见的负增长年份。到2003年,中兴、UT斯达康、华为三家的收入都在两三百亿元左右,隐隐形成三足鼎立之势。

为了与中兴、UT斯达康竞争,一时做不了手机的华为也开始做小灵通。技术上很简单,也是拿京瓷的方案来贴牌,华为不求高利润,也不准亏本,只求能养活项目自己。华为将小灵通的出货价压到令人咋舌的300块(之前一度高达2000块),很受老百姓欢迎。很快,华为小灵通的市场占有率就增长到了25%。

2007年,中国电信从中国联通手上接下C网,终于有了移动牌照,并准备进军3G,于是就彻底关闭了已有8700万用户的无线市话网络。UT斯达康从此一蹶不振。

华为宣布做手机，不等于马上就"开挂"。事实上，刚开始做手机的华为相当保守和低调。华为手机基本都是以定制形式销售给运营商，不直接卖给消费者，也很少打广告宣传。定制的商业模式有两种：一是客户承诺销售量，手机只打客户的标志，没有华为的标志；二是手机上打客户和华为双标志，在这种情况下，华为还要按手机销售量计算给客户的宣传补贴。

给运营商做定制手机是个苦力活。做一款手机，净利润率大概只有 5 个点。客户提供市场预测，很多物料需要提前三个月下单。如果市场预测不精准，物料就可能砸华为手上。芯片贬值的可能性比涨价的可能性高得多，出现一批不能及时处理掉的物料就会将利润全数亏光。

做定制手机的利润还不如存银行的利息，加上欧洲 3G 基站市场已经完全打开，任正非又打起了退堂鼓，想把手机公司至少 49％的股份卖掉。2008 年，华为找了全球好多大牌基金来谈，如德太资本（TPG Capital）、银湖资本（Silver Lake）、红杉资本（Sequoia Capital）和贝恩资本（Bain Capital）等。谈得差不多的时候，9 月 14 日，雷曼兄弟（Lehman Brothers）突然破产，像多米诺骨牌效应一样引发了巨大的金融危机。西方基金的出价一下子低了很多，还加了一堆条件。任正非直接拉倒不干了。

当时，华为的人捶胸顿足：如果进度再早一个月，这个事情就成了。

囿于任正非"为航空母舰保驾护航"的战略，华为手机一直局限于运营商的定制市场，普通老百姓也不知道还有华为这个品牌的手机。到了 2010 年，华为手机到了一个活不下去的关口——华为的手机公司原本是靠上网卡养活的，在中兴的低价竞争下，上网卡变得没有利润了。当年 9 月 25 日，苹果 iPhone 4 在中国发售，最低售价 4999 元，第一天就卖出 6 万部，给刚刚研发出千元安卓手机的华为带来巨大的震撼。是要埋头做千元机，还是与苹果正面碰撞？华为手机陷入了迷茫。

2010 年的华为今非昔比，净利润高达 238 亿元，是刚做手机时公司年利润的 20 多倍。不仅财大气粗，华为还在 3G 时代积累了大量跟手机相关的专利。有了这些家底，任正非下定决心要正式向手机市场进军。12 月，任正非专门来到三亚与华为终端业务的人开了个座谈会。在会上,任正非将手机业务升级为公司三大业务版块之一,提出面向高端、面向开放市场、面向消费者的三个核心战略,把产品重心从跟随运营商的低端定制贴牌机,转向以消费者为中心的高端自主品牌。任正非放出豪言,要做到世界第一。此言一出,大家都不敢吱声,心里难免嘀咕:昨天还想把手机业务卖掉,今天就说要做世界第一? 只有余承东拍胸脯表态,要让"大家把 iPhone 扔了"。

同行也在等着看华为的笑话。爱立信的高层领导在和任正非会谈时,很高兴地说:"我们终于不做终端了,你们去做终端了。"

2011 年 2 月,余承东卸任华为欧洲总裁职位,回国接管手机业务。

"伟大的背后都是苦难"

大家都说,任正非之所以选中余承东,看中的是他皮厚肉糙,经得起摔打。手机项目团队已经换了好几拨人了,没人认为余承东会是个例外。

余承东出身于安徽的农村,毕业于清华,1993 年加入华为,在基层做研发。当他还是名默默无闻的普通员工时,就敢拿别人的座机打给任正非:"老板啊老板,我发现了一个好东西,叫作 CDMA。"任正非回答说:"3G 才是发展的大方向,CDMA成不了大气候。"第二天,总裁办打电话回来问:"昨天那个小子是谁?"

直性子、胆子大的余承东成了无线部门的 3G 产品总监,1998 年拉起队伍做3G。中国的 3G 迟迟未启动,3G 投入巨大却没有产出,整个华为都快要被拖垮。余承东为了打开市场,用借钱给客户买自己产品的办法,艰难地先从中国香港突破,之后在中东立足,最后才终于杀入欧洲。而任正非还为轻视 CDMA 付出了重大代价。2001 年后,联通准备兴建 C 网,一期覆盖全国 330 个城市,招标金额 240亿元,中兴和大唐占到 30％的份额,这被认为是中国通信制造业整体突破的开始,此前中国企业在 G 网的份额不过几个百分点。而华为却在联通一期招标中颗粒无收,二期招标也险些全军覆没。还有数百亿元的 CDMA 手机市场亦与华为无缘。

任正非公开承认在小灵通、手机和 CDMA 上犯了三大错误,他认识到独断专行风险巨大,决定引入经营管理团队(EMT)系统,建立八位高管集体决策体系。后来,华为还实行了轮值 CEO 制度,将权力分散,使得对重大决策的考量能够更加全面。从此以后,华为再也没有在重大决策上犯下失误。耐人寻味的是,在任正非所犯的三个错误上,侯为贵都做出了正确的决策,中兴一度与华为比肩,此后和华为的差距却越来越大。

操着一口别人听不懂的英语的余承东则在欧洲干得顺风顺水,将华为的无线收入提升至世界第二。任正非把改变华为手机现状的重担放在了余承东这个猛将的肩上。

接着余承东撸起袖子,披挂上阵研究手机,呕心沥血推出 Ascend P1。P1 是华为第一款品牌旗舰手机,标志着从零到一的转折,被华为寄予厚望。当时华为做P1 的想法非常朴素:瞄准市场上已有的旗舰机,把所有能用的最领先技术都用上,给消费者全方位的顶级体验。于是,手机架构、内存、摄像头、结构件、电池等各个环节,都选用最好的方案,整机架构也按照最紧凑、最激进的方案设计。

可是,最终出来的 P1 样机,看起来就是一个板砖,连余承东都忍不住吐槽:"这是个什么东西?"

当然,面对记者时,余承东可不会这么说。拿着刚问世的 P1 接受采访,记者还未开口,余承东一口气说了不下十个业界第一的手机指标和数十个工业参数,全身散发出一股高科技的气息。他正洋洋得意地准备接受鲜花和掌声,哪知道听的人完全听不懂。

总喜欢用技术说话,用"硬核"实力碾压你,这种职业习惯迁移到大众消费品领域,就会给人展示出一种"虎扑直男"的呆萌画风。在华为工程师眼中,我这手机有最好的元器件和工业参数,为啥不畅销?

"Ascend"这个英文单词生僻拗口,手机零售店的店员连音都发不准,更不要说知道它的中文意思是"上升"。余承东走到哪把 P1 介绍到哪,亲自到门店站台,还向小米学习了微博营销。当时微博正火,余承东利用这个舞台开始了他的暴力营销,直接与竞争对手的产品对比技术指标,但也带来一些非议。2011 年底,余承东被任老板禁言了一段时间。

尽管余承东使出浑身解数，这款"保证其他公司不可能超越"的手机的全球出货量也不过 50 多万部。而这仅仅是早半年上市的小米 1 几天的销量。消费者还接受不了原本做均价 200 元定制机的华为，居然也能做 2999 元的高端机。

P1 的失利，让华为明白手机不是将各种先进技术"堆"在一块就能做起来的。接着，余承东又推出了 Ascend D 系列，D 是钻石的意思，本想做高端机卖 3999 元，面世后，却没有受到消费者的青睐。D 系列首次使用了华为自主研发的海思四核手机处理器芯片 K3V2，用的是落后的 40 纳米工艺制程，图形处理器的兼容性也不行，导致缺点非常明显：加载缓慢、容易发热，被用户戏称为"暖手宝"。此外，电池不耐用，不能换电池却能开后盖，摄像质量也不好。痛定思痛，余承东带着团队连轴开会，用他自己的话说，这叫洗脑，改变意识。在他看来，华为手机此前失败的教训，在于华为手机团队的思想观念没有改变，在产品设计上还是工程师情结，缺乏面向用户的意识。接下来，华为手机的两条战略都已确定：第一，酒香也怕巷子深，梳妆打扮见公婆；第二，坚持海思不动摇，芯片研发再投入。

从"以运营商为中心"向"以消费者为中心"的转型是非常痛苦的。当时的华为，面向渠道和零售合作伙伴的业务能力比较薄弱，信息流程和数据运营仍处于人拉肩扛的阶段，面向消费者体验的组织和能力建设刚刚起步，外部引入的"明白人"大都处于融入期……

这些困难不妨碍余承东在 2012 年 3 月又发出了一条微博："最近被那些盲从的跟风者搞火了，我在此不谦虚地说一次，我们今年年底明年年初将推出一款比 iPhone5 要强大很多旗舰手机。"这条吹牛的微博被转发了 4000 多次，评论达到 5000 条，被网友冷嘲热讽，之后"余大嘴"的称号便不胫而走。

屋漏偏逢连夜雨，在这一年，余承东为了让团队专心做智能手机，将总量 5000 万部的功能机直接砍掉 3000 万，引起了运营商极大不满。15 家欧洲运营商有 14 家中止了跟华为的合作，无异于釜底抽薪。这一时期，余承东至少推出了 D2、P2 等 5 款手机，均以失败告终。

余承东虽然在无线部门叱咤风云，但面对消费者市场的供应链、渠道、品牌的业务,他仍然没有摸到门道。此时,让余承东下课的声音此起彼伏,他的压力达到顶点,连他自己也承认存在换人的可能性。

在余承东就要撑不下去的关键时刻,任正非站出来拍了桌子:"不支持余承东的工作就是不支持我。"

任正非不能不出来为余承东站台。因为华为手机被骂的最重要原因是:早期的海思处理器芯片质量还不过关。而坚持使用海思芯片是任正非的战略决策。

在华为,海思芯片有个可爱的绰号"烫手的吸金娃娃"。华为早在 1991 年,公司还仅有几十名员工时就建立了集成电路设计中心,为自己的交换机等产品供应芯片。2004 年,华为将其芯片部门独立出来成立了海思公司。海思成立的时候,曾经轰动一时的方舟芯片草草退场,中国芯片产业一片沉寂。海思默默地在无线芯片上耕耘,到 2009 年才推出第一款手机处理器芯片 K3V1。K3V1 因性能不成熟,只在一些山寨手机上应用。到了 2012 年,K3V2 发布,尽管其消费体验也非常不理想,仍被搭载于 D 系列、P 系列直到 Mate 系列的华为手机上。一直到了 P6,连余承东都动摇了,任正非还是坚持要用。此时,消费者对 K3V2 的厌恶也达到极点,网友写了一副对联调侃余承东:"海思恒久远,一颗(K3V2)永流传。"

自己的狗食自己先吃[①],这是任正非的原则。消费产品芯片一定要在真实场景中不断运用,才能暴露问题,只有找到了问题,才能有针对性地修正。如果没有华为手机,海思芯片就无法成长起来。这是华为相较于其他手机厂商的机遇,同时也蕴含巨大的市场风险:因大量丢失用户而错过攻城略地的窗口期。

要知道,连为华为 P1 手机供应芯片的德州仪器都宣布退出手机芯片市场,为什么华为还要迎难而上?华为手机是不是不够互联网化、不够社会化?外界质疑加上内部担忧,夹杂着对小米三年做成中国第一的羡慕,在 2013 年左右汇聚成一个问题:坚持用自己芯片的华为手机,要陷入创新者的窘境了吗?雷军也曾表示:"我不同意华为(研发费用率要持续高于 10%)的说法,我觉得是他们不懂研发,

---

[①]   此为一句英语俚语,Eating your own dog food。常用于描述公司(尤指软件公司)使用自己产品的情况。

(高管)不(亲自)做研发。"在雷军看来,对于大部分没有产业链上游核心技术的商家来说,类似小米这样的抉择是对投资者负责的最好方式。

2014年新年,任正非指出,互联网是个降本增效的工具,不会颠覆产业,更不可能改变商业的底层逻辑。智能手机的底色是制造业。令"果粉"疯狂的工业设计、软硬件系统背后,是苹果超一流的全球供应链管理能力在支撑。核心零部件完全自产的三星手机背后,是让很多手机厂商闻风丧胆的三星半导体。

华为基本法第二十三则:我们坚持"压强原则",在成功关键因素和选定的战略生长点上,以超过主要竞争对手的强度配置资源,极大地集中人力、物力和财力,实现重点突破。"当发现一个战略机会点,我们可以千军万马压上去,后发式追赶。"海思芯片在任正非心中是华为手机的长远战略投资,一定要集中强攻,直至拿下"上甘岭"。

华为吃过缺乏核心技术的苦头。当年华为基于高通的基带解决方案最早做出上网卡,随着华为上网卡在全球大卖,高通也扶持中兴做起上网卡。大概因为华为和中兴分别将GSM和CDMA作为重点,高通有意扶持中兴,不仅不按照订单及时给华为供货,反而在有货的情况下故意延迟发货。华为受到高通刁难后,又找不到可替代高通的供应商,便决定自研3G基带芯片。2009年,华为WCDMA上网卡芯片出货量超过3000万,占领50%的中国市场和70%的欧洲市场。

所以,在任正非心中,海思公司的地位要比手机公司更高。他对海思女掌门何庭波说:"每年给你4亿美元的研发费用,给你2万人,一定要站起来,减少对美国的依赖。"事实上,到2016年,海思仅在手机芯片上就投入了100亿元。

华为不仅在努力做出自己的应用处理器芯片,还着手对安卓系统动大手术。

华为于2008年就加入了谷歌的安卓阵营。华为的与众不同之处在于,别人都是对安卓系统进行深度定制,它却在不确定是否能用得上的情况下,仍坚持为自己打造了一个操作系统的备胎。

2012年,华为来到Linux系统的诞生地——芬兰的赫尔辛基,从20名工程师开始,在这里创建了自己的操作系统团队。华为为什么要开发自己的操作系统?任正非在华为"2012诺亚方舟实验室"专家座谈会上说:"如果说这三个操作系统

(安卓、iOS、WP8)都给华为一个平等权利,那我们的操作系统是不需要的。为什么不可以用别人的优势呢? 我们现在做终端操作系统是出于战略的考虑,如果他们突然断了我们的粮食,安卓系统不给我用了,WP8 系统也不给我用了,我们是不是就傻了? 同样的,我们在做高端芯片的时候,我并没有反对你们买美国的高端芯片。只有他们不卖给我们的时候,我们的东西稍微差一点,也要凑合能用上去。我们不能有狭隘的自豪感,这种自豪感会害死我们。我们的目的就是要赚钱。我们不要狭隘,我们做操作系统,和做高端芯片是一样的道理。主要是让别人允许我们用,而不是断了我们的粮食。断了我们粮食的时候,备份系统要能用得上。”

任正非有着相当开放的心态,但也从来不敢盲目“相信全球化是一个趋势”,所以他一直在推进自己的芯片和操作系统“备胎”项目。“我们可能坚持做几十年都不用,但是还得做,一旦公司出现战略性的漏洞,我们不是几百亿美金的损失,而是几千亿美金的损失。我们公司今天积累了这么多的财富,这些财富可能就是因为那一个点,让别人卡住,最后死掉。所以,可能几十年还得在这个地方奋斗,这个岗位、这个项目是不能撤掉的。这是公司的战略旗帜,不能动的。”

“再比如说,你知不知道什么时候打核战争? 现在没有,那就应该停下来核的研究吗? 你说我们的核科学产生了多少科学家,你看那些功勋,一大排一大排都是。不要说邓稼先,活着的也还有很多,但什么时候甩过原子弹呀? 所以海思一定要从战略上认识它的战略地位。”

生于贵州的任正非,少年时正逢三年困难时期,经历了长期的饥饿状态。作为家中的长子,他亦负有责任要照顾好六个弟、妹。天天想着明天不能被饿死的任正非,在领导华为成为一个大企业之后,仍然天天在琢磨华为如何能度过极限生存危机的问题。他强调:“唯有惶者才能生存”,“十年来我天天思考的都是失败,失败的一天是一定会到来的”,“华为没有成功,只是在成长”。任正非时刻忧思生存问题的危机观念,让华为幸运地为将来美国的全面制裁做好了充分的应对准备。

众所周知,安卓系统长期使用后会出现变慢和卡顿的现象。谷歌设计安卓系统时,为吸引更多厂商加入安卓生态,给予了厂商们较大权限,而各厂商都想让自家软件多启动,让各种应用在开机时自动启动或在软件之间互相唤醒,导致硬盘频繁读写,造成手机处理器性能大减。这是安卓系统与 iOS 系统竞争上的一个硬伤。

对安卓系统开刀,全球除了谷歌,也只有华为有能力、有兴趣而且有胆量去做这个事情。要知道,安卓系统足足有 1.1 亿行的代码,要进行优化,不仅工作量很大,而且风险很高。华为对这个项目做了惊人的投入,在软件人员成本上就超过了2 亿美元,与之配套的硬件设施,仅老化测试装置就花了 5000 万美元。巨大的投入终于带来了丰厚的回报,华为基于安卓系统开发的 EMUI 手机操作系统,在性能上已与 iOS 系统不相上下。比如华为 Mate 20 就提出了"使用 18 个月,依旧不会卡顿"的口号。更重要的是,这个项目为华为将来把自行开发的鸿蒙操作系统应用到手机上打好了坚实的基础。

不仅是芯片和操作系统,任正非还悄悄地做了好多个小动作,对手机项目予以支持。任正非绝对不是一个甩手掌柜,他没有天真地认为,余承东一个人就能把手机做好。

2011 年左右,苹果横扫日本列岛,从此独霸日本 60% 以上的手机市场,很多日本的半导体公司都被迫抛弃了手机业务。于是任正非跑到了日本,但他不是像美的和海信那样把人家的生产线买回去,他只买人家的头脑。这么多的日本公司把手机事业扔掉以后,就产生一大批失业的手机工程师。许多人担心晚上回到家,太太会问他:"明天你准备干什么? 下个月工资怎么办?"好,任正非雇用了他们。他们晚上回到家的时候,可以告诉太太,明天他们会到新公司去上班,在东京市中心的高层办公楼里工作,而且工资会比以前高出三分之一。就这样,华为雇用了1400 余名日本的手机与信息领域的工程师,在东京、横滨、大阪开设了 4 个研究所。这些人才为华为手机品质的突飞猛进做出了重要的贡献。

在华为的手机部门还有很多的"黑科技创新小组"。"黑科技"针对的是某项技术的研究和商业化,比如石墨烯电池研发,金融级芯片解决方案和芯片可替代 U盾、车钥匙、门禁、电子身份证的安全能力。华为手机的每项技术或功能都有一个二十到三十人的小组来承担,这样的小组一共有一百三十多个。华为的"安全支付""手机找回""多角度录音"等应用,都是黑科技创新小组的成果。

比"黑科技创新小组"更重要的是"底层颠覆工程"。芯片、操作系统和照相这三项长时间、大手笔、高强度的战略性技术投资被华为列为三大底层颠覆工程。华为手机与德国徕卡的合作绝非把徕卡摄像头直接装到手机上那么轻松。手机的光学设计有着天然的限制:塑料镜头的光学素质距离光学镜片有差距;传统光学镜头的设计经验需要根据手机的尺寸限制进行修正;镜头模组的加工难度较大;而且,徕卡的图像质量要求达到 140 个色块的准确还原,而一般手机能还原几十个色块就不错了。因为要求太高,一开始的试制良品率很低,每做出 100 组镜片,最后只能出品不超过 10 套符合要求的镜头模组。面对这种足以让人崩溃的情况,徕卡的专家团队和华为手机研发团队共同努力,不断提升良品率,最终达到量产标准。

因为没有完成年初的个人销量目标承诺,2012 年底,余承东主动放弃了高额奖金。这一年,华为发了足足 125 亿元的年终奖。

为了安慰余承东,任正非送了一架歼 15 模型给他——当年舰载歼 15 战斗机在辽宁号航空母舰上首次成功起飞,意喻"从零起飞"。不过这并没有缓解余承东的压力。他带着团队去广东增城白水寨瀑布搞了一次团建,随后感慨:"号称落差最大的瀑布,爬山很吃力,再到山顶的天池,则一片平静。人生、事业也是如此吧?"

"当时大家心里都明白,再搞不好,老余铁定下台。"①

余承东倾注全部资源孤注一掷,压在一款产品上:华为 P6。为这款手机,华为史无前例地投入研发人员超千人,几个实验室全力以赴,工程师数月驻扎在供应商工厂里,全面把控工艺和质量。比如 P6 那堪与瑞士名表金属工艺媲美的电池盖,为了保证良品率,华为供应商整整试制了 100 万片,最终才敢量产。上海研究所的老员工提起 P6,忍不住感叹:那真是"累死"了一批人。芯片 K3V2 性能差,手机测试反反复复出问题,直到上市也没解决。研发人员苦不堪言。

当时是全球最薄 6.18 毫米机身的 P6 定价 2688 元,突破中端价位,最终销量达到 400 万部,而此前华为手机最佳成绩是 100 万部。P6 的成功,让余承东站稳了脚跟。

---

① 张假假:《华为手机往事:一个硬核直男的崛起故事》,https://www.sohu.com/a/313055512_115479? sec＝wd,观察者网,2019-05-10。

产品质量提升,品牌形象也有改进。余承东将曾经的三星中国区品牌部老大挖到了华为。P7 的"君子如兰"、P8 的"似水流年"、Mate 7 的"爵士人生"相继出台,华为手机开始改变昔日"钢铁直男"的形象,散发出"美是一种态度"之类的文艺小资气息,这大大改善了华为手机在用户眼中的形象。

双面玻璃的 P7,定价比 P6 高出 200 元,最终销量 700 万部。对市场的摸索伴随着产品的迭代逐渐精确,余承东慢慢找到了做消费者业务的感觉。

任老板的牛皮又兑现了

华为手机的命运转折点出现在 2014 年。

在当时,小米的粉丝经济和电商分销已经成为一种成功模式,专门划出一条生产线狙击小米成为华为人的一个共识。2013 年 12 月 16 日,华为在小米起步的北京 798 艺术区,举办了"荣耀时刻,谁与争荣"的盛大发布会,将专用于互联网销售的"荣耀"系列独立运作。荣耀 3C 最低售价仅为 798 元,比红米的最低售价还要便宜 1 元,其待机时间却更胜红米一筹。作为华为首款 8 核的荣耀 3X,16GB 版本定价为 1698 元,比小米 3 的 16GB 版便宜了 301 元。这两款手机明显是冲着红米和小米来的,火药味甚浓。

荣耀宣称"勇敢做自己",其实在"勇敢学小米"。在电商渠道、品牌打造、用户定位各个方面,荣耀都在跟随小米和红米,最后的结果出人意料:2014 年荣耀系列手机就取得了 2000 万部手机销量、近 30 亿美元销售额的辉煌业绩。荣耀横空出世,仅仅一年时间,就成为手机行业成长最快的一线品牌。"本来是要用荣耀打红米,结果打到小米身上去了。"再过三年,荣耀成为中国互联网手机销量第一品牌。华为也成为第一个在手机产品上成功推出线上、线下双品牌的企业。

与荣耀相似,华为 Mate 系列的成功也是一个意外。数码市场的趋势是:平板电脑越做越小,手机越做越大。大屏手机是三星在中国市场发迹的关键因素,仅 Note 2 系列的销量就超过了 3000 万部。华为也看到了大屏手机的机会,在 Mate 系列产品上紧扣了两点:超大屏幕、超强续航。Mate 1 和 Mate 2 销量一般,却积累了一批忠诚的用户:职场精英。大屏幕和长续航方便他们用手机来办公。由于多款高端机都没卖好,华为就想开发一个"能养家糊口的产品",于是酝酿了Mate 7项目。这款新型手机的屏幕比Note 2还要大0.5英寸,还有超强续航和全面视频解码能力,以及全球首次亮相的"一触解锁"和"指纹支付",专为城市白领量身定做。

最高定价3699元的Mate 7问世之前,产品经理李小龙自己咬着牙做了一个史上最大胆的销量预测:120万部。

2014年,华为的手机销售代表们到上海认领Mate 7的销售份额。国内最大代表处的同事上台,伸出一根手指,"一万部"。见罢,李小龙的心都凉了。此时,其他代表处的同事还在喊:"这么多,兄弟你悠着点啊。"

谁知,这款被男性用户们戏称为"美腿妻"的手机,一上市便成了爆款。上市第一周,经销商认销的指标都已售罄,各地纷纷要求补货,黄牛加价销售的现象遍地都是。

这一年,苹果爆出可能存在安全门隐患,中国南海建岛争端愈演愈烈,一个微妙的变化在政企精英中蔓延。在华为手机大屏幕、信号强的这些技术指标背后,一颗自主研发的中国芯,迎合了不断高涨的爱国情绪,成为Mate 7销量的巨大推手。

Mate 7最终出货量超过700万部,开始扭转华为在用户心中低端机的印象,取得了里程碑式的胜利。华为手机从Mate 7开始才真正被大众熟知。

不能忽视的是,Mate 7还是一部4G手机。中国于2013年底发放4G牌照,业内人士预计中国在2014年内将出货近1亿部4G手机,实际数据却高达1.71亿部,接近预计销量的两倍。中国人真是太爱追新潮手机了。华为是业界少数能够同时提供从网络、终端、芯片的解决方案的厂商,这也是华为得天独厚的优势。华为手机能够弯道超车,很大程度上是借了4G换机潮的东风。

Mate 7成功的关键还在于它应用了华为最新自研的麒麟芯片。

2014年初,麒麟首款芯片投入应用,型号为910,华为P6 S是首款搭载麒麟芯片上市的手机。6月,4G芯片麒麟920发布,其整体性能与当时高通的4G芯片骁龙805基本同步,被誉为中国手机芯片的弯道超车之作。麒麟920前后投入的研发经费超过 2 亿美元。9 月,超八核麒麟 925 芯片亮相,让 Mate 7 和荣耀 6 Plus 成了当年的爆款机型。

华为从 2004 年开始做芯片,直到 2014 年才大获成功,真可谓是十年磨一剑。相对小米来说,华为手机销量增长的速度并不算快,但华为与小米,明显是一场马拉松选手和短跑选手之间的较量:马拉松选手一旦领先,就不会再有短跑选手的机会。麒麟芯片的不断更新迭代,成为华为手机崛起的最大动力。华为是极少数不断努力让价格往上走的手机品牌,没有自己的麒麟芯片,是不可能做到这一点的。

2015 年,使用麒麟 930 芯片的 P8 发布,其青春版销量在上市 9 个多月内突破 1000 万部。8 月稳定量产的麒麟 950 芯片,集成了华为自主研发的图像信号处理模块,使得华为手机可以从底层来优化照片。海思凭借麒麟 950 打了一个翻身仗,其综合性能飙至业内第一。

2016 年,搭载麒麟 955 芯片和徕卡双摄像头的 P9,成为华为旗下第一款销量破千万的旗舰机。当年 10 月 19 日,麒麟芯片累计出货量突破 1 亿个。

2017 年,华为发布人工智能芯片麒麟 970,麒麟 970 采用 10 纳米工艺,是全球首款内置独立神经网络处理器的芯片,能够处理海量的人工智能数据。在图像识别速度上,可达到约 2000 张 /分钟。Mate 10 和 P20 都采用了麒麟 970,P20 定价 3188 元起。

2018 年 10 月及 2019 年 3 月,华为 Mate 20 及号称最强手机相机的 P30 先后上市,它们使用的“很吓人的技术”的麒麟 980 芯片,是当时世界上第一个采用 7 纳米工艺制造的手机系统芯片,集成了 69 亿个晶体管。相比上一代的麒麟 970,性能至少提高 20%,功耗降低 40%。华为也已跻身全球手机拍照功能第一阵营,在知名影像设备测试机构 DXOMARK 评出的全球摄影排名前 10 名的手机中,华为一家公司就独占了三款(2019 年 9 月数据)。

在华为芯片的背后,有泪,也有血。也是在华为手机转折点的 2014 年,华为海思的 42 岁的无线芯片开发部部长王劲猝死。王劲于 1996 年加入华为,1999 年开发出华为第一款可大规模商用的移动基站设备 BTS30,2007 年从欧洲被调回上海研究所,开始专攻移动端芯片,首先在上网卡芯片上取得突破。他带领海思“巴龙”

基带处理器及"麒麟"应用处理器的团队从低谷走向成功,为华为手机的崛起构建了一个同行难以逾越的技术护城河。

原本是为通信网络业务准备的芯片战略"备胎",最终却用到了终端业务上。正是因为很早就对海思芯片大规模、长周期的投入,如今的华为手机才能如鱼得水,每三个月就能换上一代。除了麒麟芯片,海思自主研发设计的系统芯片还包括5G 终端芯片巴龙、人工智能芯片昇腾、服务器芯片鲲鹏、物联网芯片凌霄等,覆盖多个不同专用领域。海思的安防芯片击败德州仪器,占领全球一半以上的市场。海思于 2015 年击败高通等几家巨头,独家取得奔驰此后十年的车载通信模块订单。正是得益于海思光网络芯片、交换机芯片等各种芯片的卓越性能,华为产品在全球市场击败思科、爱立信和诺基亚。海思早已成长为中国最大的芯片设计公司,2018 年销售额高达 76 亿美元,接近高通的一半。

华为手机开始一路高歌猛进。2015 年 3 月,余承东放话称,未来五年,全球智能手机市场会只剩下三家。当年华为手机出货量破亿。2017 年,华为手机全球出货量突破 1.5 亿大关,并成为中国手机市场的老大。从诺基亚于 2011 年第四季度让出中国销量第一的宝座后,中国手机市场进入"你方唱罢我登场"的阶段,先是三星凭机海战术占领先地位,然后是属于小米的互联网模式,接着 OPPO 和 vivo 依靠线下雄起了一段时间,如今终于进入了属于华为的时代。

2018 年,华为手机的销量突破 1.05 亿部,在中国市场占据的份额高达 26%(IDC 数据)。华为在海外市场也战果辉煌,其欧洲销量于 2018 年增长了 54%,两倍于中国手机整体在欧洲的销量增长,已稳居欧洲手机市场第三名,与苹果仅有30 万部的差距(Canalys 数据)。即便华为因为坚持使用海思芯片而被美国政府以行政手段挡在美国市场之外(使用高通芯片的中兴手机和三星手机都在美国畅销),华为仍在全球市场上稳居第二。

在全球智能手机市场上,华为、苹果和三星明显处于第一阵营。绝非偶然的是,也仅有这三家手机厂商能做出第一流的手机应用处理器芯片。智能手机的竞争,已经升级到了芯片竞争的阶段。华为和三星还胜在能做出第一流的基带处理器芯片,苹果则缺乏做基带处理器的能力。

与任正非相比,余承东的大嘴只能算是樱桃小嘴。倒回到 2010 年,任正非豪言要把华为手机做到世界第一,没有人相信;倒回到 1994 年,他斗志昂扬地说华为十年后要占全球通信设备市场三分之一天下,也没人相信。那些年,任老板吹过的牛皮,后来居然都兑现了。不仅兑现,还远远超过了预期。

其实这些都不算什么,任老板吹过的最大牛皮,在于 5G。

第十七章

华为 5G 有为

被肢解的百年老店

扎菲罗夫斯基无论如何也不会想到,华为居然上门来提议要收购北电。

当年,作为摩托罗拉的集团总裁,正是扎菲罗夫斯基主导了摩托罗拉对华为的 75 亿美元收购案的谈判。华为在 2002 年的互联网泡沫中险些崩溃,2003 年又遭遇自成立以来的首次海外诉讼——思科在美国起诉其侵犯知识产权,涉及专利和版权等 21 项罪名。受此影响,欧美不少客户暂停了与华为的合作。尽管九个月之后双方达成庭外和解,华为无须道歉也不用赔偿,但刚刚在全球市场起步的华为仍然蒙受了巨大的商誉损失,对美国市场的开拓也受到了极大的阻碍。"当时还正逢伊拉克战争爆发,美国媒体出现大量关于华为的负面报道,如'有关公司违反联合国武器禁运规定,向伊拉克出售设备以助其改进防空雷达'等。如果媒体继续报道,美国国会有可能以违反武器禁运的罪行将华为列入美国制裁的黑名单中,那么华为将不但不能进入美国市场,还无法继续从美国获得高新技术和关键零部件供应,这等于给华为判了死刑"。[①] 在巨大压力之下,任正非身体出了问题,不仅患上抑郁症,还因癌症动了两次手术。心力交瘁的任正非,就想把华为卖给摩托罗拉,"戴上一顶美国的牛仔帽,资本是美国公司,劳动是中国人,这样有利于在国际市场上扩展。"任正非自己打算改行去造拖拉机。

那么,摩托罗拉这样一家美国的老牌通信技术厂商,为什么会想要收购一家中国的通信设备行业新秀呢? 这是因为,两家公司的业务互补性很强:摩托罗拉号称"基站之王",但因为没有做过固定电话,核心网的程控交换技术一直是它的短板,而这正是华为的强项。当时摩托罗拉与华为已有密切的合作,摩托罗拉不仅需要华为的核心网才能提供完整的移动通信解决方案,还需要华为供应大量的 OEM 产品。华为给扎菲罗夫斯基印象最深的是:"华为对契约的重视不亚于任何一家西方公司。"

---

① 张贯京:《华为四张脸:海外创始人解密国际化中的华为》,广东经济出版社,2007 年,134 页。

2003 年 12 月底,在海南亚龙湾的喜来登酒店,扎菲罗夫斯基与任正非敲定了收购案的细节。"合同签订了,所有手续都办完了,就等对方董事会批准。所有谈判人员都在酒店买了花衣服,在沙滩上比赛跑步、打乒乓球,等待批准。"①

然而,天算不如人算,2004 年 1 月 5 日,摩托罗拉董事会突然公布了新的人事任命,银湖资本的董事总经理詹德出任 CEO,原本为热门人选的扎菲罗夫斯基被判出局。詹德既不了解业务,也不重视华为。他直截了当地否决了收购,正在等待消息的任正非被兜头浇了一盆冷水,中国的拖拉机产业也因此蒙受了意外的"巨大损失"。

在摩托罗拉取消对华为的并购后,任正非回来讨论还卖不卖公司的问题,公司内部的少壮派、激进派坚决不卖了。于是,任正非说:"十年之后和美国在山头上遭遇,我们肯定拼不过他们刺刀,他们爬南坡时是带着牛肉、咖啡爬坡,我们带着干粮爬坡,可能到山上不如人家,我们要有思想准备,就准备了备胎计划。"这之后才有了海思芯片和鸿蒙操作系统。

而工程师出身的扎菲罗夫斯基与资本出身的詹德毫无共同语言,无法共事,于是选择离职,加入北电担任 CEO。

北电的历史可以溯源至美国贝尔电话公司。当年贝尔电话公司在加拿大设立分公司来制造电话机,后来这个分公司的机械制造部门于 1895 年后逐渐独立,并于 1914 年成立了北电的前身"北方电子"。这家公司自成立以来,就是加拿大"国宝级"科技公司,其在二战时为军队源源不断地提供军用电话、微波雷达和无线电设备,立下汗马功劳。后来几经重组,公司在 1995 年 100 周岁生日时更名北电(Nortel)。彼时的华为,才刚刚洗净裤脚的泥巴,准备进城。

也是在 1995 年这一年,罗世杰(John Roth)成为北电的 CEO。他上台时对媒体说了一句经典的话:"很多人喜欢防御,而我却喜欢进攻。"而时代也给了他一个

---

① 戴老板:《北电之死:谁谋杀了华为的对手?》,https://user.guancha.cn/main/content? id=129405&s=fwtjgzwz,风闻社区网,2019-06-15。本节关于北电的数据和资料多参考此篇文章,后面不再一一注明。

豪赌进攻的机会：光纤革命。当时人们普遍认为 2.5G 的带宽就是光纤通信的极限，再高的速度也不会有人用。罗世杰对此的看法不同，上任伊始就带领北电开发出 10G 的光通信产品，该产品在市场上供不应求，彻底甩开最大的竞争对手朗讯。罗世杰手握大把现金，正逢 90 年代的互联网热潮，于是就大肆并购，迎合市场对互联网概念的追捧。当时的资本市场狂热到不在乎你到底买的是什么，只要你在并购，就能大幅提升股价。罗世杰不断利用泡沫化的股价进行增发并购，又进一步推高股价，形成"良性循环"。2000 年，北电占据全球光纤设备市场的 43%，收入高达303 亿美元，总市值飙涨到 2670 亿美元，占据了整个多伦多交易所总市值的 37%。北电还催发出惊人的财富效应：总部所在地渥太华的房价一年涨了 60%。

这一切全部在互联网泡沫破灭后结束。电信运营商纷纷破产，北电的客户数量从 4000 家缩水到 400 家，昔日的订单全部化为乌有，残存的客户宁肯支付违约金也不愿提货，大量的产品被积压在北电的仓库中。2001 年二季度，北电亏损高达 192 亿美元，股价从 120 美元暴跌到 10 美元。北电在前几年花了 321 亿美元进行的所有并购，到此时仅值 11 亿美元。

互联网泡沫破灭对北电的影响并不致命，毕竟大家都很困难，包括华为在内的各大通信设备厂商同样都受到了巨大的冲击。接下来再发生的事就是北电自己导致的了。董事会要求新任 CEO 邓富康（Frank Dunn）尽快结束亏损状态，这在互联网寒冬的背景下谈何容易，首席财务官出身的邓富康只好在自己擅长的财务领域做起了文章。2004 年 1 月，北电公布了一份盈利 7 亿美元的年报，股价随即大涨，邓富康因此将获得 780 万美元的奖金。但靓丽的业绩引起了北电独立审计师德勤和公司一位董事的怀疑，于是秘密审查了财务报表，发现了造假的痕迹。财务丑闻不仅让北电股价暴跌、名誉扫地，更把北电拖入了集体诉讼和巨额罚款的泥潭。

扎菲罗夫斯基正是在这样的背景下接掌了北电。此时的北电，经过连年亏损和巨额罚款，已经无法承受巨额的研发投入。北电必须选择性放弃一些业务，集中资金来重点突破。

该选择什么，放弃什么呢？扎菲罗夫斯基用了一个简单的方法：砍去没有做到行业前三的产品线。这在前途叵测的通信行业着实是个败招。因为北电的

WCDMA(欧洲 3G 标准)就不是市场前三,所以北电错误选择了 CDMA2000(北美 3G 标准),将 WCDMA 部门以 3.6 亿美元卖给了阿尔卡特。与此同时,华为却在重点开发 WCDMA 技术,国内卖不出去(中国的 3G 牌照要到 2009 年才发),就出海远征,正好接收了北电让出的欧洲市场,2005 年的海外收入就超过了 50 亿美元。后来结局证明:WCDMA 大获全胜,CDMA2000 则被边缘化,北电在 3G 时代彻底沦为看客。

北电的研发能力也逐渐掉队,2000 年以后就再也没能推出革命性的产品。而华为于 2006 年研发出新双密载频模块,可将电源、功放和滤波器等多个模块集成到一个单板上,终于使其 GSM 技术追上了世界先进水平。① 华为开始获得中国移动省会城市的 GSM 订单,还打进了德国市场。2007 年,华为调用了包括俄罗斯研究所算法专家在内的全球资源,用一年多的时间终于攻克了多载波技术,推出"从 GSM 向 3G 平滑演进"的一体化基站方案(Single -RAN),可以实现单一基站将 2G、3G、4G 以及未来所有制式融合在一起,大大降低了运营商的投入成本,横扫欧洲几乎所有运营商,对移动通信产业带来的强力冲击,绝不亚于一次革命。华为无线收入于 2009 年突破 100 亿美元,华为才得以将经营重心转向手机。

除了错失 WCDMA 之外,扎菲罗夫斯基还押错了 WiMAX (Worldwide Interoperability for Microwave Access)。在美国政府的支持下,这门由英特尔、IBM 和摩托罗拉等一众美国公司推动的技术,在 3G 标准提交截止 9 年之后,被强行纳为第四个 3G 国际电信标准。加拿大是美国的铁杆盟友,北电自然也跟着美国公司在 WiMAX 上进行了大量投资。然而,英特尔推 WiMAX 的初衷是英特尔做手机和平板不行,就想了个歪招,让电脑通过 WiMAX 能够随时随地接入互联网。这个路线是逆势而为,妄想阻止手机对电脑的替代,从根本上就是错误的。WiMAX 简单理解就是 Wi-Fi 的加强版,所以它实际上并不算是移动通信技术,而是基于 IP 网络之上,是 IT 技术往电信领域的入侵,于是遭到欧洲和中国的运营商的抵制。北电在 WiMAX 上的投资都打了水漂。2008 年金融危机又让北电的财

---

① 张利华:《华为研发》,机械工业出版社,2017 年。

务问题进一步放大,成为压垮北电的最后一根稻草。

扎菲罗夫斯基在北电任职 5 年的期间,华为搭上了 3G 的快车道,年收入竟增长了 4 倍,2008 年达到 1252 亿元人民币。主客易位,华为从一个被收购者变成了收购者。骄傲的扎菲罗夫斯基实在无法放下身段,他给任正非开出了不可能被接受的条件:要获得华为的控股权。谈判最终破灭,而加拿大政府也拒绝了北电提出的区区 10 亿美元的救助金额的申请,北电最终于 2009 年 1 月走向破产。有意思的是,即使扎菲罗夫斯基当初不离开摩托罗拉,他也逃脱不了华为的收购提议。2010 年,摩托罗拉要拆卖无线网络业务的时候,华为也参与了竞购,不过,没有成功。

由于北电的体量太大,再没有哪家企业能够全盘吞下北电,北电最终遭到肢解和分食。其他公司关注的是专利和技术,比如前文提到的苹果和微软等公司联手收购北电的专利外,爱立信以 11 亿美元买下 CDMA 和 LTE 资产,其他一些公司分别买下企业网业务、光纤城域网部门和网络电话部门等,将北电的专利、设备、技术和市场瓜分殆尽。而华为呢? 华为只干了一件事:抢人。

华为抢人抢得红了眼。任正非是真心害怕,倒了树的猢狲们被别人抢走。在每一个倒下的竞争对手原来的研发中心所在城市,华为都建了一个自己的研发中心。在那里工作的人原来就都是同事。华为用任何人都无法拒绝的待遇,把对手的精华人才悉数纳入麾下。研发、生产、营销、对外关系、法律……所有企业经营各个方面的精英,一勺烩,全来了。专利无所谓。发明专利的人才重要,因为有了人,就有了源源不断的新专利。例如,在北电做到了全球网络技术实验室主管的童文博士,于北电破产后加入了华为渥太华研究所,成为华为无线通信首席科学家。他现在的身份则更加知名:华为 5G 首席科学家。还有上千位北电销售精英,他们的人脉和经验在华为拓展欧洲、亚洲和拉美市场上发挥了举足轻重的作用。

其实,真的没有其他公司会跟任正非抢那么贵的人,因为新员工的高薪会对老员工的薪酬体系产生冲击。华为之所以不存在这方面的问题,是由于华为老员工收入的大头在于股权分红。华为的工会控股比例高达 98.99%,任正非本人的控股比例仅有 1.01%,他把亲手创建的华为的大部分股权都分享给了员工,几乎没有第二个企业家能做到这一点。正如任正非一直强调的："华为鼓励人人当雷锋，但决不让雷锋吃亏。"

早期的华为其实是很想上市的，因为研发投入"烧钱"实在太厉害，使得华为多次处于资金链断裂的边缘。华为的资产仅有人和电脑，没有什么抵押物，从银行贷不到多少钱。可是，深交所当时主要扶助国企（中兴就上市了），华为敲不开这扇门，创业板（时称科技板）又迟迟不落地，华为就一直没能上市。在认真研究北电破产的教训后，任正非做出一个"永不上市"的决定。华为不上市，就不必为了提升股价而干那些饮鸩止渴的事情，比如裁员或分拆掉拥有长远价值的部门。不上市就敢冒大风险、进行大投资，"每年攻击城墙口的炮弹投入是两三百亿美元。没有任何一家上市公司同意这么大的投资，因为股东不会同意。"不上市的华为被控制在员工而非资本的手中，就可以做到按劳分配而非按资本分配，自然容易吸纳最好的人才。

华为的人才队伍建设明显以 2000 年为界分成两个阶段。此前，清一色的子弟兵、兄弟连，充分享受中国高校扩招带来的工程师人才红利，经常是将中国各高校整班整班的毕业生一块招来。此后，全球互联网泡沫破灭，华为大做逆周期投资，在发达国家和地区大举建设国际纵队。起初主要是技术人才，发展到 2008 年金融危机时期，华为以最开放的姿态快速吸纳西方公司大裁员时裁出来的优质过剩人才，不管是研发、市场还是财经专家。截至 2018 年底，华为的 19 万名员工中，有 5 万名外籍员工，覆盖 165 个国籍，其中不少人是行业的高端专家，还有上千位数学、物理、化学等方面的科学家。华为已经从一家走向国际化的企业转变为国际化经营的企业。

华为不仅海纳人才，还在研发上持续巨额投入。

2018 年，华为投入研发的资金高达 150 亿美元，占当年收入的 15％，远高于苹果公司的 5％。未来五年，华为还将投入超过 1000 亿美元的研发经费，支持公司的销售收入超过 2500 亿美元。

2019 年，随着世界知识产权组织（WIPO）公布前一年通过该组织提交的全部国际专利报告后，华为再次成为世界关注的焦点。报告显示，华为去年共申请了

5405 件专利,排名全球首位,比排名第二的日本三菱电机株式会社(2812 件)和第三的英特尔(2499 件)申请的专利总数还多,一举打破了以往由美、英、日垄断的前三位置,再次荣耀世界。

华为收取专利授权费的大门也打开了。原先因为高通专利许可协议中的霸王条款,华为的专利是不能找包括美国运营商在内的高通客户收取专利费的。由于高通在美国的反垄断案败诉,华为的专利可以收费了。华为于 2019 年 6 月正式要求威瑞森支付超过 10 亿美元,涉及 238 项专利的许可费用。此外,由于华为向苹果授权了 769 项专利,而苹果仅向华为授权了 98 项,估计苹果每年也要向华为支付数亿美元的专利授权费用。

2018 年以来,威瑞森真是流年不利。年初被迫中止销售华为手机 Mate 10,就少了一大块收入。10 月,威瑞森宣布遣散 4.4 万名员工,官方公布的原因是在 5G 领域的投资过大,利润急剧下降,为了生存,不得不裁员。在这个 5G 时代即将到来的交替点上,因为禁用华为 5G 物美价廉的通信设备,给威瑞森的利润造成很大的负面影响。当年威瑞森利润同比大减 48%,接近腰斩。

威瑞森是美国排名第二的电信巨头。老大 AT&T 的日子也不好过,其 2018 年度利润同比大跌 34%。美国禁止华为进入美国市场,美国自身受到的损失恐怕会超过华为。

5G 让美国恐慌

巨额研发费用投入,加上全球精英人才加盟,让华为在 5G 技术上一举赶超,改变了中国在移动通信领域经历的 1G 空白、2G 跟随、3G 突破、4G 同步的发展历史。

什么是 5G?

5G 给人们的第一印象一定是速度快。从 3G 开始可以高速上网,实现了语音聊天、图片传送、视频通话等多个功能,目前的 4G 可做到高清看直播,下载速率够大,可上传速率还很低。就像大家感觉到的,你在网络上传一个图像或视频时,速率非常慢。如果汽车要采用无人驾驶，一秒钟要传出非常多的图像才能保证安全，否则，等三秒钟再下达指令，汽车早和障碍物撞上了。无人驾驶时代迟迟未至，主要就受限于汽车与云端的数据交换速度不够快。而 5G 整个频道的宽度最大可达 4G 的 100 倍，上行带宽也可以做到非常宽。5G 来临将大大加快无人驾驶技术的进步，大量司机下岗、空气污染减少、石油滞销等社会剧变将在不久的未来发生。

5G 不仅速度惊人，"多址技术"让 5G 可接入设备的数量、类别是 4G 的上百倍。5G 不是 4G 的简单放大，它还改变了 4G 的信息传输结构。2G、3G 和 4G 的业务性质是 B2C，B2C 业务可以理解成人与人在通信。而 5G 不仅能完成 B2C 业务，还能完成 B2B 业务——物与物在通信。B2B 后面的"B"，是指高速运行的火车、汽车、飞机、工业 4.0 自动生产的结构等。现在，我们只有手机、电脑等接入了网络。未来，我们的车、门、衣服，甚至家里的马桶都要接入网络。5G 是构建未来智能社会的基础条件，离开了 5G，什么人工智能、虚拟现实（VR）、无人驾驶、智慧城市，都无法实现。

5G 目前可分两种形式：一种是 5G 和 4G 共用一个网（NSA），现在的 4G 手机可以在 5G 网络上使用，它仅仅拓宽了带宽，没有起到工业自动化控制的作用。另外一种形式是 5G 单独组一个网（SA），由于它不需要兼容 4G 的很多内容，它的终端设备、系统设备都会变得比较简单，这样它的上行速率会非常快，时延是毫秒级的。目前的电视，如果传播速度快一些就会有拖尾，说明是有时延的，独立的 5G 网络就会消灭这个现象。5G 独立组网，就必须用到华为的技术，因为全世界目前只有华为一家能够做到，大概领先了其他企业两三年的时间。

从网络设备、5G 芯片、5G 基站、承载、核心网到 5G 终端设备，华为是目前全球唯一能够完整提供 5G 解决方案的设备商。根据著名数据分析公司 GlobalData 公开的 5G 测试报告，华为 5G 技术在基带容量、设备部署简易度、射频单元系、技术演进能力方面均是第一。这让华为在 5G 时代来临之际拥有很强的竞争力。

华为不仅 5G 做得好，微波通信的技术也居领先地位。结合了先进微波技术的 5G 基站，不需要光纤就可以用微波超宽带传送信息，这个技术全世界只有华为一家公司能做到。"西方国家遍地都是分散的别墅，要看 8K 电视、高速上网，就需要买我们的设备。当然,它可以不买,那就要付出非常昂贵的成本来建设另外的网络。"

5G 时代的到来对高通是不小的打击。3G 是高通 CDMA 技术最风光的时代,掌握着核心专利的高通可以肆无忌惮地收取专利费,从手机厂商、通信设备商到运营商,高通税一直都是无法避免的问题。但吃独食的恶果也逐渐体现,各通信设备商和运营商都在致力去高通化。早在 3G 时代的尾声,中国电信就开始有计划地缩减 C 网投资,全力投入到去除许多高通专利的 LTE 技术上,随着 4G 时代全网通、VoLTE 智能手机的普及,使其更加有底气和 CDMA 说再见。中国电信明确表示,从 2020 年开始不再发展新的 2G/3G 用户,现有的 2G/3G 用户也将转成 4G,同时全力拥抱 5G。威瑞森也已于 2019 年的最后一天停止 2G 的 C 网服务。CDMA 在全球范围内的退场已经是大势所趋,再加上 CDMA 不少专利的二十年保护期将相继到期,CDMA 给高通的利润贡献也将越来越少。

5G 和 CDMA 没什么关系了,高通与华为、诺基亚等厂家站在了同一条起跑线上。在全球 5G 标准必要专利数排名中,华为排名第一,排第二的是我们熟悉的面孔:诺基亚[①]。

诺基亚虽然不做手机了,但仍然能依靠多年积累的专利继续收取授权费用。事实上,所有老牌的通信技术厂商(如爱立信、华为和高通),都有能力向新兴手机厂商(如苹果、小米等)收取专利授权费用。早些年,苹果因为部分专利问题曾被诺基亚起诉,最后只得乖乖地向诺基亚赔付 20 亿美元的授权费用,此外还需每年给诺基亚支付 2.5 亿欧元。再者,2017 年 7 月,小米与诺基亚签署的商务和专利合作协议也充分表明,诺基亚的专利及关联性技术实力仍然不容忽视,尤其是在人工智能跟物联网领域。

拆分了手机业务之后的诺基亚,以通信设备为主业。诺基亚在通信设备领域,

---

① 依据德国专利数据公司 IPlytics 于 2019 年 6 月 15 日发布的数据,排名前 7 位的分别是华为(2160 件),诺基亚(1516 件),中兴(1424 件),LG(1359 件),三星(1353 件),爱立信(1058 件),高通(921 件)。

有点像电脑界的联想,几乎将欧美国家倒闭的通信设备企业都搜罗到了旗下。2006 年,诺基亚与西门子将各自的电信设备业务合并,成立诺基亚西门子网络公司(简称诺西)。2011 年,诺西以 12 亿美元收购摩托罗拉的无线网络业务。2013 年,诺基亚斥资 22 亿美元全盘收购西门子持有的诺西 50% 的股份。卖掉手机业务而手握大把现金的诺基亚,以 166 亿美元于 2015 年收购阿尔卡特朗讯,加强了 5G 通信网络建设能力。在西方各大通信巨头中,诺基亚原本是相对较弱的一个,大概是因为做手机攒下了较厚的家底,居然笑到了最后。如今的诺基亚相当于是芬兰诺基亚、德国西门子、美国摩托罗拉和朗讯、法国阿尔卡特等公司的集合体。不过诺基亚的经营状况仍不乐观,并购阿尔卡特朗讯让诺基亚重回世界 500 强榜单,此后却连续三年亏损,亏损累计高达 29 亿美元。由于华为和中兴的参与,全球通信设备价格呈断崖式的下跌,许多都不到原来西方企业报价的十分之一,它们能不亏损吗?

对于陷入亏损困境的通信设备供应商来说,5G 是救命稻草。为了迎接 5G 时代的来临,预计全球运营商每年将投入 1600 亿美元资金。5G 与物联网、人工智能相结合,将激活全球物联网建设,并驱动万物智能,开启智能社会新时代,为全球经济注入增长活力。预计到 2025 年,全球将部署 6500 万座 5G 基站,服务 28 亿用户。以 5G 支撑的大连接,不仅会掀起新一轮的移动变革,也给通信设备厂商带来史上最大的机遇。只不过,从 2017 年到 2020 年,正是全球通信市场从 4G 向 5G 转换的断档期。华为能够依靠手机业务的利润来挺过这个漫长的寒冬,丢掉手机业务的诺基亚和爱立信只好在寒风中苦熬了。

从目前与全球运营商签订 5G 商用合同数量来看,诺基亚仅次于华为。诺基亚要想东山再起,虽然征途漫漫,但已有不小的希望。

华为在 5G 技术上的领先,不仅给诺基亚这样的通信设备供应商造成很大压力,更是对美国在通信及互联网上的情报窃取带来了很大的障碍。

美国情报界每年支出 800 亿美元,很大部分用于搜集和处理通信系统、雷达和武器等电子系统所产生的电子信号的情报。2017 年,美国国安局记录了超过 5 亿条美国人的电话和短信。① 还有棱镜项目，只要用户将数据存储在美国的服务器上，都会成为美国监控的对象。例如，脸书在其隐私条款中称，所有用户必须同意他们的数据"被转送和存储在美国"。美国司法部门能够使用存储在其境内的外国企业或个人的数据，整理出他们需要的情报。已经发展了 10 年的棱镜项目给美国情报工作提供了有力的支持，美国国安局至少有 1/7 的报告使用到该项目提供的数据。在奥巴马当政的 2012 年，总统每日简报共引用该项目数据多达1477 次。②

棱镜项目曝光后，美国的盟友愤怒地发现，自己的政府首脑也都成了美国监控的对象。包括德国总理默克尔、巴西前总统罗塞夫在内的多达 35 位国际政要的手机都被美国监听。默克尔当天致电奥巴马，态度强硬地要求美国停止监听行为。德国外交部紧急召见美国大使并提出抗议，这在德国战后历史上尚属首次。美国窃听门事件曝光后，躲在一边偷笑的是普京。普京从来不用手机，这是防范智能手机信息安全隐患的最好措施。

在棱镜门事件的背后是欧洲数据主权的丧失。整个欧洲没有一家互联网巨头，欧洲的大多数互联网服务均由美国公司提供。美国的网民数量仅占全球网民的 20%，却提供了全球 80%的互联网服务，这是美国互联网霸权的基础。

然而，美国这一切伎俩即将结束。中国先进的量子密码技术将让美国的电子窃听技术失效。中国在量子通信方面处于领先地位，这门通信技术利用远距离量子纠缠效应来产生通信信号。量子通信系统有个特点，如果你以任何方式干扰它，量子态就会被破坏，通信信号就会消失。就好比一封信，当你看到它的时候它就消失了。所以，从理论上说，你不可能用技术手段入侵这种通信系统。量子通信是数据安全的终极形式。5G 带宽的无比强大之处在于，它可以在普通 5G 通信中引入量子通信。中国已经在境内利用光缆使用量子通信技术传输敏感数据。全球已经

① 小山：《美国情报界抵制中国 5G 真实原因曝光：无法继续电子窃听了？》，http://news.eeworld.com.cn/xfdz/ic467650.html，2019-07-12，2019-07-08。
② 蔡东海：《揭秘：棱镜计划》，中国日报网，2013-06-19。

有若干个大团队正致力于将量子通信嵌入 5G 网络,韩国的 SK 电讯、日本的东芝都在做这方面的努力。2017 年,"墨子"号卫星应用了世界上第一个量子密码技术,实现了从北京到维也纳 7600 公里的量子保密通信,拉开了量子通信时代的帷幕。2018 年,华为和西班牙电话公司进行了光纤网络的数据安全实验。这项技术的商业应用或许并不遥远。那么结果就是,几年后美国将失去窃听其他人的能力。

如果世界各国都采用了华为的 5G 技术,美国的网络监控就没那么容易了。这是美国千方百计围堵华为的重要原因。美国情报机构妄称,如果华为主宰了 5G 的安装,它可以在自己的硬件上设立"后门"。美国威胁盟友,如果使用华为的设备,美国就将减少情报共享——美国很可能在移动通信上也将收不到情报了。事实上,我们知道,最喜欢窃取网络数据的是美国。当然了,戈德曼说美国中情局前负责人曾对他说:"与其被华为窃听,不如被我来窃听。问题的关键在于窃取大家数据的究竟是我们还是中国人。在我们和中国人之间,你们难道不是更情愿让我们把数据偷走?"[①]

美国不仅担心自己窃取不了网络数据,还担心被华为窃取数据。美国害怕华为,是因为华为制造出性能良好且价格便宜的企业级网络硬件,这些企业级网络硬件是每一个美国企业需要购买和使用的必要基础设备,而且政府网络有时也需要和社会网络进行信息交换。美国担心华为"如果让这样的企业参与到我们的电信领域,他们就会有能力对我们施加压力或控制我们的电信基础设施,而且也有能力来恶意修改或窃取我们的信息,甚至可以让他们有能力实施无法检测到的间谍活动行为"。[②] 因此,美国以"国家安全"为理由全面禁止华为手机与通信设备进入美国市场。

美国不仅禁止华为参与其 5G 网络的建设,还给华为在全球拓展 5G 业务的道路上设障。对正在考虑使用华为设备建设 5G 的国家,美国甚至还派官员游说,给这些国家越来越多的压力、谴责以及威胁。

---

① 保罗·戈德曼:《你永远不可能成为中国的朋友》,中美印象网,2019-10-16。
② 陈健:《美国六大情报机构主管:不建议民众购买中兴华为手机》,新浪财经,2018-02-16。

事实上,中国的目标绝非窃取全世界的数据,而是希望用通信技术将全世界与中国联结到一块。比如,华为会对墨西哥政府说:"你们的全国性宽带网络让我们来建。只要接入宽带,你们就可以开展电子商务和电子金融业务,然后我们可以提供配套的物流和融资方案,让你们融入世界市场。"中国已经成为地球上互联互通程度最高的社会之一,中国拥有全世界最高的电商渗透率,中国的电子支付系统和电子银行比其他任何地方都先进得多。中国不仅是土木建筑工程的,还是通信网络工程的"基建狂魔"。

虽然受到美国不公正的待遇,但华为凭着过硬的技术和开放透明的态度,赢得全球其他客户的认可。包括英国、德国、印度和阿联酋在内的国家已发出信号,它们不太可能响应美国的要求。2018 年,华为面对美国的打压,在逆势中奋起,在与诺基亚和爱立信等通信设备供应商的竞争中全面胜出,全球范围内总共获得了三十多个 5G 合同,售出近 3 万座 5G 基站,成为 5G 最大的赢家。而且,在 5G 基站的整个生产过程中,华为可以不使用任何美国组件。

物联网与人工智能

5G 为人类社会进入物联网时代铺平了道路。如果说,5G 是物联网的神经,那么操作系统则是物联网的灵魂。华为的鸿蒙操作系统迟至 2019 年 8 月 9 日才面向全球发布,看似比阿里巴巴的 YunOS 系统晚了不少,其实已在工业物联网上使用了多年。工业系统对操作系统的要求要大大高过手机,毕竟消费者感觉不到一两秒钟的时间差,机器要求的精度则要高得多。鸿蒙系统的时延非常低,从毫秒级提升到亚毫秒级。它的架构也是非常领先的,这也使得它非常安全。

根据华为公布的鸿蒙系统的演进路径,鸿蒙系统于 2019 年率先应用在智能手表、智慧屏、车载设备、智能音箱等智能终端上。2020 年将推出鸿蒙 OS 2.0 系统,应用于个人电脑、手表、手环和汽车上。2021 年将推出鸿蒙 OS 3.0 系统,应用于音箱、耳环上。2022 年将应用在虚拟现实眼镜等更多终端设备上。划重点:鸿蒙系统当时还没有列出应用到手机上的时间节点。

形象地说,鸿蒙系统就是能够实现人机对话、机机对话的那一种语言,是打通人物两界的那一扇门。在 5G 之前的时代,安卓系统和 iOS 系统只是手机之魂。而在 5G 时代,鸿蒙系统将是万物之魂,它就是人工智能的神经系统,是人类进入人工智能科幻世界的钥匙。

美国因为华为在 5G 上的技术领先而忌惮华为,可在任正非眼里,"5G 就是一个小儿科,过于被重视了"。"5G 就像螺丝刀一样,只是一个工具,螺丝刀可以造汽车,但它并不是汽车,离开汽车它没有实用价值。5G 提供了高带宽、低时延,支撑它的是人工智能,人工智能才是大产业。"[①]

人工智能是又一次改变信息社会格局的机会,它要成为现实,离不开超级计算、超大容量的数据存储和超速联接的支撑。

华为于 2011 年成立了面向未来技术的"诺亚方舟"实验室。华为喜欢在未来十年二十年的技术趋势上押上别人望而却步的赌注,已开始布局未来手机的关键技术,诸如人工智能、情境智能、物联网平台、生物辨识、物品辨识、虚拟现实、增强现实、感测器及 3D 扫描等技术。智能手机相对功能手机是一次革命性的颠覆,而未来将由谁来颠覆智能手机?

能取代智能手机的,必定是人工智能手机。

谷歌的口号是:从"移动第一"(Mobile First)到"人工智能第一"(AI First)。谷歌明确认为这是一次再洗牌的机会,有可能颠覆移动终端的格局。华为手机的愿景是"从智能手机到人工智能手机"(From smart phone to intelligence phone),这很可能是一次新的跨代技术突破,一旦成功了就会与竞争对手拉开明显差距。

现阶段的智能手机就像一个宠物,能听懂主人的一些简单的指令,完成一些特定的任务,如双摄对视觉的增强、降噪技术对听觉的增强、生物识别的智能和安全等,来讨得主人的欢心。少部分加入人工智能计算能力的智能手机,能够在大数据

---

① 任正非:《钢铁是怎么炼成的》。2019 年 7 月 31 日,华为举行"千疮百孔的烂伊尔 2 飞机"战旗交接仪式,任正非在仪式上做了这篇讲话。该讲话内容以电邮讲话【2019】078 号文面向全体员工发布。

分析的基础上,主动给人类一些提醒和辅助决策,开始像一个小伙伴一样与人平等对话。下一阶段,手机将像个教练,在某些领域变得比人类更聪明,超越了常人的推理和决策能力,具备主动高效完成某些特定任务的能力。

科幻电影《她》(*Her*)中的萨曼莎,可以让你觉察不出"她"与真实人类的差异。电脑如果要拥有萨曼莎这样与人类相当的智能水平,每秒需要达到 10^{18} 的运算能力,预计全球最强大的超级计算机再用 5 年左右的时间可以达到这个水平。一部手机的体积和能耗与超级计算机相比有 1000 万倍差距,一切顺利的话,40 年之内可以完成从超级计算机到手机的体积与能耗水平的进化。届时,超级计算机的计算能力将会是人脑的 1000 万~1 亿倍。就是说,到 2060 年左右,手机的智能水平将大大超过人类。[①]

在"5G+人工智能+云服务"的时代,手机不仅会变得越来越聪明,也有可能变"傻"。今天的每部智能手机都有一个大脑——应用处理器。在未来,手机的大脑将会转移到云端上,由云端上的人工智能服务器来为手机提供各种应用服务,云服务器的计算和存储能力将是小小的手机应用处理器的成千上万倍。届时,手机所有的软件操作都将在云上完成,手机或许不再需要安装太多的软件,只需要用一个网络浏览器与云端沟通就可以了。

为了做人工智能,华为需要进入新的领域。过去 30 年间,华为真正的突破是数学,手机、系统设备是以数学为中心。在物理学、化学、神经学、脑学等其他学科上,华为才刚刚起步。"未来的电子科学是融合这些科学的,在科学构建未来信息社会结构的过程中,我们还是不够的。"当然,华为的研究也不是无边界的,仍将局限在以电子流为中心的领域。"非这个领域的都要砍掉,永远不会跨界。"

而华为最让竞争对手感到恐怖的地方在于,凡是华为已进入的各产业领域,绝大部分它都处于战无不胜的状态。凡是华为新进入的领域,即使其营收和份额尚且低到可以忽略不计,都足以让该领域的龙头企业及其投资者感到担忧。例如,华

---

①　周掌柜:《华为手机的光荣与梦想》,https://www.sohu.com/a/169587915_313745,搜狐网,2017-09-05。

为 2008 年才开始对外供应服务器,年均复合增长率高达 70%,5 年时间就做到了全球第六。2018 年第四季度的营收高达 18 亿美元,一举超越了世界服务器界元老级公司 IBM,全球市场份额达到 8.3%,排名全球第三(Gartner 数据)。华为组织能力的提升,很大程度上应归功于 IBM 的流程再造。学生打败了老师,足见华为组织能力的优秀。当然,史重要的是华为敢拼,对于一个新业务,华为要么不做,要做就会押上自己的所有资源去赶超。任正非曾经在一次内部发言中说:"苹果公司很有钱,但是太保守了;我们没有钱,却装成有钱人一样疯狂投资。我们没钱都敢干,苹果公司那么有钱,为什么不敢干呢? 如果苹果公司继续领导人类社会往前走,我们可以跟着他们走;如果苹果公司不敢投钱,就只能跟着我们,我们就会变得像苹果公司一样有钱。"

华为掌握的先进的 5G 技术让美国感到恐慌。而且,中国在量子通信上也处于世界领先的地位,量子通信很可能取代传统的互联网,成为下一代互联网的国际标准,这将让美国在网络和通信技术领域失去话语权。更可怕的是,量子通信和量子计算,很有可能像蒸汽机、电气和计算机一样,引领人类的新一轮技术革命。曾经将人类社会带入电气时代和计算机时代的美国,还能引领量子时代的到来吗? 华为是中国高科技行业的领军企业,美国对华为的多方打压也未能遏止其成长。只是,谁也没有想到,美国对华为的进一步打击,会从孟晚舟开始。

第十八章

美国陷阱新一季

孟晚舟被碰了什么瓷？

在美国抓捕孟晚舟的背后，有着一个相当离奇的故事。

全球每一笔跨国美元交易，不管是在哪里发生的，最终都要通过位于纽约的"清算所银行同业支付系统"（Clearing House Interbank Payments System，简称 CHIPS）的成员银行进行，因此美国人很清楚每一笔美元资金的流向。全球各大公司的资金往来都必须依赖银行结算，盯住银行也就拿到了企业的商业机密。美国司法部就是这样从汇丰银行这里盯上了华为。

汇丰是一家比较奇特的银行。它已有 100 多年的历史，最早由英国人开办，总部位于伦敦，主要业务地却在中国。它的全名是中国香港上海汇丰银行，1949 年后才将业务重心由上海迁往香港。汇丰是中国香港最大的银行，也是全球十大银行之一。汇丰在欧洲、亚太区、美洲、中东及非洲等 87 个国家和地区设有约 8000 个办事处。汇丰还能发行港币，在中国香港有着举足轻重的影响力。可以说，汇丰才是中国香港真正的无冕之王。

汇丰目前最大的股东竟是中国平安。平安与汇丰颇有渊源。2002 年，汇丰耗资 6 亿美元认购了平安 10％股份，成为平安单一最大股东。持有股权 4 年之后，汇丰因为自身战略调整需要，退出平安，获利四倍，并表示"平安是汇丰近 4 年来最成功的投资之一"。自 2017 年起，就轮到平安多次增持汇丰的股权了。到 2018 年 11 月，平安拥有汇丰的股份比例达到 7.01％，超过了持股 6.6％的贝莱德集团和持股 4％的摩根大通，后两者都是美国公司。不过，虽然平安一跃成为汇丰的第一大股东，但它在汇丰的董事会里没有席位，不能影响汇丰的日常经营。平安作为一家保险公司，只追求稳健的财务投资。所以，加拿大检察官说汇丰是美国银行，也没有错。

2012 年，也就是美国开始查中兴的那一年，汇丰就因为给墨西哥毒枭洗钱而被美国司法部盯上了。在美国财政部的协助下，美国司法部追踪墨西哥毒枭的资金走向，查到汇丰银行在其中扮演的不光彩角色。美国司法部不仅给汇丰银行开出了 19 亿美元的巨额罚款,还在汇丰银行派驻了一群监控人员,审查其业务。此外,美国财政部还有一个 200～400 人的团队随时可以获得汇丰银行的一切信息。

华为为了在中国香港开出其全球第一个 3G 商用局①,从汇丰等九家香港银行贷了 3.6 亿美元,用于入股和借款给香港移动运营商 SUNDAY,汇丰从此成为华为重要的融资渠道。到了 2012 年和 2013 年,有媒体传闻华为的香港子公司星通公司与伊朗有业务往来。其实,自 2003 年伊拉克战争期间出现媒体负面报道以后,华为就改变了在美国政府列明的所谓"流氓国家"的市场策略。华为完全撤出了这些国家的市场,只通过代理销售,不再直接销售。华为除了向媒体澄清有关伊朗的事情外,也与包括汇丰银行在内的合作伙伴进行了沟通,与汇丰银行的一位高管当面沟通的人正是孟晚舟。孟晚舟在会面中说,华为遵守国际制裁法律,已于 2009 年出售了此前持有的香港星通公司的股份,华为与香港星通公司之间是"正常的业务合作关系",没有财务上的联系。除了表示华为没有任何不合规的情况外,她还给这位汇丰高管提供了一份 PPT 文件说明情况。

令华为没想到的是,2017 年 4 月,美国开始调查星通公司违反制裁伊朗法案一事,又查到了汇丰银行的头上,面临美国司法部威胁的汇丰银行,为了避免诉讼风险,便将孟晚舟的这份 PPT 交给了过去几年里一直想扳倒华为的美国司法部。之后,汇丰银行没有给出任何说明,就主动提出与华为结束合作关系。这么一个小小的 PPT 文件,很快就被美国司法部用作了起诉华为和逮捕孟晚舟的依据。与此同时,中兴认罪,美国开始把调查重点转向了华为。与中兴仅受到行政处罚不同,美国将华为案定性为刑事案件,由联邦调查局介入调查。

此后,汇丰银行没有再因其所涉及的其他案件而被美国政府起诉。从美国政府的起诉书上来看,汇丰银行还被美国司法部描述成了受孟晚舟和她的 PPT"欺诈"的"受害者"。

事实上,汇丰银行从一开始就清楚星通公司在伊朗的业务,也知道星通公司与

---

① 在通信设备行业,商用局是相对实验局而言的,指正式投入商业使用的电信局级别的通信设施建设项目。

华为的关系。华为和汇丰银行之间的邮件往来可以证明。所以,从法律的角度来讲,汇丰银行不能说他们被骗了或者不知道,也就不存在孟晚舟"欺诈"汇丰银行的情形。

即使根据美国法律,汇丰对于不受美国保管、控制和有权访问的数据或信息也是没有提供义务的。但汇丰恰恰配合了美国的长臂管辖,在未经中国政府的许可下将中国国内的数据转移到了境外,用于美国司法部对华为的跨境调查取证。汇丰无视中国司法主权,无视作为客户的中国公司的利益,涉嫌违反了中国 2018 年新通过的《中华人民共和国国际刑事司法协助法》。该法第四条中规定:非经中华人民共和国主管机关同意,外国机构、组织和个人不得在中华人民共和国境内进行本法规定的刑事诉讼活动,中华人民共和国境内的机构、组织和个人不得向外国提供证据材料和本法规定的协助。此案的本质问题是汇丰配合了美国政府的长臂管辖,而中国出台的《中华人民共和国国际刑事司法协助法》就是为了阻断美国政府对中国企业的这种长臂管辖。

如果孟晚舟被引渡到美国,结局将会怎样?

美国的司法体系有几大鲜明的特点。

一是特别的"黑"。美国政府为了减轻财务负担,将监狱外包。美国监狱不仅不用花国家的钱,还成了每年能盈利高达 50 亿美元的大产业。羊毛出在羊身上,这么高的利润,自然要拼命压榨犯人。美国监狱的条件当然是非常的恶劣,不是常人能待得下去的,爱看美剧的朋友对此应该有深刻的印象。而且美国是全球在押犯人比例最高的国家,常年保持 200 万左右的犯人在押,全国有 7000 万人坐过牢,相当于每三个美国成年人中就有一个蹲过监狱[1]。

二是"有理没钱莫进来"。"在 90% 的案件中,被告人会选择放弃申辩,原因非常简单:高昂的辩护费必须由被告人全额承担。只有那群最有钱的人——必须是

---

[1]　图南:《美国监狱人满为患,谁才是最大赢家?》,https://www.sohu.com/a/335757832_115112,搜狐网,2019-08-23。

真的非常有钱的人——才能负担得起律师事务所的费用。"①另一方面，美国法律中有许多千奇百怪的条款，似乎就是为了留下足够多的后门，以方便有钱人逃避法律的制裁。我们可以屡屡见到大律师千方百计挖出法律的空子，使得富人逍遥法外的案例，而平民百姓因为一点小罪就可能被判上重刑。在这样的法律制度下，美国监狱关的绝大多数是穷人，其中有色人种所占比例出奇的高。

三是可以像做生意一样地谈罪罚交易。在美国，律师、法官和检察官三者之间的身份转化是相当常见的。赚够钱的律师喜欢去当法官提升一下声望，顺便还能养老；攒够经验的检察官则喜欢去律师事务所或大公司的法律部门下海捞钱。所以，律师、检察官和法官是利益共同体。为了让小团体的利益最大化，最重要的是"和气生财"。真要打起官司，不仅败诉一方的律师或检察官要名声受损，而且也浪费了大家的时间，降低了赚钱的效率。所以，美国的官司大多数都是由双方律师与检察官私下商量解决掉的，而法官一定会认可双方达成的协议。越能掏钱请得起大牌律师的就越占优势。这倒不是说大牌律师的水平就高，而是大牌律师拥有更好的人脉。检察官的地位尤其优越，没有律师愿意去挑战检察官的权威。"检察官的战果如下：美国司法部的胜诉率高达98.5%。"那些没钱请律师又不认罪的犯人必定最惨，因为他们的行为是在挑战美国司法的游戏规则，损害美国司法体系共同体的利益。这个游戏规则就叫"辩诉交易"。

四是以利益诱惑嫌疑人揭发他人罪行，以达到尽快结案的目的。如果嫌疑人能够按照这个司法利益共同体的要求，供出其他人的犯罪事实，当然可以"将功赎罪"，减轻自己的罪名。这往往导致同一个案件中，重罪者因合作而被轻判，轻罪者因不合作反而被重判。

孟晚舟将面临两个选择。

一是拒不认罪，不断地搜集证据，为自己辩护，与美国庞大的司法机器对抗。这个官司很可能要持续数年。在官司结束之前，孟晚舟都得待在美国监狱里，很难想象作为企业高管的孟晚舟能够扛得过去。是否能获得保释，那得完全看美国人

---

① 弗雷德里克·皮耶鲁齐、马修·阿伦：《美国陷阱》，中信出版社，2019年，96页。

的心情,可能性几乎没有。而一旦输了官司,就意味着要被判处长达数十年的重刑,很可能将在美国监狱里度过余生。要知道,美国人对孟晚舟提出了 23 项指控,每项指控的最高刑期都是 30 年。

二是主动认罪,交待美国司法部门希望听到的东西,就可获得轻判,甚至是免刑,很快脱离监狱。孟晚舟作为华为的高管及任正非的女儿,无疑掌握着华为的大量核心机密。如果孟晚舟一旦认罪,就意味着美国可以拿到足以起诉华为的筹码,美国即可随心所欲地对华为开出巨额罚款,实施各种制裁,甚至肢解、收购华为。而且,在美国达到目的之前,孟晚舟是绝对走不出美国监狱的。

不管哪个选择,只要孟晚舟踏上美国的土地,都意味着她成了任人宰割的鱼肉,结局将十分悲惨。

孟晚舟未来可能的经历并非天方夜谭,而是已有先例。例如,曾任法国阿尔斯通公司国际销售副总裁的弗雷德里克·皮耶鲁齐。

皮耶鲁齐的离奇遭遇

2013 年 4 月,皮耶鲁齐抵达纽约肯尼迪机场,突然被戴上了手铐。

在被美国人拘押时,皮耶鲁齐还以为这只是一场误会,阿尔斯通的法务人员会与美国交涉,顶多被扣两天就可以出去了。令他始料未及的是,这是他噩梦的开始。

当时的阿尔斯通年营业额达 160 多亿美元,公司业务遍及全球 60 多个国家和地区,成为能源、输配运输、工业及船舶设备等领域的佼佼者。在能源领域,阿尔斯通的水电设备、核电站常规岛、环境控制系统均为世界第一,在交通领域的超高速和高速列车行业也是世界第一。当时流行的一句话是,世界上每四个灯泡中,就有一个灯泡的电力来自阿尔斯通的技术。阿尔斯通负责法国境内 58 座核反应堆的所有汽轮发电机的制造和维护,负责法国 75% 的电力生产设备,还给戴高乐号航母提供推进汽轮机,是法国的一个高度战略型企业。

阿尔斯通在许多领域都与不少美国公司有着激烈的竞争,尤其是美国电力巨头通用电气公司。

与追查华为相似，美国也是从银行那里抓住了阿尔斯通的"小辫"。2004 年，瑞士在调查一家涉嫌帮助南美洲的贩毒集团洗钱的小银行 AG 坦帕斯时，发现这家银行同时还在秘密为阿尔斯通付钱。[①] 瑞士将此事通报给了法国、英国和美国。法国对此不感兴趣，但美国显然认为是网住了一条大鱼，从 2010 年开始对阿尔斯通进行调查。美国人怀疑阿尔斯通在埃及、沙特阿拉伯、巴哈马群岛和印尼等国家和地区，总共提供了至少 7500 万美元好处费，最后赢得了总计价值为 40 亿美元的合同。皮耶鲁齐涉及其中的印尼业务。

由于阿尔斯通在并购扩张过程中受到 2008 年金融危机影响而几度陷入财务危机，同时高铁业务的发展也很不顺利，出现了经营困难。通用电气很快就瞄上了这块肥肉，试图收购阿尔斯通的电力业务。就是在这样的背影下，美国逮捕了皮耶鲁齐。

身为跨国公司的高管，皮耶鲁齐在被捕的那一刻并不惊慌。他迅速声明自己需要打个电话，然后将自己的遭遇告诉了直接上司，得到的回答是公司的律师马上会想办法把他放出来。这位法国人知道自己被美国司法机构盯上了。按照之前的经验，他大不了会被保释，所以他都没告诉自己的妻子，因为他认为这并不耽误他回国和家人过周末。

但是，他低估了美国人的心狠手辣。他甚至都没想到，自己会穿上橘黄色囚服，铁链压在胸口，镣铐锁住手脚。他被关进曼哈顿南部的大都会改造中心，大都会改造中心被美国媒体称为"纽约关塔那摩"，这里关押着等待被审判或引渡回国的穷凶极恶的罪犯。到了晚上，凶残的老鼠会成群结队地出现，大胆放肆地啃咬囚犯的脸和额头，把人从梦中惊醒。[②]

从一个世界 500 强的跨国公司高管，跌入与死刑犯关一起的监狱，巨大的心理反差让皮耶鲁齐一秒钟也不愿意待在这里。而且，他对公司是否能够搭救他，或者

---

① 弗雷德里克·皮耶鲁齐、马修·阿伦：《美国陷阱》，中信出版社，2019 年，253 页。
② 弗雷德里克·皮耶鲁齐、马修·阿伦：《美国陷阱》，中信出版社，2019 年，330 页。

是否愿意搭救他，产生了怀疑。他的预感是对的，阿尔斯通其实买了保险，可以给皮耶鲁齐免费提供法律支援，却没有这样做。皮耶鲁齐没有别的选择，只能与美国当局合作，承认了贿赂印尼官员的指控。如果他坚持不认罪并接受美国法律的审判，审判的准备工作将至少历时 3 年，花上数百万美元费用，最终还可能得到 15 年到 19 年有期徒刑的重判。

皮耶鲁齐突然被美国逮捕一事震惊了阿尔斯通的高层，大约有 30 名高管收到警告，不要前往美国，以免重蹈皮耶鲁齐的覆辙。在皮耶鲁齐认罪后，阿尔斯通不得不与通用电气开始并购谈判。为了给阿尔斯通继续施压，美国当局 1 年内在世界各地还逮捕了 3 名皮耶鲁齐的前同事，其中包括亚洲区的副总裁。这几位被捕高管也"反水"，成了美方线人，在他们的协助下，美国检察官拿到了阿尔斯通内部长达 49 小时的所谓"秘密谈话录音"，这成为他们围猎、肢解阿尔斯通的重要武器。

2014 年 4 月，阿尔斯通与通用电气达成出售能源业务的交易。12 月，阿尔斯通跟美国司法部达成认罪协议，被处罚金 7.72 亿美元。与通用电气的交易达成后，美国就再也没有抓捕过阿尔斯通的高管，皮耶鲁齐的保释申请也终于得到批准。不过，皮耶鲁齐为他没有在第一时间内与美国司法部配合而付出了沉重的代价。在 3 年多的保释期结束后，他再度进入美国监狱，又被关了 1 年，才被法国政府引渡回国，终于获得自由。

皮耶鲁齐的经历有许多细节都值得玩味。

比如说，一个法国公司在印尼的行贿行为，关美国什么事？

这就要说到美国的司法霸权。长臂管辖原本是美国的国内法，指美国州司法机构对与该州发生"最低联系"的他州公民或法人行使司法管辖权。二战后，长臂管辖也通过美国法律逐渐延伸到对美国公民和企业在全球活动的司法管辖权，甚至伸向外国公司和个人。只要用美元计价签订合同，或者仅仅通过设在美国的服务器（如谷歌邮箱或微软邮箱）收发、存储甚至只是过境邮件，都进入到美国的长臂管辖范围。这就好比是一个中国刑警跑到国外，对某个毒贩说："对不起，您使用微信和人民币进行交易，您犯的这事儿就归我管了。"

美国 1977 年出台的《反海外腐败法》明确禁止美国公司向外国的公职人员行

贿。美国将《反海外腐败法》与长臂管辖相结合,使之国际法化,从约束美国公司的法律变为对竞争对手发动经济战的神奇工具。

阿尔斯通使用美国的中介公司(也有一种说法是阿尔斯通在美国的分公司),通过设在美国的清算银行的账户,以"咨询费用"的名义将美元贿款打入了印尼官员账户,因此引来了美国联邦调查局的顺藤摸瓜,并最终查到了皮耶鲁齐的头上。

需要注意的是,美国的长臂管辖之所以发挥作用,不仅基于法律,更重要的是法律背后金融、互联网技术的支撑。由于美国控制着美元交易和互联网数据,以至于任何公司和个人只要进入这个世界,就很容易落入"美国陷阱"。

过去的10多年时间里,美国的法律和监管部门已对许多家大型外国公司采取了域外执法行动。当大公司在美国之外被指控存在严重不当行为时,通常是腐败或违反制裁,支付巨额罚款成了唯一的解决途径。在美国长臂管辖的威胁下,外国公司的老板和高层忧心忡忡。本来只是与美国公司的商业竞争,却有可能突然遭到美国司法机关的拘押,投入监狱。而且,这类案件很少开庭审理。

哪个公司有能力与美国政府对抗呢?

曾担任美国中情局局长的詹姆斯·伍尔西在2000年承认:"美国在秘密搜集欧洲公司的情报,我认为这是完全正当的。我们扮演了三重角色。首先是监督那些违反联合国或美国做出的制裁措施的公司,其次是追踪民用和军用科技,最后是围捕国际贸易中的腐败分子。"[1]

比如,在对付阿尔斯通之前,美国国安局就已经详细搜集了大量法国大型公司的商业交易情报,甚至包括了法国在能源领域所有金额超过2亿美元的合同。这些情报还分享给了通用电气,通用电气也参与了阿尔斯通与美国司法部的谈判,足见美国大公司对美国政府的强大影响力。

巧合的是,与皮耶鲁齐一道被关在美国大都会改造中心的,有墨西哥大毒枭"矮子"古兹曼的两个副手,一个被控谋杀了158人,一个是专门负责为古兹曼洗钱的"银行家"。为古兹曼洗钱的银行名单中,有一家正是汇丰银行。

---

[1]　费雷德里克·皮耶鲁齐、马修·阿伦:《美国陷阱》,中信出版社,2019年,171页。

在皮耶鲁齐回到法国后仅仅 71 天，美国就指使加拿大对孟晚舟下了黑手。很显然，孟晚舟将是一个新的人质。

在皮耶鲁齐被捕后，法国政府的表现极其软弱。马克龙居然在政府内部讨论时说："规定一个私企要和谁合作，几乎没有一个国家干得出来！除非在委内瑞拉。"马克龙一担任经济部长，就马上批准了阿尔斯通出售电力业务给通用电气的协议。马克龙成为法国总统后，是特朗普在美国境内会见的第一位外国元首，但他从未向特朗普传递任何与皮耶鲁齐有关的信函，更不要说争取特朗普对皮耶鲁齐的特赦。

然而，孟晚舟不是皮耶鲁齐，华为不是阿尔斯通，中国也不是法国。在孟晚舟的背后是华为，在华为的背后是中国。孟晚舟是一枚小小的棋子，她牵动着中美两个大国之间的激烈博弈。孟晚舟是华为和中国绝对不能退让的底线。

2018 年 12 月 8 日，在媒体披露孟晚舟于加拿大被捕之后，中国外交部副部长乐玉成紧急召见加拿大驻华大使麦家廉，就加方拘押华为公司负责人提出严正交涉和强烈抗议。

2019 年 3 月 1 日，加拿大司法部批准继续推进有关孟晚舟的引渡听证会。第二天，中国外交部发言人陆慷即表示："中方在孟晚舟事件上的立场是明确的、坚定的。美加两国滥用其双边引渡条约，对中国公民任意采取强制措施，是对中国公民合法权益的严重侵犯。这是一起严重的政治事件。我们再次敦促美方立即撤销对孟晚舟女士的逮捕令和引渡请求，敦促加方立即释放孟晚舟女士，让她平安回到中国。"

同日，针对"加司法部就孟晚舟案签发授权"一事，中国驻加拿大使馆发言人表示："孟晚舟案不是一起简单的司法案件，而是对一家中国高科技企业的政治迫害……如果加方真的遵循法治原则、司法独立，加方就应该按照加引渡法的有关条款，拒绝美方引渡请求，立即释放孟晚舟女士。"

一个女人牵动的大博弈

为虎作伥的加拿大，为此承受了来自中国的巨大压力。

2018 年 12 月 10 日,加拿大公民康明凯和迈克尔因涉嫌从事危害中国国家安全的活动,被中国国家安全局依法逮捕审查,约半年后被正式批捕。[①]

加拿大人谢伦伯格于大连参与走私 222 公斤冰毒被捕,2018 年 11 月 20 日一审判处有期徒刑 15 年。谢伦伯格不服,提出上诉。12 月 29 日,由于发现了新查证的线索,案件被发回重审。2019 年 1 月 14 日,谢伦伯格因犯走私毒品罪被依法判处死刑。谢伦伯格贩毒已久,曾在加拿大多次被判入狱。

加拿大外交部 1 月 14 日傍晚更新了对其公民前往中国旅行的建议,警告公民前往中国要小心"地方法律被任意执行的风险",还在"法律和文化"方面提醒,中国有"死刑,以及对毒品犯罪的惩罚"。1 月 15 日,中国外交部针对近期发生的中国公民被加拿大执法部门以第三国要求为由任意拘押事件,亦提醒中国公民近期谨慎前往加拿大。

因多次从加拿大进口的油菜籽中检出有害生物,中国海关于 2019 年 3 月连续吊销了两家加拿大油菜籽公司向中国出口油菜籽的许可证。其中一家是加拿大最大的油菜籽公司理查森国际公司。中国在 2018 年从加拿大进口了 445 万吨、价值 30 亿美元的油菜籽,占到加拿大油菜籽出口总量的 47%。此外,中国还从加拿大进口了 116 万吨菜籽油,占加拿大菜籽油出口量的 36%。加拿大油菜籽种植业受到重大打击,有的家庭农场 29 年来首次停止种植油菜籽。[②]

2019 年 5 月到 6 月,因为在加拿大输华猪肉中检测出瘦肉精残留,并发现该批猪肉随附 188 份加拿大官方兽医卫生证书系伪造,加方亦认为该事件系刑事犯罪。中国连续暂停了三家加拿大重要猪肉出口商的供货资格,并要求加政府于 6 月 25 日起自主暂停签发对华出口肉类证书。中国是加拿大猪肉的第三大出口国,2018 年从加拿大采购了价值 3.8 亿美元的猪肉。日韩等国亦以质量问题为理由打压加拿大猪肉的价格,加拿大的猪肉商日子着实难过。

---

①　童黎:《加拿大公民康明凯、迈克尔被批准依法逮捕》,观察者网,2019-05-16。
②　金十数据:《加拿大多种农产品被中国"打入冷宫"! 如今还遭两个亚洲国家压价》,http://wap. pig66. com/p-145-18137488-1. html,猪友之家网,2019-08-08。

　　总的来说,中国是加拿大第二大贸易伙伴,2018 年加拿大与中国双边货物进出口额为 795 亿美元,同比增长 8.9%。其中,加拿大对中国出口 213 亿美元,增长 17%。曾经为中国送来白求恩的加拿大,与中国的关系降到了冰点。这为中加两国的贸易前景蒙上了一层阴影。

　　时隔上次出庭两个月,孟晚舟再次在庭审中公开露面。5 月 8 日上午 10 时,加拿大不列颠哥伦比亚省高等法院就孟晚舟引渡听证会重新开庭。这次听证会只是确定接下来庭审的时间表,不会作出引渡与否的决定。

　　在法庭上,孟晚舟的律师团队披露了三个重要事项:

　　第一,针对孟女士发起的刑事案件完全基于不实指控。律师今天在法庭上明确指出,孟女士的行为是公开、透明的,银行人员也完全了解相关问题的实际情况。孟女士陈述的 PPT 没有误导性,银行了解星通公司在伊朗的业务和运营的性质,也了解华为与星通公司的关系。因此,没有证据证明孟女士有"欺骗、不诚实或其他不正当手段"的行为,银行也没有因孟女士的陈述面临利益被剥夺的风险。

　　第二,加拿大相关部门在 FBI 参与下采取的行动对孟女士依据《加拿大权利与自由宪章》所享有的权利造成了多次、严重的侵犯。(具体内容略)

　　第三,逮捕孟女士违反了美加引渡条约及加拿大《引渡法》的核心原则——双重犯罪原则。美国对孟女士的指控是基于美国对伊朗的制裁,但是加拿大目前并没有针对伊朗的金融制裁,因此孟女士面临的指控在加拿大并不构成犯罪。引渡请求不满足双重犯罪的要求。

　　孟晚舟的律师没有提及星通公司是否违反美国制裁伊朗禁令的问题,那似乎与本案无关,只把重点落在孟晚舟并无诈骗行为上。律师认为,美国的引渡要求是不合法的,因为引渡的前提是嫌疑人必须犯有被加拿大和美国都视为犯罪的行为,但对伊朗的制裁只是美国单方面的行为,加拿大并未制裁伊朗,违反伊朗制裁禁令也就不会被加拿大视为犯罪行为。律师还认为，美国下令逮捕孟女士是非法滥用程序，背后有政治因素驱动，而非基于法治考虑，引渡程序过程中出现的政治因素将导致对公正的严重损害，也会使孟女士的合法权利受到侵害。孟女士将据此向法庭申请停止引渡程序。

有意思的是，法官回避了孟晚舟律师意见中最重要的第一和第三两项，只针对第二项意见安排了一次关于披露申请的听证会。法官还同意了孟晚舟一方对保释条件的修改申请，孟晚舟可以搬到一个安保措施更好、空间也更大的住址。

孟晚舟笑了。夏天已到，她当天穿着一套漂亮的黑色裙装出庭。

在加拿大广播公司报道了孟晚舟律师提出的三点辩护意见后，一条目前点赞最多的加拿大网友留言这样写道："美国一边侵犯着加拿大的主权，宣称加拿大的西北航道是国际水域时，一边给加拿大征收着高关税，一边却让我们给他们处理孟晚舟这种棘手的案子，我们为什么还要给美国人帮忙？"

加拿大和墨西哥这两个邻国也都是特朗普贸易战的打击对象。早在 1994 年，美国、加拿大和墨西哥就合作成立了北美自由贸易区。成立贸易区的主要目的是提升墨西哥的经济发展水平，这样墨西哥人就没必要老想着偷渡到美国来找工作了。但特朗普认为，美国在《北美自由贸易协定》中吃了大亏，自上台后就开始与加拿大和墨西哥谈判，要求重新签订美加墨贸易协定，力求减少来自墨西哥的外国难民和非法移民，并增加美国就业机会和美国产品销售。

2019 年 3 月 29 日，特朗普威胁墨西哥政府：如果再不解决非法移民和毒品涌入问题，他很可能会在下周关闭美墨边界，加强边界安全。[①] 5 月 30 日，特朗普突然发出声明：已有数十万非法移民通过墨西哥进入美国，墨西哥允许这种大规模"入侵"的行为对美国国家安全、经济造成了特殊威胁。特朗普对墨西哥咆哮："现在必须结束！"如果墨西哥未采取行动大幅减少或消除跨越其领土非法进入美国的人的数量，关税将从 6 月 10 日起加征 5％，以后每月递增 5％，一直到四个月后的

---

① 朱梦颖：《特朗普喊话墨西哥：再不解决非法移民和毒品问题，我就关了边境！》，新华网，2019-03-30。

10 月 1 日将增加到最高的 25％。同时，特朗普在声明中还指出，加税之后，美国公司位于墨西哥的工厂可能会搬迁回美国，从而避免关税加征的影响。即使财政入不敷出，特朗普仍然坚持要花 57 亿美元在美墨边境修一道我们这个时代的"万里长城"。

墨西哥人对特朗普恨之入骨，甚至将特朗普的头像印在卷纸上。所以，美国才选择在加拿大而不是墨西哥逮捕孟晚舟。孟晚舟在加拿大只是转机，她的目的地是墨西哥。按理说，墨西哥的法制远不如加拿大健全，在墨西哥引渡孟晚舟原本应该比加拿大容易才对。

加拿大人少国富，对特朗普的欺压抵制得最坚决。美国对北美和欧盟的钢铝产品征收高额关税之后，加拿大迅速公布了等额报复的贸易清单，而欧盟和墨西哥分别只进行了 50％和 25％货物额的报复。高达 75％的加拿大民众都坚定支持政府的行动，这使得特朗普对加拿大做了一定让步，加拿大也最终同意提高美国乳制品的免税限额，同时允许美国乳制品以略高于跨太平洋贸易协定成员国的关税税率进入加拿大市场。双方于特朗普确定的 2018 年 9 月 30 日最后时限结束前几小时达成协议。这也为两个月后加拿大配合特朗普抓捕孟晚舟扫清了障碍。

美国与加拿大结束贸易谈判后，两国就握手言欢。而美国对中国的贸易谈判，更像是一场拉锯战，打打停停，充斥着讹诈、恐吓、翻脸和大棒，典型的特朗普式"交易的艺术"。

2018 年 12 月 1 日，借着 G20 峰会召开的机会，在阿根廷首都布宜诺斯艾利斯，中美两国元首举行了一次历史性的晚餐会晤。这次会晤长达两个半小时，远远超出了预定的时间。双方决定，美方原先对 2000 亿美元中国商品加征的关税，2019 年 1 月 1 日后仍维持在 10％，而不是此前宣布的 25％，停止加征新的关税。中美经贸团队继续加紧磋商，以期能达成协议，取消当年加征的关税，推动双边经贸关系尽快回到正常轨道，实现双赢。白宫新闻发言人随后也评价，两人晚宴是一场"非常成功的会晤"。①

---

① 牛弹琴微信公众号：《中美同意不再加征新关税》，新华网，2018-12-02。

这次会晤还有一个小插曲。特朗普为高通收购恩智浦讲情,中国亦同意了放行高通对恩智浦的收购。然而,高通却表示"交易已经告终",它早就决定放弃收购恩智浦了。高通原本认为自己在移动通信领域的技术独步天下,可以在汽车芯片、物联网等万亿级别的市场放心入局,2018 年 5 月,高通志得意满地公布了高昂的 5G"过路费"价格表:使用到高通标准核心专利的,单模 5G 手机收取 4% 的专利费用,多模 5G 手机(3G/4G/5G)收取 5% 的专利费用。可以比较一下:诺基亚的 5G 专利费收取标准仅为每部设备 3 欧元。让高通尴尬的是,在欧洲电信标准化协会随后公布的各厂家 5G 标准必要专利数量排名中,高通居然只排在第 6 位,大大落后于各通信设备制造厂商。更让高通震惊的是,它的 5G 芯片技术也落后了。高通第一款能量产上市的 5G 基带处理器骁龙 X50,仅支持单模的非独立组网(NSA),使用的是 24 纳米工艺,与拥有两种组网模式(NSA+SA)、7 纳米工艺、可以向下兼容 4G 等网络的巴龙 5000 差距明显。在当前市场主流手机芯片上,由于华为和三星不断提高手机芯片的自给率,以及联发科的有力挑战,高通所占的份额在持续下滑。高通的专利收费和芯片设计两大支柱产业均出现了重大危机,哪里还有心思去拓展其他业务? 为了放弃对恩智浦的收购,高通不惜向恩智浦支付将近 20 亿美元的分手费。

这个小插曲透露出了一些非常值得玩味的信息。

要知道,早在 7 月 26 日,高通就宣布放弃对恩智浦的收购。时隔 4 个多月,特朗普却仍然希望高通去收购恩智浦。中美国家领导会晤,每分每秒都价值千金,特朗普为何要越俎代庖,去操心一件高通自己都不关心的事情?

而就在中美领导人成功会晤的同一天,加拿大于温哥华国际机场抓捕了孟晚舟。

在这一促、一抓的背后,是特朗普政府与高通的紧密结盟,高通的恐慌就是特朗普的心忧。看明白这个小插曲,我们就很好理解特朗普政府为什么要在引渡孟晚舟陷入僵局之后,紧接着就对华为大动干戈了。

所有人都将孟晚舟案视作一个新的美国陷阱。但是,如果我们将皮耶鲁齐案与孟晚舟案对比,我们会发现一个很蹊跷的地方,那就是不知道谁是孟晚舟案真正的幕后黑手。

在皮耶鲁齐一案中，我们很清楚，美国通用电气公司一手推动了该案的进程。因为如果法国阿尔斯通公司倒下了，通用电气是最大的直接受益者。一家公司的力量让整个美国政府体系，从司法、财政到情报部门，都在为它服务。更可怕的是，这绝非个案，而是惯例。美国公布的《反海外腐败法》判例显示，阿尔斯通是第五家在被通用电气收购的同时，也被美国司法部指控腐败的公司。而且，在电力生产方面，几乎通用电气的所有国际竞争对手都曾经被美国司法部起诉并支付巨额罚款，如瑞士 ABB、德国西门子和日本日立等。在孟晚舟一案的背后，很可能也有这么一家政治能量很足的公司，在推动此案的发展。

要知道，美国总统要操心的事情实在太多。华为再厉害，也不至于会惊动到美国总统这个层面。像特朗普这样亲自出马对华为穷追猛打，是极不寻常的，背后很可能有某个牵涉利益极深的公司在直接推动。特朗普为什么要打击华为？是因为华为在 5G 技术上的领先。如果华为受到重创，还有哪家做 5G 技术的美国企业会因此受益？有哪个美国 5G 企业拥有能够推动美国政府和总统的强大力量？

在 5G 通信方面，受到美国政府制裁的不仅有中兴和华为，还有爱立信。2019年 12 月 7 日，爱立信承认，该公司近 17 年来在多国存在行贿行为，为此已与美国检方达成和解，向后者交付 9.8 亿美元的和解金和 0.8 亿美元税款。[①] 爱立信于2013 年和 2015 年两次受到美国的调查，与中兴和华为受查的时间相近，似乎并非巧合。

从这些官商勾结案例中，我们可以看到，这不是美国某个人、某个公司或某个政府部门的个案问题，而是美国整个制度出了问题，美国政府已经沦为一些美国大企业的保护伞。在"保持美国伟大"口号的掩盖下，美国的这一小撮以利益相勾结的政商巨头，不是靠科技和商业等领域的公平竞争，却是以强权为基础，凭借金融和互联网优势，以间谍手段窃取商业竞争对手的信息，再通过法律手段对其他国家

---

① 孙志成：《在多国行贿数千万美元，这个华为 5G 领域的"最强对手"砸 75 亿》，每日经济新闻网，2019-12-09。

的竞争对手予以致命打击。

与美国企业利用政治势力打击竞争对手形成鲜明对比的是，欧洲企业才是"自由贸易的强烈支持者"。2012年5月，欧盟认为中兴和华为因收受政府补贴在欧洲以低于成本的价格销售数据卡，考虑实施惩罚性关税，爱立信却出面公开反对欧盟的做法。在华为拿出证据证明自己的清白后，欧盟撤销了调查。

美国政商界的这种黑社会手段绝非真正的竞争力。2018年6月，由于连年严重亏损，通用电气被剔除出道琼斯指数，对阿尔斯通的巧取豪夺并没有改善通用电气的盈利能力。但滥用权力的诱惑是难以抑制的，在通过对皮耶鲁齐的抓捕顺利肢解阿尔斯通后，美国政商利益共同体得意忘形，于是决定依样画葫芦，在孟晚舟和华为身上也来这么一手。

出乎他们意料的是，中国政府反应迅速而且强烈，让加拿大政府投鼠忌器，不敢胡作妄为。作为一家年收入超过1000亿美元的中国顶尖的高科技企业，华为乃国之重器。孟晚舟事件是中国绝对不能退让的底线。更何况引渡行为本身就有法律瑕疵。

特朗普抓捕孟晚舟是为了制裁华为。既然抓不到孟晚舟，特朗普干脆直接向华为宣战。

第十九章

特朗普向华为宣战

华为被美国列入"黑名单"

自古以来,西方世界就有政治、军事为商业利益服务的传统,这与东方世界以农为本、轻视工商的政策大相径庭。中世纪,欧洲城市就是在以工商业为后盾、反抗封建地主的压迫中兴起的。文艺复兴时期,意大利的威尼斯等城市发展成以工商立国的城市国家。到了殖民时代,西欧诸国殖民亚洲的各东印度公司,拥有缔约、宣战、收税等政治权利,更是集殖民统治与商业贸易为一体。西方国家以枪炮为商人开路,在全球范围内发动鸦片战争之类的殖民战争,从而建立起了庞大的殖民帝国。对比之下,单纯国家行为、无商业利益回报的郑和下西洋只是昙花一现。美国继承了欧洲的这一传统。不过,欧洲一直有强大的王权和贵族制约商人,而美国却从来就不存在贵族阶层。曾经的南部种植园主是最接近贵族的存在,包括华盛顿在内的美国开国领袖中有多人都是种植园主出身。在南北战争摧毁了种植园主阶层后,美国的富豪就接手控制了国家政权。相比其他欧美国家,美国大公司在政坛所拥有的强大影响力是个让人瞩目的现象。

美国特有的"旋转门"制度,确保了大公司与政客利益的一体化。美国政府会不断吸纳大公司的高管担任政府部门首脑,美国政府高官也经常到大公司担任高管职务,政商精英不断地在政界和商界转换身份,就像进出旋转门一样。美国也讲究专业对口。一般来说,主营跨国贸易的企业高管会进商务部门,做军工的喜欢国防部门,银行家当然要去财政部门,律师最爱披上法官的长袍。20 世纪以来,在美国历届总统的内阁成员中,接近八成的人有大公司高管的职业背景,不管共和党还是民主党都是如此。特朗普内阁更是超级富豪的俱乐部,其团队包括六个亿万富翁,充斥着出身于高盛投行、对冲基金、埃克森美孚石油等大公司的老板或 CEO,身价合计超过 300 亿美元。

商人治国是相当危险的,因为这相当于让国家政权在为一小撮富人服务。最明显的例子是,华尔街的银行家们挖出了 2008 年金融危机这样的大坑,最后却是由美国政府掏出几万亿美元来填补。美国为此背负了沉重的国债,并且拖累了全球经济的发展,然而银行家们的巨额奖金一分钱也没有少。

比商人治国更可怕的是律师治国。美国历届四十四位总统中,竟然有二十六位是律师出身的,占比高达59%。美国总统,或者说是美国律师,完全就是富豪的代言人。美国的司法因此被富豪们完全掌控。

当美国大公司的势力向全球扩张时,美国法律也跟着走出国门,赤裸裸地为美国的商业利益服务。"9·11"事件发生后不久,美国陆军上校查尔斯·邓拉普就提出了"法律战"的概念,即利用法律体系将被锁定为敌人的目标塑造成违法分子,通过胁迫手段使其服从,以此给对方造成最大程度的损害。[①] 2014年,美国司法部长埃里克·霍尔德公开宣称:"任何损害我们经济的个人、公司都会受到法律的制裁。"[②]美国法律体系成为美国称霸全球的重要工具。以打击恐怖主义、反对核扩散、打击腐败、反洗钱等理由为借口,美国得以将自己的法律凌驾于其他国家之上。凭借美元强势、互联网技术和通信技术,美国不仅成为全球唯一能够颁布域外法的国家,还成了唯一能够域外执法的国家。

对华为的打压,美国政府可谓是大动干戈,在三条战线上全方位出击。第一条线是司法部负责的法律线,动用法律手段。第二条线是商务部负责的贸易线,商务部通过出口管制实体清单限制华为获取美国技术和零部件。第三条线是财政部负责的金融线,到银行去翻华为的老账。在加拿大抓捕孟晚舟,是美国司法部和财政部联手取得的一大业绩。而制裁华为,就轮到商务部走上前台了。

2019年5月15日,特朗普签署行政命令,宣布国家进入紧急状态,禁止使用"威胁美国国家安全"的公司制造的通信设备。同一时间,美国商务部在其官方网站上发布消息,宣布将华为列入贸易禁令的实体清单。5月17日以后,没有美国商务部工业和安全局颁发的许可证,就不能将美国技术出售或转让给华为。工业和安全局需要判断交易行为是否会损害美国国家安全或外交政策利益。美国商务部称,美国司法部认为华为涉嫌违反《美国国际紧急状态经济权力法》,向伊朗提供

① 弗雷德里克·皮耶鲁齐、马修·阿伦:《美国陷阱》,中信出版社,2019年,334页。
② 弗雷德里克·皮耶鲁齐、马修·阿伦:《美国陷阱》,中信出版社,2019年,171页

违禁金融服务,并且妨碍司法公正,阻碍对涉嫌违反美国制裁的行为的调查。

一听说特朗普要制裁华为,美国半导体企业不是团结一致地站在政府一边,而是放下其他公司的订单,热火朝天地抓紧时间赶在 5 月 17 日之前给华为出货。甚至有美国员工 36 个小时不曾合眼,硬是干出了中国工厂的节奏。

作为全球第二大的智能手机生产商,华为在 2018 年采购零部件的费用高达 700 亿美元,其中半导体采购支出超过 211 亿美元,是全球第三大芯片买家。华为有 110 亿美元的采购订单流向了美国供应商。对高通来说,华为在其营收中占比达 10%,是名副其实的大客户。在一些小的零部件供应商的整体营收中,华为订单占比高达 30%～40%。这些美国企业承受不了失去华为订单而导致的损失。

让人匪夷所思的是,一边是许多美国企业赶在禁令生效之前,连续加班为华为供货;另一边,居然有家美资企业,在中国的土地上,执行美国政府的指令,对华为实施制裁。

在华为被列入美国政府的黑名单后,总部设在美国加州和新加坡的伟创力,第一时间停止了与华为在全球范围内的一切合作,与华为现有的订单也都一并中止。① 伟创力是全球仅次于富士康的大型代工企业,此前与华为的合作已有数年之久,关系一直都还不错,是合作水平排在前五的华为代工合作伙伴。伟创力从华为获得的收入约占其总营收的 5%。

由于华为与伟创力的代工模式是"送料加工"模式,即华为购买需要加工的物料和设备,再交给伟创力加工,所以在伟创力宣布停止合作后,华为的生产交付受到很大的影响。为了能继续履行客户的合同,华为不得不于 5 月 17 日晚派出数十辆货车前往伟创力的珠海工厂,准备运走属于华为的物料和设备。

这时候,伟创力的珠海工厂突然称其接到来自公司高管的指令,根据美国出口管制的相关法律法规,伟创力不能将这些华为拥有物权的物料和设备放行。结果,华为货车车队只能空手而归。华为对此事十分震惊和错愕。最令人愤怒的还是,伟创力居然在中国的领土上堂而皇之地执行美国法律,而且还以不可抗力为由,拒

---

① 耿直哥:《竟然真有美国公司在中国对华为执法,扣押巨额物资!》,环球网,2019-07-25。

绝赔偿华为。华为随后两次发函给伟创力重申：在中国法律的规定下，华为拥有对华为提供给伟创力的物料和设备的合法所有权，华为有权处置享有所有权的物料和设备。

在伟创力的刁难下，华为价值 7 个亿的物料和设备被伟创力持续扣押了一个多月，导致巨大损失，甚至不得不额外掏钱去重新购买物料和设备以履行订单。直到 6 月中旬，伟创力才终于同意将华为的物料和设备陆续归还，开出的条件是需转运给一个不属于美国实体清单所列华为及其 68 个关联企业的第三方，而且这一切的费用还得华为自掏腰包。伟创力丢下的华为订单，多数改由富士康和比亚迪承接。

华为被打爆的"芯"与"魂"

伟创力扣押事件的影响毕竟有限，华为更需要考虑美国断供带来的经营危机。对于极限状态可能导致的后果，华为已经有评估，毕竟这是一家每天都在为"华为的冬天"准备棉衣的企业。在孟晚舟被捕之后，华为内部就有一支 8000 多人的队伍在为确保业务的连续性日夜奋战，连春节都没有休息。美国针对华为的贸易禁令刚出台的第二天，2019 年 5 月 16 日，华为轮值 CEO 胡厚崑即在《致员工的一封信》里称："美国商务部工业与安全局将华为列入所谓实体清单的决定，是美国政府出于政治目的持续打压华为的最新一步。对此，公司在多年前就有所预计，并在研究开发、业务连续性等方面进行了大量投入和充分准备，能够保障在极端情况下，公司经营不受大的影响。"[①]

华为的业务，企业部分基本上可以不依赖美国供应商，影响不大。可消费者部分的业务大规模使用美国器件，将受到重大影响。最重要的，还是"芯"和"魂"，中国半导体产业"缺芯少魂"之痛，又在这次危机中暴露出来。

影响最大的，是华为的笔记本电脑业务。华为笔记本电脑这两年发展得很快，

---

① 财联社：《华为轮值董事长胡厚崑：能够保障在极端情况下公司经营不受大的影响》，https://www.cls.cn/roll/347669，2019-05-17。

2018 年销量猛增 400%。笔记本电脑的"魂"是微软的视窗系统,不过这个问题还好解决,华为可以销售不带视窗系统的电脑,由用户自行安装。大概美国政府也看到了这一点,半年后,美国商务部批准了微软向华为出口大众市场软件的许可证。

要命的是英特尔和超威的中央处理器,华为不可能找到替代品。如果禁令时间一长,华为将不得不停掉笔记本电脑业务。不过,在这个移动互联网的时代,智能手机已经成为主流,电脑的重要性在下降。如今,全球年销电脑只有 2 亿多部,但智能手机的销售高达 20 亿部。舍掉电脑业务,对华为不会产生太大的影响。

对于最重要的手机业务,华为手机用的处理器当中,麒麟系列芯片已经占到了 70% 的比例,可以不需要高通的供应。其他不太重要的芯片,华为都已经有 6 到 12 个月的备货量,而且也早已向供应商提出加大芯片备货数量的要求,以备不时之需。同时,华为也在不断加大其他芯片的自主研发力度,增加重要芯片自主使用比例,最终有可能彻底替代美国供应商的份额。

美国对华为的贸易禁令下达后不到一周,华为的荣耀 20 系列手机伦敦发布会仍然如期顺利举行,这是华为已实现手机芯片自给的最好证明。荣耀 20 搭载华为自行开发的麒麟 980 人工智能处理器,还配置了 4800 万像素高清镜头。作为荣耀的"年度最强拍照手机",荣耀 20 一经推出就在 DXOMARK 上获得全球第二的高分。CCTV2 财经频道对荣耀 20 系列发布会进行了专题报道,把一场商业发布会当作重大新闻,这在央视几乎是史无前例的。

比较敏感的是芯片代工环节。

说到芯片代工,不能不说一个名叫梁孟松的传奇人物。虽然苹果自 iPhone 4 开始用自己设计的处理器,但一直仍由三星代工,直到 A8 处理器才被台积电抢走生意。当时苹果正在大力推行去三星化,而台积电于 2013 年在 20 纳米制程上实现突破,良品率也大幅提升,取得了对三星的领先优势,苹果马上就放弃了三星。三星悄悄从台积电挖来了曾在 0.13 微米制程上战胜 IBM、被称为张忠谋左右手的梁孟松,直接将工艺从 28 纳米提升到 14 纳米,从而超越了台积电,再次夺回苹果手机处理器的代工,并拿下高通的大单。台积电再度发力,在 10 纳米以上制程重新取得领先地位。同时,台积电控告梁孟松侵犯商业机密,法院判决梁孟松不能再给三星提供服务。2017 年,梁孟松接受邀请加入中芯国际,仅仅用了 300 天的时间,中芯国际直接从 28 纳米跨越到 14 纳米,良品率也从 3％提高到了 95％,在 2019 年完成量产。中芯国际 12 纳米和 10 纳米的工艺开发也取得突破,预计到 2020 年可以量产。[①]

尽管进步飞快,但作为大陆最先进的芯片代工厂商,中芯国际与台湾台积电仍有两代的差距,7 纳米还在研制阶段。而且,光刻机的精度直接决定了芯片的制程,中芯国际没有最先进的极紫外(EVU)光刻机,就不可能生产 7 纳米乃至精度更高的芯片。光刻机的所有零件和材料,样样都在挑战人类工艺的极限。例如,由德国蔡司生产的反射镜,瑕疵大小仅能以皮米(纳米的千分之一)计。这是什么概念? 如果反射镜面积有整个德国大,最高的突起处不能高于 1 厘米。因为技术难度太大、投资金额太高,日本的尼康和佳能都已放弃开发 EUV 光刻机,而阿斯麦尔成为人类冲刺下一代先进制程、继续保持摩尔定律的唯一希望。为了支持阿斯麦尔研发 EUV 光刻机,英特尔、三星和台积电三大晶圆制造巨头于 2012 年一起入股了阿斯麦尔,用 38.5 亿欧元换来了 23％的股份,此外,这三家公司还为阿斯麦尔的研发项目投资了近 14 亿欧元。中国领先的光刻机生产企业上海微电子还在准备 65 纳米的研发和验证,与最新的 7 纳米技术要差上好几代。

美国不仅限制本国企业向中国出售高科技产品,还要求第三国企业在向中国出售高科技产品时,只要这些产品中美国制造零部件的比重超过货值的 25％,都必须获得美国的许可。美国商务部检查阿斯麦尔的光刻机设备后发现,源自美国的比重不到 25％,没有办法直接阻止出售。美国政府转而向荷兰政府施压,让其考虑"安全问题",阻止给予阿斯麦尔出口许可。中芯国际原定于 2019 年底耗资 9 亿元向阿斯麦尔采购能做 7 纳米芯片的 EUV 光刻机因此受阻。与此同时,三星一口气就向阿斯麦尔订购了十五台极紫外光刻机。

---

① 胖福的小木屋:《助力台积电三星崛起,65 岁梁孟松,仅用 300 天让中芯掌握 14nm 工艺》,https://baijiahao.baidu.com/s? id=1653338205823028823&wfr=spider&for=pc,百度网,2019-12-19。

全球仅有台积电和三星拥有 7 纳米制程。三星自己也有手机产品,虽说 2017 年起将其晶圆代工部门分拆独立运作,并以很优惠的价格抢夺订单,其他手机厂商还是都不太爱找三星代工。台积电的芯片制作工艺也要好过三星,华为麒麟芯片都是由台积电代工的。美国商务部对华为的贸易禁令出台仅 8 天,5 月 23 日,台积电即正式宣布继续给华为出货。美国商务部立即派人赶赴中国台湾,想调查台积电出货给华为是否违反美国法规,但调查结果让美国大失所望,台积电在 14 纳米以上制程工艺技术,源自美国的比重仅 15%,美国人只能悻悻然离开。

台积电之所以顶住美国的压力继续和华为合作,除了华为是其第二大客户,在其营收占比超过一成外,还有着其他的考虑。在当前的智能手机市场,全球出货量的前 12 名中,除了苹果、三星和 LG,其余 9 家企业都来自大陆,而他们同样也是未来 5G 和物联网的主要玩家。如果台积电断供华为,就难以应对大陆庞大市场的竞争压力。

台湾半导体产业的劣势在于,产业链上游的材料和设备领域相对较弱;其擅长的芯片制造与封测都着重于代工角色,在自主创新发展方向上,必须依托芯片设计厂商的引导;而在芯片设计领域,虽有联发科这样的领军企业,但受限于台湾市场的狭小,发展前景终究有限,必须倚重大陆等地的芯片需求。台积电亦于 2016 年投资 30 亿美元在南京建设芯片代工厂,以更好地为华为海思等大陆芯片设计企业服务。

长期来看,美国对华为的禁令,很可能是搬起石头砸了自己的脚。半导体产业,全球主要分布在美国和东亚两个地区。虽说美国是半导体产业第一强国,但东亚的发展势头明显好于美国。美国制裁华为,其实是将自己与东亚的半导体产业链割裂开来。以华为为首的中国半导体市场是全球最大的半导体市场,市场份额高达三分之一,其中最大的部分就是每年近 20 亿部手机的零配件采购需求。美国的许多半导体小供应商一旦失去华为这个客户,就相当于被踢出了东亚的半导体产业链,再回来就不容易了。

华为受到的最大威胁来自手机操作系统。

追求自主操作系统的道路注定不是坦途,因为它的难度不在于技术研发,而在于应用生态的构建。其他公司有可能出品比安卓系统更优越的手机操作系统,比如华为的鸿蒙系统,据说可比安卓系统速度快 60%,在通用性、流畅性、安全性和共享性上都有一定的优势,但安卓系统已用了十来年时间建立起了一个非常庞大的生态系统,拥有了 340 万款应用,形成了几乎无法摧毁的竞争壁垒。

不同手机操作系统之间是不兼容的。如果华为真的在手机上使用自己的鸿蒙操作系统,那么,各应用程序开发商就得为鸿蒙系统开发出一个应用程序新版本出来,这无疑会增加他们的开发成本。鸿蒙系统的成败将取决于能否吸引足够数量的开发者加入。如果没有开发者加入,那就不能形成一个生态圈,这样的操作系统就形同虚设,对用户没有吸引力。任正非也承认,华为没有尽早地推出自己的手机操作系统,从而建立起良好的应用程序生态系统,是一个很大的失误。

历史再次重演。当年因为生态问题,没有谁能够打破微软在电脑操作系统上的垄断,如今还是因为生态问题,也没有谁能够打破谷歌和苹果在手机操作系统上的垄断。

即使过了生态关,还有一道应用程序关要过。绝大多数应用程序商要依赖手机厂商而生存,而少数极其强大的应用程序却能够对手机形成反制。比如 Gmail、YouTube、脸书和谷歌地图等应用,在欧美市场的地位就相当于中国的微信和支付宝。欧美人的手机上没有这些应用,就像中国人的手机上没有微信和支付宝一样。

迫于美国政府的压力,2019 年 5 月 20 日,谷歌正式宣布,停止华为对安卓系统更新版本的访问权限,下一代华为手机也将无法访问谷歌的应用程序。由于安卓系统的开源性,华为对安卓系统的使用不受影响,但不能再享受安卓系统最新的升级服务,也就将不能支持安卓系统最新开发的功能。同时,下一代的华为手机也不再能向用户提供美国各互联网巨头的应用程序,这对华为手机的中国市场没什么影响,对其欧美市场却有着重大的打击。2019 年第二季度,华为手机的海外市场销量大约因此减少了 1000 万部。如果没有美国的制裁,华为手机 2019 年的出货量大概率会是全球第一。

2019 年前 5 个月,华为已在全球销售 1 亿部手机,比前一年提前大约 50 天达到这一数字。新发售的 P30 手机,仅用 85 天就卖了 1000 万部,可以看出用户对华为手机的喜爱。到 2019 年第三季度,华为手机在中国市场上出货 4150 万部,市场份额高达 42%,年增长率竟然高达 66%(IDC 数据)。尽管任正非一再强调"不要以爱国来衡量华为手机",中国用户还是在以实际行动来支持华为,这恐怕是特朗普始料未及的。同样曾受美国制裁的中兴的手机都没有得到过这份待遇。

谷歌对华为的禁令,对谷歌自身也有害无利。一方面,禁掉了华为,意味着谷歌损失了能从华为手机用户上获得的谷歌应用程序产品的巨大收益。2018 年 7 月 18 日,欧盟对谷歌在提供免费安卓系统的同时强制要求预装其应用程序的垄断行为,处以 51 亿美元的天价罚款①,由此可见谷歌在手机上的获利之丰。连微软每年都能从安卓系统上拿走几十亿美元的专利费用(80% 以上的安卓设备要向微软交每台 5~15 美元的专利费),谷歌从安卓系统上的获利只会更高。另一方面,如果把华为逼急了,华为推出自己的手机操作系统,将对谷歌的安卓系统形成极大的威胁。要知道,比尔·盖茨对安卓系统的估值可是 4000 亿美元,谷歌能不害怕吗?

谷歌希望能够挽回局面,积极游说美国政府,寻求获得针对华为的禁令豁免,使安卓系统能够继续为华为手机提供服务。有意思的是,谷歌的理由就像当年微软对红旗 Linux 系统的评价一样,是安全问题。谷歌向美国政府表示:"如果华为做出另外一个安卓系统版本,将更容易受到黑客攻击。"

对华为手机业务来说,芯片是发动机,生态就是油箱。不能使用安卓系统,就相当于华为的油箱已被打爆。考虑到建立生态的难度,华为还在等待谷歌获得美国政府的批准。"如果安卓一直不能使用,华为手机可以随时切换鸿蒙 OS。对于开发者来说,迁移的成本极低,基本上一到两天即可完成迁移工作。"为了加快鸿蒙系统的推广,华为做出了让鸿蒙系统开源的决定,并准备投入 10 亿美元的资金,全面支持应用程序开发者,建立鸿蒙生态系统。而且,为了方便用户适应转换,鸿蒙

---

① 梁毅:《天价罚单! 欧盟对谷歌开出 51 亿美元的反垄断罚款》,http://news.163.com/18/0718/19/DN16BJNJ0001875O.html,网易新闻,2018-07-18。

的用户界面设计、系统逻辑以及应用程序安装界面与现在华为手机上的安卓EMUI并没有明显区别。

在美国制裁华为所引发的"缺芯少魂"的民族情绪下，几乎没有人会认为鸿蒙系统在中国市场的应用生态支持方面会存在问题。而中国有着全球最大的、谁也不可能忽视的智能手机市场，足以说服外国的应用程序供应商改写数百万安卓应用程序中的大部分，以便能安装到鸿蒙系统上。当鸿蒙系统在中国站稳脚跟之后，华为再在全球范围内推广鸿蒙系统就水到渠成了。届时，世界各地的用户将可以在享受同样服务的前提下，在安卓系统和鸿蒙系统之间作出选择。鸿蒙系统并非全无胜算。

巨大的危机中同样孕育着巨大的机会。鸿蒙系统因为断供危机而意外地获得了一个有可能和视窗系统、安卓系统一样拥有数千亿美元级别估值的机会。这一两年的时间对华为的鸿蒙系统来说，是个进军手机操作系统的窗口期。如果错过这个窗口期，鸿蒙系统将再没有可能切入手机市场了。2020 年 2 月 24 日，华为在荣耀的两款新机上正式推出了基于鸿蒙系统的 HMS（Huawei Mobile Service）服务。3 月 26 日，华为新上市的 P40 手机系列也全面上线了 HMS。华为的 HMS 已经拥有了 5.5 万款应用程序和 4 亿的月活跃用户。

短期来看，华为手机中国市场的销量增长足以弥补海外市场的损失，美国禁令给华为手机起到了不可估量的广告作用。但长期来看，华为手机是承受不了海外市场销量上的巨大损失的。华为不可能把手机应用生态的工作全都做了，所以，余承东才会呼吁中国的互联网公司尽快出海。只有微信等 App 在全球市场都做好了，华为的手机生态才有可能获得成功，华为手机才能够夺回海外市场的销量份额。否则，华为手机就很可能被困在本土市场内。

美国有史以来最彻底的政策失败

美国打击华为，美国自己的通信设备企业亦受影响。孟晚舟事件发生后，思科即发布内部邮件,限制员工赴华出差。① 如今,电信市场与网络市场逐渐融合,彼此之间界限变得模糊,打通电信与网络之间的壁垒的华为,被思科视作最大的竞争对手。2017年,华为超越爱立信和思科,同时成为通信设备和网络设备两个领域的老大。思科原本就承受着华为的巨大压力,2019年第二季度的中国区收入又大降25%。思科没有收到中国电信运营商的投标邀请,因而也就无缘设备及业务竞标,以致无法达成交易。中国正处于5G网络建设的开始阶段,中国联通所进行的4G网络建设也正轰轰烈烈,思科被中国市场大大冷落。相比之下,爱立信和诺基亚在中国则获得较好市场份额,还中标中国移动的核心网业务。思科市值曾经达到5550亿美元,一度超过微软成为全球市值最高的公司,但如今的市值不到2000亿美元。思科的衰弱源于其重视通过不断的并购来获得新的产品线,却忽视了建设自己的创新能力。思科一直在努力通过政治游说阻止华为进入美国,以确保自己对美国网络设备市场的垄断地位。

特朗普没有心思操心思科的困境,他正在忙着准备总统连任的竞选。特朗普于2019年6月18日晚在佛罗里达州奥兰多市发表演讲,正式宣布自己将参加2020年总统大选。特朗普称,美国现在已经"伟大起来了",之前的竞选口号"让美国再次伟大(Make America Great Again)"已不再适用,所以他决定将口号改为"保持美国伟大(Keep America Great)"。

特朗普话音刚落,两天后,伊朗在霍尔木兹海峡附近击落一架美军无人侦察机,国际原油价格应声上涨3%。伊朗动武,缘于5月初美国终止延长中国、印度、日本等国对伊朗石油进口制裁的豁免,意图将伊朗的石油出口减少到零。如果石油不能出口,伊朗财政大概只能维持一年。伊朗本国货币里亚尔迅速大幅贬值,各类商品价格全面上涨,经济萧条,失业大增。被逼急了的伊朗声称,一旦石油无法出口,将封锁霍尔木兹海峡。5月12日和6月13日连续发生了两起油轮遇袭事件,被美国和一些西方国家认为是伊朗发动的袭击。

---

① 张军智:《曾是全球最高市值公司的思科,才是美国打压华为的幕后推手》,砺石商业评论,2018-12-18。

伊朗拥有全球石油储量的十分之一,石油出口是伊朗经济的支柱。伊朗石油出口全面放弃美元结算,改用人民币和欧元结算,对美国的美元霸权也是一个沉重的打击。如今,中国是少数仍然在坚持从伊朗进口石油的国家之一。在美国禁止世界各国和伊朗进行石油贸易之前,伊朗石油有四分之一是卖给中国的,一年出口量在 5000 万桶左右。据 SVB 能源国际公司估计,中国在制裁豁免阶段继续每天从伊朗进口 15 万桶至 22 万桶石油,大约占到伊朗目前石油出口总量的一半。

除了石油贸易,美国和伊朗还在核扩散问题杠上了。特朗普上台之后,不顾联合国和国际社会严厉警告,撕毁《伊朗核协定》。被惹怒的伊朗宣布将浓缩铀储备提高到 300 公斤,随时可以把铀浓缩的丰度①提升到武器级别。7 月 18 日,美国财政部开始打击伊朗离心机技术公司的采购网络,将位于伊朗、中国和比利时的七个实体和五名个人列为制裁对象,其中涉及四家中国公司。美国制裁的理由是,以上实体和个人向伊朗企业提供了可用于铀浓缩的相关物资。根据美国法律,以上对象在美国国内的资产将被冻结,并被禁止与美国交易。这是伊朗提高浓缩铀丰度之后,美国发动的首个制裁措施。中国一方面表示坚决反对任何形式的核扩散活动,另一方面也坚决反对美国援引其国内法,对包括中国在内的其他国家实施单边制裁和所谓的长臂管辖。

相比石油贸易和核扩散这些大议题,华为是否出口电信设备给伊朗,似乎已经不是一个重要的话题。

美国的制裁也未能让华为放缓 5G 扩张的脚步。

2019 年 9 月 6 日,在德国柏林消费电子展上,余承东面向全球推出华为最新一代旗舰芯片,包括麒麟 990 和麒麟 990 5G。后者是全球首款 5G 系统芯片。这款麒麟 990 5G,华为提前 24 个月就开始了芯片规划,投入 3000 多位技术专家攻克难题,基于业界最先进的 7 纳米＋EUV 工艺制程,是业界首个全网通 5G 系统芯片。基于巴龙 5000 的 5G 连接,麒麟 990 5G 实现了 2.3G bps(giga bits per

---

① 铀浓缩的丰度:铀是一种稀有放射性化学元素。铀的丰度主要指铀的相对含量,也可以大致理解为纯度。

second,千兆比特每秒)下载和 1.25 Gbps 上行的速率峰值。麒麟 990 系列芯片将在华为 Mate 30 系列首发搭载。该款手机没有预装谷歌的移动服务生态系统。

2019 年 9 月 10 日,华为传出更惊人的消息。华为可以一次性授权许可 5G 技术和工艺给西方国家,西方国家也可以生产同等的设备。"当我们把技术全部转让以后,他们可以在此基础上去修改代码,修改代码以后,相当于对我们屏蔽了,对世界也屏蔽了。美国 5G 是独立的 5G,没有什么安全问题。"任正非如是说道。[①] 显而易见,任正非这一招就是为了彻底封杀"安全后门"这一说辞。

华为打算出售 5G 技术,除了打消美国方面的质疑,换取美国对华为的贸易解禁之外,背后真正的原因是华为在 5G 领域已经实现了绝对领先,无惧任何尾随者们的追赶。从更深远来看,华为还可以通过收专利费的方式,在美国和全世界推广自己的技术标准,进一步巩固其业界领先地位。在其他国家或企业还在盯着 5G 的时候,华为已经着手 6G 的研究工作。华为在加拿大渥太华的华为实验室开始了 6G 网络技术的研发。不过,放出消息的两个月之后,任老板略显遗憾地说,还没有美国企业找他洽谈购买 5G 技术事宜。

当前,全球 5G 建设正在加速。美国的一系列阻挠动作没能影响华为的发展,反而是在给华为做广告宣传。欧洲各国公开表明不会特别拒绝任何一家企业参与 5G 建设。截至 10 月 31 日,华为已经和全球 60 家运营商签订 5G 商用合同,约占全球运营商总数的三分之二,其中 30 个左右是欧洲的运营商。华为还发货超过 20 万座 5G 基站。南非总统拉马福萨表示,"很明显,他们嫉妒一家名叫华为的中国公司已经超过了他们,正因被超越,所以他们现在必须'惩罚'这家公司。"这里的"他们"指的是美国。[②]

在中国,10 月 31 日,轰轰烈烈的中国 5G 终于正式拉开了商用帷幕,工信部和三大运营商在北京共同宣布启动 5G 商用网络,首批将有 50 个城市"尝鲜"。目

---

① 佚名:《任正非接受〈经济学人〉采访:可一次性出售华为 5G 技术许可》,https://www. sohu. com/a/341125335_115479? spm＝smpc. news-home. top-news2. 1. 156861235420385nO3BU&_f＝index_chan08news_0,观察者网,2019-09-16。

② 李东尧:《南非总统:美国惩罚华为,是因为嫉妒华为超越了他们》,环球网,2019-07-06。

前,中国拥有全球一半以上的 4G 基站,中国还耗用了全球一半以上的光纤光缆,建成基本覆盖全国的光纤网络。中国有将近 14 亿的人口,美国只有 3 亿多人口,市场容量的差异决定了美国在移动通信基站的低成本覆盖上永远也比不上中国。中国亦必定拥有全球最大的 5G 市场。为了经济转型并且是首次掌握核心技术标准,中国必定会用最低的成本和最大的规模在全球率先建成 5G 网络,中国基于 5G 的各种场景应用和配套商业模式也将遥遥领先,这很可能会成为未来十年全球经济竞争中的那个关键制胜点。

中国通信设备企业在本土市场上,于 2G 时代开始参与,3G 时代的市场份额为 50%,4G 时代提高到 70%,5G 时代只会更高。华为在 2019 年国内发货的 5G 基站总数约 10 万个,华为 5G 的中国用户数也将达到 1000 万。在中国大力发展 5G 的当下,相关设备方面的投资数额巨大,特别是对 5G 基站所需的高性能芯片元器件需求迫切。在这一方面,美国的芯片厂商原本是占有优势地位的,但特朗普的贸易政策让他们苦不堪言。在本来就不好的产业大环境下,政策的干预使得他们不能把先进芯片卖给华为。

2020 年将迎来 5G 换机潮。华为作为 5G 领域的先行者及全球智能手机巨头之一,在通信技术、芯片设计、操作系统优化等领域拥有领先的技术。华为手机将迎来历史性的发展机遇,华为预计,2020 年内仅 5G 手机就将出货 1 亿部。

华为在 2019 年的营收累计约 8500 亿元,同比增长 18%;华为手机出货 2.4 亿部,同比增长 20%。2019 年是华为最困难的一年,2020 年的情况只会更好。任正非表示:"2021 年我们可以重新焕发勃勃生机,重新为人民为社会提供服务。因为这两年我们要进行很多版本的切换,这么多版本切换需要时间,而且需要一个磨合,需要一个时间的检验。当我们走完这一步,我们已经变得更坚强。"①

华为的消费者业务和运营商业务成掎角之势,这已经成为华为独特的竞争优势。过去,华为力保运营商业务,让消费者业务作为副业赚钱来养活运营商业务。运营商业务就是华为的"上甘岭",只有守住"上甘岭",华为才能称雄世界。今天,

---

① 任正非:《未来两年公司会减产,2021 年可以重新焕发勃勃生机》,新浪网,2019-06-17。

华为的运营商业务在美国的制裁下，并未被击中要害，但消费者业务被影响了。在这关键时刻，华为的运营商业务成了消费者业务的强有力的支撑。华为消费者业务将依赖运营业务的支持和帮助。

为什么任正非将华为"王者归来"的时间定在 2021 年？因为那将是 5G 主导全球通信市场的时间，华为 5G 手机将随着华为 5G 网络的全面建成而走向世界。最迟我们或将在 2021 年见证华为与美国较量的最终结果。如果美国的政策不改变，我们会看到一个双输的局面：华为的手机业务受到重创、美国的 5G 建设大大落后。谁的损失会更大？百度的自动驾驶走在谷歌前面，率先投入商用，已在长沙开放自动驾驶出租车试乘。这是一个信号，预示着美国在 5G 建设上的落后会带来怎么样的后果。美国经济学家及《亚洲时报》的联合拥有者大卫·保罗·戈德曼的判断或将成真："美国围堵华为的战役是一场耻辱的失败，实际上，这恐怕算得上美国有史以来最彻底的政策失败之一。"

2019 年 11 月 22 日，微软宣称："美国商务部批准了微软向华为出口大众市场软件的许可证。"可是，就在同一天，美国联邦通信委员会将华为和中兴通讯列为"国家安全风险"，这意味着美国农村电信运营商将不能使用 85 亿美元的联邦政府补贴资金购买华为和中兴的设备或服务。美国商务部证实，已收到大约 300 个向华为出售商品的许可申请，其中一半已经得到处理。处理的许可申请中，大约有一半（即总数的四分之一）已获批准，其余则被拒绝。美国对华为的打压还将在不断的拉锯中持续下去。

美国这边厢忙着与华为打得不可开交，那边厢，美国的两个小兄弟——日本和韩国——却自己打起来了。日韩开打的原因和中美一样，都是为了半导体。

第二十章

韩国歌利亚遇到了日本大卫

三星"电池门"

2014 年,李健熙心脏病突发住院。此后,他的儿子李在镕成为三星集团的实际掌舵者。李健熙退居二线,象征着一个时代的落幕。三星巨人在过去几十年的一路狂奔中,埋下了一颗又一颗的地雷,都等着李在镕来辛苦摘除。

智能手机市场,得中国者得天下。中国于 2012 年超越美国,成为全球最大的智能手机市场(IDC 数据),三星亦于这一年超过诺基亚,成为中国乃至全球手机市场上的最大玩家。三星 2013 年推出 Galaxy S4 后,其在中国的市场份额一举突破 20%,这也是三星手机在中国市场的巅峰时刻。三星还是当时在全球市场上唯一可以和苹果抗衡的安卓品牌。当然,三星手机最大的优势在于屏幕,在其强大的面板研发与生产能力的基础上,三星引领了手机从液晶屏到 OLED 屏的历次升级。2013 年 10 月,三星推出全球首款配置柔性显示屏(Flexible Display)的 Galaxy Round。产品采用机身左右两侧弯曲的设计,即使屏幕为 5.7 英寸,仍能用一只手紧抓,符合人体工程学。2014 年 9 月上市的三星 Galaxy Note Edge 则是全球首款支持曲面侧屏的大屏智能手机,可以自定义七个功能在曲面侧屏上,方便右手使用,在造型上给人以书卷横放的文艺气息。2017 年 3 月,采用了全视曲面屏(infinity display)的三星 Galaxy S8/S8+带来近似无边框的设计风格,让用户获得了科幻风格的视觉体验及沉浸效果。

2018 年 2 月,三星推出 Galaxy S9,再次风靡全球,单月销量一度超过 iPhone X,位居畅销机型榜首。但 Galaxy S9 在中国却仅有几千部的预订量,这个结果和之前的 S8、Note8 几乎如出一辙。2018 年,三星在中国手机市场的份额降到了不足 1%。2019 年 10 月,三星位于广东惠州的中国最后一家手机工厂关闭。这家于中韩建交后即开始建设的工厂,已经走过了 27 年的风风雨雨,几乎见证了三星电子在中国的整个发展历史。与在中国市场的失意成鲜明对比的是,三星仍以一年 3 亿多部手机的销量稳居全球手机老大的位置。三星手机为何在中国和其他市场冰火两重天?为什么短短几年时间,三星就被中国市场完全抛弃?

　　事情还得回到 2013 年,那是诺基亚刚刚没落、"华米 Ov"尚未崛起的时代,中国手机市场由三星和苹果双雄争霸。这两个品牌代表了两种不同的手机品牌战略:前者擅长机海战术,后者坚持单机为王。市场表现也很有意思,两者分据销量第一和利润第一。

　　三星为什么喜欢机海战术? 这是因为三星电子以产业链的垂直一体化作为企业的基本战略。以 Galaxy S4 为例,其配件及材料内部采购比率高达 64％,这大大有利于三星缩短新品开发时间,减少交易成本,以及获得优先供应。三星手机最主要的任务不是赚钱,而是消化三星电子在存储器和面板上的巨大产能。只要三星电子能在存储器和面板上跑满产能,就能确保它在半导体产业上的稳固地位。通过存储器和面板的销售来赚钱,可比在手机上赚钱容易多了。所以,三星手机必须以量取胜,贵贱通吃。三星手机的产品线从 A 系列拉到 Z 系列,真让人担心 26 个英文字母不够用。

　　机海战术给三星带来了几大隐患。首先,机型太多,就会导致供应链太复杂,手机质量就不易得到保证。只要有个别机型出了问题,往往就会"几颗老鼠屎坏了一锅粥",对三星品牌的整体声誉造成影响。其次,这么多机型,不可能款款都用心去做,这就使得三星手机多模仿、少创新,把各种零配件简单一组装就开始售卖,经常被吐槽为"低配高价"。最后,三星太擅长硬件,软件就成了它的短板。中国消费者是全世界最挑剔的消费者,各大手机品牌无一例外都拥有自己深度定制的手机操作系统,如华为的 EMUI 系统、小米的 MIUI 系统和魅族的 Flyme 系统。三星在这一块上做得不够用心。

　　手机有点质量问题很正常,连苹果手机也有出毛病的时候,比如 iPhone 4 的"天线门",关键在于售后服务。在这一点上,三星做得特别差,这又与三星的渠道管理方式有很大的关系。在 2013 年以前,三星采用的是"国代"制度,依靠天音、爱施德等四大手机代理商帮它卖货。2013 年,三星进行改革,开始发展省级经销商,但仍未直接管理零售店。这在"终端为王"的时代是不可思议的,对比一下,今天中国市场上的五大手机品牌"华米 Ov"和苹果对零售店多么的重视。不掌控零售终端,导致三星与中国消费者总是隔了一层关系,对其后三星被中国消费者盖上"国别歧视"大帽子有很大的关系。

2013 年 10 月 22 日,三星上央视了。央视报道称,北京有位刘小姐花了 5480 元购买了一部三星 Galaxy S3 手机,用了不到一年就突然死机。她到北京图书大厦旁边一家三星特约维修点检测,被告知需要付费维修。即使据理力争,最终刘小姐还是未能享受到免费保修服务。央视随后调查发现,在英文搜索引擎上搜索"三星猝死症状",出现了 18 万条与此相关的搜索结果。对于三星手机"猝死",有国外网友称,只需要去当地的手机店就可以换新手机。同样的手机在中国和海外的不同待遇,引起了中国消费者的广泛不满。①

迫于央视报道的压力,三星隔天即正式向中国消费者致歉,并表示可免费修理已产生问题的手机;如果消费者已经付费,三星将进行退款处理;两次修理还是不能正常使用,将为消费者免费更换同型号产品。相关产品均延长一年保修期。

应该说,三星的公关危机处理得还是很到位的。但是,没想到,2016 年,三星手机出了更大的质量问题,出问题的还是三星最重要的 Galaxy 系列,而且是最新款的主力机型:Note7。

三星的 Note7 炸了。

2016 年 8 月,三星 Galaxy Note7 手机开始在美国、韩国等十余个国家发售。国内外媒体与消费者对于三星推出的这款年度旗舰机有着极高评价。诸如瘾科技博客、科技网站 Techradar、科技媒体 Phonearena、IT 媒体 CNET、《华尔街日报》科技版、福布斯科技版等都将其视为最佳安卓手机,科技媒体网站 The verge 甚至为其打出了 9.3 分的历史最高分,称其为有史以来最优秀的大屏智能手机。对于这款产品,消费者也用实际行动积极支持,市场需求远超预期。当然,这都是在 Note7 电池爆炸事故发生之前的事了。到 9 月初,在全球范围内已经发生了至少 35 起 Note7 手机的爆炸事故。

9 月 1 日,这款手机开始在中国发售。而就在中国发售的次日,三星电子宣布在全球召回 250 万部 Note7 手机,进行无偿维修及更换电池,并将推出改良版的

---

① 佚名:《央视称三星涉嫌歧视中国消费者 三星昨正式道歉》,新京报网,2013-10-24。

Note7。但三星电子中国公司却表示,在中国市场正式发售的国行版本不在此次更换之列,其给出的理由则是在中国销售的 Note7 手机采用了和国际版及韩版不同的电池供应商,并不存在爆炸风险,不仅不用召回,还将继续在中国销售。

中国民航局显然不敢听信三星的保证。9 月 14 日,中国民航局发出安全警示,提醒旅客不得在飞机上使用三星 Note7 或为其充电,不要将三星 Note7 放入托运行李中托运,不允许将三星 Note7 作为货物运输。美国、加拿大、日本和欧洲等多国民航主管部门均发出类似的安全警示。同在 9 月 14 日这一天,三星发布公告,首次在中国召回 Note7 手机,召回数量是:1858 部。

事实证明中国民航局是明智的。9 月 18 日,中国国行版三星 Note7 首次发生爆炸[①],到 10 月 3 日,中国国行版三星 Note7 又发生了多起爆炸。中国的消费者也跟着"炸了"。

而改良版的 Note7 也有问题。10 月 6 日,一部换新电池后标志"安全"的Note7 手机在美国西南航空公司的一架客机上冒烟,烧穿了飞机上的地毯,还烫坏了机舱地板。

10 月 10 日,三星宣布全球停止 Note7 销售,建议用户关机停用。10 月 11 日,在中国质检总局执法督查司进行约谈和启动缺陷调查的情况下,三星向中国质检总局备案了召回计划,决定自即日起,召回在中国地区销售的全部 Note7。这一次的召回数量是 190984 部(其中包含上次召回的 1858 部)。[②]

按理说,一款机型的失败不会动摇三星品牌的根本,毕竟苹果也发生过手机爆炸的事故。从企鹅智库收集到的两万名消费者反馈数据可以发现,三星用户与非三星用户呈现出明显的群体区别特征。三星用户对品牌仍有很高忠诚度,包括Note7 在内的三星用户,有一半表示未来仍会购买三星手机。非三星用户则对三星持有较高的品牌怀疑度。对三星来说,倒霉的是,在这节骨眼上,中韩关系出问

---

① 王亚宏:《全球召回近一个月后致歉中国 三星诚意有几分?》,http://www.chinanews.com/cj/2016/10-02/8021302.shtml,中国新闻网,2016-10-02。

② 佚名:《三星(中国)投资有限公司召回 SM-N9300 Galaxy Note7 数字移动电话机》,中国质量新闻网,http://www.cqn.com.cn/ms/content/2016/10/11/content_3476187.htm,2016-10-11。

题了。

2016 年 9 月 30 日，韩国国防部宣布，将把"萨德"反导系统部署在乐天集团的星州高尔夫球场。萨德入韩受到中国的强烈反对，但萨德系统仍然于 2017 年 3 月开始入韩部署。中国不高兴，问题很严重。中国收紧韩国人赴华的商务多次签证；中国国家新闻出版广电总局推行了"限韩令"，全面禁止韩星和韩剧进入中国市场；中国去韩国旅游人数大幅减少。韩国经济受到了很大的影响，韩国本国民众也强烈反对萨德的部署，萨德基地已于 2018 年 4 月停止施工。[①]

在这中韩关系紧张的时候，韩国超市没人进、韩国汽车没人买、韩国电视剧没人看，韩国手机还会有人去买吗？一夜之间，不再有任何一个代理商的网点销售三星手机，曾经的中国手机市场第一品牌就这样消失了。如果三星手机有自己的直营店铺，只要坚持下去，终有东山再起的时候。三星手机忽视自建旗舰店的恶果在这次危机中暴露无遗。更糟糕的是，其他韩国商品还能卷土重来，但中国智能手机市场竞争太过激烈，三星手机怕是很难在中国市场再现辉煌了。

其实，即使没有这些意外事件，三星手机也已经在中国市场上走下坡路。中国手机品牌甚至杀进了三星本土的韩国市场。2018 年 8 月 2 日，韩国《中央日报》（*Korea JoongAng Daily*）发表文章《小米震撼韩国智能手机市场》，表示小米进军韩国给三星电子施加了强大压力。文章将红米 Note5 和 Galaxy S9 进行了全方位比对，两款手机都有 4GB 内存和 64GB 存储，但红米 Note5 的电池容量 4000 毫安时超出了三星 Galaxy S9 的 3000 毫安时；红米 Note5 有一个 1300 万像素前置摄像头和 1200＋500 万像素后置双摄像头，而三星 Galaxy S9 则配备一个 800 万像素前置摄像头和一个 1200 万像素后置摄像头……当然，文章还明确指出二者最大的差异在于价格，红米 Note5 当时的售价为 265 美元，是三星 Galaxy S9 价格的三分之一。这篇报道很客观地说清楚了三星手机的竞争力为什么比不上中国品牌。

韩国人是出了名的爱国，特别支持本国品牌，韩国智能手机市场已经形成了三

---

① 魏悦：《快讯！"萨德"基地内全部施工装备将被搬出，并暂停追加！》，https://www.sohu.com/a/228052698_162522，环球网，2018-04-12。

家通吃的格局,三星、LG和苹果三个品牌的市场份额加起来达到99%,其中苹果仅占10多个百分点。小米能够成为继苹果之后第二个在韩国站住脚的外国手机品牌吗?

失去中国市场让三星痛心不已。即使市场份额仅存1%,包括Galaxy Fold折叠屏手机在内的重磅新品亦都会在中国开发布会,每次发布会的开场白都必然会有"三星不会放弃中国市场"这样一句话。不过,中国手机市场的失利,对三星的生意没有产生太大的影响。毕竟中国的手机品牌普遍都要采购三星的存储器和面板。连续两年,全球存储器市场行情大好,价格一路看涨,使得三星在2018年的半导体厂商排名榜单上,一举超越几十年如一日的行业霸主英特尔,成功问鼎全球第一。英特尔当年营收701亿美元,三星的半导体业务营收则高达833亿美元,两者差距非常明显。在OLED屏越来越成为高端手机标配的今天,三星控制着全球90%以上的OLED屏供应,其强势地位可想而知。

三星拥有着仅次于台积电的全球第二大芯片代工厂,这使得三星在手机厂商里是唯一一家同时具备设计和制造芯片能力的企业,在技术、工期和成本上都不会受制于人。三星几乎是唯一一个有能力独立制造出一部智能手机的厂商,这是其他手机厂商无可比拟的优势。痛失中国市场的三星仍是全球最大的智能手机生产商,2018年在全球手机市场占据22%的份额,苹果、华为、小米紧随其后。

除了手机,三星还在电视、动态存储器、闪存、应用处理器、有机发光二极管、面板和锂电池等二十多种产品的市场占有率上稳居世界第一。三星的优势产品大多数都是半导体或半导体相关产品,这也说明了半导体产业对三星的重要意义。

1938年的三星,还只是韩国大邱市西门小市场的一个小商铺。80年后的三星,已成为世界级的超级公司。很多人看不懂三星,因为三星存在着三大悖论:超级庞大的组织却拥有极快速的行动力;既多元化扩张又保留了专业化的竞争力;兼具美国式及日本式的经营模式。其实,看懂了半导体产业的特点,也就看懂了三星。而看懂了三星,也就看懂了韩国。

三星电子2018年的收入高达2216亿美元,整个三星集团的营业额占到韩国GDP的20%。可以比较一下,诺基亚收入最多时也不过占芬兰GDP的4%。如果没有三星,韩国以 GDP 衡量的国家实力就大概是墨西哥的水准。韩国经济增长对半导体产业的依赖越来越严重。韩国半导体占该国出口比重的 21％,占 GDP 比重的 7％。[①] 2018 年韩国经济增长率为 2.7％,如果扣除半导体增长因素,则韩国经济增长率为 1.4％,是 2009 年全球金融危机以来的最低增长率。[②]

日韩贸易战

韩国人自知小国寡民,所以做事低调,闷声发大财。哪像日本,自以为对美国"可以说不",狂妄地叫嚣要"买下美国",结果被美国三拳两脚就打趴了。日本经济一停滞就是二三十年,不要说再去挑战老大,连千年老二的地位都不保,其 GDP 在 2010 年就被中国超越。中美日三国争霸,韩国却在夹缝里求生存,左右逢源、四下讨好,结果赚得盆满钵满。还有一点不容忽视的是,依据三星官网提供的 2020 年数据,外国投资者拥有三星 54％的普通股和 84％的优先股,三星其实已经是一家在韩国办公的美资企业了,这使得它容易获得美国技术的支持并顺利进入美国的市场。

2019 年,全球半导体产业进入"冰河时期",韩国却逆势而上,发布了 2030 年综合半导体强国目标,确定芯片设计、晶圆加工、生态系统、人才和技术等五大重点发展战略。韩国计划未来十年内对新一代半导体研发投资 1 兆以上韩元,以确保从基础技术到应用技术的竞争力。5G、人工智能、生物工程、半导体技术等都将纳入韩国新增长动力的基础科学技术清单,5G 基带芯片设计是其中的重点。

韩国对移动通信的重视非同一般,当年是首个将 CDMA 技术商用的国家,如今又号称"首个 5G 商用国家"。韩国把 5G 作为国家级的战略发展重点产业,三星又带头冲在了最前面。趁着美国对华为和中兴的打压,三星不仅超越中兴成为全球第四大的通信设备供应商,还成为 5G 的大赢家。

---

① 倪伟:《日韩半导体贸易争端升温》,中国证券报,2019-08-03。
② 中华人民共和国商务部,《韩国经济过度依赖半导体产业,去年半导体经济增长贡献度达 1.3 个百分点》,2019-06-20。

5G 的普及是大势所趋,几个传统通信设备巨头也都在全球 5G 市场上争先恐后。2018 年,华为、爱立信和诺基亚分别以 31％、29％和 23％的市场份额排名全球前三。相比之下,三星在 5G 市场的份额只有 6.6％。然而,2019 年第一季度,三星实现了大翻盘,以 37％的市场份额逆袭成为全球第一,华为以 28％的份额紧随其后(通信设备市场研究公司 Dell'Oro 数据)。三星不是传统的通信强企,原本在全球通信市场上份额有限,如今骤然取得如此惊人的业绩,真是意外的收获。三星信心爆棚,表示还将投入 200 亿美元在 5G 的研发上。余大嘴动不动就嚷嚷要超越三星,三星索性在通信设备业务上发力,到华为的后院放火,以对自己的手机业务形成支持。毕竟手机技术的进步在很大程度上依赖通信技术的进步,三星要在这一块上补足自己的短板。

三星之所以能够在短时间内实现惊人逆袭,和其在韩国、美国市场的拓展密切相关。韩国几乎举全国之力发展 5G。三星已经向韩国运营商提供了 5.3 万个 5G 基站,基本垄断韩国 5G 市场。由于北美的 CDMA 输给了欧洲的 GSM(后者在 2G 时代占了 80％的市场),导致北美的通信设备企业完败,东亚的通信设备企业中,站在 CDMA 阵营的中兴和三星也发展得相对较差。在阿尔卡特收购朗讯、爱立信,诺基亚分别收购北电和摩托罗拉的无线网络业务后,北美通信设备市场基本被欧洲企业接收。欧洲企业报价较高,美国三大电信运营商不能与华为和中兴合作,便把低价搅局的三星也列作 5G 设备供应商。三星最大的一笔 5G 订单就来自威瑞森。

5G 正在推动万物互联时代的快速到来,而物联网与面板、芯片、存储等产业息息相关,三星在这些领域都拥有全球优势。这些电信巨头之所以会选择三星作为自己的 5G 供应商,一定程度上也是看中了三星拥有的较完善的半导体供应链。

三星从美国制裁华为中的受益不仅于此。自 2012 年超越诺基亚并成为全球手机第一品牌以来,三星已经在这个位置上稳坐至今。在 2019 年很可能要被华为赶下冠军宝座之际,侥幸因美国对华为的制裁而保住了地位。

三星电子于是宣称要在 2020 年实现 4000 亿美元的销售额,夺得信息产业界世界第一,并进入全球十大企业之列。这可以说是韩国半导体最辉煌的时刻。

不料，就在这个时候，日本跳出来给了韩国当头一棒。

2019 年 7 月，日本经济产业省正式宣布，将限制电视、手机显示屏使用的氟聚酰亚胺、半导体制造过程中使用的光刻胶和高纯度氟化氢这三种材料向韩国出口。8 月 2 日，日本将韩国踢出贸易优惠"白名单"，加强对韩国出口的管控，除了食品和木材等少数产品以外，日本企业向韩国出口的 1000 多种产品都可能需要获得日本经济产业省的许可。这意味着，日本对韩国实施的是全面贸易制裁，双方关系进入几十年来最遭糕的一刻。

日本发动对韩贸易战的起因却是二战遗留下来的历史问题。日本认为，1965 年签订《日韩请求权协定》时，给了韩国 5 亿美元赔偿，当时双方议定用这笔赔偿解决过去的全部赔偿问题；2015 年又签了《韩日慰安妇协议》，应该是把历史问题都解决了。可是，2017 年韩国新上台的总统文在寅态度强硬，撕毁协议。2018 年 10 月，韩国法院认为对拖欠工资的个人索赔权不在《日韩请求权协定》里，判决日本新日铁住金公司向四名二战时被征用的韩国劳工各赔偿 1 亿韩元，并威胁扣押日企在韩资产。日本政府不得不发出声明：只要日企的财产被变卖，就会报复。11 月，韩国解散了安倍晋三为解决慰安妇问题而拨款 10 亿日元（合 925 万美元）成立的"和解与治愈基金会"。最严重的是 2019 年 2 月，韩国国会议长文喜相建议日本天皇就慰安妇问题向韩国人民道歉。这件事严重刺激到了日本。同时，《日本经济新闻》也在发文反思：1990 年日本占全球半导体市场份额 49%，近年来却跌到仅有 10% 左右；2019 年世界前十大半导体公司中找不到日本企业的踪影，日本为什么在半导体产业上落后了？于是，等到 G20 大阪会议一结束，日本就对韩国半导体产业发起了制裁。

日本是全球最大的半导体材料和设备供应地。全球半导体材料市场中，日本三分天下有其二，用于制造高性能半导体的尖端材料占比更是超过 80%。生产半导体芯片需要十九种基础材料，日本在其中的十四种材料上位居全球第一。一大批日本企业掌控着这个行业的命脉。例如，信越化学是全球最大的半导体硅晶片供应商；凸版印刷是全球最大的光罩（一种用于光蚀刻的模具）生产商；全球最大的光刻胶生产商是 JSR；全球第二的玻璃基板制造商是旭硝子。① 三星每年要向日本采购 50 亿美元的半导体材料。半导体生产设备方面，日本也很强，在总共三十多种设备中，市场份额达 37％。其中，东京电子是全球排名前三的半导体设备制造商，尼康和佳能是仅次于阿斯麦尔的全球排名第二和第三的光刻机制造商。

日本在这三种对韩限制的半导体重要材料上，分别占了全球 90％、87％、60％的份额，韩国的半导体产品严重依赖于日本的这些材料，基本不可能找到替代供应。面对日本的制裁，强大的三星竟然也束手无策。李在镕在日本进行了六天五夜的紧急斡旋，试图缓和关系，但并未顺利解决原料供应问题。这意味着，韩国半导体巨头们的存货即将耗尽，芯片、面板等半导体产品面临停产，韩国经济岌岌可危。韩国政府只能软弱地表示，将向世贸组织提起诉讼。关键时刻，倒是韩国老百姓又雄起了一把，全民抵制日货的行动又浩浩荡荡地上演了。

韩国的半导体产业是很强的，比如在存储器和面板上都占据了极高的份额，而且都抢自日本之手。只不过，韩国的这些半导体产品都处于半导体产业的中游，而日本的半导体原材料和设备占据的是产业上游。韩国以 907 亿美元的产值占据全球半导体市场 22％的份额，仅次于美国，在面对日本的制裁时却不堪一击。

在中国，一直流传着"日本不行了"的说法。每过十年，就升一次级，从"日本失去十年"到"日本失去二十年"再到"日本失去三十年"，认为日本从 20 世纪 80 年代的泡沫经济破灭后就一蹶不振，甚至认为这是日本被美国通过贸易战打压的结果。如果不是这次日本突然雄起了一把，再过十年，相信又会跳出"日本失去四十年"的说法来。类似唱衰日本的言论，也不能说完全就错，但肯定是不够客观和全面的。

经济发展有一个客观规律，那就是资本一定会从经济发达地区流向经济落后地区，或者从成熟市场流向新兴市场。道理很简单，如果仅考虑经济因素，经济落后或新兴市场的投资回报一定是相对较高的。这个经济规律对一些人口较多、地域较广的经济体的影响相对不大，广阔的内陆经济腹地足以吸收沿海发达区域的

---

① 广发证券。半导体行业观察 icbank：《震惊，原来日本在这些半导体领域还是领先全球》，http://news.eeworld.com.cn/mp/Icbank/a42973.jspx，电子工程世界，2016-11-14。

剩余资本,比如美国、欧盟和中国,但对东亚的经济发达体影响就大了。不仅是日本,其实韩国、新加坡,普遍存在资本外流的现象。因为东亚经济发达体多数都地域狭小、人口和市场有限,本土 GDP 增长渐缓、资本大量外流是必然的。例如日本,在海外持有 3 万亿美元以上的净资产,这些海外投资创造的 GDP 是本土的1.5倍。如果把这部分收入算进去,日本的人均 GDP 水平将远远超越美国。

以日本的汽车产业为例,美国通过贸易战打压从日本进口的汽车,日本就到美国去投资建厂。表面上看,日本汽车在贸易战中打输了,确实在减少出口量,日本品牌汽车的美国市场份额却一直在持续上升。日本失去的只是 GDP,赢得的却是包括美国在内的全球市场。

我们可以再把中国台湾拿来对照着看看。2018 年,在中国各省市的 GDP 排名中,台湾仅排第八位,甚至落后于四川和湖北。你能相信,台湾这个半导体实力接近韩国的经济体,地区生产总值还不如湖北吗?当然不可能。台湾地区生产总值少,是因为台湾几乎所有的大企业都跑到大陆来投资了。仅看台湾,它的地区生产总值是没有增长,和日本一样长期停滞甚至倒退,但它的居民收入一定是在大幅增长的。因为它的真正实力已经融入了大陆。粗略估计,台资企业在大陆创造的地区生产总值大约是台湾本土地区生产总值的两倍,再以富士康为例,富士康在台湾的产值微不足道,但它在大陆创造了多少地区生产总值?台湾当局曾经提醒郭台铭"台湾是我们的根",郭台铭的回应很干脆:"世界上最大的市场是美国和中国大陆,我们不去那里我们要去哪呢?"如果以资本而非地域作为统计口径,台资创造的地区生产总值稳居中国各省市之首是没有问题的。[①]

日本也是一样的情形。什么广场协议、美日贸易战、泡沫经济,对日本经济发展都没有实质性的负面影响。真正对日本经济有很大负面影响的因素,只有人口的负增长和老龄化。对于日本、韩国和中国台湾这些东亚经济发达体来说,虽然生活富足,但因人少地小,难逃政治软弱、经济依附的宿命。用地区生产总值的概念

---

① 佚名:《蔡当局喊"别忘台"郭台铭反问:不去大陆美国去哪》,https://m. huanqiu. com/article/9CaKrnK4mmz,海外网,2017-07-28。

来衡量它们的实力已经没有什么意义。关键在于是否能占据科技制高点,这才是真正的竞争力。否则,就可能像中国香港一样沦为依赖金融业生存的寄生型经济体,那才是真正的泡沫。

20 世纪 70 年代和 80 年代的美日贸易战,在美国挑起的每一项贸易争端中,日本都在以退为进。你打我的纺织业,我就做钢铁;你打我的钢铁业,我就造汽车;你打我的汽车业,我就做电子产品;你打我的电子产品,我就做半导体产品;你打我的半导体产品,我就做半导体原料和设备……日本经济在退让中不断地升级,一直升级到美国无战可打。不是因为日本被打趴下了,而是因为一方面,日本把中低端制造业迁到了中国等地,不再与美国有直接的冲突,让中国去承受美国的贸易大棒;另一方面,日本占据了制造业的最尖端,做到出口产品不可替代,让美国不敢制裁。美日贸易战解决不了美国贸易逆差不断扩大、美国对外负债不断增多的问题,但美国已经无可奈何。

在过去的 30 年,日本抛弃了沦为低端制造业的家电、电脑和手机等产业,一直努力向高科技产业升级。在消费电子市场上是看不到什么日本品牌了,但日本已经成功地转移到了产业链上游。比如曾经的电视与白色家电霸主东芝,现在在做大型核电、新能源和氢燃料电池电站业务。日本电气把电脑业务卖给联想后,朝尖端半导体技术发展,比如全自动驾驶汽车的系统。索尼在数码相机沦为"中国大爷最后的倔强"后,却控制了全球一半的图像传感器市场,华为手机拍照技术的进步,就严重依赖于索尼提供的图像传感器。如今,日本公司在半导体、机器人、工程机械、机床、显示器及碳纤维等八个领域中拥有重大影响力,其中多个产业,日本公司要么控制 50% 以上的份额,要么就是掌握了高端核心技术,对产业链有着举足轻重的影响。任正非曾经为之感叹:"什么叫成功? 是像日本那些企业那样,经九死一生还能好好地活着,这才是真正的成功。"

2019 年 6 月 27 日,《日本经济新闻》发表了一篇文章,解剖了最新的华为手机 P30 Pro,发现美国产的零部件只占 1%,主要是高通芯片。中国自己制造的零部件,只占到 5%。那么,日本制造的零部件有多少呢? 有 869 个,占到整部华为手机零部件总量的 53%。美国零部件的数量虽少,但价值高。2018 年,华为从日本和美国进口的手机零部件总额分别达到 65 亿和 110 亿美元。

事实上，苹果手机也有一半数量的零部件仰赖日本供应。可以不夸张地说，这个世界上几乎所有的高科技公司，比如三星、英特尔、苹果等，如果没有日本的高精度设备和生产工艺，它们的产品水平至少倒退 10 年。

韩国的隐患与中国的机会

这场日韩贸易战还暴露出了韩国经济体制的重大缺陷。二战前，日本经济亦是由几大财阀控制。日本战败后，各财阀被美国占领军勒令解散。一些财阀演变成多个企业紧密联系的财团，但已不像战前那样能够把控日本经济及政局。没有了财阀的钳制，日本的中小企业才能够欣欣向荣，对日本科技进步和经济繁荣做出重要的贡献。

韩国的发展路径却大不相同。二战后，韩国军政府师承日本，为发展经济大力扶持财阀，于是形成了三星、现代、LG 和大宇等几大财阀主宰国家经济的局面。经过亚洲金融风暴的洗礼，残存下来的财阀却更加强大。大财阀有它的优势，比如在发展芯片、面板这类高投入、高风险的产业上，大财阀融资能力强，容易获得国家政策支持，便于集中力量办大事。可大财阀的成长毕竟夹杂了太多非市场的因素，导致各种资源不合理地向大财阀倾斜，中小企业就很难发展。中小企业更有创新精神，大财阀更喜欢干扼杀竞争的事情。虽然三星有很多的"进化型"新产品，但从没有发明过能改变世界的"创造型"新产品。过去三十多年里，韩国再没有出现过当代创业成功的神话，而日本则发展出许多在细分市场极其强大的小企业。在这次日韩贸易战中，日本冲在最前面的都是一些行业外少有人知晓的中小企业，简直是大卫打败歌利亚巨人故事的再现。

韩国几大财阀还操纵了韩国政坛，与政界之间有很多说不清、道不明的暧昧关系，这导致韩国政商两界丑闻不断。朝鲜战争后，从韩国第一任总统李承晚到首位女总统朴槿惠，所有总统无一得到善终，这一独特现象被世人称为"青瓦台魔咒"。韩国总统要想上台，就离不开财阀的支持，上台后，就必须给予财阀相应的回报，政商勾结已成为韩国的一大毒瘤。在朴槿惠"闺蜜干政"事件曝光后，竟然上演了九大财阀被集体调查的一幕，三星、现代汽车、SK、LG、乐天、韩华、韩进、CJ 等大企业掌门人出席听证会，就权钱交易问题接受国会议员质询。李在镕在接受审讯时哭诉："总统强迫出资，我是受害者。谁能拒绝总统的要求？"

韩国财阀的经济势力已经根深蒂固，前五大财阀就占了韩国经济总量的57％，其中尤以三星为首。韩国被《华盛顿邮报》称为"三星共和国"，在这样的局面下已经很难改革。2018 年 2 月 6 日，被收押 353 天后，李在镕经历了两审三判，最终获刑 2 年 6 个月、缓刑 4 年，当庭释放。历史再次重演，10 年前，其父李健熙就因涉嫌非法转让经营权和逃税而被起诉，被韩国首尔中央支法判处 3 年有期徒刑、缓期 5 年执行，随后就以"助力韩国申办 2018 年冬季奥运会"的名义获得韩国总统特赦。韩国司法部门一向对财阀大亨的犯罪行为采取宽容态度。

2018 年，全球半导体市场规模为 4608 亿美元。看似规模不大，却是当今世界经济的主导力量。现在还有什么电子产品用不到芯片呢？仅仅是作为本书主题的手机、移动通信、移动互联网等产值高达数万亿美元的产业，都是建立在半导体产业基础之上，更不要说飞机汽车、数码电脑、家用电器等。如果没有半导体，整个现代工业体系都要瘫痪。

在半导体产业的领导地位奠定了美国作为世界唯一超级大国的基础。能够与美国半导体产业抗衡的，唯有东亚。在东亚四个半导体产业领先的经济体（日本、韩国、以及中国的大陆和台湾）中，中国的起步最晚、实力最弱，却是唯一一个有可能成为领导东亚、具备足以与美国抗衡的实力的半导体强国。美国不担心日本、韩国和中国台湾半导体产业的竞争，却不能不担忧中国的潜在威胁。

日本、韩国和中国台湾三者有很强的竞争关系，它们却无一例外需要依附中国的制造和市场才能生存。日本敢制裁韩国，这是因为它们之间的竞争关系远远多过合作关系，但很难想象这三个经济体有谁敢与中国较量。

不仅不可能向中国挑战，它们还必须不断加大在中国的投资。日本禁止高纯度氟化氢的对韩出口，日本森田化学社长森田康夫曾表示，2019 年内将在浙江省的工厂启动高纯度氟化氢生产，并与中国的合资公司均摊此次 100 亿日元的新增设备投资额。森田康夫表示,半导体生产早有从韩国向中国转移的趋势,森田化学从 2017 年便开始推进这一计划。

日韩贸易战,给了中国半导体产业一个意外的发展良机。中国也无法生产日本对韩禁售的这三种半导体原材料,抢不了日本让出的市场。但中国的存储器和面板技术正处在奋力追赶韩国的阶段,日韩贸易战对中国的存储器和面板行业是个很大的利好。

以 1993 年成立的京东方(其前身为步步高创始人段永平工作过的北京电子管厂)为例,2005 年到 2011 年在液晶面板项目上一共亏损 79 亿元,其间三次面临退市风险警示,全靠政府的 12 亿元补贴和 24 亿元退税才活了下来。京东方采取了和韩国人当年一样的策略,在行业低潮时不退反进,累计投资了 14 条面板生产线,投资总额高达 4452 亿元(截至 2019 年 2 月底)。京东方终于熬到了曙光的来临。到了 2018 年,手机面板、全球电视、平板电脑和笔记本电脑的显示屏出货量上,京东方相继摘得全球第一。华为从 Mate 20pro 系列开始向京东方大量订购面板。由于中国显示面板产业的崛起,显示面板不再是中国位列前三的进口工业品(芯片仍排在第一位)。

当然,日韩贸易战对中国也是一个警醒,中国也应该要考虑在半导体原料和设备上的“备胎”问题,像日本一样着力于产业升级。日本不是仅在半导体产业上拥有尖端技术,而是在多个高端制造领域都有很强的竞争力。日本自 1990 年以来研发经费支出占 GDP 的比重一直是世界第一,日本有一半左右的人口都受过大学教育,截至 2019 年日本获得诺贝尔奖的人数已经达到 27 人……中国的科技实力不要说和美国比,离日本都还有很大的差距。中国还有很多要向日本学习的地方。

日韩贸易战只是小打小闹,真正能够惊动全球的还是中美之间的贸易战。

第二十一章

濒临破产的超级大国

大豆和芯片

中美贸易战有两个焦点,一个是大豆,另一个是芯片,这两个是美国出口中国最大宗的商品。

2017 年中国进口了 3290 万吨美国大豆,约占美国出口大豆的 60%,同时占中国总采购量的 34%。在美国单方面于 2018 年 6 月 15 日宣布对中国 500 亿美元商品加征 25% 关税后,中国为捍卫自身合法权益,决定在 6 月 16 日对原产于美国的部分商品采取对等加征关税措施,其中就包括大豆,自 7 月 6 日起实施。在高关税影响下,中国基本不再从美国进口大豆。中美贸易战让美国大豆受创甚巨。美国在 2018 年仅向中国出口了 1664 万吨大豆,较 2017 年减少了 49%。[①]

这几年,全球粮食产量过剩,巴西、俄罗斯和乌克兰等国却还在加大马力拼命增加粮食产量。所以,中美贸易战的结果是,中国顺利从其他国家买来大豆,美国却有 3000 多万吨大豆的库存积压。美国种的都是转基因大豆,转基因大豆需要与除草剂配合使用,这意味着豆田在撒了除草剂后,除了转基因大豆,其他植物都寸草不生。一块转基因豆田起码要养个三个四年才能转换种植其他农作物,这是每年都要偿还巨额农业贷款的美国豆农很难承受得了的。于是,被转基因大豆绑架了的美国豆农,明知大豆不赚钱,还得硬着头皮不断种下去。

表面上看,大豆出口对美国政治意义重大。八大农业州都支持特朗普,是其重要票仓地区。美国大豆成了无处可去的“难民豆”,美国大豆协会在其官网上称“美国大豆协会代表所有美国大豆种植者对美国政府的决定感到失望”。大豆出口不畅严重影响美国豆农收益,是否将显著减少特朗普的选票? 特朗普追求总统宝座连任在即,他不着急吗?

答案是,特朗普很可能不必担心豆农的支持。

首先要修正一个概念:美国的农民绝不是我们想象中的“面朝黄土背朝天”的农民,美国只有两三百万农民,不到总人口的 2%。大豆是用那种要动用飞机来洒

---

① 农产品期货网:《中国 2018 年对美国大豆的进口量几乎减半》,新浪网,2019-01-25。

农药的超大农场方式来种植,豆农的数量就更少了。说是豆农,其实说是农业资本家或大农场主更形象。一般的小农哪里能以成千上万亩的规模种大豆?从选票上来说,豆农这点十万级别的数量远远不能和铁锈地带的美国蓝领工人数量相比。

豆农之所以能够影响政治,不在于选票,而在于金钱。美国的农民用金钱来影响政坛里的精英人物,让他们为自己的利益代言。

问题是,特朗普并不是美国政治精英圈的人物。

不少中国人会用中国的视角来观察美国政治,认为中国政府对付特朗普这种房地产商最有办法了。这是大错特错的。在中国,房地产商和政府关系密切,在美国,房地产商却没什么地位。美国地广人稀,交通发达,城市布局合理,土地不是稀缺资源。美国人流动性大,喜欢租房而不喜欢买房。美国房子质量好,往往能住上百年,无需经常拆掉重建。美国有房产税,房产持有成本高,也就没人炒房。所以,住宅房地产在美国是个薄利行业。特朗普起家靠的是在全球范围内做高端商业地产。2018年福布斯各国十大富豪榜,中国有五个来自房地产业(内地三位和中国香港两位),而美国一个来自房地产的企业都没有。2019年世界500强,上榜的五家房地产企业均来自中国,包括美国在内的其他国家没有一家房地产公司。特朗普担任总统后,仅仅一年时间,财富就从35亿美元缩水至31亿美元,在全球亿万富豪榜上的排名从2017年的第544位下降至2018年第766位。特朗普的这点财富水准,在美国只能算是个小土豪,远远不如中国的房地产商风光。

房地产业不仅不是美国的支柱产业,更与美国的国家力量无关。在美国,能够影响政治和外交的是军工、能源、金融、高科技甚至粮食产业。作为房地产商的特朗普原本是美国政坛的边缘人物。看明白特朗普所处的行业,就知道他为什么不被美国政坛精英欢迎了。就因为特朗普在美国政治圈没有深厚的根基,又是依靠民粹力量的支持上台,所以才经常随心所欲,不按常理出牌。

特朗普大放厥词,苦的则是美国的农民。美国农业部预估2019年的农业收入仅为694亿美元,比6年前的最高点大跌近半。美国农业债务已攀升到收入的97%,这意味着美国农业在整体上已接近破产。

对于特朗普来说,他有着远比大豆更重要的议题需要关心,那就是芯片。

美国大豆左右不了中美贸易战的走向。芯片的情形却又大不相同。美国 2017 年出口到中国的大豆总金额为 123 亿美元,但芯片却是千亿美元级别的重量级出口商品。正常情况下,仅华为一个企业就需要向美国采购 100 多亿美元的芯片,与美国对华大豆出口的总额相当。

芯片之战相当复杂,它其实包括两个战场,一个是产品之战,另一个是技术之战。

手机是芯片应用的最大客户,中国和韩国基本垄断了全球手机的生产,其他国家(如印度)即使生产了手机,也多半是被控制在中韩两国的手中。仅中国一个国家就生产了全球四分之三的智能手机——如今全球每年生产 20 亿部智能手机,中国占了 15 亿部(其中包括苹果的 2 亿部)。此外,中国还生产了 5 亿部的功能手机。但中国只有不到 3%的手机芯片是国产的,这使得芯片成为中国第一大金额的进口商品。2017 年进口金额同比增长 15%至 2601 亿美元,其中大概有一半依赖美国。这还不包括半导体的设备、材料、自动化电子设计(EDA)、封装等中间环节的贸易量。同期中国芯片出口金额仅为 669 亿美元,同比增长 10%。

手机的背后是芯片,芯片的背后是半导体产业。

美国是全球半导体产业的第一生产大国,也是第一出口大国。美国半导体企业对中国市场的依赖度整体达到 41%。仅十三家美国半导体领军企业公开的 2017 年年报,其在中国销售额之和就达 710 亿美元。英特尔、高通、美光和博通四家公司在中国区的销售额达到了 492.23 亿美元。[①]

韩国和中国台湾的半导体产量分居全球第二、第三位,它们亦有一半左右的半导体产品需销往中国(大陆),这使得韩国和中国台湾分别成为对中国(大陆)贸易第二和第一的顺差国家或地区。

在全球大豆贸易上,中国进口了美国、巴西和阿根廷三个大豆主产国生产的多数大豆。与之类似,在全球芯片贸易上,中国(大陆)也是进口了美国、韩国和中国

---

① 2017 年在中国的销售额,英特尔为 147.96 亿美元,高通为 145.79 亿美元,美光为 103.88 亿美元,博通为 94.6 亿美元。

台湾三地生产的多数芯片。就像美国垄断不了对中国的大豆出口一样,美国也一样垄断不了对中国的芯片出口。美国制裁华为,华为原本要向美国企业下的芯片订单,大都转向了日本和中国台湾。2019年华为从日本采购的零部件总额超过100亿美元,同比大增50%。

特朗普不惜一切代价要和中国打贸易战。不幸的是,美国豆农和美国芯片企业成了"代价"。许多美国豆农宣告破产,而不少美国芯片供应商亦陷入股价大跌和裁员的麻烦之中。

被逼急了的特朗普

不仅针对中国,特朗普还同时对其他许多国家打贸易战,其中不乏欧盟、日本、加拿大这样的铁杆盟友。

2018年1月,特朗普一边嚷着"美国第一",一边宣布对进口太阳能电池板和洗衣机分别征收最高达30%和50%的关税。美国超过80%的太阳能设备使用的面板需要进口,其中大部分来自以中国为首的亚洲国家。在针对洗衣机的关税方面,韩国和墨西哥受到很大影响。

3月,美国对进口的钢铁和铝分别征收25%和10%的关税。擅长作秀的特朗普,在签署该关税公告时,还邀请了钢铝行业的高管和工人现场见证。6月,此前被豁免钢铝关税的欧盟、加拿大、墨西哥也被加入缴纳高额关税的队伍。8月,因为土耳其坚持要从俄罗斯购买S-400防空导弹,美国将从土耳其进口的钢铁和铝产品的关税分别提高到50%和20%,土耳其货币里拉对美元贬值超过11%。

受美国加征关税影响的国家,普遍对美国实施报复性关税政策。连印度都对美国杏仁、苹果等产品加征关税,虽然涉及商品的金额不过2.4亿美元。

如果美国只是想在科技和经济上打压中国,它应该建立起一个广泛的同盟才对,而不是到处树敌。要理解特朗普为什么要在全球范围内发动贸易战,就必须先搞清楚特朗普的思路。

特朗普本质上是一个商人。在特朗普的眼里,美国政府就是一家大公司,他是这家公司的 CEO,他考虑的是如何把美国政府给经营好。美国政府这家大公司,面临的最大问题是什么?

是破产关门。这是所有公司经营者都必须提防的终极问题。

美国 2018 年的总债务已经达到 22 万亿美元,超过该年美国的 GDP 20.49 万亿美元。2019 年美国仅公共债务的利息就需支付超过 5000 亿美元,接近 GDP 的 3%。美国每年有 7 万亿美元的财政收入,这么多钱还债不足,但支付利息还是有余的,怎么就不够花了呢?

按计划,在 2019 财年,美国在养老金方面的支出高达 1.46 万亿美元,卫生保健 1.71 万亿美元,教育 1.14 万亿美元,国防 0.94 万亿美元,这些钱能省着花吗? 一分钱也省不得。

不仅不能省,特朗普还得要兑现竞选承诺,实施减税政策。2017 年 12 月减税法案通过,将减税 1.46 万亿美元。[①] 当然,减税并不直接等于减少政府收入,因为跨国企业最喜欢在全球范围内找离岸避税地来少缴税,减税有助于美国政府拓展这部分税源。截至 2016 年底,世界 500 强跨国企业中,有 367 家在离岸避税地的累计利润约 2.6 万亿美元,离岸利润最高的前 30 家公司合计超过 1.76 万亿美元,仅苹果、辉瑞、微软和通用电气 4 家公司就有 6689 亿美元。[②] 减税可以促进这部分的利润和税收回流美国。仅苹果公司就表示海外回流资金需要交税 380 亿美元。根据最新的 15.5% 的税率,这意味着苹果计划汇回 2450 亿美元的资金,几乎相当于苹果在海外持有的所有现金。[③]

除了讨好国民,对外战争也是帝国的一大开销。而战争是最烧钱的事情,历史上有无数帝国的灭亡都是因为被战争拖垮了财政。自"9·11"事件以来,美国用于反恐战争的开支累计达到 6 万亿美元,同期美国还有总共 10 万亿美元的军费开

---

① 谌融:《美国会参议院通过减税法案 特朗普将很快送出"圣诞礼物"?》,中国日报网,2017-12-20。

② Amy 姐的跨境金融圈:《特朗普税改,会让跨国公司 2.6 万亿离岸利润回家吗?》,https://www.sohu.com/a/208220551_100027397,搜狐网,2017-12-03。

③ 朱一天:《几乎汇回所有海外现金! 苹果回流资金将纳税 380 亿美元》,https://36kr.com/p/1722197114881,36 氪网,2018-01-18。

支,这也是美国国债高企的一大因素。

2008 年金融危机则成为美国高国债的第三个大坑。在金融危机之前的 20 年时间内,美国的国债都控制在占 GDP 50％—70％的水平。金融危机爆发,负债高达 5 万亿美元的美国房贷两大巨头——房利美和房地美同时破产,美国财政部和美联储被迫接管;总资产高达 1.5 万亿美元的世界两大顶级投行雷曼兄弟和美林相继爆出问题,前者被迫申请破产保护,后者被美国银行收购;总资产高达 1 万亿美元的全球最大保险商美国国际集团(AIG)也难以为继,亦被美国政府接管。为了填上这些大坑,美国大举发债,连续多个年份的新增债务都超过了 1 万亿美元,债务占 GDP 的比例连连创下新高。仅仅 4 年时间,到 2012 年,美国的债务总额即超过了 GDP。

实在没钱花了怎么办? 只能政府关门歇业、公务员停薪放假。因为议会不批准政府预算,导致美国政府停摆的次数也越来越多。2018 年 12 月,特朗普想增加 57 亿美元预算在美墨边境修一道阻止非法移民的长墙,民主党坚决反对,最终仅批了只够建栅栏的 14 亿美元。在两党拉锯争吵期间,拿不到预算的美国联邦政府被迫关门 35 天,创下历史纪录。此前的多届美国总统,都在不断地挖美国债务这个大坑。轮到特朗普上台的时候,他悲惨地发现这个坑已经大得不能再往下挖了。对于特朗普来说,他要考虑的首要问题是为美国政府攒钱,不让政府破产。作为一个成功的商人,特朗普非常清楚:现金,对于一个公司来说,永远是最重要的东西。没有现金,其他的什么企业文化、企业愿景、企业价值观,统统都没什么用。

美国没有国有企业,要想赚钱只能增税。增收哪一个税种,才能既不引起美国"无产阶级"(中下层工薪阶层)的反对,又得到美国资产阶级的支持呢? 特朗普身为资产阶级的一员,很难背叛自己所在的阵营,但他又是依靠"无产阶级"的选票上的台,"无产阶级"也不能得罪。

关税。关税是特朗普增税的最佳选择,或者说是唯一的选择。

美国每年需进口约 2.7 万亿美元的商品。如果能加征 10％的关税,那么美国财政部每年将能够增加约 2500 亿美元的关税收入。如果能加征 25％,那岂不就把减税的成本全部抵消了吗?

所以,特朗普必须打贸易战。即使贸易战将损害全球经济和美国的长远利益,那又如何呢?只有关税来钱最快。这是美国有史以来第一次在全球范围内打贸易战,说明特朗普真是被缺钱给逼得无路可走了。

而且,打贸易战的理由还冠冕堂皇,比如制裁那些"不守公平贸易"规矩的国家、让制造业回流美国、打击美国的竞争对手……贸易战既让美国蓝领工人受益,确保特朗普得到总统连任所需的选票,又让美国精英阶层拿不出反对的理由,因为它看似维护了美国的利益。

中国是美国最大的贸易伙伴,故对中国开战可以拿到的钱最多。自 2018 年 9 月下旬对 2000 亿美元的产自中国的商品启动额外关税征收以后,美国关税收入迅速增加,到 2019 年 5 月,美国累计 8 个月落袋的关税总额达到 449 亿美元,几乎是上年同期的两倍。至于关税是否间接由美国老百姓承担的问题,特朗普已经顾不得了。收关税总比直接向老百姓增税挨骂少吧?

所以,不要对美国会很快结束对华贸易战抱有幻想了,中美贸易战只会不断升级。2019 年 5 月,美国政府宣布,对从中国进口的 2000 亿美元清单商品加征的关税税率由 10％提高到 25％。至此,美国已对总计 2500 亿美元的中国商品加征 25％关税。作为反击,中国政府对价值 1100 亿美元的美国产品加征了关税。9 月 1 日,美国政府宣布,对从中国进口的另外约 3000 亿美元商品加征 10％关税。而且,20 世纪 80、90 年代的日本可以把制造业搬到中国来规避美国的制裁,但在特朗普全球开战的情况下,中国把制造业往哪里搬?总不能都搬到美国去吧?中美之间的经济战将会长期化和常态化。

关税毕竟是税,有着公开、透明的特点。更可怕的是政府乱收费。除了关税之外,为了快速圈钱,美国盯上了地球上最有钱的一个群体:世界各大私人银行。美国开始严厉打击一个又一个违犯美国禁令的金融机构,并连续开出巨额罚单。从 2009 年金融危机至今,全球有多家银行被开出 1 亿美元以上的罚单。2014 年初,美国司法部起诉了法国巴黎银行,理由是它与美国的敌对国家(包括伊朗、古巴、苏丹和利比亚)达成了以美元计价的交易。法国巴黎银行不得不很快解雇及处罚 30 多名高管,并同意支付 89 亿美元的天价罚款。这也是美国对全球各银行开出的罚单中金额最高的,与之相比,阿尔斯通的那张不到 8 亿美元的罚款单简直就是"开胃小菜"。①

开胃小菜也不能放过,美国在全球范围内向各大公司开战,主要用的是反腐败的名义,这又给美国政府带来了另外 90 亿美元的收入。

即便如此,这些额外的收入也不可能阻止美国政府预算缺口的扩大,原因是美国政府的开支仍在增长。美国财政部 2019 年 10 月 25 日公布的财政报告显示,2019 财年(2018 年 10 月 1 日至 2019 年 9 月 30 日)美国联邦政府财政赤字同比增长约 26%,升至约 9844 亿美元,为 2012 年以来最高水平。

美国掀起的全球贸易战,打破了原有的国际分工布局,迫使各种经济资源重新配置,大大增加了交易成本,还为全球经济前景蒙上了不确定的阴影。像苹果这样的跨国企业深受其害。苹果原本是全球化的典范:美国设计加中国制造,同时在美国和中国市场的销售,美国和中国的合理国际分工是苹果成功的基石。中美贸易战提高了中美之间产品进出口的关税,大大增加了苹果产品的成本,对美国自身利益的损害要超过对中国利益的损害,毕竟中国赚取的只是微薄的组装利润。

在特朗普看来,苹果可以通过将生产转移到美国来解决这个问题。"现在开始建新工厂。激动!""让制造业重回美国"是特朗普竞选时期的口号。他上台后立刻点名库克加入白宫"劳动力政策咨询委员会"。苹果官网也挂上了对特朗普的承诺:5 年内为美国经济贡献 3500 亿美元;苹果将以间接或直接的方式,创造或支持 240 万个工作岗位。

受特朗普减少企业所得税政策的鼓舞,苹果表示可以将公司的海外资金调回美国,然后用其中的 10 亿美元建立一个新的技术园区,为 iCloud 筹建新的云服务数据中心,增加 1.5 万个就业机会。当然,生产线就是另外一回事了。对苹果来说,如果将生产线搬回美国,苹果无法承受美国高昂的人工成本,而且,将美国生产

① 弗雷德里克·皮耶鲁齐、马修·阿伦:《美国陷阱》,中信出版社,2019 年,171-172 页、344 页、346-347 页。

的产品卖到中国去,同样要交高昂的关税。2019 年 6 月,苹果曾想将新款 Mac Pro 的生产线搬到台湾和上海去。届时,美国本土将无任何苹果生产线。

特朗普大发雷霆:"苹果在中国生产 Mac Pro 的零件,不会得到关税豁免、减免。在美国造,就不用关税!"在他的威逼下,苹果于 9 月宣布这家工厂仍保留在美国得克萨斯州首府城市奥斯汀。11 月,特朗普亲自前往这家工厂参观和指导工作。

特朗普竭尽全力增加制造业就业机会和在世界范围内打贸易战,能够减少美国财政赤字和提高美国竞争力吗?绝对不会。因为特朗普给美国病下错了药。美国 GDP 一直在持续增长中,这说明美国经济的运作是很有效率的,美国信息产业的兴旺抵销制造业外流的损失还有余。美国的问题在于分配的不公。前文说过,美国是一个被富豪掌控了的国家,国家政策一定是向富豪倾斜的,长此以往,财富必然越来越集中在富豪的手中。如今的美国,1％的人口拥有 40％的财富,这样的贫富差距水平,只有 20 世纪"咆哮的二十年代"堪可比拟。①巴菲特就曾抱怨政府对像他这样的富人收税太少,他手下的员工平均税负是 36％,他自己的税负却仅有 17％。"多数美国人为维持生计发愁,我们这些超级富豪却继续享受税收优惠。"②但特朗普作为美国近 40 年以来首位不愿意公开税务资料的美国总统③,不可能有巴菲特那样的胸襟。特朗普没有意愿去解决美国贫富差距的问题,也就不可能把美国病给治好。

中国半导体产业的机会

与针对其他国家的贸易战不同,美国对中国的贸易战还多了一层焦虑:美国正担心失去对地球的领导权。中国制造在 2025 年能不能大发力还是未知数,但中国 GDP 会在 2025 年左右超越美国却已经是经济学界的共识。GDP 超越美国,也就

①　徐乾昂:《美国贫富差距退回 100 年前,最富 1％坐拥 40％财富》,观察者网,2019-02-12。
②　《巴菲特呼吁巨富多交税帮助解决国家金融问题》,中国新闻网,2011-08-25。
③　沙晗汀:《美财长拒绝向国会提供特朗普税务信息》,人民网,2019-05-07。

意味着中国的科研经费投入迟早也将超越美国,这是美国回避不了的问题。中美贸易战中,对中国的技术压制是一个重要议题。打压华为这样的中国高科技企业是中美贸易战的重要组成部分。芯片战争,不仅关系到眼前的贸易逆差,还关系到未来谁能占据技术高地。

美国于1999年对南斯拉夫的中国大使馆的轰炸,其实就是一次打压中国的试探之举。而2001年爆发的"9·11"事件转移了美国的视线。在那之后,美国忙着全球反恐,对基地组织、伊拉克和塔利班大打出手。直到中国在南海造岛,美国才惊讶地发现,中国利用这段和平时期迅速发展壮大,成长为世界第二大经济体。惊慌之下,美国在对中国掀起贸易战的同时,也开始打击以华为为首的中国高科技产业。所以,特朗普政府对中国开展贸易谈判,并不只是希望多向中国出口以扭转逆差,更多是想借贸易协议来阻碍中国的高科技产业的发展。也因为此,美国列出的贸易协议里面包含了中国不能接受的内容,美国对中国的贸易战也就愈演愈烈。美国有一些政策制定者危险地认为,要让中国减速,最好的办法就是让中美两个经济体脱钩。他们认为,一旦脱钩,美国作为较强的一方会继续增长,而中国作为较弱的一方增长会减缓。这是美国"实体清单"背后的战略算计,也是一个非常不明智的、带有冷战思维的决策。因为中美两国已经形成非常紧密的经济相互依赖关系,这与冷战时期美苏之间仅有石油和粮食交易是完全不同的。

历史上,每次新兴大国要赶超第一大国时,都会产生非常紧张的局势,美国和中国目前就面临这样的情况。贸易战其实只是地缘政治战略博弈中的一小部分。面对美国的步步紧逼,中国应该怎么办?

中国经济已充分显现出强大韧性,完全可以消解美国加征关税带来的负面影响。对于中国来说,首要任务还是"把自己的事情办好"。中国不断提出了一系列深化改革开放的重大举措,包括继续大幅缩减外商投资负面清单,推动现代服务业、制造业、农业全方位对外开放;进一步降低关税水平,消除各种非关税壁垒;杜绝强制技术转让,完善知识产权保护等。随着这些措施逐渐落地,中国对全球投资者的吸引力不断提升。在世界银行的《2019年营商环境报告》中,中国的较前一年排名一举跃升了32位,达到第46位,让世界刮目相看。中国已经不是40年前的中国，作为世界第二大经济体，中国有任何国家都不想失去、也无可替代的庞大市场、完整的产业链条和便利的基础设施，中国在加速成长为全球创新中心，使中国巩固了强力推动全球经济的发动机的地位。这是中国应对贸易战的最大底气。

芯片是美国对华贸易战的核心产品。美国的半导体产业虽然强大，但并非不可挑战。先后崛起的半导体强国或地区，从日本、韩国到中国（包括大陆和台湾），无一例外地处东亚，这绝不是偶然的。美国文化强调个人主义，所以美国多革命性的创新，包括半导体在内的许多先进技术最初都是在美国取得突破性进展。东方文化强调集体主义，凝聚力很强，比如半导体产业，东亚各国和地区集中大量的人力和资金，在短期内都相继建成自己的硅谷。东亚人多地少，竞争激烈，这也使得东亚民族特别擅长学习和考试，数学基础特别好，出产全世界最多最优质的工程师。可以说，没有东亚裔工程师的支持，美国也不可能拥有强大的半导体产业。这是东亚各国和地区能在半导体产业后来居上的重要因素。除了美国和东亚，就只有欧洲还有一些半导体公司，主要擅长模拟芯片，为欧洲强大的汽车工业做配套，不过份额很小，而且还在持续下降。德国奇梦达被中国紫光买下。英国安谋以310 亿美元的价格被日本软银收购。荷兰飞利浦也萌生退意，不仅逐步退出在台积电拥有的股份，还将自己的半导体业务拆分出来待价而沽。其他规模较大的公司只剩德国英飞凌和意法半导体了。

但是，从日本、韩国到中国台湾当局，在政治和军事上都是严重依附于美国的。更重要的是，这几个东亚国家或地区，国内（地区内）市场狭小，必须依赖全球尤其是美国市场来生存。美国之所以能够在长达一百多年的时间里稳居全球经济领袖地位，很大程度上与它庞大的国内市场有关。大市场才能做出大产业。比如大飞机，欧盟必须集结起全欧洲的力量造空客，才能与美国的波音抗衡。大飞机的制造还好沟通，互联网壁垒更难突破，这使得欧洲竟然没有一家能够进入世界 500 强的互联网企业，在互联网世界里完全听由美国谷歌、亚马逊、脸书等网络巨头的摆布。所以，缺乏大市场的这些东亚的半导体强国或地区，随时可能被美国掐断命脉，这也是美国能够允许它们适度生存的原因。

中国既在政治和军事上完全独立，又拥有庞大的国内市场。中国可以不那么担心美国的政治制裁和市场封锁,中国庞大的市场能够培养起阿里巴巴和腾讯这样的网络巨头,中国自己造的大飞机也将很快正式投入航线运营。虽然中国的半导体产业还相对较弱,但中国是唯一有能力对美国半导体产业产生威胁的国家。

中国芯片供给长期被国外特别是美国的厂商控制,而且,受制于人的技术和设备直接制约了中国信息产业的发展。面对需要投入巨大资本的半导体产业,再强大的私人企业也无法独力承担。所以,一个国家的半导体产业的崛起一定离不开国家力量在背后的支持。半导体产业的优势国家,从美国、日本、韩国到今天奋起直追的中国,各半导体企业的背后无一例外有着政府的大力支持。

从 1950 年代源于美国开始,芯片技术的发展大致经历了三次产业转移,分别是日本加速、韩国与中国台湾成熟分化发展、中国(大陆)半导体产业起飞。虽然中国(大陆)半导体产业起步较晚,技术被国外高度垄断,但中国(大陆)具有优越条件,可以吸引全球半导体产业资源向中国(大陆)转移。

首先,中国拥有全球最大的半导体消费市场,而且份额还在逐年提升。半导体产业发展到今天,手机、平板电脑等移动电子设备已经取代电脑成为行业主要的增长点。而中国制造了全球大部分的智能手机。中国需要的芯片还多数仰赖进口,产销严重不匹配,海外半导体公司向中国转移产能,可以更好地参与中国市场的竞争。

其次,中国的劳动力成本也有提高,在低端制造业上是没有优势了,但相对美日韩等发达经济体来说,中国在技术人才上仍然具有很大的低成本优势。中国工程师的数量与素质举世无双,中国具备承接半导体这类脑力密集型产业转移的人力基础。

最后,半导体产业是中国制造业升级的重要方向,国家政策的大力支持是中国半导体产业发展的坚实基础。2014 年,国家集成电路产业基金成立,几千亿资本开始涌入半导体研发领域。《中国制造 2025》战略带来的影响将会是深远的。中国希望芯片在 2020 年实现 40% 的自给率,再过 5 年还要将自给率提升到 70%。

在半导体产业的各个环节中,中国目前做得最好的是技术门槛最低的封测,成长较快的是芯片设计和晶圆加工,较为落后的是半导体设备,短期内还看不到希望的是半导体材料。

在 2018 年的全球芯片设计公司前十名中,美国占了六席,中国占了四席(DIGITIMES Research 数据)。有意思的是,在这里我们可以看到许多熟面孔,如博通、高通、联发科、海思,还有未入榜但排名前列的苹果和展讯,它们的芯片设计都以手机为主,从这里也可以看出手机在半导体产业中举足轻重的分量。中国之所以能在芯片设计中越来越有影响力,也是受益于中国手机品牌的全面崛起。

全球集成电路的产能正逐渐向中国转移。在晶圆厂房方面,2018 年到 2020 年的三年间,全球投产的半导体晶圆厂有 62 座,其中 26 座设于中国,占全球总数的 42%。[①] 外资企业如英特尔、三星、格罗方德、日月光、意法、飞思卡尔等已陆续在中国建设工厂,本土企业如中芯国际、武汉新芯、晋华集成等都已在多个城市布局 8 英寸、12 英寸晶圆厂。中国(大陆)企业在晶圆加工的高端领域还没法与台积电和三星竞争,但在低端领域还是有希望占有一大块地盘的。

2019 年 4 月,台积电宣布 5 纳米工艺已经准备就绪,将在 2020 年进行量产。三星则宣布 2021 年也将量产 5 纳米制程的产品。目前晶圆顶尖制程的竞争就只剩下台积电和三星两家,格罗方德和联电在 7 纳米制程上就已宣布退出研发和竞争。如果不考虑自产自销的英特尔,中芯国际目前在晶圆加工上全球排名第五位,但上升趋势明显。晶圆加工的领先厂商通过提前量产获取订单,分摊工厂折旧,进而继续研发下一代工艺,使得后进厂商因在先进制程工艺上的投资回报低于预期而放弃竞争,以此扩大市场份额、形成壁垒。但 5 纳米制程将摩尔定律几乎逼到了尽头,这也许给了中国(大陆)厂家一个赶超的机会。

在半导体设备方面,中国自给率不到 20%,核心半导体设备需求仍然高度依赖海外设备企业。随着中国半导体产业的崛起,以及产业生态体系渐趋完整,为实现半导体设备的进口替代和承接产业转移提供了良好的基础。由于大量晶圆工厂

---

① 数据引自全球半导体产业协会 SEMI（Semiconductor Equipment and Materials International）于 2019 年 1 月 7 日发布的《2018 年中国半导体硅晶圆展望报告》。

正在兴建,中国(大陆)2018 年以 131 亿美元的半导体设备销售规模而在全球占据第二名,2019 年超越韩国而位居全球第一,占全球比重从 2005 年的 4％上升至 2019 年的 23％(SEMI 数据)。

2013—2017 年,中国集成电路产业年复合增值率为 21％,约是同期全球增速的 5 倍左右(工信部数据)。中国以芯片产业为代表的高新技术行业,具有强劲的发展动力。中国采用自主研发芯片的超级计算机在最近四期的世界评比中都获得了第一。美国不希望中国半导体产业能够如此快速崛起,也不希望中国能够获得更多的技术能力。因此,对中国的刻意打压早就开始了。2015 年美国禁止英特尔向中国实验室出售高端芯片,并给中国公司收购美国芯片公司"使绊子"。2018 年 11 月,美国司法部正式宣布成立专案组,专门针对中国商业间谍活动进行调查①。2019 年 5 月,美国有部分国会议员提出一份法案:拟限制部分中国公民赴美学习或进行学术交流,并对包括芯片技术在内的 14 项先进技术设置商业管制清单。对于所有申请赴美学习或进行学术交流的中国公民,若其研究学科在美国"商业管制清单"中,签证官应对申请人进行额外审查。

在出台各项技术壁垒措施的背后,是美国对失去高端制造业领导地位的深深的焦虑。要知道,美国曾经长期领跑全球通信行业,20 世纪 80 年代,AT&T 是全球电信设备的首选供应商,摩托罗拉从手机、芯片到通信技术都是"一哥",但在过去的 20 年,美国在通信设备制造领域节节败退,现在已经没有任何一家美国公司能够制造出建设 5G 所需的设备。美国还剩多少高端制造能够保住?

而美国对中国的技术压制及对华为的贸易禁令又大大刺激了中国社会,2019 年 5 月 22 日,中国财政部和税务总局宣布:为支持集成电路设计和软件产业发展,集成电路设计和软件产业企业今明两年免征企业所得税。如果中国的企业都能够从中兴和华为相继被制裁的事件中吸取教训,从此多踏踏实实地做些基础性的技术投入,那么中国的半导体产业幸莫大焉。中国有望成为继美国之后第二个能拥有较完整的半导体产业体系的国家。

---

① 微胖:《经济学人:芯片产业迎来"至暗时刻"》,电子工程世界网,2018-12-03。

贸易战没有赢家。高关税给美国经济造成的负面影响至少跟对其他国家经济的影响一样糟糕。美国的出口订单断崖式锐减。美国当前工业数据处于自 2009 年 6 月以来最低的水平,美联储承认美国制造业正在衰退,美国工厂产量正在萎缩。从地球整体经济来看,贸易战会大大增加交易成本,对地球的整体福利造成损失。世界经济发展到今天,国际分工与合作相当发达,尤其是技术、资本和人力高度密集的半导体产业,没有一个国家能够建立起完整、独立的产业体系,各国企业之间的相互依赖相当严重。中国不愿打贸易战,但也不怕打贸易战。如果美国的政客一意孤行,取胜无望又损失不止的贸易战争最终只会演变成一场新的凡尔登战役。

第二十二章

摩尔定律失效的世界

信息产业终结了传统战争模式

第一次世界大战,首先在以同盟国和协约国为主的 8 个欧洲国家之间开始,最终发展到有 38 个国家 15 亿人卷入。战场遍及欧、亚、非三洲,最终约有 1000 多万人战死,2000 万多人受伤,此外还累及 600 多万平民的生命。极少人能够在战前预见到这场战争的规模与残酷。在欧洲各国相互宣战之初,那几个国家的人民普遍以欢欣鼓舞的态度欢迎战争的到来。无论是英法俄还是德奥,当时人们的普遍反应是:"整条路上人群涌动,每家每户都挂着国旗,彼此陌生的人们都兴奋地握手拥抱,脸上洋溢着欢笑,欢呼声此起彼伏,就像是后来有人回忆说:每一个人的情感,都被同胞们相同的爱恨联系在了一起。"①

人们对战争的乐观态度很快就被打破,凡尔登与索姆河成了绞肉机,仅这两次战役就有 200 多万人伤亡。战争的凶残程度吓坏了所有人,却没有阻止第二次世界大战的爆发。一战结束不到 20 年,法西斯轴心三国挑起新的世界大战,战争范围从欧洲到亚洲、从大西洋到太平洋,先后有 61 个国家和地区、20 亿以上的人口被卷入,战争中伤亡军民共 2 亿余人。

二战后,世界多数国家分别站队美苏两大阵营,冷战持续 40 多年,地球多次面临一触即发的世界性战争危机。许多人都悲观地认为,第三次世界大战很快就会到来。然而,一直到现在,二战已经过去 70 多年了,虽然一些地区性的战争和冲突持续不断,但主要大国之间再无重大战事发生。

人类有史以来,多数战争的爆发都是缘于抢夺生存资源。20 世纪初,各帝国主义国家经济发展不平衡,而全球殖民地已被瓜分完毕,新崛起的德国要求重建世界秩序,新旧殖民强国矛盾激化,于是爆发了一战。二战的主要起因也是因为德国为求生存空间,日本觊觎中国土地。今昔对比,让人觉得奇怪的是,一战前夕,地球其实仅有 18 亿人口,到了二战也才增长到 22 亿,如今地球人口已经超过 76 亿,差不多是一百年前的四倍! 今天这么多人口挤在一起,怎么就不打仗了呢?

---

① 巴巴拉・W.塔奇曼:《八月炮火》,尤利译.中国友谊出版公司,2011 年,126 页。

如果复盘一下挑起一战和二战的德国,我们会发现,当时的德国其实是世界一流的经济强国,相对全球大多数国家来说,德国人的生活水准相当之高。就这样的国家,怎么还会嫌自己的生存空间不够?

工业革命是人类历史上的一道划时代的分界线。在此之前,农业社会的资源很有限,多数战争确实是为了吃饱肚子的生存之战。工业革命极大地释放了生产力,让生存问题不再是欧洲人生活中首要考虑的问题。特别是在美国南北战争后,美国从中西部地区开垦了大量的耕地,开始将大量廉价粮食输往欧洲,"这是人类有史可查以来第一次逆转了人口与粮食的关系。"当时的西欧各国人民,"可以享受到低廉的价格,生活方便而舒适,这种生活之愉悦远远超过其他时代那些富甲一方、权倾天下的君主。"

然而,到了一战前几年,情况发生了巨大的变化。以俄、德、奥三国为例,三个国家有近三亿人口,每年净增三百多万,年增长率超过了1%。"一直到大约1900年,工业上单位劳动力所产生的购买力年复一年地高于食物数量的增长。可能是在1900年前后,这种情况开始出现逆转,由于自然资源的约束,单位投入的产出出现递减这一规律开始重新凸显出来。"[①]工业时代的技术水平已经发展到极致,社会财富的增长跟不上人口的增长,新生一代的年轻人普遍产生了严重的挫折感:黄金时代已经过去,难以找到满意的工作,生活陷于绝望,再怎么努力也不可能比上一辈过得更好。如果用一个经济指标来表述,那就是人均GDP的增速为零甚至为负。战争的起源不再是因为饥饿,而是因为失业。"统治阶层,他们一直在忧虑工业、技术及传统农业甩出的劳动阶层正在积聚力量,并急于为这些新的、令人不安的力量找到一个出口——不管它是民族主义、帝国主义或是好战主义。"[②]

二战结束后,全世界都进入了一个长时段的经济景气周期。全球经济发展水平突飞猛进,人类财富持续不断地增长。从1960年至2018年,全球人均GDP从

---

① 约翰·梅纳德·凯恩斯:《〈凡尔赛和约〉的经济后果》,李井奎译,中国人民大学出版社,2017年。

② 克里斯托弗·A.贝利:《"一战"前后欧洲及全球危机再探》,《财经》杂志,第384期,2014-02-17。

451 美元增长到 11297 美元,足足增长了 25 倍。在这长达 58 年的时间里,全球人均 GDP 有 49 年都在正增长。与此同时,全球人口不过增长了 2.5 倍。全球人均 GDP 的增速竟然是人口增速的 10 倍!地球人口增长到 76 亿,也不必担心养不活的问题,只需要关注如何做好粮食分配。石油也不再是经济增长的瓶颈。20 世纪 70 年代,石油价格涨到每桶 13 美元就造成石油危机,但到 2008 年,石油价格最高涨到 130 多美元,是当年石油危机时的价格的 10 倍,却只是在低收入人群中造成骚乱,没有对地球经济造成重大影响。

再以美国的经济史为例。内战是美国历史上的一个分水岭,内战后,美国解放了黑奴,统一了国内市场,铁路、钢铁、石油、汽车等行业,经济开始突飞猛进,进入了一个高速增长的阶段。让人惊讶的是,1865 年,也就是美国内战结束的那一年,美国人均 GDP 为 281 美元,这个纪录居然要到 1901 年才被打破。这说明,在此期间,美国人的平均生活水平没有什么实质的变化,美国 GDP 总量才翻了一倍,与人口增幅相当。一战让美国大发横财,1920 年,美国人均 GDP 与战前相比翻了一倍,达到 830 美元。但是,从此以后,美国人均 GDP 又陷入了一个长期的停滞期,直到二战开幕,才突破了 1000 美元。美国再次从世界大战中获利,截至 1951 年朝鲜战争的爆发,美国的人均 GDP 用 10 年时间又翻了一倍,突破了 2000 美元。作为工业时代最成功的国家,美国的人均 GDP 增速在二战之前并不显著。

然而,此后,美国经济就开始了一个漫长的持续增长期。到 2018 年,美国人均 GDP 达到 55781 美元,与全球人均 GDP 的增幅大体一致。[①]

那么,问题又来了,什么东西拥有如此强大的马力,在连续半个多世纪的时间里,不断驱动人类的经济发展和财富增加?

1965 年 4 月 19 日,戈登·摩尔在《电子学》杂志发表了一篇名为《让集成电路填满更多的组件》的文章,首次提出了摩尔定律。摩尔定律意味着,每一美元能买到的集成电路性能将每隔 18～24 个月翻一倍。存储器芯片、处理器芯片都符合摩尔定律。

---

① 佚名:《美国历年 GDP 及人均 GDP 一览(1790—2016)》,嘻嘻网,2017-7-02。

每隔 18～24 个月翻一倍是什么概念？

古印度有一个传说。据说舍罕王打算重赏国际象棋发明人——宰相西萨·班·达依尔。这位聪明的大臣只要求国王在棋盘的第一个小格内赏一粒麦子，在第二个小格内给两粒，第三格内给四粒，以此类推，每一小格内都比前一小格加一倍，摆满一张棋盘上所有 64 格即可。国王以为自己不会破费很多，他下令如数付给达依尔。让人恐怖的事情发生了。一袋又一袋的麦子被扛到国王面前来。但是，所需麦粒数在一格接一格飞快增长着。国王惊讶地发现，即便拿全印度的粮食来，也兑现不了他对达依尔的诺言。

原来，达依尔所要求的麦粒总数为：$1 + 2 + 2^2 + 2^3 + 2^4 + \cdots\cdots + 2^{63} = 2^{64} - 1 = 18446744073709551615$。

这些麦子究竟有多少？打个比方，如果造一个仓库来放这些麦子，仓库高 4 公尺，宽 10 公尺，那么仓库的长度就等于地球到太阳的距离的两倍。而要生产这么多的麦子，按照 2018 年全球 7.6 亿吨麦子的产量计算，全世界要一万多年。

这就是指数增长的威力。如今，摩尔定律告诉我们，集成电路的发展正符合这样的一个指数规律。理论上说，只要 40 年的时间，集成电路的性能将增长 1 亿倍。1958 年，全世界的第一个集成电路只包括一个双极性晶体管，三个电阻和一个电容器。到了 2011 年，含有 10 亿个晶体管、每秒可执行 1 千亿条指令的集成电路已然问世。今天，最复杂的芯片，如华为的麒麟 990 5G，已拥有超过 100 亿个的晶体管。在集成电路进步的基础上，计算机的计算速度和存储容量增长，都符合摩尔定律。

摩尔定律意味着半导体产业的竞争是非常残酷的，一旦落后就极难追赶。华沙条约组织国家在冷战竞争中的失败，很大程度上应归因于其半导体产业未能跟上摩尔定律发展的节奏。日本、韩国、中国之所以能够快速崛起，与它们各自在半导体产业的某个领域通过持续大量投资而取得优势地位密切相关。

在半导体产业的基础上，电脑、软件、通信、互联网等与信息相关的产业相继兴起。这些信息产业构成了我们这个信息社会的基石。网络传输速度的增长、上网人数的增加等互联网指标也符合摩尔定律，摩尔定律是信息产业带有普遍性的重要特征,再没有其他产业能保持信息产业这样指数级的进步速度。在摩尔定律的威力下,信息产业迅速改变了整个人类社会的发展面貌,把人类引入了一个空前富裕的发展阶段。

农业时代的技术进步相当缓慢,经济面貌几百上千年也不会有大的改观。工业时代,几十年就会有一次大变革,如蒸汽机和电力的普及都用了 70 年。信息时代,每隔十几年就会来一波技术革命,如 20 世纪 60、70 年代的计算机,80 年代的软件,90 年代的互联网,21 世纪初的移动互联网,即将到来的人工智能,再下一波很可能是量子技术。

美国的企业曾经引领了每一波的信息技术革命,如做计算机的 IBM、做软件的微软、做互联网的谷歌、做移动互联网的苹果。美国政治家亨利·基辛格博士有一句名言广为人知:"谁控制了石油,谁就控制了所有国家;谁控制了粮食,谁就控制了人类;谁掌握了货币发行权,谁就掌握了世界。"事实上,在信息产业面前,石油、粮食和货币,全都不值一提。美国真正的力量在于信息产业。依靠发达的信息产业,美国的经济增长率长期领先于欧盟,并将欧盟像拉丁美洲一样变成美国的附庸。

美国最让人佩服的地方,还是它强大的发明创新能力。美国是全球最重要的发明源头,近百年来,美国的重要发明数不胜数。仅以本书所涉领域为例,比如通信方面的电话、手机、互联网、地球同步卫星转播、全球定位系统等;半导体产业的晶体管、半导体器件、集成电路及其他芯片、面板等;与软件相关的操作系统、计算机语言、编译器等。一句话来说,数字经济的每个组成部分都出自美国的发明。别看全球半导体产业是日本、韩国、中国轮流做庄,它们打的麻将牌可都是由美国提供的。尽管中国华为、韩国三星等企业的创新能力也相当强大,但华为和三星均未发明任何重要的产品,都是在美国发明的基础上进行改进。

如今,信息产业进化成了信息通信产业,信息通信产业是未来几十年人类社会最大的经济产出产业,下一波技术革命也必定发生在这个领域。美国在信息通信产业上正面临中国强有力的挑战,中国在信息通信产业的发展上仅次于美国。以互联网产业为例,全球市值最大的企业多数是互联网企业,而全球十大互联网企业全部是美国公司或中国公司。借助手机产品的成功和 5G 时代来临的机会,华为一举登上了芯片和移动通信产业的最高峰,并且在软件和互联网领域也有了很大的影响力。华为拥有了自己的麒麟芯片和鸿蒙操作系统,这也意味着华为有能力改变微软和英特尔对电脑产业、高通和谷歌对手机产业的垄断局面。华为还布局了人工智能及量子技术。华为在提升中国信息通信产业的竞争力方面发挥着排头兵的作用。

所以,我们终于知道,美国为什么要抓捕孟晚舟和将华为列入贸易制裁黑名单了。"华为就像是长枪的枪尖",足以牵动中国与美国两个大国的力量对比。

摩尔定律终结的影响

摩尔定律成就了当今地球的繁荣。然而,摩尔定律却在走向终结。

我们要清楚的是,摩尔定律只是对一种物理现象的描述和推测,它与"苹果一定要落地"之类的牛顿万有引力定律不同,它不是一个终极性质的物理定律。

霍金是现代最伟大的物理学家之一,曾经有人向他请教摩尔定律是否将终结的问题。霍金说:"那不是我的专业,我只说两个事实:光的速度是有限的,材料是由原子构成的。"

晶体管再小,功率密度也是保持不变的。自 2005 年起,微处理器的频率就被限制在了 4GHz 左右,这个临界点被业内称为功率墙(power wall)。各家芯片大厂都在努力突破这堵功率墙,它能不能被打破还说不准,但螺旋式上升的制造成本、芯片厂商之间的技术壁垒、收益递减的风险……这都使得基于硅的芯片或许不再是未来的创新方向。

从技术的角度看,随着硅片上线路密度的增加,其复杂性和差错率也将呈指数倍增长,同时也使全面而彻底的芯片测试几乎成为不可能。一旦芯片上线条的宽度达到纳米数量级时,相当于只有几个分子的大小,这种情况下材料的物理、化学性能将发生质的变化,致使采用现行工艺的半导体器件不能正常工作。例如:每个硅原子直径大约 0.1 纳米,在 5 纳米制程下,晶体管的间隔只有 50 个硅原子,一个硅原子的缺陷就会严重影响到产品的良品率。而且,晶体管阈值电压随着晶体管尺寸的缩小而降低,导致沟道无法完全关闭造成漏电,提高了芯片功耗。种种物理极限问题都将导致摩尔定律走到尽头。

集成电路性能过去每 5 年增长 10 倍,每 10 年增长 100 倍。而如今,集成电路性能每年只能增长几个百分点,每 10 年可能只有 2 倍。

早在 1995 年,在芝加哥举行的信息技术国际研讨会上,发明集成电路的杰克·基尔比表示,5 纳米处理器的出现或将终结摩尔定律。2012 年,日裔美籍理论物理学家加来道雄在接受智囊网站采访时称:"在 10 年左右的时间内,我们将看到摩尔定律崩溃。单靠标准的硅材料技术,计算能力无法维持快速的指数倍增长。"曾被评为"硅谷十大最有影响力人物"的创业家史蒂夫·布兰科(Steve Blank)于 2018 年撰文指出,"严格来说,摩尔定律其实在十年前就已经失效,只是消费者没有意识到。随着工程技术的改进,我们终将碰上物理学上的瓶颈。半导体行业的重点不应该是如何建造更快的芯片,而是如何创造性地利用'他们已经拥有的 100 亿个晶体管'。"美国英伟达公司创始人兼 CEO 黄仁勋亦多次强调"摩尔定律已经结束"。就连摩尔本人,也认为摩尔定律到 2020 年的时候就会黯然失色。①

由于集成电路的价格每 18 个月就要下降一半,半导体产业每年的全球总产值并不高,目前仅在 4000 多亿美元。半导体产业在硅谷被视为夕阳产业,巴菲特就从来不投资半导体产业。但半导体是信息产业的引擎,其他所有信息技术的进步都要依赖半导体技术的驱动。如果半导体产业不再增长了呢?

摩尔定律终结后的世界将会怎样? 2016 年,任正非就忧虑地指出:"随着逐步逼近香农定理、摩尔定律的极限,而对大流量、低时延的理论还未创造出来,华为已感到前途茫茫、找不到方向。华为已前进在迷航中。"

不仅仅华为,整个地球的科技和经济都将失去方向。一旦摩尔定律失效,就意味着以半导体为基础的信息产业很可能不再能够拉动全球经济向前高速发展。除

---

① 吴斌:《摩尔法则:引领半导体技术发展五十年》https://tech.huanqiu.com/article/9CaKrnJKmjm,环球网,2015-04-27。

了信息领域的人工智能和量子技术,大家还可以把希望寄托在石墨烯、基因工程、可控核聚变以及生物技术等可能带来技术突破口的新一轮产业革命上,但很难说有哪一项新技术能够拥有指数倍的增长潜力。如果没有一个新的重大科技突破尽快出现,地球将有可能重新进入一个存量财富竞争的时代。21世纪出生的年轻人会发现,他们将越来越难找到工作。更令人绝望的是,他们也许再怎么努力工作,也不可能拥有比父辈更好的生活水准。虽然他们的生活水准都不低,甚至应该算是处在同时代较高的水平上,但他们都同样绝望。

比这些年轻人更绝望的,是那些生活在社会底层的年轻移民。发达国家的老龄化及富裕化,不可避免地吸引越来越多的外来移民承担底层工作。请神容易送神难,经济高速增长时大家相安无事,一旦发达国家经济发展停滞,首当其冲的受害者就是这些低收入的外来移民。最近10年来,移民问题席卷大多数经济发达国家,说明这已不是个别的、偶然的现象,而是全球经济发展停滞的重要征兆。

人类社会最近的全球性骚乱,是2008年和2012年的世界粮食危机。由于石油资源的紧缺,大量油料和糖料作物被改作生产生物能源,由此导致全球范围内的粮价大涨。幸运的是,石油开采技术适时有了突破性的进展,页岩油大量进入市场,很快就结束了这次由石油紧缺引爆的粮食危机。这个事件也说明,人类社会最可怕的时代是传统产业的发展遇到天花板、新兴技术革命尚未来到时的社会停滞期。社会停滞的时间越长,危机就越严重。中国古代的朝代更替,多数都是因为农业社会的耕作技术解决不了让所有农民都有饭吃的问题。一战和二战,则是源于蒸汽机和电气为代表的工业技术发展到了尽头,不再能解决人们改善生活的欲望的问题。

当社会经济发展普遍停滞的时候,麻烦最容易出现在那些贫富差距悬殊的国家或地区。因为在这个类型的经济体,政府执行二次分配的能力有限,抗社会动荡风险的能力最弱。当今社会发展的主流趋势,是资本主义和社会主义两种社会制度的优势互补:在市场领域执行资本主义,因为资本主义最具效率;在分配领域执行社会主义,因为社会主义最公平。凭借资本主义的效率创造出来的财富,必须依靠社会主义的公平原则分配。

而美国,这个貌似强大的国家,却已成为一个贫富分化非常严重的国家。严重贫富分化所导致的美国梦破灭,以及要将国内矛盾向国际转移的政治意图,是特朗普要在全球范围内疯狂发动贸易战的深层次原因。

我们不知道,摩尔定律终结而导致的技术停滞,会不会让世界面临新一轮普遍性骚乱。农业社会,最怕的是没有饭吃。工业社会,大家都在抢石油。信息社会,最重要的资源变成了人的智力,人才的竞争将成为最主要的战场。与人才竞争相比,粮食战争、石油战争和货币战争都不算什么了。人才竞争不是用武力能够做得到的,所以在信息时代,大国之间爆发流血战争的可能性很小,但在那些还未进入信息社会的国家或地区,区域性的冲突几乎不可避免。如果我们要做好应对地区性冲突的准备,就不能不了解未来战争的模式。

网络战争

未来的战争将会是什么样子的? 在这个互联网的时代,大规模的网络攻击一定是必不可少的。

2010 年,美军网络司令部正式成立,成为美军网络作战的指挥中枢。从此以后,美国显著加快了网络军事能力的建设。2013 年,美军计划在 5 年内建成规模超过 6000 人的网络部队。2018 年 10 月,美国国防部官员称,美军 133 支网络作战部队已全部具备全面作战能力。美国网军已开发了针对浏览器、路由器、手机系统攻击的各种网络武器。

在美军网络司令部成立当年,美国即与以色列情报部门联手对伊朗核设施实施了网络攻击,致使伊朗近千台铀浓缩离心机毁坏。这一被称之为"震网"的攻击是国家间网络战的首个实战案例。

2012 年,有报道称美国所研发的工业互联网病毒"火焰"让伊朗的油气管道发生了故障。美军此次的攻击目标还包括伊朗的情报部门、军事指挥部门和导弹发射部队,美国媒体称此次攻击严重损害了伊朗的军事指挥和控制系统,但没有造成人员伤亡。

2017 年，美国网军在奥巴马授权下对朝鲜的导弹发射活动开展了网络攻击和网络干扰，朝鲜不少导弹在发射升空后不久就爆炸。网络攻击降低了朝鲜导弹试射的成功率，增加了其导弹研发成本。

到了 2019 年，美国发动的网络战更加频繁。3 月，委内瑞拉发生大规模断电事故，给本已经处于困境的委内瑞拉马杜罗政府带来了更大压力。马杜罗政府称，美国的网络攻击导致了这场事故，目的是帮助反对派推翻其政权。

6 月，《纽约时报》披露美国网络部队在特朗普政府授权下向俄罗斯电网系统植入"进攻性"的恶意软件，试图在特定时刻启动这些暗雷，对俄罗斯造成重大伤害。

6 月 20 日，伊朗击落一架美军"全球鹰"无人侦察机。特朗普宣布对伊朗追加制裁，并发动报复性网络攻击，目标是伊朗控制火箭和导弹发射的电脑系统。

美国还持续针对中国进行大规模网络进攻，目标除了政府部门，还有华为、银行和电信公司等部分中国企业。例如，为了追踪中国军方，美国国安局入侵了中国两家大型移动通信网络公司。因为担心华为在其设备中植入后门，美国国安局攻击并监听了华为公司网络，获得了客户资料、内部培训文件、内部电子邮件，甚至还有个别产品源代码。美国国安局还对中国顶尖高等学府清华大学的主干网络发起大规模的黑客攻击。2020 年 3 月 3 日，360 公司宣布，通过对维基解密资料的研究发现，美国中情局的国家级黑客组织对中国航空航天、科研机构、石油行业、大型互联网公司以及政府机构进行了长达 11 年的网络攻击和渗透。[①]

网络战争的特点是隐蔽性高，破坏性大，且无人员伤亡，不会引发国家间的战争冲突，更适用于和平年代的打击报复。例如，伊朗击落了美国无人机，考虑到对伊朗的空袭将可能造成 150 人的死亡，特朗普在报复计划实施前的十分钟取消了对三个伊朗目标的打击行动，改为网络攻击。特朗普的决定也得到大多数盟友的肯定，毕竟谁也不愿真的面对霍尔木兹海峡封锁带来的可怕前景。从这个案例可

---

① 《中国外交部回应 CIA 长期对华进行网络渗透攻击》，http://www.chinanews.com/gn/2020/03-04/9113426.shtml，中国新闻网，2020-03-04。

以看出网络战拥有的巨大价值。

多年来,美国和其他一些西方国家一直指责中国发动网络攻击,但实施网络攻击规模最大的其实是美国。伊朗、俄罗斯、委内瑞拉、朝鲜和中国都成为美国网军的攻击对象。这五个国家恰好是特朗普政府在《国家安全战略》等重要文件中标注的主要对手或威胁。这意味着美国网军已经悄无声息地对几乎每一个战略对手开战。

如今的时代,已经从互联网演进到了移动互联网,战争的形态自然也与时俱进到利用移动互联网进行攻击。在棱镜门事件中,欧洲政府首脑之所以对美国监控他们的手机异常愤怒,不仅在于隐私的泄露,还在于他们的人身安全受到了威胁。利用手机定位来进行外科手术式的"斩首"打击,已经是一种常规的作战方法。

早在 1996 年 4 月 22 日,俄空军预警机截获了车臣分裂主义头子杜达耶夫的手机通信信号,在全球定位系统的帮助下准确地测出了杜达耶夫所在位置的坐标。须臾间两枚导弹循着电磁波悄然而至,杜达耶夫被炸身亡。

卡扎菲政权垮塌之后,利比亚昔日国家领导人在逃亡之路上销声匿迹。最终,卡扎菲拨通了自己的手机或卫星电话,从而被美军定位,彻底暴露了自身的行迹,在其家乡苏尔特的一个废弃下水管道中被俘后击毙。卡扎菲躲过了美军敏锐的鹰眼,躲过了无处不在的情报网络,其生命却意想不到地断送在了一部小小的通信设备上。

仅仅玩个自拍都有可能付出生命的代价。美国某空军基地的情报监视和侦察小组仅利用在社交网络上发现的一张伊斯兰国组织成员发布的自拍照片,在二十四小时内用三枚联合制导攻击武器摧毁了伊斯兰国在伊拉克以及叙利亚的总部大楼。

美国利用移动通信和定位技术上的领先地位,可以实施对敌人的精准打击。而华为在 5G 上的领先,可能让美国无法再利用移动通信技术定位和打击其敌人。

移动互联网之后就将是物联网,物联网时代的来临加剧了网络战的危害。物联网中的每一个设备都有小的操作系统,都可能有漏洞,并成为被攻击的一个要点。物联网的攻击力度、防守难度都将比针对电脑的增加很多倍。物联网最大的贡献就是把虚拟世界和物理世界联结在一起,同时带来的风险就是:所有在网络虚拟空间发起的攻击都可以变成对物理世界的伤害。通过电脑网络的攻击,可以让电站断电、航空错乱、高铁停运、银行存款消失和不实消息发布。虚拟世界与物理世界的一体化,又意味着新的战争形态的出现。

新的战争模式的出现

2015 年底,叙利亚政府军对伊斯兰极端势力的一个据点发动强攻。与以往不同的是,在这次战斗中,叙利亚政府军有了一支特殊的盟军:四台俄罗斯产的"平台M"(PLATFORM-M)战斗机器人。这款战斗机器人全重 0.8 吨,长 1.6 米,高 1.2米,采用履带式行走结构,拥有 25 度的爬坡能力,并能越过 21 厘米高度的障碍物。车身安装有大容量锂电池,可以持续工作四个小时。机器人的武器系统为 7.62 毫米机枪和榴弹发射器。

在战斗打响后,俄军无人机首先升空,将战场情况实时传送到俄军指挥系统。操作员操作战斗机器人抵达距离武装分子据点 100 多米的距离进行攻击。叙利亚政府军的步兵则保持在战斗机器人身后接近 200 米的安全距离上,等战斗机器人完成第一波进攻后,再对武装分子进行后续清扫。因为战斗机器人的参与,这次参与进攻的叙利亚政府军只有 4 名士兵受伤。

除了用于进攻的机器人,战场上出现的还有用于侦察和巡逻、运送弹药和撤离伤员、清雷排爆、破除障碍等各种各样用途的机器人。机器人不会饥饿,不懂害怕,不会忘记或者是违背上级命令,最重要的是,不会流淌出能激起后方激烈反战情绪的鲜血。预计到 2040 年,美军中的机器人数量将大大超过人类士兵的数量。几乎可以肯定,在不远的未来,军用机器人将成建制、集群化地参与作战。

无人机比机器人更早投入战场。真正能够执行侦察、跟踪和通信等军事任务的无人机率先出现在以色列。第四次中东战争,以色列用无人机引诱埃军的地面防空火力开火,然后再出动轰炸机对埃军地面目标实施轰炸,取得了显著的战果。

美军在海湾战争以来的历次战争中,都动用了无人机承担侦察任务。到了阿富汗战争时期,无人机开始拥有攻击能力。2001 年 5 月,一架"捕食者"无人机从610 米的高度发射导弹,命中了一辆距离 5600 米的塔利班坦克。有"坎大哈之兽"称谓的"哨兵"无人机,参与了 2011 年 5 月对本·拉登的剿杀行动。

军用机器人和无人机都离不开强大的芯片的支持。半导体产业自诞生之日起,就与军事目的密切相关,硅谷将自己的起步归功于五角大楼的订单。芯片问世不久就被用于导弹的导航系统,仙童公司刚成立就拿到了美国国防部"女武神"超音速战略轰炸机的晶体管订单及其他军工合同。没有集成电路,巨大的航天火箭无法从发射台升空。有了它,"北极星"导弹和折翼式 F-11 战斗机的研制才能进行。芯片技术使美国在冷战期间对苏联有了很大的优势。以国防部高级研究计划局为主的政府机构,在美国高新科技的研究过程中起到了很大的作用。诸如机载激光反导、空天飞机、互联网、硅半导体、CDMA 等应用科技,均源自政府部门的牵头。直至 2017 年,一份由白宫发布的报告仍然指出:"前沿半导体技术对于国防和军方的强大,至关重要。"

在 5G 之前的移动互联网,网络的速度和能存储的数据都是有限的,5G 技术终于造就了一个能够实时控制、随时在线的移动互联网空间的存在,从而让在全球范围内遥控机器人和无人机进行作战的战争模式成为可能。这很可能在 10 年后成为美国对外战争的主要形态。未来的战场,不再有英勇的士兵去冲锋陷阵。无论是情报战、网络战、斩首战、无人机战还是机器人战,所有的军人都将在安全的大后方舒舒服服地坐在有空调的操纵室里看大屏幕。在军用机器人和无人机这样的移动互联网武器面前,机枪、大炮、坦克、军舰、飞机和航母等在一战和二战中叱咤风云的武器都可以送进博物馆了。

早在 1898 年,在美国纽约麦迪逊广场花园举行的电气展览上,划时代的天才科学家尼古拉·特斯拉就展出了世界上第一台无线电操纵的机器人自动船。这是一艘装备了"借来的头脑"的超级飞船,是"现代化制导武器和制导运载工具、自动化工业以及机器人的共同先祖"。特斯拉还构想了洲际巡航导弹、无人机、自动驾驶汽车和一些最基本的计算机技术。他认为:"我们最终要生产出这样一种遥控自动机器——它具有仿真智能,似乎拥有智力,可以任意活动,它的出现将引发一场革命。"特斯拉已经预见到了建立在无线电基础上的机器人和无人机的军事应用，只是他的思想实在过于超前，要等到一百多年后的今天，5G时代到来之际，他的设想才能变成现实。顺便说一下，特斯拉还是无线通信技术的先驱，他预见了全球通信时代的到来，甚至预言过可以装进口袋里的移动通信袖珍装置。[①]

阿富汗这个地球上最贫穷、最闭塞的内陆国，从建国到现在，几乎经历了历史上所有大国的入侵，但是从来都屹立不倒。桀骜不驯的民族、复杂崎岖的地形，让阿富汗成为著名的帝国坟场。但是，在不久的将来，阿富汗很可能将发现自己又面临了一个全新的战场：网络全面被黑、所有的通信都被监控、天上飞的是无人机和导弹、地面上巡逻的是机器人，他们将面临全方位的打击，却看不见一个敌人。昔日的敌方军营如今空空如也，永远消灭不完的只有机器人与无人机。敌我形势将完全逆转，中亚山地之鹰将发现不仅自己擅长的游击战术变得无的放矢，相反的是，敌人可以无休止地进行不分昼夜的游击攻击。

未来的战争必须建立在移动互联网、人工智能、云计算和物联网基础之上。"美国有超级计算，也有超级存储，但是没有超速联接，因为美国光纤网不充分，也不用最先进的5G，它在人工智能上可能就会落后一步。"中国在5G标准中所占份额已达到30％，5G基站数量已经是美国的10倍，并将在2023年完成5G网络的全覆盖。华为不仅在5G通信技术上占据了领先地位，在人工智能、云计算和物联网上均有布局。摩尔定律虽然失效，但在超大规模集成电路的应用层面上，还有广阔天地可以大有作为。华为实实在在地威胁到了美国作为一个超级军事大国的地位，这是美国要向华为宣战的根本原因。而这一场与智能手机、移动通信、半导体以及未来科技相关的战争，才刚刚开始。

---

① 玛格丽特·切尼：《尼古拉·特斯拉：被埋没的天才》，四川文艺出版社，2016年，160页、168页。

尾声

2020 年 5 月 27 日的温哥华,天气晴朗。当地时间上午 10:45,孟晚舟离开家门,在保安的严密保护下,赴加拿大不列颠哥伦比亚省高等法院听取聆讯结果。其实,根据事先的安排,法庭在 9:00 已将判决结果———孟晚舟的行为符合美国和加拿大的"双重犯罪"标准,告知控辩双方。也就是说,孟晚舟在出庭前已知判决结果,但她仍决定亲自出庭。

此前,孟晚舟的辩护律师提出,为了制裁伊朗而把孟晚舟引渡到美国是不符合加拿大的价值观的,因为加拿大已经撤销了对伊朗的制裁。但法院的裁决是"一面倒"的,接纳了加拿大联邦检察官代表美国政府提出的论点,全盘驳回孟晚舟律师团队提出的论点,其结果是对孟晚舟的引渡程序将继续进行。做出裁决的同时,法官指出,加拿大《引渡法》第 23 章第 3 条明确提及,司法部部长可以基于政治权宜在任何时刻取消引渡程序。法官认为,加拿大司法部长可综合考虑各方面的因素,如果觉得引渡到美国对孟晚舟是不公平的、有压迫性的,可以拒绝引渡要求,立即释放当事人,完全不受法庭判决结果影响。但不想承担责任的加拿大总理特鲁多于 5 月 21 日依然在强调,加拿大"司法独立",案件应交由法庭审理。加拿大的法院与政府在是否引渡孟晚舟的问题上相互踢起了皮球。

加拿大法院的这一裁决,意味着加拿大法院对孟晚舟的引渡案还将继续审理,孟晚舟在经历了 544 天的"软禁"后,电子脚铐还是不能松绑,仍要过"取保候审"的生活。对于她最终是否被引渡到美国,将会触发新一轮的法律程序,上诉时间很可能旷日持久、长达数年。而且,从历史数据上来看,孟晚舟要想最终获得拒绝引渡的结果将是相当艰难的。

而在加拿大法院做出对孟晚舟不利的判决之前,美国对华为的制裁力度已大大升级。美国时间 2020 年 5 月 15 日,美国商务部网站发布了对华为新的制裁措施,要求所有使用美国技术的厂商,向华为提供芯片设计和生产都必须获得美国政府的许可,包括:利用美国软件工具设计任何华为或海思芯片都需获得美国许可;根据华为或海思的设计来生产任何芯片都需要事先获得美国许可。

这些限制是对华为芯片产业链薄弱环节的精准打击。华为可以自己设计芯片,但其设计芯片所需的高端 EDA 工具还严重依赖美国的企业供应。此前通过与欧洲企业合作来获得最新版的 EDA 工具的方式看来走不通了。华为的芯片生产必须外包,但包括中芯国际在内的国内芯片制造厂商仍有部分设备依赖于美国。而且,华为设计的芯片尤其是 7 纳米工艺高端手机旗舰芯片只有台积电有能力代工,中芯国际替代不了。台积电代工环节如果受到限制,可能会让华为高端芯片的生产陷入停滞。这些限制意味着,未来华为生产的每一颗芯片都需要经过美国政府的核准,从台积电、三星、联发科、展讯到中芯国际等所有可能使用美国软件、设备、技术的芯片厂商都将受到影响。这等于是美国以其一个国家的科技实力全面封锁华为,华为受到的打击力度几乎是超限的。

不过,我们也要看到,美国商务部一年前发出的禁令没给华为上游供应商缓冲期(从发布到生效仅间隔 36 个小时),而本次禁令竟要拖到 120 天后才真正执行,而且还留有余地,不是直接禁止,而是申请许可。特朗普为何变得如此犹疑?这是因为,中国外交部此前就发声力挺华为,表示"对于美方的这种科技霸凌主义,中国政府绝不会坐视不理"。5 月 16 日,中国外交部表示,中国将坚决捍卫本国企业的合法权利,敦促美方立即停止对华为等中国公司的"不合理打压"。《环球时报》亦列出中方可能使用的具体反制选项:将美有关企业纳入中方"不可靠实体清单",依照《网络安全审查办法》和《反垄断法》等法律法规对高通、思科、苹果等美企进行限制或调查,暂停采购波音公司飞机等。

美国商务部的新禁令出台仅一个月就自己"打脸"。出于美国企业在 5G 标准制定上被边缘化的担心,美国商务部于 6 月 16 日发声允许美国企业与华为在 5G 标准方面展开合作。这一事件表明,美国在与华为和中国的科技对抗上并无必胜的把握。

其实,美国商务部新禁令的出台,就已经意味着美国过去一年对华为的封锁是失败的。美国断供华为的芯片,华为基本上在这一年内实现了"去美化"的替代供应。其中难度最大的手机射频芯片,海思已经自行研发出来了。日韩贸易战的结局似乎也可以佐证,国家级别的半导体产业制裁是很难奏效的。日本对韩国进行封锁的三种半导体材料,韩国很快就在中国等地找到了替代品。在韩国那巨大订单的诱惑下,这些替代品的质量迅速提升到可与日本产品媲美的程度。日本发现这种封锁不仅没什么作用,还极可能永久性地失去韩国这样一个大市场。制裁之后仅仅一个多月,日本就宣布恢复对韩国的半导体材料供应。所以美国对华为的制裁,大概也将无疾而终。

此外,2019 年底爆发的新冠疫情已席卷全球,作为确诊人数及死亡人数最多的国家,美国经济已受到严重的打击,失业人数达到史无前例的 3000 多万。与之形成鲜明对比的是,由于措施得力,中国的新冠疫情已基本结束,经济取得快速恢复。在这一背景下,特朗普自然需要掂量,此时对中国再升级科技战和贸易战是否明智? 对特朗普来说,即将到来的 11 月份的美国总统大选是头等大事,给华为的 120 天缓冲期将在美国大选来临之前不到两个月的时间内结束。对华为的制裁能否执行,或许将成为特朗普获取选票的重要筹码。我们姑且可以得出一个推测:如果美国走出疫情阴影,特朗普对华为的制裁乃至对中国的科技战将大概率进一步升级;反之,如果美国经济继续下行,特朗普为了保住他的选票,很可能让其对华为的制裁虎头蛇尾、草草收场,而孟晚舟也许可以早日从加拿大脱身、回归祖国。

主要参考资料

【参考书籍】

陈芳、董瑞丰编著:《"芯"想事成:中国芯片产业的博弈与突围》,人民邮电出版社,2018。

陈少民:《战略高地》,中国商业出版社,2018。

Dave Mock:《高通方程式》,闫跃龙、戴如梅、嘉礼、筱蕾译,人民邮电出版社,2005。

方兴东、郭开森编著:《歼击伏击:华为思科之战启示录》,中国经济出版社,2013。

弗雷德里克·皮耶鲁齐、马修·阿伦:《美国陷阱》,法意译,中信出版社,2019。

华牧:《创华为:任正非传》,华文出版社,2017。

黎万强:《参与感:小米口碑营销内部手册》,中信出版社,2014。

刘自强编著:《CDMA 在中国》,南京出版社,2006。

韩大勇编著:《来自北欧的通信传奇:诺基亚》,北京工业大学出版社,2012。

金恩暎、爱德华·法尔德斯:《三星 3.0:人才,科技和时机》,李学勤译,机械工业出版社,2015。

朴常河:《李健熙:从孤独少年到三星帝国引领者》,李永男、杨梦黎译,中信出版社,2017。

任泽平、罗志恒:《全球贸易摩擦与大国兴衰》,人民出版社,2019。

宋在镕、李京默:《三星之道》,李永男译,中信出版集团,2015。

王坚:《在线:数据改变商业本质,技术重塑经济未来》,中信出版社,2018。

沃尔特·艾萨尔森:《史蒂夫·乔布斯传》,胡晔译,中信出版社,2014。

吴军:《浪潮之巅》,人民邮电出版社,2019。

吴军:《硅谷之谜》,人民邮电出版社,2016。

徐明天:《郭台铭与富士康》,中信出版社,2007。

余胜海:《绝不雷同:小米雷军和他的移动互联时代》,广东人民出版社,2015。

约玛·奥利拉、哈利·沙库马:《诺基亚总裁自述》,王雨阳译,文汇出版社,2018。

张利华:《华为研发》,机械工业出版社,2017。

周鸿祎:《周鸿祎自述:我的互联网方法论》,中信出版社,2014。

【部分参考文章】

楔子

佚名:《加拿大粗暴对待孟晚舟严重侵犯人权》,《环球时报》,2018-12-09。

艾佳:《孟晚舟被捕重要细节首披露这6个提问是重点》,网易新闻网,2018-12-12。

第一章

梁宁:《一段关于国产芯片和操作系统的往事》,https://tech.qq.com/a/20180422/010376.htm,2018-04-22。

樊春良:《日本追赶美国的成功范例——超大规模集成电路研究计划》,http://www.360doc.com/content/18/0428/09/44130189_749366430.shtml,2018-04-27。

石头:《日本操作系统,如何被美国超级301法案架空三十年?》,https://36kr.com/coop/zaker/5212118.html,2019-06-04。

赵明:《雷军:现在到了向微软摊牌的时候了》,《中国经济时报》,2002-06-21。

棠潮:《乔布斯一生中的宿敌。但也是知己——比尔盖茨》,https://www.sohu.com/a/160844817_384159,2017-07-30。

第二章

杨洋:《摩托罗拉简史:手机的发明者为何会衰落?》,http://www.techweb.

com. cn /news /2014-09-06 /2073042. shtml,2014-09-05。

Yukina:《Hello Moto！谈谈摩托罗拉的产品史》,https：//www. ithome. com /0 /431 /745. htm,2019-07-04。

李寿鹏:《芯片巨头高通的成长史丨艾文・雅各布亲述》,https：//www. sohu. com /a /168762240_132567,2017-09-01。

佚名:《高通发展历程回顾:如何拿下移动芯片市场》,http：//digi. it. sohu. com /20140211 /n394744584. shtml,2014-02-11。

路过的码农:《近 40 载风云传奇爱立信如何落后华为的?》https：//fiber. ofweek. com /2014-07 /ART-210007-8440-28843590_2. html,2014-07-02。

老解 1972:《被华为、中兴追着"打"的爱立信、诺基亚,谁能挺过行业寒冬?》,https：//www. sohu. com /a /163062269_116132,2017-08-20。

王嫱:《手机 30 年简史:从摩托罗拉到华为的群雄逐鹿》,《新民周刊》,2019-05-29。

佚名:《诺基亚人类学家 Jan:我很清楚你钱包里有什么》,http：//www. 360doc. com /content /07 /0530 /13 /7579_529126. shtml,2007-05-30。

鲁嘉:《诺基亚人类学家 Jan:我们不会败给山寨机》,https：//digi. tech. qq. com /a /20081113 /000199_1. htm,2008-11-13。

第三章

张静波:《隐遁帝王李健熙,每逢艰难闭门冥思,出门时问题已解决七八成》https：//www. sohu. com /a /221909907_212351,2018-02-22。

何伟、郭海燕、于奔:《三星电子发展简史》,http：//www. 360doc. com /content /17 /1228 /06 /13253171_717009280. shtml,2017-12-28。

第四章

小小:《外媒揭秘苹果 A13 芯片:比三星华为高通芯片好在哪》,https：//www.

ithome. com /0 /446 /542. htm,2019-09-22。

李倩:《台积电成长为全球半导体行业中不折不扣的"巨无霸"》,http://www. elecfans. com /d /674723. html,2018-05-09。

连于慧:《"半导体教父"张忠谋退休:四大关键转折成就台积电 30 年辉煌史》, https://www. sohu. com /a /234424012_728123,2018-06-07。

张忆东、王文洲:《台积电的成功之路:一部台积电的历史,就是一部芯片工业的风云史》,https://www. sohu. com /a /243924228_117959,2018-07-28。

第五章

红网:《山寨手机阴暗内幕揭底 深圳"华强北"走向没落》,https://www. cnbeta. com /articles /tech /148539. htm,2011-07-12。

真像大白:《衰落的华强北 不过是中国手机转型的一个苍凉背影》,https:// www. sohu. com /a /230202346_675473? _f=index_chan30news_13,2018-05-02。

瀚海泛舟:《山寨手机市场概况和面临的压力与挑战及发展趋势》,http:// www. eetrend. com /node /100032902,2011-09-28。

李娜:《从销赃者、水货客到亿万富翁,盛衰华强北风雨二十年》,https:// www. sohu. com /a /167205317_114885,2017-08-25。

陈文俊:《联发科的"盛与衰":它曾是国产手机之光,但如今却仅被两家厂商选择》,https://www. ifanr. com /964913,2018-01-05.

江瀚:《战胜苹果击败三星传音手机如何成功》,https://baijiahao. baidu. com / s? id=1611362383756733686& wfr=spider&for=pc,2018-09-12。

韩江雪:《传音手机"封王":从一条荒凉赛道起跑,如何用十年征服非洲?》, https://baijiahao. baidu. com /s? id=1601988412837037593& wfr=spider&for= pc,2018-05-31。

第六章

孙博:《HTC 那些年:豪赌安卓大获成功 最终难逃落败》,http://tech. 163.

com /18 /0710 /10 /DMBJOIE000097U7S. html,2018-07-10。

王兴:《移动互联网这十年——历历在目!》,https: //www. sohu. com /a /
256646119_100101589,2018-09-28。

第七章

maomaobear:《埃洛普离职:微软的卧底为何成了弃儿》,https: //tech. sina.
com. cn /zl /post /detail /it /2015-06-19 /pid_8481285. htm,2015-06-19。

佚名:《了不起的埃洛普:3 年搞垮诺基亚》,https: //www. cnbeta. com /
articles /deep /253085. htm,2013-09-17。

王新喜:《比尔盖茨痛惜微软没成为安卓,但微软到底错哪了?》,https: //tech.
ifeng. com /c /7nlpc67cYl7,2019-06-25。

第八章

镜宇 cupl:《小米投资美的集团背后那些被忽视的细节》,https: //business.
sohu. com /20141215 /n406949383. shtml,2014-12-16。

侯继勇:《小米战略入股美的之后 三大家电巨头的路线之争》,《21 世纪经济报
道》,2014-12-16。

佚名:《"小米们"的专利危机:被禁止在印度销售》,第一财经日报网,2014-
12-12。

钉科技:《小米米家推空调,代工方为何不是美的?》,搜狐网,2017-07-03。

司版:《从董小姐到董大妈:董明珠遭遇"事业更年期"》,http: //news.
qimingpian. com /weixin /4c12021743f15c2fbf4396c4c9d5fec2. html,2018-11-14。

宫永咲:《"松果"到来,且看小米自研处理器的"三生三世"》,https: //www.
sohu. com /a /125831672_303712,2017-02-10。

铁流:《小米研发的 SoC 到底如何,和华为、高通相比有多大差距?》,https: //
www. sohu. com /a /117490642_266994,2016-10-18。

何玺：《小米松果芯片团队重组，雷军挥师 IOT 芯片胜算几何？》，https：//blog. csdn. net /hexi008 /article /details /89155096，2019-04-09。

王新喜：《卖不动但自认没失败：格力手机还有没有出路？》，https：//www. huxiu. com /article /213566. html，2017-09-07。

郭静：《格力色界手机销量破 8000 台，但离董明珠世界第二的梦想还太远》，https：//baike. baidu. com /tashuo /browse /content？ id ＝ a1817d0f5db270671e88353b，2017-06-30。

羊羽羽：《格力手机，一款为格力家电量身定制的"遥控器"》，https：//www. leiphone. com /news /201504 /ztdm482mxs74ot4d. html，2015-04-03。

牛熊交易室：《格力一日蒸发 270 亿，市场凭啥不支持董明珠造芯片？》，https：//baijiahao. baidu. com /s？ id ＝1598799327423202104＆wfr ＝ spider＆for ＝pc，2018-04-26。

穆梓：《中国模拟芯片如何突围？》，https：//www. huxiu. com /article /263562. html，2018-09-19。

胡薇：《浅析我国模拟芯片产业的发展之路》，http：//www. elecfans. com /d /822287. html，2018-11-27。

飞翔的小果粒：《中国半导体最大并购！闻泰科技 339 亿"天价"收获安世半导体！》，http：//m. elecfans. com /article /799390. html。2018-10-17。

第九章

佚名：《"中国最神秘富豪"段永平。https：//www. sohu. com /a /395901528_120217756，2020-05-18。

佚名：《走进步步高》，《经理人杂志》，2017-06-20。

张忠、孙爱军：《与段永平等四家企业老板畅谈企业广告与经营策略》，http：//www. cb. com. cn /laoban /2018_0124 /1221782_2. html，2018-01-24。

郭晓峰：《vivo 高层讲述成功背后的真正原因：渠道和营销只是表象》，

https: //tech. qq. com /a /20170504 /003697. htm,2017-05-04。

胡剑龙、罗瑞垚:《中国手机征战印度十年史:山寨机时代依赖从华强北进口》,https: //tech. ifeng. com /c /7mXTfyOvsdJ,2019-05-09。

马关夏:《专访一加创始人刘作虎:活下来是因为我做不出便宜的手机》,https: //www. huxiu. com /article /322315. html,2019-10-19。

唐健博:《从小众逐渐走向大众,一加手机如何满足更多人的拍照需求?》,https: //baijiahao. baidu. com /s? id＝1639471915833695209＆wfr＝spider＆for＝pc,2019-07-19。

邻章:《此刻回归中国市场,realme 手机凭什么又图什么?》,https: //baijiahao. baidu. com /s? id＝1633608645257263816＆wfr＝spider＆for＝pc,2019-05-15。

王新喜:《突破互联网手机天花板:realme 手机越过山丘》,http: //finance. sina. com. cn /stock /relnews /us /2019-05-16 /doc-ihvhiews2246645. shtml,2019-05-16。

磐石之心:《OPPO 祭出 realme 追求红米和荣耀! 网友再也不用买耍猴机!》,https: //baijiahao. baidu. com /s? id＝1631857971559549452＆wfr＝spider＆for＝pc,2019-04-26。

花边科技:《iQOO 应势而生,vivo 阳谋已现》,https: //baike. baidu. com /tashuo /browse /content? id＝753cd009c4c52526a0c03103,2019-03-19。

佚名:《手机市场再添一员搅局者,iQOO 横空出世后抢谁的蛋糕?》,https: //new. qq. com/omn/20190214/20190214V0BFVI. html? ADTAG＝pclianxiang＆pgv_ref＝pclianxiang＆name＝pclianxiang,2019-02-12。

魏启扬:《iQOO 来了,vivo 真的走了一步好棋?》,https: //baijiahao. baidu. com /s? id＝1625421672353362169＆wfr＝spider＆for＝pc,2019-02-14。

五矩:《手机寒冬的诅咒:华为向左,Ov、小米向右》,https: //www. sohu. com /a /304107552_120120009,2019-03-27。

第十章

张凌云:《中国 IT 寻"魂"二十年》,https: //www. cyzone. cn /article /530949.

html,2019-06-09。

　　王新喜：《印度操作系统为何能成?》，https：//www. huxiu. com /article /302420. html,2019-06-03。

　　罗超频道：《投中 5G ＋ IoT 时代的操作系统，TCL 凭什么?》，https：//baijiahao. baidu. com /s? id＝1651365640229242468＆wfr＝spider＆for＝pc,2019-11-27。

　　甲方研究社：《国产手机大败局之魅族水逆：曾经的"小而美"，最终败给了任性》，https：//36kr. com /p /5224043,2019-07-10。

　　王潘、卜祥：《李楠出走魅族：一家小手机公司如何走入终局》，凤凰网,2019-07-25。

　　万芳：《国产手机告别理想主义》，新浪网,2019-08-05。

　　毛启盈：《国产机中华酷联变身"花旗小妹"，红颜自古多薄命》，https：//www. sohu. com /a /41824149_115186,2015-11-15。

　　古泉君：《360 手机梦碎》，https：//www. huxiu. com /article /307153. html,2019-08-07。

　　投中网：《小米的"焦虑"》，http：//finance. ifeng. com /c /7qthJAhOTdx,2019-10-19。

第十一章

　　钛媒体：《深度解剖乐视超级电视的图谋与风险：一场孤胆英雄梦》，https：//www. tmtpost. com /35787. html,2013-05-10。

　　杨勇：《贾跃亭："我们做了很多看似疯狂的事"》，《中国民商》,2015 年第 8 期。

　　摊主：《前乐视员工爆料：我所了解的贾跃亭与乐视》，https：//www. sohu. com /a /201841846_395249,2017-11-02。

　　蓝衣蚊子：《贾跃亭放手一搏，FF91 在美汽车圈秀实力，FF 向 SAE 分享造车故事!》，https：//baijiahao. baidu. com /s? id ＝ 16486454028861864622＆wfr ＝

spider&for＝pc，2019-10-28。

　　韦航：《乐视大败局》，http：//finance. sina. com. cn /chanjing /gsnews /2019-04-27 /doc-ihvhiewr8503829. shtml，2019-04-27。

　　甲方研究社：《国产手机大败局之酷派滑铁卢：最终被贾跃亭拖垮的老牌巨头》，https：//36kr. com /p /1723984412673，2019-07-09。

　　甲方研究社：《国产手机大败局之金立溃败：过度营销后留下了负债 200 亿的一地鸡毛》，https：//tech. ifeng. com /c /7o8vtxOGb4h，2019-07-08。

第十二章

　　刘韧：《柳传志心中永远的痛》，《中国企业家》，2000 年第 2 期。

　　宋保强、张波：《方舟事件调查：倪光南主动向科技部负荆请罪》，新浪网，2006-06-24。

　　吴琳琳：《倪光南谈与柳传志恩怨：离开联想对我是种解脱》，http：//finance. sina. com. cn /china /20140901 /152020180144. shtml，2014-09-01。

　　沈思涵：《联想的空间：成败"贸工技"》，http：//www. time-weekly. com /wap-article /259036，2019-06-03。

　　黄顺芳：《解读联想 PC 并购图谱："蛇吞象"修成正果》，https：//tech. qq. com /a /20120908 /000009. htm，2012-09-08。

　　佚名：《三年换四将　联想手机为何成了扶不起的阿斗？》，https：//www. sohu. com /a /231214185_115479，2018-05-11。

　　徐赫：《联想手机大溃败，明明有能力，为何卖不好》，https：//www. huxiu. com /article /177973. html，2017-01-11。

　　佚名：《联想华为高层还原"5G 投票"事件始末》，https：//www. d1ev. com /news /jishu /68732，2018-05-21。

　　戴辉：《就 5G 标准联想投票一事，华为老兵讲中国企业参与国际通信标准制定背后的故事》，https：//www. jfdaily. com /news /detail？id＝89403，2018-05-14。

Eric:《"消失"在互联网中的联想》,https://new.qq.com/omn/20190814/20190814A0I50U00.html,2019-08-14。

李曙光:《联想大象转身,杨元庆的换心手术还有多久能成?》,https://new.qq.com/omn/20190815/20190815A0BQC400.html,2019-08-15。

戴老板:《联想和华为的 1994 年》,https://tech.sina.com.cn/csj/2018-05-21/doc-ihawmaua2555957.shtml,2018-05-21。

戴辉:《一位前华为人回忆"华为的长征":艰难时,任正非差点跳楼,胜利时,任正非激动得流泪》,https://www.shobserver.com/news/detail? id＝85887,2018-04-13。

第十三章

IT 大佬:《HTC 昔日神话。现如今真的死了吗?》,https://baijiahao.baidu.com/s? id＝1602487874620705275＆wfr＝spider＆for＝pc,2018-06-06。

冯禹丁、陈楠:《别了 摩托罗拉》,2008 第 10 期。

波波夫:《苹果与三星:李在镕、乔布斯和库克背后的手机江湖》,https://www.tmtpost.com/2674732.html,2017-07-08。

Techweb:《从合作到竞争 看苹果与三星十年间的相爱相杀》,http://news.zol.com.cn/648/6488599.html,2017-07-26。

佚名:《狙击步枪装上 iPhone 创下英军最远狙杀纪录》,搜狐网,2011-11-30。

陈文凯:《智能手机已成政治斗争和战争工具》,和讯网,2015-08-25。

凤凰科技:《苹果回应"棱镜"监控项目》,https://www.williamlong.info/archives/3506.html,2013-6-17。

易木:《苹果间接承认 iOS 系统存在三个后门 并披露相关详情》,http://www.techweb.com.cn/world/2014-07-25/2058885.shtml,2014-07-25。

佚名:《苹果"撕逼"FBI 就不让你走后门!》,https://www.mbalunwen.net/biyelunwen/092320.html,2016-02-20。

任正非：《任正非：华为要做追上特斯拉的大乌龟》，http：//finance. sina. com. cn /leadership /crz /20140101 /091417815134. shtml，2014-01-01。

第十四章

李亚婷：《解读高通：从小企业成长为芯片帝国的辉煌史》，http：//www. elecfans. com /article /90 /151 /2014 /0312337191. html，2014-03-12。

佚名：《制霸手机行业 20 年，高通是如何做到的?》，https：//tech. ifeng. com /c / 7nENnT3aByS，2019-06-04。

一多软件：《高通是如何一步一步击败德州仪器火起来的?》，https：// baijiahao. baidu. com /s? id＝1646719426805812287&wfr＝spider&for＝pc，2019- 10-07。

于馨淼：《对高通公司进行反垄断调查的分析》，http：//www. sipo. gov. cn / gwyzscqzlssgzbjlxkybgs /zlyj_zlbgs /1062552. htm，2015-05-25。

李娜：《高通反垄断结果将公布 手机厂商告别免费时代》，新浪网，2014-12-03。

佚名：《美国联邦贸易委员会起诉高通垄断案解析》，https：//new. qq. com / omn /20190129 /20190129G080AI. html，2019-01-29。

瞭望智库：《中美科技实力存在巨大差距? 差距到底有多大?》，https：// known. ifeng. com /a /20180709 /45054421 _ 0. shtml? _ share ＝ sina&tp ＝ 1531929600000，2019-07-09。

佚名：《苹果高通最近闹得欢? 想知道详情请看这里》，https：//baijiahao. baidu. com /s? id＝1620878541516918935&wfr＝spider&for＝pc，2018-12-26。

乌客：《与苹果的对决开始：高通赢了 3100 万，却输了一场 10 亿美元官司》， https：//baijiahao. baidu. com /s? id ＝ 1628310827763788979&wfr ＝ spider&for ＝ pc，2019-03-18。

佚名：《苹果反垄断诉讼最新说法：高通"不卖"芯片 拖累公司发展 5G》， http：//global. eastmoney. com /a /201901151027027345. html，2019-01-15。

皎晗：《美国联邦贸易委员会官员督促高级法院重新考量高通垄断》，https：//tech. qq. com /a /20190529 /002591. htm，2019-05-29。

佚名：高通喊话韩国新总统：9 亿美元反垄断罚单太狠》，https：//tech. qq. com /a /20170704 /021262. htm，2017-07-04。

与非网记者：《高通：韩国公平贸易委员会想断我财路？没门!》，https：//www. eefocus. com /mcu-dsp /375318，2017-01-02。

郑峻：《这个要收购高通的马来西亚华人，是半导体行业最凶猛的大鳄》，https：//www. huxiu. com /article /220763. html，2017-11-06。

克雷格、文强：《英特尔拟收购博通，高通究竟落入谁手?》，https：//www. sohu. com /a /225261168_473283，2018-03-10。

李赓：《博通 1300 亿美元收购高通，一场充满大饼和落井下石的"大戏"》，https：//www. leiphone. com /news /201711 /94O3UbSrq4TJLauc. html，2017-11-08。

赵赛坡：《收购博通还是等着博通收购高通，对英特尔都是一个死局》，https：//baijiahao. baidu. com /s? id＝1594720007233478680&wfr＝spider&for＝pc，2018-03-12。

第十五章

宅石头：《中兴手机消失背后，隐藏了怎样的科技战争?》，https：//www. iyiou. com /p /105247. html，2019-07-11。

戴老板：《中国芯酸往事》，https：//www. huxiu. com /article /244280. html，2018-05-15。

YangJinZhu：《中兴罚款 10 亿美元 中兴被美国制裁事件始末》，http：//www. chinairn. com /news /20180608 /134100466. shtml，2018-06-08。

佚名：《美国制裁中兴警示：中国"缺芯"之痛如何终结?》，穆斯林在线网，2018-07-26。

刘旷:《三星、台积电、中芯国际们的芯片江湖》,https://baijiahao.baidu.com/s? id=1644888243223092556&wfr=spider&for=pc,2019-09-17。

e 朝 e 夕:《中兴通讯:8.9 亿美元换不回一个教训,令人心痛!》,https://www.sohu.com/a/228921931_599412,2018-04-20。

佚名:《晋华事件透视:存储器垄断暴利之痛如何终结?》,http://www.eepw.com.cn/article/201811/394446.htm,2018-11-16。

赵元闯:《晋华事件究竟结局是什么?》,https://www.eefocus.com/component/433100/p2,2019-04-03。

佚名:《福建晋华事件又有新进展! 传闻美光有意向接盘晋华》,http://www.elecfans.com/d/933234.html,2019-05-13。

第十六章

五矩研究社:《华为成长史:以高通为师,击败高通》,https://www.tmtpost.com/3935875.html,2019-05-10。

周掌柜:《华为手机成功背后的故事》,虎嗅网,2017-09-05。

李小龙:《华为官网花粉俱乐部。从偶然到必然——Mate 背后的故事》,https://club.huawei.com/viewthreaduni-15496027-filter-reply-orderby-replies-page-1-1.html,2018-03-27。

徐静波:《华为手机是在日本研发的? 中日之间的这一真实差距值得警惕!》,https://www.sohu.com/a/325934755_378279,2019-08-02。

戴辉:《一位前华为人亲历的华为手机发展史:最牛产品是如何炼成的》,https://www.shobserver.com/news/detail? id=80450,2018-02-21。

张假假:《华为手机往事:一个硬核直男的崛起故事》,http://tech.163.com/19/0510/10/EEQCMH2900097U7S.html,2019-05-10。

雪泉:《年出货量 2 亿台,华为手机的崛起史就是创新史》,https://www.ithome.com/0/402/842.htm,2018-12-28。

第十七章

戴老板:《北电之死:谁谋杀了华为的对手?》,https://baijiahao.baidu.com/s? id=1636502656512153119&wfr=spider&for=pc,2019-06-16。

晨萱:《北电、华为与切尔诺贝利》,https://www.tmtpost.com/4009722. html,2019-06-17。

步尘观察:《若将美的和华为进行对比,你会有这样的发现……》,https:// baijiahao.baidu.com/s? id=1610644180822598355&wfr=spider&for=pc,2018- 09-04。

佚名:《任正非:5G 独立组网全球只有华为做好 在等高通进步》,https:// tech.sina.com.cn/t/2019-07-27/doc-ihytcerm6589659.shtml,2019-07-27。

十八线老编:《一位美国情报机构官员的解读:为何禁售华为手机》,https:// www.sohu.com/a/223147487_226690,2018-02-18。

田涛:《我花了 20 年研究华为,绝大多数失败的企业。都毁在了老板的自私 上》,https://www.huxiu.com/article/261391.html,2018-09-06。

宁南山:《写在华为被禁半个月之后》,https://www.huxiu.com/article/ 302215.html,2019-06-01。

韩百科君:《传华为要求 Verizon 支付超过 10 亿美元的专利费? 靠谱么?》, https://www.huxiu.com/article/304060.html,2019-06-14。

马婧:《任正非罕见受访,透露了哪些信号?》,新京报网,2019-01-18。

佚名:《左手"5G"右手"AI"华为产业链全解析》,新浪网,2019-09-12。

林腾:《任正非:苹果太保守,那么有钱,为什么不敢干呢?》,https://tech.qq. com/a/20160725/003821.htm,2016-07-25。

第十八章

佚名:《外媒爆料:原来是汇丰银行! 暗地里"阴"了华为》,新浪网,2019-

07-07。

平观世界:《揭秘孟晚舟事件:起诉华为及高管真相》,https://user.guancha.cn/main/content? id=76357,2019-01-31。

强世功:《〈美国陷阱〉揭露了一个骇人听闻的霸凌主义案例》,求是网,2019-06-16。

金十数据:《加拿大多种农产品被中国"打入冷宫"！如今还遭两个亚洲国家压价》,http://wap.pig66.com/p-145-18137488-1.html,2019-08-08。

须尽欢:《特朗普各个击破,拿下了墨西哥,加拿大慌了》,https://baijiahao.baidu.com/s? id=1610217762358937014&wfr=spider&for=pc,2018-08-30。

冲击时刻:《加拿大逼迫美国做出罕见让步,双方在最后时刻达成贸易协议》,百度网,2018-10-01。

佚名:《中国惩罚再次加码 正式禁止进口加拿大猪肉》,求职简历网,2019-06-20。

邹松霖:《加拿大的猪,中国不要!》,中国经济周刊官网,2019-06-27。

第十九章

倪轶容:《美国公司"报复性"加班,只为不让华为"断供"》,https://baijiahao.baidu.com/s? id=1634124175064343984&wfr=spider&for=pc,2019-05-21。

耿直哥:《竟然真有美国公司在中国对华为执法,扣押巨额物资!》,环球网,2019-07-25。

editor_daisy:《苹果公司受到中美贸易战的影响,销售疲软》,http://www.funinusa.net/article-186726-1.html,2019-01-04。

硅谷密探:《华为启动"备胎"计划,硅谷芯片企业受影响吗?》,https://www.sohu.com/a/316191101_257855,2019-05-24。

陈大头:《华为任正非最新讲话:过去赚点小钱,现在要战胜美国》,https://www.sohu.com/a/333264524_100182850,2019-08-12。

科技日报:《任正非:别人断了我们粮食的时候,备份系统要能用得上!》,https://www.iyiou.com/p/70796.html,2019-05-18。

张竞扬:《半导体行业观察。是谁动了美国5G半导体的奶酪?》,https://xueqiu.com/4927163759/135034093,2019-11-01。

马关夏:《时代呼唤鸿蒙:华为打破魔咒究竟有多难?》,虎嗅网,2019-06-25。

宁南山:《美国禁令与华为极限生存简析》,https://tech.sina.com.cn/csj/2019-05-19/doc-ihvhiews3002616.shtml?cre＝tianyi&mod＝pcpager_focus&loc＝12&r＝9&rfunc＝100&tj＝none&tr＝9,2019-05-19。

时代伯乐:《技术大拿张宇平聊华为:高通死不死,要看任正非动不动杀机》,https://www.sohu.com/a/322431934_159579,2019-06-22。

Kris:《戈德曼:"你永远不可能成为中国的朋友"》,中美印象网,2019-10-25。

机智猫:《任正非:华为将出售5G技术,6G研究领先世界》,https://m.sohu.com/a/341234790_239259,2019-09-16。

第二十章

易北辰:《三星手机进化史|诞生二十九年经历四次屏幕迭代》,https://www.sohu.com/a/139069958_116262,2017-05-08。

江瀚视野观察:《世界成功的三星为什么不受中国待见?》,http://news.ikanchai.com/2018/0629/221879.shtml?app＝member&controller＝index&action＝register,2018-06-29。

邻章:《数说三星"炸机"事件,由盛转衰论者可能要失望了》,https://www.sohu.com/a/115630485_245605,2016-10-08。

杨松:《7年资深员工自述:三星手机在中国是如何溃败的》,腾讯网,2018-12-22。

周玲:《三星在中国最后一家手机制造工厂关闭,在华布局转向高端制造》,澎湃新闻网,2019-10-04。

半导体行业观察:《韩国 2030 年半导体强国目标带给中国的启示》,https://m. sohu. com. a/312556115_132567,2019-05-08。

连一席、谢嘉琪:《韩国与中国台湾半导体产业发展情况回顾》,https://www. sohu. com. a/259697936_760770,2018-10-16。

芯师爷:《日本"制裁"韩国,对半导体产业链影响几何?》,https://www. sohu. com /a/324361653_532251,2019-07-02。

金融界:《一件衬衫引发的血战:美日贸易战始末及启示》,https://baijiahao. baidu. com /s? id=16065012832216662402&wfr=spider&for=pc,2018-07-20。

金十数据:《为什么日本海外资产是全世界第一?》,https://cj. sina. com. cn /article /detail /6018289492 /436490? column=stock&ch=9,2017-10-13。

仓都加满:《世人终于看清日本真相:所谓消失三十年,竟是个遮天骗局!》,http://caifuhao. eastmoney. com /news /201908081162115475726660,2019-08-08。

叶桢:《被财阀绑架的韩国经济》,https://baijiahao. baidu. com /s? id=1629991297928756522&wfr=spider&for=pc,2019-04-06。

第二十一章

旗丰供应链芯动网:《半导体行业系列深度:道阻且长行则将至》,https://www. sohu. com /a/329986717_457122,2019-07-29。

李亚东:《技术突破叠加巨大需求 国产半导体设备迎来历史性机遇》,http://www. afzhan. com /news /detail /76897. html,2019-08-14。

张卫婷:《伊朗击落美国无人机 为啥"没事"?》,http://mil. news. sina. com. cn /world /2019-06-23 /doc-ihytcitk7090750. shtml,2019-06-23。

张津京:《特朗普求情取得中国放行通知的高通,却不收购恩智浦了》,https://www. sohu. com /a/279531663_212351,2018-12-04。

宁南山:《打破东亚地狱模式:中国是最后的希望》,https://www. sohu. com /a/282228382_358485,2018-12-16。

秋名山嫩司机:《特朗普为何对全球发动贸易战? 万亿美元赤字来袭,减税政绩或将破产》,https://news.fx168.com/opinion/column/gwzj/1908/3277474_wap.shtml,2019-08-16。

李晓喻:《数据说话! 为贸易摩擦买单的不止中美》,http://www.chinanews.com/cj/2019/05-12/8834595.shtml,2019-05-12。

小辣超有料:《2000 亿美元关税真的来了! 5 张图速读中美贸易局势》,https://www.cifnews.com/article/44129,2019-05-10。

徐乾昂:《从中国"抢回"苹果唯一美国产线,特朗普本周将亲自参观,https://tech.ifeng.com/c/7rhI4K4aPkD,2019-11-18。

钛媒体:《任正非:外界夸大了 5G 的威胁,还没有美企找华为谈技术转让——与任正非咖啡对话》,https://www.tmtpost.com/4186744.html,2019-11-07。

差评君:《中国科技发展艰难,全拜美国这无耻的协议所赐!》,https://baike.baidu.com/tashuo/browse/content? id=8ebf3bd38d3b879085e0da06,2018-04-20。

第二十二章

佚名:《港媒揭秘,美国情报界抵制中国 5G 的真实原因!》,参考消息网,2019-07-11。

张卉:《CIA 持续 11 年渗透攻击中国网络 外交部回应》,https://baijiahao.baidu.com/s? id=16602201955583062210&wfr=spider&for=pc,2020-03-04。

金辉《"钢铁侠"参战不再是传说,2024 年战争机器人将占美军总数一半》,上观网,2017-03-30。

杨阳:《未来将有哪些机器人可以代替人上战场?》,https://www.gg-robot.com/asdisp2-65b095fb-60134-.html,2017-03-03。

UTV 兵鉴:《无人机百年发展史:从一次性"废物"到隐形、侦察、格斗全方位!》,https://baijiahao.baidu.com/s? id=1587410539383691149&wfr=spider&for=pc,2017-12-22。

尾声

孙博:《孟晚舟有翻盘机会吗？加拿大律师这样说》,观察者网,2020-05-29。

武陵客:《关于美国制裁华为再升级,你需要知道的都在这了》,雪球网,2020-05-17。